普通高等教育工程管理专业系列教材

安装工程计量与计价

（修订版）

霍海娥　编著

科　学　出　版　社

北　京

内 容 简 介

本书以《建设工程工程量清单计价规范》(GB 50500—2013)、《通用安装工程工程量计算规范》(GB 50856—2013)和《四川省建设工程工程量清单计价定额——通用安装工程》(2020)为依据进行编写，为体现以案例教学法为主导，设置了大量案例来阐述清单项目和定额子目之间的区别与联系。以清单项目的工程量计算规则、清单使用说明、定额使用说明、清单编制方法和清单计价方法为主线组织教学内容，有助于帮助读者快速地掌握两种计价方式的内在联系。本书内容包括安装工程计量与计价概述、建筑安装工程费用项目组成、工程量清单计价、建筑给排水系统工程计量与计价、消防系统工程计量与计价、通风与空调系统工程计量与计价、工业管道系统工程计量与计价、建筑电气照明系统工程计量与计价、建筑防雷接地系统工程计量与计价、电视电话系统工程计量与计价、综合布线系统工程计量与计价、火灾自动报警及消防联动系统工程计量与计价、工程造价的价差调整，"营改增"后四川省建设工程工程造价计价办法。

本书中涉及的每个系统均采用实例进行清单和计价文件编制的示范和说明，有利于读者全面、正确地掌握各系统计量及计价内容。

本书可作为工程造价专业、工程管理专业的教学用书，也可作为造价从业人员自学、进修的参考用书。

图书在版编目(CIP)数据

安装工程计量与计价(修订版)/霍海娥编著. —北京：科学出版社，2023.3

(普通高等教育工程管理专业系列教材)

ISBN 978-7-03-056590-7

Ⅰ. ①安… Ⅱ. ①霍… Ⅲ. ①建筑安装-工程造价 Ⅳ. ①TU723.3

中国版本图书馆 CIP 数据核字(2018)第 034938 号

责任编辑：万瑞达 / 责任校对：王万红
责任印制：吕春珉 / 封面设计：曹 来

科学出版社出版
北京东黄城根北街 16 号
邮政编码：100717
http://www.sciencep.com

天津翔远印刷有限公司印刷

科学出版社发行 各地新华书店经销

*

2018 年 6 月第 一 版 开本：787×1092 1/16
2023 年 3 月修 订 版 印张：27
2023 年12月第九次印刷 字数：642 000

定价：65.00 元

(如有印装质量问题，我社负责调换〈翔远〉)
销售部电话 010-62136230 编辑部电话 010-62130874 (VA03)

修订版前言

教育是国之大计、党之大计。教育、科技、人才是全面建设社会主义现代化国家的基础性、战略性支撑。全面建设社会主义现代化国家，必须坚持科技是第一生产力、人才是第一资源、创新是第一动力，深入实施科教兴国战略、人才强国战略、创新驱动发展战略。高等教育人才培养要树立质量意识、抓好质量建设、全面提高人才自主培养质量。

《安装工程计量与计价》是本科工程造价专业的核心课程，旨在培养学生安装工程计量与计价的专业技术能力和实践操作能力。2020 年《四川省建设工程工程量清单计价定额》于 2020 年 10 月 22 日经四川省住房和城乡建设厅审查批准颁发，自 2021 年 4 月 1 日施行。本书内容紧跟形势政策，在 2018 版的基础上进行了修订，以《建设工程工程量清单计价规范》（GB 50500—2013）、《通用安装工程工程量计算规范》（GB 50856—2013）和《四川省建设工程工程量清单计价定额——通用安装工程》（2020）为依据，同时设置了大量案例，利用图表的形式详解清单项目和定额子目之间的区别与联系，以期为读者提供清晰的思路和独特的视角。

本书遵循工程量清单计量与计价的步骤和程序，以清单项目的工程量计算规则、清单使用说明、定额使用说明、清单编制方法和清单计价方法为主线组织教学内容，着重讲述工程量清单项目特征的描述方法、工程量的计算规则和清单项目综合单价的确定方法，详细介绍了建筑给排水系统工程、消防系统工程、通风与空调系统工程、工业管道系统工程、建筑电气照明系统、建筑防雷接地系统、电视电话系统、综合布线系统和火灾自动报警及消防联动系统的工程量清单和计价文件的编制方法和程序，对清单项目的组价进行了大量示范和说明。本书还阐述了工程造价的价差调整方法以及“营改增”后四川省建设工程工程造价计价办法。修订版对上版书中所有的案例图纸进行了完善，书中所列举的案例可以作为读者编制清单和计价文件的参考。

本书的顺利出版得到了西华大学和科学出版社的大力支持。本书第 1～3、13、14 章由四川师范大学段翠娥编写，第 4～12 章由西华大学霍海娥编写，全书由霍海娥统一定稿，同时，西华大学张驰、李华东、袁婷等为本书的出版提供了很多宝贵意见，西华大学研究生卢煜、纪艳红、谢葵花、刘知博、邓晓雪、魏滟欢、刘明蓉、刘婷婷为本书的完稿做了大量资料收集和整理工作，在此一并表示感谢！

本书编著风格独特，内容深入浅出，力求通俗易懂，便于读者快速理解和掌握关键知识点，可作为工程造价专业及相关专业的教学用书，也可作为造价从业人员自学、考试的参考用书。

本书的案例仅代表编著者对规范和定额的理解，由于水平有限，书中不足之处在所难免，恳请广大读者批评指正，不胜感激。

编著者

2022 年 5 月

修订版前言

第一版前言

“安装工程计量与计价”是本科工程造价专业的核心课程，旨在培养学生安装工程造价的专业技术能力和实践操作能力。编者基于多年的教学经验和工程实践，以《建设工程工程量清单计价规范》（GB 50500—2013）、《通用安装工程工程量计算规范》（GB 50856—2013）和《四川省建设工程工程量清单计价定额——通用安装工程》（2015）为依据，对课程内容进行了多次修改和反复补充，同时设置了大量案例，利用图表的形式详解清单项目和定额子目之间的区别与联系，以期为读者提供清晰的思路和独特的视角。

本书遵循工程量清单计量与计价的步骤和程序，以清单项目的工程量计算规则、清单使用说明、定额使用说明、清单编制方法和清单计价方法为主线组织教学内容，着重讲述工程量清单项目特征的描述方法、工程量的计算规则和清单项目综合单价的确定方法，详细介绍了建筑给排水工程、消防工程、通风与空调工程、工业管道工程、建筑照明系统、建筑防雷接地系统、电视电话系统、综合布线系统和火灾自动报警及消防联动系统的工程量清单和计价文件的编制方法与编制程序，对清单项单价的组价方法进行了大量的示范和说明。

本书还阐述了工程造价的价差调整方法，并依据最新“营改增”文件《建筑业营业税改征增值税四川省建设工程计价依据调整办法》（川建造价发〔2019〕181 号）和《关于调增工程施工扬尘污染防治费等安全文明施工费计取标准的通知》（川建造价发〔2019〕180 号），介绍了营改增模式下四川省建设工程造价计价办法，书中所列举的案例可以作为读者编制清单和计价文件的参考。

本书在编写的过程中，四川师范大学的张驰老师提出了许多宝贵意见并参与了编写，杨宇、肖世英、黄莎莎、彭天菊、芮雪和冯诗涵同学为本书的完稿做了大量的资料收集和插图工作，这里一并表示感谢！

本书的案例仅代表编者对规范和定额的理解，由于水平有限，书中不足之处在所难免，恳请广大读者批评指正。

目　录

第 1 章

安装工程计量与计价概述

1.1　安装工程计量与计价的范畴

1.1.1　安装工程的概念

安装工程又称为建筑设备工程，是指按照建设工程施工图纸和施工规范的相关规定，把各种设备放置并固定在某一位置，或将工程原材料经过加工并装配而形成具有功能价值产品的工作过程。安装工程所包括的内容比较广泛，涉及多个不同种类的工程专业。在建筑行业常见的安装工程有机械设备安装工程，热力设备安装工程，静置设备安装工程，电气设备安装工程，建筑智能化工程，自动化控制仪表安装工程，通风与空调工程，工业管道工程，消防及安全防范设备安装工程，给排水、采暖、燃气工程，刷油、防腐蚀及绝热工程等。这些安装工程按建设项目的划分原则，均属单位工程，它们具有单独的施工设计文件，并有独立的施工条件，是工程造价计算的完整对象。

1.1.2　安装工程计量与计价的概念

过去一般称安装工程计量与计价为安装工程预算，它是反映拟建工程经济效果的一种技术经济文件。一般从以下两个方面计算工程经济效果。

1）计量，是指计算消耗在工程中的人工、材料、机械台班数量。

2）计价，是指用货币形式反映工程成本。目前，我国现行的计价方法有定额计价方法和清单计价方法。

1.2　安装工程计量与计价的分类与特点

1.2.1　安装工程计量与计价的分类

工程计量与计价活动是一个动态的过程，按照基本建设的不同阶段，分为投资估算、设计概算、修正概算、施工图预算、招标控制价、投标报价、合同价款约定、工程量的计量与价款支付、索赔与现场签证、工程计价争议的处理、竣工决算等，如图 1.1 所示。

1. 投资估算

投资估算一般是指在项目建议书或可行性研究阶段，建设单位向国家或主管部门申请基本建设投资时，为了确定建设项目的投资总额而编制的经济文件。它是国家或主管部门审批或确定基本建设投资计划的重要文件。投资估算主要根据估算指标、概算指标或类似工程预（决）算资料进行编制。

2. 设计概算

设计概算是指在初步设计或扩大初步设计阶段，由设计单位根据初步设计图纸、概算定额或概算指标、设备预算价格、各项费用的定额或取费标准、建设地区的自然和技术经济条件等资料，预先计算建设项目由筹建至竣工验收、交付使用全部建设费用的经济文件。

设计概算的主要作用是控制工程投资和主要物资指标。在方案设计过程中，设计部门通过概算分析比较不同方案的经济效果，选择、确定最佳方案。

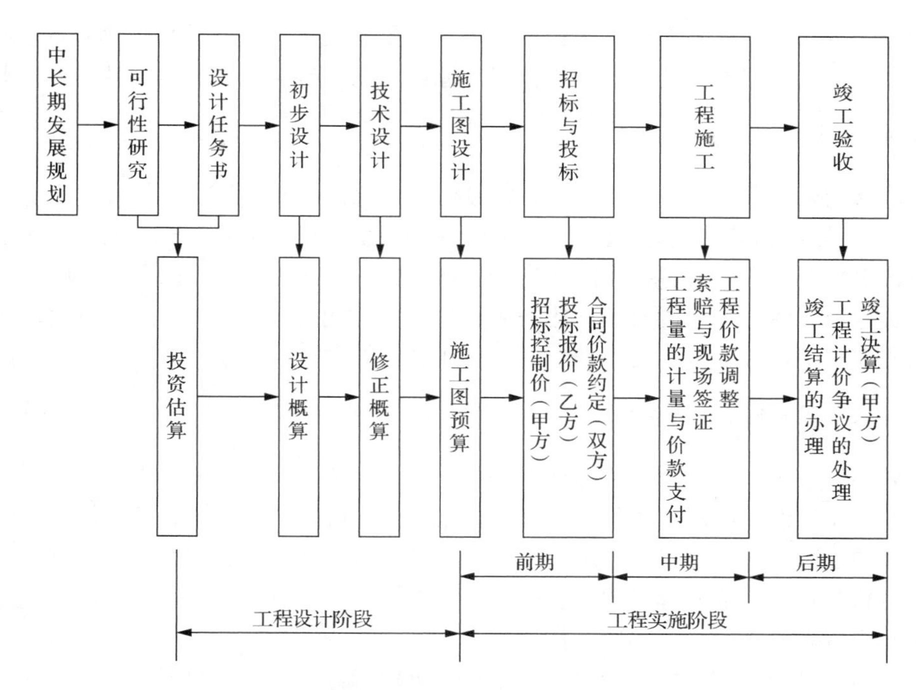

图1.1　基本建设程序及各阶段的计量与计价活动内容

3. 修正概算

修正概算是指当采用三阶段设计时，在技术阶段，随着设计内容的具体化，建设规模、结构性质、设备类型和数量等方面内容与初步设计可能有出入，为此，设计单位应对投资进行具体核算，对初步设计的概算进行修正而形成的经济文件。

修正概算的作用与设计概算基本相同。一般情况下，修正概算不应超过原批准的设计概算。

4. 施工图预算

施工图预算是指在施工图设计阶段，设计全部完成并经过会审，在单位工程开工之前，施工单位根据施工图纸，施工组织设计，预算定额，各项费用取费标准，建设地区自然、技术经济条件等资料，预先计算和确定单项工程及单位工程全部建设费用的经济文件。

施工图预算的主要作用是确定建筑安装工程预算造价和主要物资需用量。在工程设计过程中，设计部门据此控制施工图造价不使其突破概算。施工图预算一经审定便是签订工程建设合同、业主和承包商经济核算、编制施工计划和银行拨款等的依据。

5. 招标控制价

招标控制价是在工程采用招标发包的过程中，由招标人根据国家或省级、行业建设主管部门颁发的有关计价依据和办法，以及拟定的招标文件和招标工程量清单，结合工程具体情况编制的招标工程的最高投标限价（有的省、市又称为拦标价、预算控制价、最高报价值等）。

6. 投标报价

投标报价是在工程采用招标发包的过程中，由投标人按照招标文件的要求，根据工程特点，并结合自身的施工技术、装备和管理水平，依据有关计价规定，自主确定的工程造价，是投标人希望达成工程承包交易的期望价格，原则上它不能高于招标人设定的招标控制价。

7. 合同价款约定

合同价款约定是在工程发、承包交易完成后，由发、承包双方以合同形式确定的工程承包交易价格。采用招标发包的工程，其合同价应为投标人的中标价，即投标人的投标报价。

按照《建设工程工程量清单计价规范》(GB 50500—2013)（以下简称《清单计价规范》）的规定，实行招标的工程合同价款，应在中标通知书发出之日起 30 日内，由发、承包双方依据招标文件和中标人的投标文件在书面合同中约定。

8. 工程量的计量与价款支付

工程量的计量与价款支付（工程结算）是指一个单项工程、单位工程、分部工程或分项工程完工，并经建设单位及有关部门验收后，施工企业根据合同规定，按照施工时经发、承包双方认可的实际完成工程量、现场情况记录、设计变更通知书、现场签证、预算定额、材料预算价格和各种费用取费标准等资料，向建设单位办理结算工程价款，用以补偿施工过程中的资金耗费、确定施工盈亏的经济活动。

工程量的计量与价款支付一般有定期结算、阶段结算、竣工结算等方式。其中，竣工结算价是在承包人完成合同约定的全部工程承包内容、发包人依法组织竣工验收并验收合格后，由发、承包双方根据国家有关法律法规和《清单计价规范》的规定，按照合同约定的工程造价确定条款，即合同价、合同条款调整内容及索赔和现场签证等事项确定的最终工程造价。

9. 索赔与现场签证

索赔是指在合同履行过程中，合同当事人一方因非己方的原因而遭受损失，按合同约定或法律法规规定应由对方承担责任，从而向对方提出补偿的要求。索赔是合同双方行使正当权利的行为，承包人可向发包人索赔，发包人也可向承包人索赔。《清单计价规范》中规定，索赔要具备 3 个要素：①正当的索赔理由；②有效的索赔证据；③在合同约定的时间内提出。

现场签证是指发包人现场代表（或其授权的监理人、工程造价咨询人）与承包人现场代表就施工过程中涉及的责任事件所做的签认证明。《清单计价规范》中规定，确认的索赔与现场签证费用与工程进度款应同期支付。

10. 工程计价争议的处理

《清单计价规范》中规定，在工程计价中，对工程造价的计价依据、办法，以及相关政策规定发生争议事项时，由工程造价管理机构负责解释。发、承包双方发生工程造价合同纠纷时，工程造价管理机构负责调解工程造价问题。

11. 竣工决算

竣工决算是指在竣工验收阶段，当一个建设项目完工并经验收后，建设单位编制的从筹建到竣工验收、交付使用全过程实际支出的建设费用的经济文件。竣工决算能全面反映基本建设的经济效果，是核定新增固定资产和流动资产价值、办理交付使用的依据。

1.2.2　安装工程计量与计价的特点

建设工程项目（产品）具有商品性质，但又与其他商品不同，具有其自身的特点。建设工程项目的特点除带来价格上的一些特殊性之外，还形成了工程造价计算与其他商品价格计算的一些不同特点。

1. 计价的单件性

工程项目产品差异性大，不能批量生产，又固定在不同地区的大地上，计算工程造价时，只能根据具体条件单独计算，一个项目一个价。

2. 计价的多次性（多次交易性）

建设工程项目建设周期长，分为多个工作阶段（或交易），参与工作（或交易）的单位和工作内容及深化程度又各不相同，所以形成多次计算工程造价的情况。

3. 计价的组合性

建设工程项目是一个整体性很强的综合实体，用 WBS（work breakdown structure，工作分解结构）分解后，形成多个阶段、多个层次，计价时由工程的基本构成要素开始计价，逐阶段逐层次依序将造价组合成建设工程项目总造价。其组合计算顺序是：基本构成要素造价（分项工程造价）→分部工程造价→单位工程造价→单项工程造价→建设工程项目总造价。

4. 计价方法的多样性

建设工程项目分多个阶段实施，对工程项目各个阶段的工作内容和深度要求不同，以及参与各方的利益不同，其计价依据与方法也不同，这就决定了计价的多样性。例如，投资估算可用设备系数法、生产能力指数法等方法计价；概算总造价、预算造价、工程合同造价等，可用单价（纯单价、综合单价）法、工料实物法等方法计价。

5. 造价计算依据的复杂性

建设工程项目是社会最终产品，参与方多，涉及面广，影响造价的因素也就很多，所以造价计算的依据也很多。造价计算主要有以下依据：工程量的计算依据，消耗量的计算依据，单价计算的依据，各种费用计算的依据，政府有关税、费的法律法规依据，物价指数和造价指数，投资者、发包人、承包人对项目利益的不同期望等。

第2章

建筑安装工程费用项目组成

根据《住房和城乡建设部 财政部关于印发〈建筑安装工程费用项目组成〉的通知》（建标〔2013〕44 号），建筑安装工程费用项目按组成方式可划分为两种，分别为按费用构成要素组成划分和按工程造价形成顺序划分。

2.1　建筑安装工程费用项目组成（按费用构成要素组成划分）

按照费用构成要素组成划分，建筑安装工程费由人工费、材料（包含工程设备）费、施工机具使用费、企业管理费、利润、规费和税金组成。其中，人工费、材料费、施工机具使用费、企业管理费和利润包含在分部分项工程费、措施项目费、其他项目费中（图 2.1）。

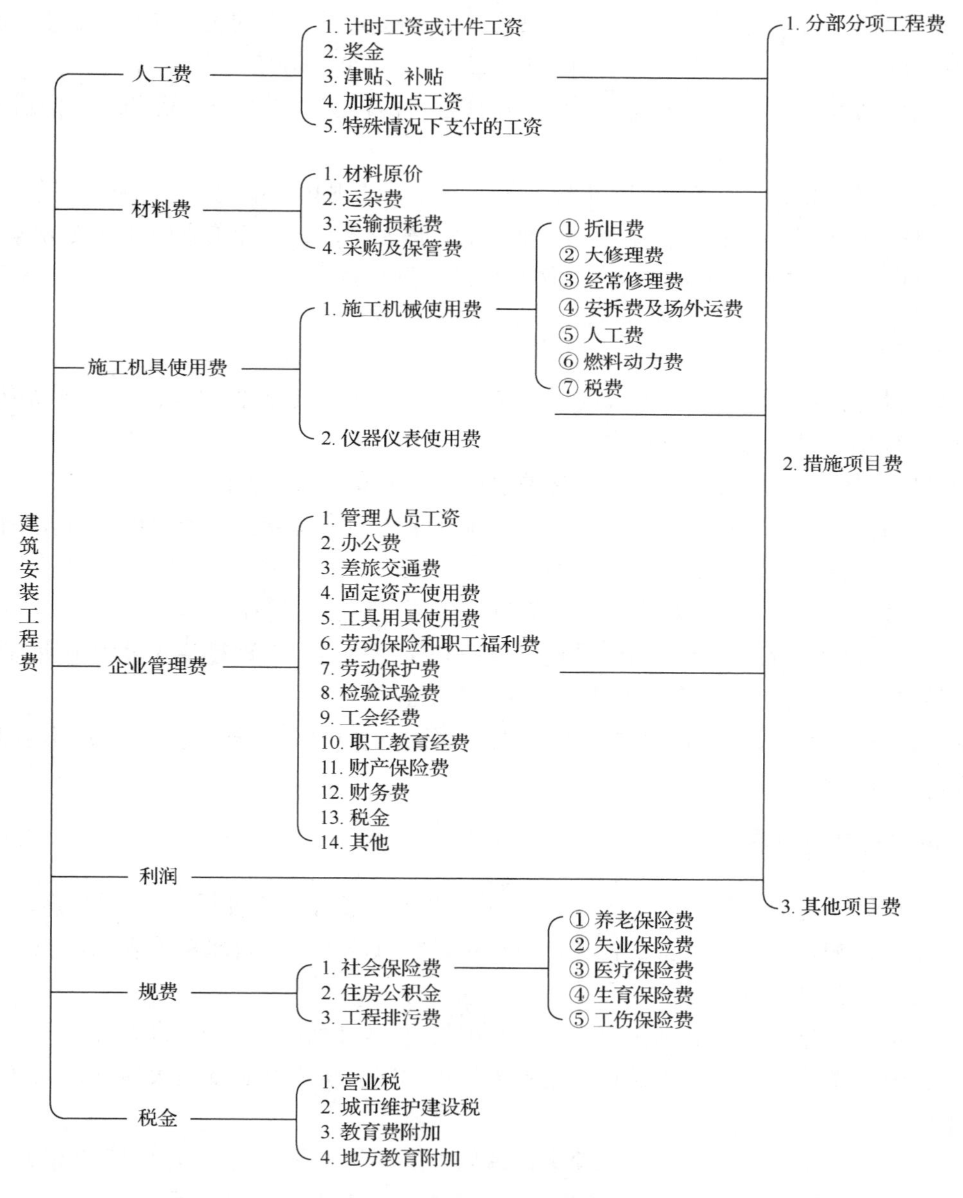

图 2.1　建筑安装工程费用项目组成（按费用构成要素组成划分）

2.1.1 人工费

人工费是指按工资总额构成规定，支付给从事建筑安装工程施工的生产工人和附属生产单位工人的各项费用。其主要包括以下内容。

1）计时工资或计件工资：是指按计时工资标准和工作时间或对已做工作按计件单价支付给个人的劳动报酬。

2）奖金：是指对超额劳动和增收节支支付给个人的劳动报酬，如节约奖、劳动竞赛奖等。

3）津贴、补贴：是指为了补偿职工特殊或额外的劳动消耗和因其他特殊原因支付给个人的津贴，以及为了保证职工工资水平不受物价影响支付给个人的物价补贴，如流动施工津贴、特殊地区施工津贴、高温（寒）作业临时津贴、高空津贴等。

4）加班加点工资：是指按规定支付的在法定节假日工作的加班工资和在法定日工作时间外延时工作的加点工资。

5）特殊情况下支付的工资：是指根据国家法律、法规和政策规定，因病、工伤、产假、计划生育假、婚丧假、事假、探亲假、定期休假、停工学习、执行国家或社会义务等原因按计时工资标准或计时工资标准的一定比例支付的工资。

2.1.2 材料费

材料费是指施工过程中耗费的原材料、辅助材料、构（配）件、零件、半成品或成品、工程设备的费用。其主要包括以下内容。

1）材料原价：是指材料、工程设备的出厂价格或商家供应价格。

2）运杂费：是指材料、工程设备自来源地运至工地仓库或指定堆放地点所发生的全部费用。

3）运输损耗费：是指材料在运输装卸过程中不可避免的损耗。

4）采购及保管费：是指为组织采购、供应和保管材料、工程设备的过程中所需要的各项费用，包括采购费、仓储费、工地保管费、仓储损耗。

工程设备是指构成或计划构成永久工程一部分的机电设备、金属结构设备、仪器装置及其他类似的设备和装置。

2.1.3 施工机具使用费

施工机具使用费是指施工作业所发生的施工机械、仪器仪表使用费或其租赁费。

1）施工机械使用费：以施工机械台班耗用量乘以施工机械台班单价表示，施工机械台班单价应由下列 7 项费用组成。

① 折旧费：是指施工机械在规定的使用年限内，陆续收回其原值的费用。

② 大修理费：是指施工机械按规定的大修理间隔台班进行必要的大修理，以恢复其正常功能所需的费用。

③ 经常修理费：是指施工机械除大修理以外的各级保养和临时故障排除所需的费用，包括为保障机械正常运转所需替换设备与随机配备工具附具的摊销和维护费用，机械运转中

日常保养所需润滑与擦拭的材料费用及机械停滞期间的维护和保养费用等。

④ 安拆费及场外运费：安拆费是指施工机械（大型机械除外）在现场进行安装与拆卸所需的人工、材料、机械和试运转费用，以及机械辅助设施的折旧、搭设、拆除等费用；场外运费是指施工机械整体或分体自停放地点运至施工现场或由一施工地点运至另一施工地点的运输、装卸、辅助材料及架线等费用。

⑤ 人工费：是指机上司机（司炉）和其他操作人员的人工费。

⑥ 燃料动力费：是指施工机械在运转作业中所消耗的各种燃料及水、电等。

⑦ 税费：是指施工机械按照国家规定应缴纳的车船使用税、保险费及年检费等。

2）仪器仪表使用费：是指工程施工所需使用的仪器仪表的摊销及维修费用。

2.1.4　企业管理费

企业管理费是指建筑安装企业组织施工生产和经营管理所需的费用。其主要包括以下内容。

1）管理人员工资：是指按规定支付给管理人员的计时工资、奖金、津贴补贴、加班加点工资及特殊情况下支付的工资等。

2）办公费：是指企业管理办公用的文具、纸张、账表、印刷、邮电、书报、办公软件、现场监控、会议、水电、烧水和集体取暖降温（包括现场临时宿舍取暖降温）等费用。

3）差旅交通费：是指职工因公出差、调动工作的差旅费、住勤补助费，市内交通费和误餐补助费，职工探亲路费，劳动力招募费，职工退休、退职一次性路费，工伤人员就医路费，工地转移费，以及管理部门使用的交通工具的油料、燃料等费用。

4）固定资产使用费：是指管理和试验部门及附属生产单位使用的属于固定资产的房屋、设备、仪器等的折旧、大修、维修或租赁费。

5）工具用具使用费：是指企业施工生产和管理使用的不属于固定资产的工具、器具、家具、交通工具和检验、试验、测绘、消防用具等的购置、维修和摊销费。

6）劳动保险和职工福利费：是指由企业支付的职工退职金、按规定支付给离休干部的经费，集体福利费、夏季防暑降温、冬季取暖补贴、上下班交通补贴等。

7）劳动保护费：是指企业按规定发放的劳动保护用品的支出，如工作服、手套、防暑降温饮料，以及在有碍身体健康的环境中施工的保健费用等。

8）检验试验费：是指施工企业按照有关标准规定，对建筑及材料、构件和建筑安装物进行一般鉴定、检查所发生的费用，包括自设实验室进行试验所耗用的材料等费用，不包括新结构、新材料的试验费。对构件做破坏性试验及其他特殊要求检验、试验的费用和建设单位委托检测机构进行检测的费用，对此类检测发生的费用，由建设单位在工程建设其他费用中列支。但对施工企业提供的具有合格证明的材料进行检测不合格的，该检测费用由施工企业支付。

9）工会经费：是指企业按《中华人民共和国工会法》规定的全部职工工资总额比例计提的工会经费。

10）职工教育经费：是指按职工工资总额的规定比例计提，企业为职工进行专业技术和职业技能培训，专业技术人员继续教育、职工职业技能鉴定、职业资格认定，以及根据需要对职工进行各类文化教育所发生的费用。

11）财产保险费：是指施工管理用财产、车辆等的保险费用。

12）财务费：是指企业为施工生产筹集资金或提供预付款担保、履约担保、职工工资支付担保等所发生的各种费用。

13）税金：是指企业按规定缴纳的房产税、车船使用税、土地使用税、印花税等。

14）其他：包括技术转让费、技术开发费、投标费、业务招待费、绿化费、广告费、公证费、法律顾问费、审计费、咨询费、保险费等。

2.1.5 利润

利润是指施工企业完成所承包工程获得的盈利。

2.1.6 规费

规费是指按国家法律法规规定，由省级政府和省级有关权力部门规定必须缴纳或计取的费用。其主要包括以下内容。

（1）社会保险费

1）养老保险费：是指企业按照规定标准为职工缴纳的基本养老保险费。

2）失业保险费：是指企业按照规定标准为职工缴纳的失业保险费。

3）医疗保险费：是指企业按照规定标准为职工缴纳的基本医疗保险费。

4）生育保险费：是指企业按照规定标准为职工缴纳的生育保险费。

5）工伤保险费：是指企业按照规定标准为职工缴纳的工伤保险费。

（2）住房公积金

住房公积金是指企业按照规定标准为职工缴纳的住房公积金。

（3）工程排污费

工程排污费是指按照规定缴纳的施工现场工程排污费。依据《关于停征排污费等行政事业性收费有关事项的通知》财税〔2018〕4 号文件，工程排污费自 2018 年 1 月 1 日起停止征收，但该费用名称未取消。

其他应列而未列入的规费，按实际发生计取。

2.1.7 税金

税金是指国家税法规定的应计入建筑安装工程造价内的建筑业增值税、城市维护建设税、教育费附加及地方教育附加。

2.2 建筑安装工程费用项目组成（按工程造价形成顺序划分）

按照工程造价形成顺序划分，建筑安装工程费由分部分项工程费、措施项目费、其他项目费、规费、税金组成。其中，分部分项工程费、措施项目费、其他项目费包含人工费、材料费、施工机具使用费、企业管理费和利润（图 2.2）。

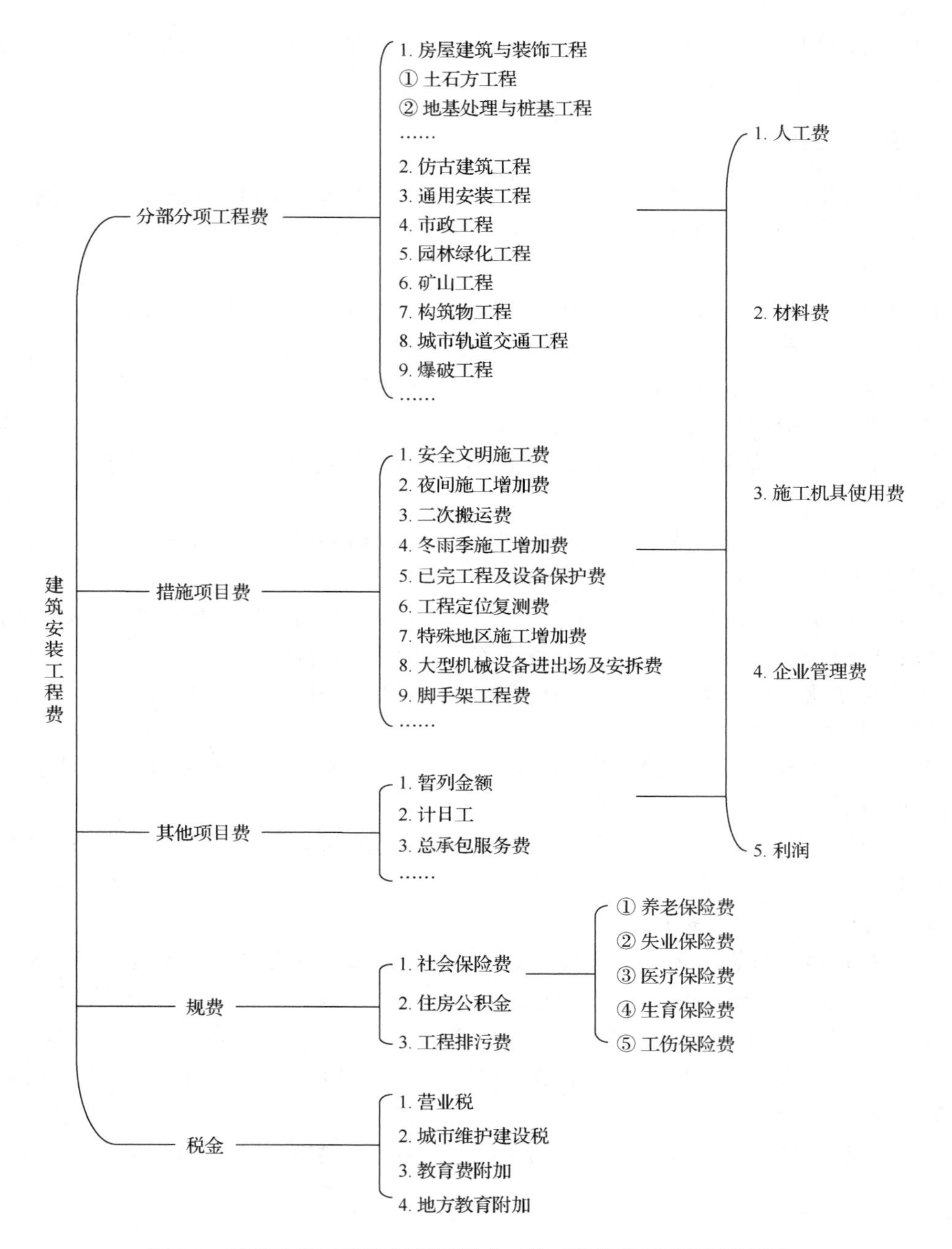

图 2.2　建筑安装工程费用项目组成（按工程造价形成顺序划分）

2.2.1　分部分项工程费

分部分项工程费是指各专业工程的分部分项工程应予列支的各项费用。

1）专业工程：是指按现行国家计量规范划分的房屋建筑与装饰工程、仿古建筑工程、通用安装工程、市政工程、园林绿化工程、矿山工程、构筑物工程、城市轨道交通工程、爆破工程等各类工程。

2）分部分项工程：是指按现行国家计量规范对各专业工程划分的项目，如房屋建筑与装饰工程划分的土石方工程、地基处理与桩基工程、砌筑工程、钢筋及钢筋混凝土工程等。

各类专业工程的分部分项工程划分见现行国家或行业计量规范。

2.2.2　措施项目费

措施项目费是指为完成建设工程施工，发生于该工程施工前和施工过程中的技术、生活、安全、环境保护等方面的费用。其主要包括以下内容。

1）安全文明施工费：

① 环境保护费：是指施工现场为达到环保部门的要求所需要的各项费用。

② 文明施工费：是指施工现场文明施工所需要的各项费用。

③ 安全施工费：是指施工现场安全施工所需要的各项费用。

④ 临时设施费：是指施工企业为进行建设工程施工所必须搭设的生活和生产用的临时建筑物、构筑物和其他临时设施费用，包括临时设施的搭设费、维修费、拆除费、清理费或摊销费等。

2）夜间施工增加费：是指因夜间施工所发生的夜班补助费、夜间施工降效、夜间施工照明设备摊销及照明用电等费用。

3）二次搬运费：是指因施工场地条件限制而发生的材料、构（配）件、半成品等一次运输不能到达堆放地点，必须进行二次或多次搬运所发生的费用。

4）冬雨季施工增加费：是指在冬季或雨季施工需增加的临时设施、防滑、排除雨雪，人工及施工机械效率降低等费用。

5）已完工程及设备保护费：是指竣工验收前，对已完工程及设备采取的必要保护措施所发生的费用。

6）工程定位复测费：是指工程施工过程中进行全部施工测量放线和复测工作的费用。

7）特殊地区施工增加费：是指工程在沙漠或其边缘地区，高海拔、高寒、原始森林地区等特殊地区施工增加的费用。

8）大型机械设备进出场及安拆费：是指机械整体或分体自停放场地运至施工现场或由一个施工地点运至另一个施工地点，所发生的机械进出场运输及转移费用及机械在施工现场进行安装、拆卸所需的人工费、材料费、机械费、试运转费和安装所需的辅助设施的费用。

9）脚手架工程费：是指施工需要的各种脚手架搭、拆、运输费用，以及脚手架购置费的摊销（或租赁）费用。

措施项目及其包含的内容详见各类专业工程的现行国家或行业计量规范。

2.2.3　其他项目费

1）暂列金额：是指建设单位在工程量清单中暂定并包括在工程合同价款中的一笔款项。用于施工合同签订时尚未确定或不可预见的所需材料、工程设备、服务的采购，施工中可能发生的工程变更、合同约定调整因素出现时的工程价款调整，以及发生的索赔、现场签证确认等的费用。

2）计日工：是指在施工过程中，施工企业完成建设单位提出的施工图纸以外的零星项目或工作所需的费用。

3）总承包服务费：是指总承包人为配合、协调建设单位进行的专业工程发包，对建设单位自行采购的材料、工程设备等进行保管，以及施工现场管理、竣工资料汇总整理等服务所需的费用。

2.2.4　规费

内容同 2.1.6。

2.2.5　税金

内容同 2.1.7。

2.3　建筑安装工程费用参考计算方法

2.3.1　各费用构成要素参考计算方法

1. 人工费

人工费的计算有以下两种方法。

1）按工日消耗量计算，即

$$人工费=\sum(工日消耗量\times日工资单价)$$

日工资单价

$$=\frac{生产工人平均月工资(计时、计件)+平均月(奖金+津贴补贴+特殊情况下支付的工资)}{年平均每月法定工作日}$$

此公式主要适用于施工企业投标报价时自主确定人工费，也是工程造价管理机构编制计价定额确定定额人工单价或发布人工成本信息的参考依据。

2）按工程工日消耗量计算，即

$$人工费=\sum(工程工日消耗量\times日工资单价)$$

日工资单价是指施工企业平均技术熟练程度的生产工人在每工作日（国家法定工作时间内）按规定从事施工作业应得的日工资总额。

工程造价管理机构确定日工资单价应通过市场调查、根据工程项目的技术要求，参考实物工程量人工单价综合分析确定，最低日工资单价不得低于工程所在地人力资源和社会保障部门所发布的最低工资标准的：1.3 倍（普工）、2 倍（一般技工）、3 倍（高级技工）。

工程计价定额不可只列一个综合工日单价，应根据工程项目技术要求和工种差别适当划分多种日人工单价，确保各分部工程人工费的合理构成。

2. 材料费

1）材料费按下式计算，即

$$材料费=\sum(材料消耗量\times材料单价)$$

$$材料单价=\{(材料原价+运杂费)\times[1+运输损耗率(\%)]\}\times[1+采购保管费率(\%)]$$

2）工程设备费按下式计算，即

$$工程设备费=\sum(工程设备量\times工程设备单价)$$

$$工程设备单价=(设备原价+运杂费)\times[1+采购保管费率(\%)]$$

3. 施工机具使用费

1）施工机械使用费按下式计算，即

$$施工机械使用费=\sum(施工机械台班消耗量\times机械台班单价)$$

$$机械台班单价=台班折旧费+台班大修费+台班经常修理费+台班安拆费及场外运费+台班人工费+台班燃料动力费+台班车船税费$$

工程造价管理机构在确定计价定额中的施工机械使用费时，应根据《建筑施工机械台班费用计算规则》结合市场调查编制施工机械台班单价。施工企业可以参考工程造价管理机构发布的台班单价自主确定施工机械使用费的报价，如租赁施工机械的施工机械使用费为

$$施工机械使用费=\sum(施工机械台班消耗量\times机械台班租赁单价)$$

2）仪器仪表使用费按下式计算，即

$$仪器仪表使用费=工程使用的仪器仪表摊销费+维修费$$

4. 企业管理费费率

1）以分部分项工程费为计算基础的计算方法，即

$$企业管理费费率(\%)=\frac{生产工人年平均管理费}{年有效施工天数\times人工单价}\times人工费占分部分项工程费比例(\%)$$

式中，年有效施工天数是指在施工年度内能够用于施工的天数，即

$$年有效施工天数=全年日历天数-法定节假日-全年非生产作业天数$$

2）以人工费和机械费合计为计算基础的计算方法，即

$$企业管理费费率(\%)=\frac{生产工人年平均管理费}{年有效施工天数\times(人工单价+每一工日机械使用费)}\times100\%$$

3）以人工费为计算基础的计算方法，即

$$企业管理费费率(\%)=\frac{生产工人年平均管理费}{年有效施工天数\times人工单价}\times100\%$$

上述公式适用于施工企业投标报价时自主确定管理费，是工程造价管理机构编制计价定额确定企业管理费的参考依据。

工程造价管理机构在确定计价定额中的企业管理费时，应以定额人工费（或定额人工费+定额机械费）作为计算基数，其费率根据历年工程造价积累的资料，辅以调查数据确定，列入分部分项工程和措施项目中。

5. 利润

1）施工企业根据企业自身需求并结合建筑市场实际自主确定，列入报价中。

2）工程造价管理机构在确定计价定额中的利润时，应以定额人工费（或定额人工费+定额机械费）作为计算基数，其费率根据历年工程造价积累的资料，并结合建筑市场实际确定，以单位（单项）工程测算，利润在税前建筑安装工程费的比重可按不低于5%且不高于

7%的费率计算。利润应列入分部分项工程和措施项目中。

6. 规费

1）社会保险费和住房公积金。社会保险费和住房公积金应以定额人工费为计算基础，根据工程所在地省、自治区、直辖市或行业建设主管部门规定的费率计算。

$$社会保险费和住房公积金=\sum(工程定额人工费\times社会保险费和住房公积金费率)$$

式中，社会保险费和住房公积金费率可以每万元发、承包价的生产工人人工费和管理人员工资含量与工程所在地规定的缴纳标准综合分析取定。

2）工程排污费。工程排污费等其他应列而未列入的规费应按工程所在地环境保护等部门规定的标准缴纳，按实计取列入。

7. 税金

应按照省（自治区）、直辖市或行业建设主管部门发布的标准计算税金，不得作为竞争性费用。

2.3.2 建筑安装工程计价参考公式

1. 分部分项工程费

$$分部分项工程费=\sum(分部分项工程量\times综合单价)$$

式中，综合单价包括人工费、材料费、施工机具使用费、企业管理费和利润，以及一定范围的风险费用（下同）。

2. 措施项目费

1）国家计量规范规定应予计量的措施项目，其计算公式为

$$措施项目费=\sum(措施项目工程量\times综合单价)$$

2）国家计量规范规定不宜计量的措施项目计算方法如下。

① 安全文明施工费按下式计算，即

$$安全文明施工费=计算基数\times安全文明施工费费率(\%)$$

计算基数应为定额基价（定额分部分项工程费+定额中可以计量的措施项目费）、定额人工费（或定额人工费+定额机械费），其费率由工程造价管理机构根据各专业工程的特点综合确定。

② 夜间施工增加费按下式计算，即

$$夜间施工增加费=计算基数\times夜间施工增加费费率(\%)$$

③ 二次搬运费按下式计算，即

二次搬运费＝计算基数×二次搬运费费率(%)

④ 冬雨季施工增加费按下式计算，即

冬雨季施工增加费＝计算基数×冬雨季施工增加费费率(%)

⑤ 已完工程及设备保护费按下式计算，即

已完工程及设备保护费＝计算基数×已完工程及设备保护费费率(%)

上述②～⑤项措施项目的计费基数应为定额人工费（或定额人工费+定额机械费），其费率由工程造价管理机构根据各专业工程特点和调查资料综合分析后确定。

3. 其他项目费

1）暂列金额由建设单位根据工程特点，按有关计价规定估算，施工过程中由建设单位掌握使用。扣除合同价款调整后如有余额，归建设单位。

2）计日工由建设单位和施工企业按施工过程中的签证计价。

3）总承包服务费由建设单位在招标控制价中根据总包服务范围和有关计价规定编制，施工企业投标时自主报价，施工过程中按签约合同价执行。

4. 规费和税金

建设单位和施工企业均应按照省、自治区、直辖市或行业建设主管部门发布的标准计算规费和税金，不得作为竞争性费用。

2.4 建筑安装工程计价程序

1）建设单位工程招标控制价计价程序见表2.1。

表2.1 建设单位工程招标控制价计价程序

工程名称:　　　　标段:

序号	内容	计算方法	金额/元
1	分部分项工程费	按计价规定计算	
1.1			
1.2			
1.3			
1.4			
1.5			
2	措施项目费	按计价规定计算	
2.1	其中：安全文明施工费	按规定标准计算	
3	其他项目费		
3.1	其中：暂列金额	按计价规定估算	
3.2	其中：专业工程暂估价	按计价规定估算	
3.3	其中：计日工	按计价规定估算	
3.4	其中：总承包服务费	按计价规定估算	
4	规费	按规定标准计算	
5	税金（扣除不列入计税范围的工程设备金额）	(1+2+3+4)×规定税率	
招标控制价合计＝1＋2＋3＋4＋5			

2）施工企业工程投标报价计价程序见表 2.2。

表 2.2　施工企业工程投标报价计价程序

工程名称：　　　　　　　　　　　　　　　　标段：

序号	内容	计算方法	金额/元
1	分部分项工程费	自主报价	
1.1			
1.2			
1.3			
1.4			
1.5			
2	措施项目费	自主报价	
2.1	其中：安全文明施工费	按规定标准计算	
3	其他项目费		
3.1	其中：暂列金额	按招标文件提供金额计列	
3.2	其中：专业工程暂估价	按招标文件提供金额计列	
3.3	其中：计日工	自主报价	
3.4	其中：总承包服务费	自主报价	
4	规费	按规定标准计算	
5	税金（扣除不列入计税范围的工程设备金额）	(1+2+3+4)×规定税率	
投标报价合计 =1+2+3+4+5			

3）竣工结算计价程序见表 2.3。

表 2.3　竣工结算计价程序

工程名称：　　　　　　　　　　　　　　　　标段：

序号	内容	计算方法	金额/元
1	分部分项工程费	按合同约定计算	
1.1			
1.2			
1.3			
1.4			
1.5			
2	措施项目费	按合同约定计算	
2.1	其中：安全文明施工费	按规定标准计算	
3	其他项目费		
3.1	其中：专业工程结算价	按合同约定计算	
3.2	其中：计日工	按计日工签证计算	
3.3	其中：总承包服务费	按合同约定计算	
3.4	索赔与现场签证	按发、承包双方确认数额计算	
4	规费	按规定标准计算	
5	税金（扣除不列入计税范围的工程设备金额）	(1+2+3+4)×规定税率	
竣工结算总价合计 =1+2+3+4+5			

第 3 章

工程量清单计价

3.1　工程量清单计价与定额计价的联系和区别

建筑工程定额计价模式在我国有较长的应用历史，它是根据各地建设主管部门颁布的预算定额或综合定额中规定的工程量计算规则、定额单价和取费标准等，按照计量、套价、取费的方式进行计价。按这种计价模式计算出的工程造价反映了一定地区和一定时期建设工程的社会平均价值，可以作为考核固定资产建造成本、控制投资的直接依据。但预算定额是按照计划经济的要求制定、发布、贯彻执行的，工、料、机的消耗量是根据“社会平均水平”综合测定的，费用标准是根据不同地区平均测算的，因此企业报价时就会表现为平均主义，企业不能结合项目具体情况、自身技术管理水平自主报价，不能充分调动企业加强管理的积极性，也不能充分体现市场公平竞争的原则。

2003 年 2 月 17 日，建设部颁布了《建设工程工程量清单计价规范》，确定了工程量清单的计价方法，并于 2003 年 7 月 1 日起施行。采用这种方法，投标企业可以结合自身的生产效率、消耗水平和管理能力与已储备的本企业报价资料投标报价，工程造价由承、发包双方在市场竞争中按价值规律通过合同确定。但这两种方法并不是完全孤立的，两者有密切的联系。

3.1.1　工程量清单计价与定额计价的联系

1. 现行定额是工程量清单计价的基础

传统观念上的定额包括工程量计算规则、消耗量水平、单价、费用定额的项目和标准，而现在谈及的工程量清单计价与定额关系中的“定额”，特指消耗量水平（标准）。原来的定额计价是以消耗量水平为基础，配上单价、费用标准等用以计价；而工程量清单虽然也以消耗量水平作为基础，但是单价、费用的标准等，政府都不再做规定，而是由“政府宏观调控，市场形成价格”。虽然同样是以消耗量标准为基础，但两者区别是很大的。可以进一步理解为，目前政府仍然发布的消耗量标准不仅仅是推荐性的，还应该是过渡性的。建筑施工企业竞争的实质是劳动生产率的竞争，而劳动生产率高低的具体表现就是活劳动与物化劳动的消耗量标准，它反映了一个企业的消耗量水平，所以在淡化政府定额之后，企业应该建立自己的定额——企业的消耗量标准。用发展的眼光来看，工程量清单计价应该抛开政府发布的社会平均水平的消耗量标准，而使用企业自己的消耗量作为编制工程量清单的基础，编制出反映企业自己的消耗水平，反映企业实际竞争能力的报价书。

当然，就目前阶段而言，在企业还没有或没有完整定额的情况下，政府还需要继续发布一些社会平均消耗量定额供大家参考使用，这也便于从定额计价向工程量清单计价的转移。可以看出，工程量清单计价的推广还将有助于进一步淡化政府发布的平均消耗量定额，从而推动企业建立自己的消耗量标准。

2. 量价分离

要理解工程量清单与定额的关系，还涉及一个问题，那就是“量价分离”。量价分离是工程造价工作改革中的一个热点，也有些人认为量价分离是工程造价工作改革的一个标志。量价分离所表达的意思是政府定价已经取消，量价合一的模式必须改革，这是对改革的一个总体要求。只要能够将计价规范和定额无缝衔接，工程量清单计价就能发挥其应有的作用。

工程量清单计价法相对于传统的定额计价方法而言是一种全新的计价模式，或者说是一种市场定价模式，是由建筑产品的买方和卖方在建筑市场上根据供求状况、信息状况进行自由竞价，从而最终签订工程合同价格的方法。在工程量清单的计价过程中，工程量清单为建筑市场的交易双方提供了一个平等的平台，其内容和编制原则的确定是整个计价方式改革中的重要工作。

3.1.2 工程量清单计价与定额计价的区别

工程量清单计价与定额计价的区别主要体现在以下几方面。

1. 计价依据不同

计价依据不同是工程量清单计价和定额计价的最根本区别。定额计价的唯一依据就是定额，而工程量清单计价的主要依据是企业定额，包括企业生产要素消耗量标准、材料价格、施工机械配备及管理状况、各项管理费支出标准等。目前可能多数企业没有企业定额，但随着工程量清单计价形式的推广和报价实践的增加，企业将逐步建立起自身的定额和相应的项目单价。当企业都能根据自身状况和市场供求关系报出综合单价时，企业自主报价、市场竞争（通过招标投标）定价的计价格局也将形成，这也正是工程量清单所要促成的目标。工程量清单计价的本质是要改变政府定价模式，建立起市场形成造价机制，只有计价依据个别化，这一目标才能实现。

2. 反映水平不同

工程量清单计价是使投标人依据企业自己的管理能力、技术装备水平和市场行情自主报价，反映的是企业自身的水平。定额计价实际上反映的是社会平均水平。

3. 项目设置不同

按定额计价的工程项目划分即按照工序划分，一般安装定额有几千个项目，其划分原则是按工程的不同部位、不同材料、不同工艺、不同施工机械、不同施工方法和材料规格型号等，划分十分详细。工程量清单计价的工程项目划分较之定额计价的工程项目划分有较大的综合性，一般是按综合实体进行分项的，每个分项工程一般包含多项工程内容，它考虑工程部位、材料、工艺特征，但不考虑具体的施工方法或措施，如人工或机械、机械的不同型号等，同时对于同一项目不再按阶段或过程分为几项，而是综合到一起。其好处是能够减少原来定额对于施工企业工艺方法选择的限制，报价时有更多的自主性。

4. 项目编码不同

定额计价采用各省市各自的项目编码，工程量清单计价则采用国家统一标准项目编码。分部分项工程量清单项目编码以五级编码设置。

5. 编制工程量不同

1）编制的主体不同。在定额计价方法中，建设工程的工程量分别由招标人与投标人按设计图纸计算。在工程量清单计价方法中，工程量由招标人统一计算或委托有工程造价咨询资质的单位统一计算。工程量清单是招标文件的重要组成部分，各投标人根据招标人提供的工程量清单，根据自身的技术装备、施工经验、企业成本、企业定额、管理水平自主报价。

2）工程量计算规则不同。

3）需要计算的工程量不同。定额计价的工程量，一般由承包方负责计算，计算规则执行的是计价定额（即消耗量定额）的规定，由发包方进行审核。工程量清单计价的工程量来源于两个方面：一是清单项目的工程量，由清单编制人根据《清单计价规范》各附录中的工程量计算规则计算，并填写工程量清单作为招标文件的一部分发至投标人。二是组成清单项目的各个定额分项工程的工程量，由投标人根据计价定额规定的工程量计算规则计算，并执行相应计价定额组成综合单价。

6. 单价组成不同

定额计价的单价包括人工费、材料费、机械台班费；单价是工料单价，属于不完全单价。

工程量清单计价采用综合单价形式，综合单价包括人工费、材料费、机械费、管理费和利润，并考虑了风险因素，属于完全单价。采用综合单价便于工程款支付、工程造价的调整和工程结算，也避免了因为“取费”产生的一些无谓纠纷。综合单价中的直接费、管理费和利润由投标人根据本企业实际支出及利润预期、投标策略确定，是施工企业实际成本费用的反映，是工程的个别价格。综合单价的报出是一个个别计价、市场竞争的过程。

7. 计价原理（计价程序）不同

定额计价的原理是按照定额子目的划分原则，将图纸设计的内容划分为计算造价的基本单位，即进行项目的划分，计算确定每个项目的工程量；然后选套相应的定额，再计取工程的各项费用，最后汇总得到整个工程造价。

工程量清单计价是指在招标投标过程中，按照业主在招标文件中规定的工程量清单和有关说明，由投标方根据政府颁布的有关规定进行清单项目的单价分析，然后进行清单填报的计价模式。进行工程量清单计价时，造价由工程量清单费用（$\sum$清单工程量×项目综合单价）、措施项目清单费用、其他项目清单费用、规费、税金 5 部分构成。

定额计价未区分施工实物性损耗与施工措施性损耗。工程量清单计价把施工措施与工程实体项目分离开，把施工措施消耗单列并纳入了竞争的范畴。进行这种划分的考虑是将施工过程中的实体性消耗和措施性消耗分开，对于措施性消耗费用只列出项目名称，由投标人根据招标文件要求和施工现场情况、施工方案自行确定，以体现出以施工方案为基础的造价竞争。

8. 评标采用的方法不同

定额计价投标一般采用百分制评分法。工程量清单计价投标一般采用合理低报价中标法，既要对总价进行评分，又要对综合单价进行分析评分。

9. 合同价格的调整方式不同

定额计价形成的合同，其价格的主要调整方式有变更签证、定额解释、政策性调整，往往调整内容较多，容易引起纠纷。工程量清单计价在一般情况下单价是相对固定的，综合单价基本上是不变的，因此减少了在合同实施过程中的调整因素。在通常情况下，如果清单项目的数量没有增减，就能够保证合同价格基本没有调整，保证了其稳定性，也便于业主进行资金准备和筹划。

10. 风险处理的方式不同

工程预算定额计价，风险只在投资一方，所有的风险在不可预见费中考虑；结算时，按合同约定，可以调整。可以说投标人没有风险，不利于控制工程造价。工程量清单计价，使招标人与投标人风险合理分担，工程量上的风险由招标人承担，单价上的风险由投标人承担。投标人对自己所报的成本、综合单价负责，还要考虑各种风险对价格的影响，综合单价一经合同确定，结算时不可以调整（除工程量有变化），且对工程量的变更或计算错误不负责任；招标人在计算工程量时要准确，对于这一部分风险应由招标人承担，从而有利于控制工程造价。

11. 计量单位的区别

工程量清单计价，计量单位均采用《清单计价规范》附录中规定的基本单位。它与定额计价的单位不一样，定额计价的单位一般为复合单位，如 10m、100kg、$10m^2$ 等。

12. 计价格式的区别

根据《清单计价规范》的要求，工程量清单计价使用“工程量清单计价表”以综合单价计价。工程量清单格式包括封面、填表须知、总说明和分部分项工程量清单，措施项目清单，其他项目清单及零星工作项目表。工程量清单计价格式包括封面、投标总价、工程项目总价表、单项工程费汇总表、单位工程费汇总表、分部分项工程量清单计价表、措施项目清单计价表、其他项目清单计价表、零星工作项目计价表、分部分项工程量清单综合单价分析表、措施项目费分析表、主要材料价格表。同时，对工程量清单格式及工程量清单计价格式的填写均作了明确的规定。定额计价是以定额分项工程的单价计价，定额计价时确定直接费和各项费用计算的表格形式，即建筑安装工程预算表。

由以上分析可见，定额计价与工程量清单计价既有区别又有共性，实际操作中可以把清单项目作为一个平台与原来的定额内容进行对口衔接。

3.1.3　工程量清单项目与定额内容的对口做法

1）根据某清单项目的特征描述和工作内容，可以找到相应的若干定额子目。大部分的子目组合之后与清单项目应该是完全一致的，如果不完全一致，则根据清单项目调整。无论是子目数量或差异量都是很少的，并且调整工作量不大。

2）比照两者的工程量计算规则，应该注意的是，定额子目的计算规则与清单项目的计算规则并不完全相同，但两个计算规则中有许多是相同的，而且无矛盾，可以在各自的规则下分别进行。当然，还有一些存在差别并会导致结果不同的计算规则，对此可以设定几条原则：第一，以清单项目计算规则为准，完全相同的则保留；第二，存在差别但没有矛盾的，可以在各自的规则平台上分别进行，即几个子目仍使用原规则，最后并入项目规则；第三，如果有矛盾并将导致结果不同，则修改定额计算规则，以符合清单要求。

3）解决计量单位问题。如果逐项对比，真正计量单位不同的也只是少数，当然也应该依清单调整。大量的问题实际上不是计量单位不同，而是被组合子目有各自的计量单位，可以各自使用；而清单项目则应该是一个新计量单位，子目组合完毕后再归入这个新计量单位中即可。

3.2　《通用安装工程工程量计算规范》（GB 50856—2013）

《通用安装工程工程量计算规范》（GB 50856—2013）是根据住房和城乡建设部《关于印发〈2009 年工程建设标准规范制订、修订计划〉的通知》（建标〔2009〕88 号）的要求，为进一步适应建设市场计量、计价的需要，对《建设工程工程量清单计价规范》（GB 50500—2008）附录 C 进行修订并增加新项目而成。本规范是“工程量计算规范”之三，代码 03。

3.2.1　工程计量

1）工程量计算的依据如下。

① 《通用安装工程工程量计算规范》（GB 50856—2013）。

② 经审定通过的施工设计图纸及其说明。

③ 经审定通过的施工组织设计或施工方案。

④ 经审定通过的其他有关技术经济文件。

⑤ 《清单计价规范》的相关规定。

2）规范附录中有两个或两个以上计量单位的，应结合拟建工程项目的实际情况，确定其中一个为计量单位。同一工程项目的计量单位应一致。

3）工程计量时每一项目汇总的有效位数应遵守下列规定。

① 以“t”为单位，应保留小数点后 3 位数字，第四位小数四舍五入。

② 以“m”“m^2”“m^3”“kg”为单位，应保留小数点后 2 位数字，第三位小数四舍五入。

③ 以“台”“个”“件”“套”“根”“组”“系统”等为单位，应取整数。

4）《通用安装工程工程量计算规范》（GB 50856—2013）各项目仅列出了主要工作内容，除另有规定和说明外，应视为已经包括完成该项目所列或未列的全部工作内容。

5）本规范电气设备安装工程适用于电气 10kV 以下的工程。

3.2.2　与《市政工程工程量计算规范》（GB 50857—2013）相关内容在执行上的划分界线

1）电气设备安装工程与市政工程路灯工程的界定：厂区、住宅小区的道路路灯安装工程、庭院艺术喷泉等电气设备安装工程按通用安装工程“电气设备安装工程”相应项目执行；涉及市政道路、市政庭院等电气安装工程的项目，按市政工程中“路灯工程”的相应项目执行。

2）工业管道与市政工程管网工程的界定：给水管道以厂区入口水表井为界；排水管道以厂区围墙外第一个污水井为界；热力和燃气以厂区入口第一个计量表（阀门）为界。

3）给排水、采暖、燃气工程与市政工程管网工程的界定：室外给排水、采暖、燃气管道以市政管道碰头井为界；厂区、住宅小区的庭院喷灌及喷泉水设备安装按本规范相应项目执行；公共庭院喷灌及喷泉水设备安装按《市政工程工程量计算规范》（GB 50857—2013）管网工程的相应项目执行。

4）本规范涉及管沟、坑及井类的土方开挖、垫层、基础、砌筑、抹灰、地沟盖板预制安装、回填、运输、路面开挖及修复、管道支墩的项目，按《房屋建筑与装饰工程工程量计算规范》（GB 50854—2013）和《市政工程工程量计算规范》（GB 50857—2013）的相应项目执行。

3.2.3 《通用安装工程工程量计算规范》（GB 50856—2013）的组成

《通用安装工程工程量计算规范》（GB 50856—2013）包括正文、附录和条文说明三个部分。正文部分包括总则、术语、工程计量、工程量清单编制。附录对分部分项工程和可计量的措施项目的项目编码、项目名称、项目特征、计量单位、工程量计算规则及工作内容做了规定；对于不能计量的措施项目则规定了项目编码、项目名称和工作内容及包含范围。

在《通用安装工程工程量计算规范》（GB 50856—2013）中，将安装工程按专业、设备特征或工程类别分为 13 个附录，形成附录 A～附录 N，具体为：

附录 A 机械设备安装工程（编码：0301）

附录 B 热力设备安装工程（编码：0302）

附录 C 静置设备与工艺金属结构制作安装工程（编码：0303）

附录 D 电气设备安装工程（编码：0304）

附录 E 建筑智能化工程（编码：0305）

附录 F 自动化控制仪表安装工程（编码：0306）

附录 G 通风空调工程（编码：0307）

附录 H 工业管道工程（编码：0308）

附录 J 消防工程（编码：0309）

附录 K 给排水、采暖、燃气工程（编码：0310）

附录 L 通信设备及线路工程（编码：0311）

附录 M 刷油、防腐蚀、绝热工程（编码：0312）

附录 N 措施项目（编码：0313）

以上每个附录（专业工程）又划分为若干个分部工程，如附录 D 电气设备安装工程又划分为 D.1 变压器安装（030401）～D.14 电气调整试验 14 个分部工程。每个分部工程又划分为若干分项工程，列于分部工程表格之内。

1. 项目编码

项目编码是指分部分项工程和措施项目清单名称的阿拉伯数字标识。工程量清单项目编码采用 12 位阿拉伯数字表示，1～9 位应按计量规范附录规定设置，10～12 位应根据拟建工程的工程量清单项目名称设置，同一招标工程的项目编码不得有重码。当同一标段（或合同段）的一份工程量清单中含有多个单位工程且工程量清单是以单位工程为编制对象时，在编制工程量清单时应特别注意对项目编码 10～12 位的设置不得有重码的规定。五级编码组成内容如下：

1）第一级表示专业工程代码（分 2 位）：建筑工程和装饰装修工程为 01、安装工程为 03、市政工程为 04、园林绿化工程为 05。

2）第二级表示附录分类顺序码（分 2 位）。

3）第三级表示分部工程顺序码（分 2 位）。

4）第四级表示分项工程项目名称顺序码（分 3 位）。

5）第五级表示工程量清单项目名称顺序码（分 3 位）。

例如，补充项目的编码由《通用安装工程工程量计算规范》（GB 50856—2013）的代码与 B 和 3 位阿拉伯数字组成，并应从 03B001 起顺序编制，同一招标工程的项目不得重码。

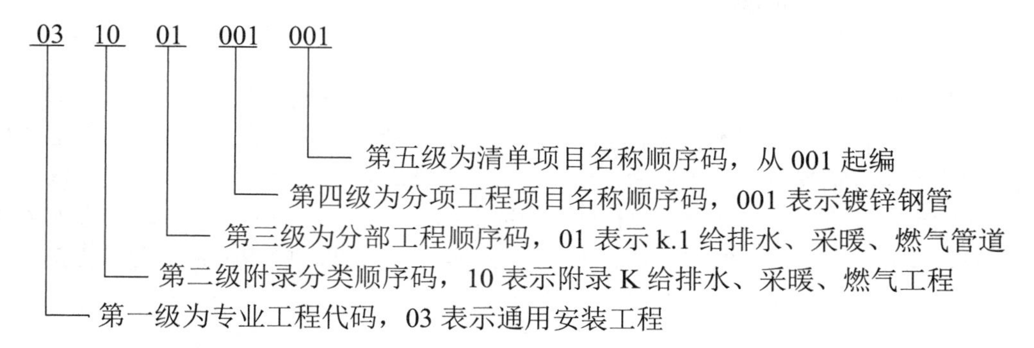

2. 项目名称

工程量清单的分部分项工程和措施项目的项目名称应按工程量计算规范附录中的项目名称结合拟建工程的实际确定。工程量计算规范中的项目名称是具体工作中对清单项目命名的基础，应在此基础上结合拟建工程的实际，对项目名称具体化，特别是归并或综合性较大的项目应区分项目名称，分别编码列项。

3. 项目特征

项目特征是表征构成分部分项工程项目、措施项目自身价值的本质特征，是对体现分部分项工程量清单、措施项目清单价值的特有属性和本质特征的描述。从本质上讲，项目特征体现的是对清单项目的质量要求，是确定一个清单项目综合单价不可缺少的重要依据，在编制工程量清单时，必须对项目特征进行准确和全面的描述。工程量清单项目特征描述的重要意义在于：项目特征是区分具体清单项目的依据；项目特征是确定综合单价的前提：项目特征是履行合同义务的基础。如实际项目实施过程中，施工图纸中特征与分部分项工程项目特征不一致或发生变化，即可按合同约定调整该分部分项工程的综合单价。

项目特征应按工程量计算规范附录中规定的项目特征，结合拟建工程项目的实际予以描述，能够体现项目本质区别的特征和对报价有实质影响的内容都必须描述。项目特征描述的内容应按工程量计算规范附录中的规定，结合拟建工程的实际，能满足确定综合单价的需要。若采用标准图集或施工图纸能够全部或部分满足项目特征描述的要求，项目特征描述可直接采用详见××图集或××图号的方式。对不能满足项目特征描述要求的部分，仍应用文字描述。

4. 计量单位

清单项目的计量单位应按工程量计算规范附录中规定的计量单位确定。规范中的计量单位均为基本单位，与消耗量定额中所采用基本单位扩大一定的倍数不同。如质量以“t”“kg”为单位，长度以“m”为单位，面积以“m^2”为单位，体积以“m^3”为单位，自然计量的以“个、件、根、组、系统”为单位。

工程量计算规范附录中有两个或两个以上计量单位的，应结合拟建工程项目的实际情况，选择其中一个，在同一个建设项目（或标段、合同段）中，有多个单位工程的相同项目计量单位必须保持一致。

5. 工程量计算规则

工程量计算规范统一规定了工程量清单项目的工程量计算规则。其原则是按施工图图示尺寸（数量）计算清单项目工程数量的净值，一般不需要考虑具体的施工方法、施工工艺和施工现场的实际情况而发生的施工余量。如“配线”其计算规则为“按设计图示尺寸以单线长度计算（含预留长度）”，其中“预留长度”的情形和计算在规范里有规定，包括进入各种开关箱、柜、板等的预留，其他如灯具、明暗开关、插座、按钮等的预留线分别综合在有关定额子目内，不计算工程量，在综合单价中综合考虑。

6. 工作内容

工作内容是指为了完成工程量清单项目所需要发生的具体施工作业内容。工程量计算规范附录中给出的是一个清单项目可能发生的工作内容，在确定综合单价时需要根据清单项目特征中的要求、具体的施工方案等确定清单项目的工作内容，是进行清单项目组价的基础。

工作内容不同于项目特征，项目特征体现的是清单项目质量或特性的要求或标准，工作内容体现的是完成一个合格的清单项目需要具体做的施工作业和操作程序，对于一项明确了分部分项工程项目或措施项目，工作内容确定了其工程成本。不同的施工工艺和方法，工作内容也不相同，工程成本也就有了差别。在编制工程量清单时一般不需要描述工作内容。

例如，“030404017 配电箱”其项目特征如下：

① 名称；
② 型号；
③ 规格；
④ 基础形式、材质、规格；
⑤ 接线端子材质、规格；
⑥ 端子板外部接线材质、规格；
⑦ 安装方式。

工作内容如下：

① 本体安装；
② 基础型钢制作、安装；
③ 焊、压接线端子；
④ 补刷（喷）油漆；
⑤ 接地。

通过对比可以看出，如“基础形式、材质、规格”是对配电箱基础制作、安装的要求，体现的是用什么样规格和材质的材料去做，属于项目特征；“基础型钢制作、安装”是配电箱安装过程中的工艺和方法，体现的是如何做，属于工作内容。

3.3 四川省安装工程清单计价定额

3.3.1 安装工程消耗量定额

安装工程消耗量定额是指消耗在组成安装工程基本构成要素上的人工、材料、施工机械台班的合理数量标准。

3.3.2　安装工程基本构成要素

按 WBS 方法将安装工程进行分解后最小的安装工程（作）单位，称为“安装工程基本构成要素”，也称为安装工程的“细目”或“子目”。它是组成安装工程最基本的单位实体，具有独特的基本性质。“安装工程基本构成要素”有名称、有编码、有工作内容、有计量单位、可以独立计算资源消耗量、可以计算其净产值，它是工作任务的分配依据、是工程造价的计算单元、是工程成本计划和核算的基本对象。这也是对定额分部分项或子项分解和建立的基本要求。

若将这些“安装工程基本构成要素”测定出其合理需要的劳动力、材料和施工机械使用台班等的消耗数量后，并将其按工程结构或生产顺序的规律，有机地依序排列起来，编上编码，再加上文字说明，印制成册，就成为“安装工程消耗量定额手册”，简称“定额”。

3.3.3　《通用安装工程消耗量定额》（TY02—31—2015）简介

《通用安装工程消耗量定额》（TY02—31—2015）由 12 个专业的安装工程预算定额组成：

第一册《机械设备安装工程》

第二册《热力设备安装工程》

第三册《静置设备与工艺金属结构制作安装工程》

第四册《电气设备安装工程》

第五册《建筑智能化工程》

第六册《自动化控制仪表安装工程》

第七册《通风空调工程》

第八册《工业管道工程》

第九册《消防工程》

第十册《给排水、采暖、燃气工程》

第十一册《通信设备及线路工程》

第十二册《刷油、防腐蚀、绝热工程》

3.3.4　《通用安装工程消耗量定额》（TY02—31—2015）的组成内容

《通用安装工程消耗量定额》（TY02—31—2015）中 12 个专业的安装工程消耗量定额由以下内容组成。

1．定额总说明

定额总说明的内容包含说明定额编制的依据，工程施工条件的要求，定额人工、材料、机械台班消耗标准的确定说明及范围，施工中所用仪器、仪表台班消耗量的取定，对垂直和水平运输要求的说明，对定额中相关费用按系数计取的规定及其他有关问题的说明。

2．各专业工程定额册说明

各专业工程定额册说明是对本册定额的共性问题所进行的说明。说明该专业工程定额的内容和适用范围，定额依据的专业标准和规范，定额的编制依据，有关人工、材料和机械台班定额的说明，与其他安装专业工程定额的关系，超高、超层脚手架搭拆及摊销等的规定。

3．目录

目录为查找、检索安装工程子目定额提供方便。更主要的是，各专业安装工程预算定额是该专业工程经 WBS 分解后，其基本构成要素有机构成的顺序完全体现在“定额目录”中。所以，定额目录为工程造价人员在计算工程造价时提供连贯性的参考，在立项计算消耗量时不致漏项或错算。

4．分章说明

分章说明主要说明本章定额的适用范围、工作内容、工程量的计算规则、本定额不包括的工作内容，以及用定额系数计算消耗量的一些规定。

5．定额项目表

定额项目表是各专业工程定额的重要内容之一，定额分项工程项目表是预算定额的主要部分。它是安装工程按 WBS 分解后的工程基本构成要素的有机组合，并按章—节—项—分项—子项—目—子目（工程基本构成要素）等次序排列起来，然后按排列的顺序编上分类码和顺序码以体现有机的系统性。定额项目表组成的内容包括章节名称，分节工作内容，各组成子目及其编号，各子目人工、材料、机械台班消耗数量等。它以表格形式列出各分项工程项目的名称、计量单位、工作内容、定额编号及其中的人工、材料、机械台班消耗量。

6．附录

附录放在每册消耗量定额之后，为使用定额提供参考资料和数据，一般包括以下内容。

1）工程量计算方法及相关规定。

2）材料、构件、零件、组件等质量及数量表。

3）材料配合比表、材料损耗率表等。

3.3.5　《四川省建设工程工程量清单计价定额——通用安装工程》（2020）简介

《四川省建设工程工程量清单计价定额——通用安装工程》（2020）是根据《建设工程工程量清单计价规范》（GB 50500—2013）、《通用安装工程消耗量定额》(TY02—31—2015)、《四川省建设工程工程量清单计价定额——通用安装工程》（2015），结合四川省的实际情况编制的，共 13 分册：

A——《机械设备安装工程》

B——《热力设备安装工程》

C——《静置设备与工艺金属结构制作安装工程》

D——《电气设备安装工程》

E——《建筑智能化工程》

F——《自动化控制仪表安装工程》

G——《通风空调工程》

H——《工业管道工程》

J——《消防工程》

K——《给排水、采暖、燃气工程》

L——《通信设备及线路工程》

M——《刷油、防腐蚀、绝热工程》

N——《通用项目及措施项目》

《四川省建设工程工程量清单计价定额——通用安装工程》（2020）自2021年4月1日起执行。

3.3.6 《四川省建设工程工程量清单计价定额——通用安装工程》（2020）的组成内容

1. 总说明

总说明的内容包括定额的编制依据、适用范围、消耗量标准、综合基价、措施项目费、其他项目费、规费、税金等。

（1）“营改增”变化

为贯彻落实“营改增”的方针政策，《四川省建设工程工程量清单计价定额》（2020）中所有定额项目费用构成中不再含增值税中“进项税”。定额综合基价（包括组成内容）均为不含税综合基价，适用于一般计税方式，定额增值税为销项税额。对简易计税法，《四川省建设工程工程量清单计价定额》（2020）另行规定了调整系数和计税方法。

《四川省建设工程工程量清单计价定额》（2020）的机械台班定额单价为不含税的单价，采用简易计税时，以调整系数计算。总价措施项目费、安全文明施工费以一般计税和简易计税分别制定费率，适应不同的计税方式。附加税不进入企业管理费。编制招标控制价时，附加税按定额规定的费率计算，办理竣工结算时，附加税按国家规定的计算方法计算。

（2）消耗量标准

《四川省建设工程工程量清单计价定额》（2020）的消耗量标准是根据国家现行设计标准、施工质量验收规范和安全技术操作规程，以正常的施工条件、合理的施工组织设计、施工工期、施工工艺为基础，结合四川省的施工技术水平和施工机械装备程度进行编制的，它反映了社会的平均水平。因此，除定额允许调整者外，定额中的材料消耗量均不得变动，如遇特殊情况，需报经工程所在地工程造价管理部门同意，并报省建设工程造价管理总站备查后方可调整。

（3）综合基价

本定额综合基价是由完成一个规定计量单位的分部分项工程项目或措施项目的工程内容所需的人工费、材料和工程设备费、施工机具使用费、企业管理费、利润所组成。

1）人工费。人工费是指按工资总额构成规定，支付给从事建筑安装工程施工的生产工人和附属生产单位工人的各项费用，内容包括：

① 计时工资或计件工资：是指按计时工资标准和工作时间或对已做工作按计件单价支付给个人的劳动报酬。

② 奖金：是指对超额劳动和增收节支支付给个人的劳动报酬，如节约奖、劳动竞赛奖等。

③ 津贴补贴：是指为了补偿职工特殊或额外的劳动消耗和因其他特殊原因支付给个人的津贴，以及为了保证职工工资水平不受物价影响而支付给个人的物价补贴，如流动施工津贴、特殊地区施工津贴、高温（寒）作业临时津贴、高空津贴等。

④ 加班加点工资：是指按规定支付的在法定节假日工作的加班工资和在法定工作日工作时间外延时工作的加点工资。

⑤ 特殊情况下支付的工资：是指根据国家法律、法规和政策规定，因病、工伤、产假、计划生育假、婚丧假、事假、探亲假、定期休假、停工学习、执行国家或社会义务等原因按计时工资标准或计量工资标准的一定比例支付的工资。

本定额人工工日消耗量包括基本用工、辅助用工、其他用工和机械操作用工（简称：机上人工），每工日按 8 小时工作制计算。每工日人工单价包括计时工资或计价工资、奖金、津贴补贴、加班加点工资、特殊情况下支付的工资等。综合计算人工单价基价如下：

普工人工单价基价为 90 元/工日；

一般技工（包括机上人工）人工单价基价为 120 元/工日；

高级技工人工单价基价为 150 元/工日。

2）材料费。材料费是指施工过程中耗费的原材料、辅助材料、构配件、零件、半成品或成品、工程设备的费用。内容包括：

① 材料原价：是指材料、工程设备的出厂价格或商家供应价格。

② 运杂费：是指材料、工程设备自来源地运至工地仓库或指定堆放地点所发生的全部费用。

③ 运输损耗费：是指材料在运输装卸过程中不可避免的损耗。

④ 采购及保管费：是指为组织采购、供应和保管材料、工程设备的过程中所需要的各项费用，包括采购费、仓储费、工地保管费、仓储损耗。

工程设备是指构成或计划构成永久工程一部分的机电设备、金属结构设备、仪器装置及其他类似的设备和装置。

3）施工机具使用费。施工机具使用费是指施工作业所发生的施工机械、仪器仪表使用费。

① 施工机械使用费：以施工机械台班耗用量乘以施工机械台班单价表示，施工机械台班单价应由下列 7 项费用组成。

a．折旧费：指施工机械在规定的耐用总台班内，陆续收回其原值的费用。

b．检修费：指施工机械在规定的耐用总台班内，按规定的检修间隔进行必要的检修，以恢复其正常功能所需的费用。

c．维护费：指施工机械在规定的耐用总台班内，按规定的维护间隔进行各级维护和临时故障排除所需的费用、保障机械正常所需替换设备与随机配备工具附具的摊销费用、机械运转及日常保养所需润滑与擦拭的材料费用以及机械停滞期间的维护保养费用等。

d．安拆费及场外运费：安拆费是指施工机械在现场进行安装与拆卸所需的人工、材料、机械和试运转费用以及机械辅助设施的折旧、搭设、拆除等费用；场外运费是指施工机械整体或分体自停放地点运至施工现场或由一施工地点运至另一施工地点所发生的运距< 25 km 的运输、装卸、辅助材料等费用。

e．人工费：指机上司机（司炉）及其他操作人员的人工费。

f．燃料动力费：指施工机械在运转作业中所消耗的燃料及水、电等费用。

g．其他费用：指施工机械按照国家规定应缴纳的车船税、保险费及检测费等。车船税是指施工机械按照四川省有关规定应缴纳的车船使用税。保险费是指施工机械按照国家规定强制性缴纳的费用，不包含非强制性保险。

② 仪器仪表使用费：是指工程施工所需使用的仪器仪表的摊销及维修费用。

4）企业管理费。是指建筑安装企业组织施工生产和经营管理所需的费用。内容包括：

① 管理人员工资：是指按规定支付给管理人员的计时工资、奖金、津贴补贴、加班加点工资及特殊情况下支付的工资等。

② 办公费：是指企业管理办公用的文具、纸张、账表、印刷、邮电、书报、办公软件、现场监控、会议、水电、烧水和集体取暖降温（包括现场临时宿舍取暖降温）等费用。

③ 差旅交通费：是指职工因公出差、调动工作的差旅费、住勤补助费，市内交通费和误餐补助费，职工探亲路费，劳动力招募费，职工退休、退职一次性路费，工伤人员就医路费，工地转移费以及管理部门使用的交通工具的油料、燃料等费用。

④ 固定资产使用费：是指管理和试验部门及附属生产单位使用的属于固定资产的房屋、设备、仪器等的折旧、大修、维修或租赁费。

⑤ 工具用具使用费：是指企业施工生产和管理使用的不属于固定资产的工具、器具、家具、交通工具和检验、试验、测绘、消防用具等的购置、维修和摊销等。另凡单位价值2000 元以内使用年限在一年以内、不构成固定资产的施工机械，不列入机械费中，作为工具用具在企业管理费中考虑，但其消耗的燃料动力等已列入本定额材料费中。

⑥ 劳动保险和职工福利费：是指由企业支付的职工退职金、按规定支付给离休干部的经费、集体福利费、夏季防暑降温、冬季取暖补贴、上下班交通补贴等。

⑦ 劳动保护费：是企业按规定发放的劳动保护用品的支出，如工作服、手套、防暑降温饮料以及在有碍身体健康的环境中施工的保健费用等。

⑧ 检验试验费：是指施工企业按照有关标准规定，对建筑以及材料、构件和建筑安装物进行一般鉴定、检查所发生的费用，包括自设试验室进行试验所耗用的材料等费用。不包括新结构、新材料的试验费，对构件做破坏性试验及其他特殊要求检验试验的费用和建设单位委托检测机构进行检测的费用，对此类检测发生的费用，由建设单位在工程建设其他费用中列支。但对施工企业提供的具有合格证明的材料进行检测，结果不合格的，该检测费用由施工企业支付。

⑨ 工会经费：是指企业按《工会法》规定的按全部职工工资总额比例计提的工会经费。

⑩ 职工教育经费：是指按职工工资总额的规定比例计提，企业为职工进行专业技术和职业技能培训，专业技术人员继续教育、职工职业技能鉴定、职业资格认定以及根据需要对职工进行各类文化教育所发生的费用。

⑪ 财产保险费：是指施工管理用财产、车辆等的保险费用。

⑫ 财务费：是指企业为施工生产筹集资金或提供预付款担保、履约担保、职工工资支付担保等所发生的各种费用。

⑬ 税金：是指企业按规定缴纳的房产税、车船使用税、土地使用税、印花税等。

⑭ 其他：包括技术转让费、技术开发费、投标费、业务招待费、绿化费、广告费、公证费、法律顾问费、审计费、咨询费、保险费等。

5）利润。利润是指施工企业完成所承包工程获得的盈利。

6）综合基价调整。综合基价的各项内容按以下规定进行调整：

① 人工费调整。本定额取定的人工费作为定额综合基价的基价，各地可根据本地劳动力单价及实物工程量劳务单价的实际情况，由当地工程造价管理部门测算并附文报省建设工程造价总站批准后调整人工费。编制设计概算、施工图预算、最高投标限价（招标控制价、

标底）时，人工费按工程造价管理部门发布的人工费调整文件进行调整；编制投标报价时，投标人参照市场价格自主确定人工费调整，但不得低于工程造价管理部门发布的人工费调整标准；编制和办理竣工结算时，依据工程造价管理部门的规定及施工合同约定调整人工费。调整的人工费计入综合单价，但不作为计取其他费用的基础。

② 材料费调整。本定额取定的材料价格作为定额综合基价的基价，调整的材料费计入综合单价。在编制设计概算、施工图预算、最高投标限价（招标控制价、标底）时，依据工程造价管理部门发布的工程造价信息确定材料价格并调整材料费，工程造价信息没有发布的材料，参照市场价确定材料价格并调整材料费；编制投标报价时，投标人参照市场价格信息或工程造价管理部门发布的工程造价信息自主确定材料价格并调整材料费；编制和办理竣工结算时，依据合同约定确认的材料价格调整材料费。

安装工程和市政工程中的给水、燃气、给排水机械设备安装、生活垃圾处理工程、路灯工程以及城市轨道交通工程的通信、信号 、供电、智能与控制系统、机电设备、车辆基地工艺设备和园林绿化工程中绿地喷灌、喷泉安装等安装工程及其他专业的计价材料费，由省建设工程造价总站根据市场变化情况统一调整。

③ 机械费调整。本定额对施工机械及仪器仪表使用费以机械费表示，作为定额综合基价的基价，定额注明了机械油料消耗量的项目，油价变化时，机械费中的燃料动力费按照上述“材料费调整”的规定进行调整，并调整相应定额项目的机械费，机械费中除燃料动力费以外的费用调整，由省建设工程造价总站根据住房和城乡建设部的规定以及四川省实际进行统一调整。调整的机械费进入综合单价，但不作为计取其他费用的基础。

④ 企业管理费、利润调整。本定额的企业管理费、利润由省建设工程造价总站根据实际情况进行统一调整。

（4）措施项目费

措施项目费是指为完成工程项目施工，发生于该工程施工前和施工过程中的技术、生活、安全、环境保护、扬尘污染防治、建筑工人实名制管理等方面的费用。

1）安全文明施工。除各专业工程措施项目外，安全文明施工费具体内容详见 2020 年《四川省建设工程工程量清单计价定额——构筑物工程、爆破工程、建筑安装工程费用、附录》。安全文明施工内容如下。

① 环境保护费：是指施工现场为达到环保部门要求所需要的各项费用。

② 文明施工费：是指施工现场文明施工所需要的各项费用。

③ 安全施工费：是指施工现场安全施工所需要的各项费用。

④ 临时设施费：是指施工企业为进行建设工程施工所必须搭设的生活和生产用的临时建筑物、构筑物和其他临时设施费用。包括临时设施的搭设、维修、拆除、清理费或摊销费等。

2）其他措施项目。

① 夜间施工增加费：是指因夜间施工所发生的夜班补助费，以及夜间施工降效、夜间施工照明设备摊销及照明用电等费用。

② 二次搬运费：是指因施工场地条件限制而发生的材料、构配件、半成品等一次运输不能到达堆放地点，必须进行二次或多次搬运所发生的费用。

③ 冬雨季施工增加费：是指在冬季或雨季施工需增加的临时设施、防滑、排除雨雪，人工及施工机械效率降低等费用。

④ 已完工程及设备保护费：是指竣工验收前，对已完工程及设备采取的必要保护措施

所发生的费用。

⑤ 工程定位复测费：是指工程施工过程中进行全部施工测量放线和复测工作的费用。

3）有关说明。

① 具体措施项目的工作内容、包含范围及划分界限详见各类专业工程的现行国家标准《房屋建筑与装饰工程工程量计算规范》等工程量计算规范（以下简称“国家规范”）。

② 本定额未列的措施项目，可根据工程实际情况补充。

③ 措施项目费计算：措施项目费应执行现行“国家规范（2013 版）”及住房和城乡建设部、财政部《关于印发〈建筑安装工程费用项目组成〉的通知》（建标〔2013〕44 号）的规定。“国家规范（2013 版）”规定应予计量的措施项目（单价措施项目）按本定额各专业工程“措施项目”章相应项目计算，国家计量规范规定不宜计量的措施项目（总价措施项目）按 2020 年《四川省建设工程工程量清单计价定额——构筑物工程、爆破工程、建筑安装工程费用、附录》有关规定计算。

措施项目费中的安全文明施工费应按规定标准计价，不得作为竞争性费用。

（5）其他项目费

其他项目费指除分部分项工程量清单项目、措施项目费以外的项目费用。

1）其他项目费所含内容。

① 暂列金额：是指建设单位在工程量清单中暂定并包括在工程合同价款中的一笔款项。用于施工合同签订时尚未确定或者不可预见的所需材料、工程设备、服务的采购，施工中可能发生的工程变更、合同约定调整因素出现时的工程价款调整以及发生的索赔、现场签证确认等费用。

② 暂估价：包括材料和工程设备暂估单价、专业工程暂估价。

③ 计日工：是指在施工过程中，承包人完成发包人提出的工程合同范围以外的零星项目或工作所需的费用。

④ 总承包服务费：是指总承包人为配合、协调发包人进行的专业工程发包，对发包人自行采购的材料、工程设备等进行保管以及施工现场管理、竣工资料汇总整理等服务所需的费用。

出现以上未列出的其他项目，编制人可做补充。

2）其他项目费计算。

其他项目费应按现行“国家规范（2013 版）”及住房和城乡建设部、财政部《关于印发〈建筑安装工程费用项目组成〉的通知》（建标〔2013〕44 号）的规定，依据 2020 年《四川省建设工程工程量清单计价定额——构筑物工程、爆破工程、建筑安装工程费用、附录》有关规定计算。

（6）规费

根据国家法律、法规规定，以及省级政府或省级有关部门规定，施工企业必须缴纳的，应计入建筑安装工程造价的费用。

1）本定额的规费包括社会保险费及住房公积金，其内容如下。

① 社会保险费。

a．养老保险费：是指企业按照规定标准为职工缴纳的基本养老保险费。

b．失业保险费：是指企业按照规定标准为职工缴纳的失业保险费。

c．医疗保险费：是指企业按照规定标准为职工缴纳的基本医疗保险费。

d．生育保险费：是指企业按照规定标准为职工缴纳的生育保险费。

e．工伤保险费：是指企业按照规定标准为职工缴纳的工伤保险费。

② 住房公积金：是指企业按规定标准为职工缴纳的住房公积金。

2）工程排污费。工程排污费是指按规定缴纳的施工现场工程排污费，本定额综合基价中不包括此项，按有关规定计取。

出现以上未列出的规费项目，应根据省级政府或省级有关部门的规定列项，按实际发生计取。

3）规费的计算。按 2020 年《四川省建设工程工程量清单计价定额——构筑物工程、爆破工程、建筑安装工程费用、附录》有关规定计算。

规费按国家标准《建设工程工程量清单计价规范》（GB 50500—2013）规定，不得作为竞争性费用。

（7）税金

税金是指按国家税法规定的应计入建筑安装工程造价内的增值税、城市维护建设税、教育费附加及地方教育附加等。

本定额综合基价（包括组成内容）为不含税综合基价，税金应按 2020 年《四川省建设工程工程量清单计价定额——构筑物工程、爆破工程、建筑安装工程费用、附录》规定的费率标准及有关规定计取，不得作为竞争性费用。

（8）一次性补充定额

本定额在执行中如遇缺项，可由甲、乙双方根据定额编制规定自愿编制一次性补充定额，报工程所在地市、州（县）工程造价管理部门审核后，作为本工程一次性使用的计价依据，并报省建设工程造价总站存档备查。各地市、州（县）工程造价管理部门可根据一次性补充定额的专业情况及难易程度，组织专家论证，相关费用由定额使用双方协商解决。

（9）工作内容

本定额的“工作内容”指主要施工工序，除另有规定和说明者外，其他工序虽未详列，但定额均已考虑。

（10）材料用量

本定额中仅列出主要材料的用量，次要和零星材料均包括在其他材料费内，以“元”表示，编制设计概算、施工图预算、最高投标限价（招标控制价、标底）时不得调整。

（11）成品制作、运输

本定额以成品编制项目，其成品的制作、运输不再单列，成品单价包括制作及运杂费等。

（12）如遇未编制的项目处理

本定额若遇各专业工程本专业定额未编制的项目，应按各专业“册说明”及规定执行其他专业工程定额相关项目，除单独发包专业工程及有关规定外，仍执行本专业工程“工程类型”取费标准。

（13）有两个或两个以上系数的处理

本定额中若遇有两个或两个以上系数时，按连乘法计算。

（14）未注明尺寸单位的处理

本定额说明中未注明（或省略）尺寸单位的直径、宽度、厚度、断面等，均以毫米（mm）为单位。

（15）内容依据

本定额中内容系从四川省建设工程造价总站材料数据库中提取，以住房和城乡建设部颁发的标准为依据，有的属行业标准，故不作修改。

（16）海拔降效调整

本定额适用于海拔≤2km 地区，工程建设所在地点（房屋建筑及构筑物以±0 标高的海拔；市政及城市道路、排水管网非开挖修复工程、园林绿化工程、总平工程、城市地下综合管廊工程、城市轨道交通工程等以±0 标高按平均海拔）若海拔>2km 时，定额综合基价人工费（表 3.1）、机械费（表 3.2）调整系数按以下海拔降效系数计算。

表 3.1　人工费海拔降效系数

海拔 h/km	2.0	$2<h\leqslant2.5$	$2.5<h\leqslant3$	$3<h\leqslant3.5$	$3.5<h\leqslant4$	$4<h\leqslant4.5$	$4.5<h\leqslant5$
调整系数	1	1.089	1.155	1.231	1.328	1.450	1.588

表 3.2　机械费海拔降效系数

海拔 h/km	2.0	$2<h\leqslant2.5$	$2.5<h\leqslant3$	$3<h\leqslant3.5$	$3.5<h\leqslant4$	$4<h\leqslant4.5$	$4.5<h\leqslant5$
调整系数	1	1.047	1.101	1.147	1.219	1.351	1.548

（17）既有小区改造的安装工程

既有小区改造的安装工程（包括房屋建筑及总平工程）项目，按《安装计价定额》相关项目及有关规定执行。其中，房建改造安装工程人工费、机械费按 1.20 系数调整，房建改造安装工程取费标准按既有及小区改造房屋建筑维修与加固工程专业执行；总平改造的安装工程按《计价定额》总说明规定系数调整，总平改造的安装工程取费标准均按总平工程类型执行。

2. 册说明

册说明的内容包括《四川省建设工程工程量清单计价定额》（2020）分册内容、各分册管道定额的执行界线、各项收费规定等。

1）安装与生产同时进行的增加费用按定额人工费的 10%计取，全部为因降效而增加的人工费。

2）在有害身体健康的环境中施工增加的费用按定额人工费的 10%计取，全部为因降效而增加的人工费。

3）安装工程拆除（除各册有规定外）按相应安装子目（人工+机械+管理费+利润）的 50%计算。

4）计价定额不包括配合负荷和无负荷联合试车费。若发生时，按批准的施工组织设计方案另计，且应在合同中明确。

5）执行计价定额，按“以主代次”的原则，统一规定综合按主体分册系数计算。

6）关于水平和垂直运输。

① 设备：包括自安装现场指定堆放地点运至安装地点的水平和垂直运输。

② 材料、成品、半成品：包括自施工单位现场仓库或现场指定堆放地点运至安装地点的水平和垂直运输。

③ 垂直运输基准面：室内以室内地平面为基准面，室外以设计标高正负零平面为基准面。

3. 工程量计算规则

本规则的计算尺寸，以设计图纸表示的或设计图纸能读出的尺寸为准。除另有规定外，工程量的计量单位应按下列规定计算：

1）以体积计算的为立方米（m^3）；
2）以面积计算的为平方米（m^2）；
3）以长度计算的为米（m）；
4）以重量计算的为吨（t）；
5）以台（套或件等）计算的为台（套或件等）。

汇总工程量时，其准确度取值：以 m^3、m^2、m 为单位的小数点后取两位；以 t 为单位的取三位；以台（套或件等）为单位的取整数。两位或三位小数后的位数按四舍五入法取舍。

4. 目录

目录为查找、检索安装工程子目定额提供方便。

5. 分册说明

说明本分册定额的适用范围、包括的工作内容、不包括的工作内容、费用系数的计取等。

6. 章说明

说明本章定额的内容、包括的工作内容、不包括的工作内容、定额的换算和调整系数等。

7. 章工程量计算规则

规定了本章定额项目的工程量计算规则和相关要求。

8. 定额项目表

定额项目表由项目名称、工程内容、计量单位、项目表和附注组成。其中，项目表包括定额编号、项目划分、综合基价构成，是预算定额的主要组成部分。它以表格的形式列出各分项工程项目的名称、计量单位、工作内容、定额编号、单位工程量的定额综合基价及其中的人工费、材料费、机械费、管理费和利润。

定额编号的第一位大写字母表示定额是通用安装工程定额，第二位大写字母表示《四川省建设工程工程量清单计价定额——通用安装工程》的册号，后面的 4 位阿拉伯数字代表定额的编号。例如，CD0106 中的“C”表示通用安装工程定额，“D”表示《四川省建设工程工程量清单计价定额——通用安装工程》的 D 册《电气设备安装工程》，“0106”表示《电气设备安装工程》中的第 106 个子目，即落地式成套配电箱安装子目。

表 3.3 反映了完成一定计量单位的分项工程所消耗的人工费、材料费、机械费、管理费和利润及其综合基价的标准数值。表头是该分项工程的工作内容，表从左至右分别列出定额编号、项目名称、计量单位、综合基价及综合基价的组成，即人工费、材料费、机械费、管理费和利润，最右边列出该分项工程的未计价材料，分别列出其名称、单位及定额测定的数

量。可见，分项工程项目表由“量”和“价”两部分组成，既有实物消耗量标准，也有资金消耗量标准。

表 3.3　铜芯电力电缆敷设

工作内容：开盘、检查、架线盘、敷设、锯断、排列、整理、固定、配合试验、收盘、临时封头、挂牌、电缆敷设设施安装及拆除、绝缘电阻测试等。

定额编号	项目名称	计量单位	综合基价/元	其中（单位：元）					未计价材料		
				人工费	材料费	机械费	管理费	利润	名称	单位	数量
CD0732	电缆截面≤10mm²	10m	55.88	28.92	13.06	5.95	2.44	5.51	电力电缆	m	10.100
CD0733	电缆截面≤16mm²	10m	66.06	36.96	13.37	5.95	3.00	6.78	电力电缆	m	10.100
CD0734	电缆截面≤35mm²	10m	85.12	50.19	16.18	5.95	3.93	8.87	电力电缆	m	10.100
CD0735	电缆截面≤50mm²	10m	101.26	63.09	16.48	5.95	4.83	10.91	电力电缆	m	10.100
CD0736	电缆截面≤70mm²	10m	118.82	77.13	16.79	5.95	5.82	13.13	电力电缆	m	10.100

各定额项目的工作内容是综合规定的，除主要操作内容外，还应包括施工前的准备工作、设备和材料的领取、定额范围内的搬运（场内材料搬运水平距离为 300m，设备搬运水平距离为 100m）、质量检查、施工结尾清理、配合竣工验收等全部工作内容。执行中除规定的增加费用内容外，一律不准增加计费内容和项目。

9. 附录

附录一般编在预算定额的最后面，包括主要材料损耗表、管道件数量取定表、管道支架用量参照表、装饰灯具安装工程示意图等。其主要供编制预算时计算主材的损耗率、定额材料费中所用各种材料的单价，以及确定灯具安装子目时参考。

3.4　安装工程中系数的计算方法

3.4.1　安装工程涉及的系数

安装工程涉及的系数有建筑物超高增加费、操作高度增加费、脚手架搭拆费、安装与生产同时进行增加费、在有害身体健康的环境中施工降效增加费、系统调试费等。

1）各种系数计取基础均为定额人工费。

2）计取的费用根据《通用安装工程工程量计算规范》（GB 50856—2013）和定额的各册说明，列入措施项目费或归入综合单价，其中人工工资归入定额人工费。

3）各系数之间无计算顺序要求，计算基础不叠加。

4）各类系数遵循“以主带次”的原则，按主体分册系数计算，如 D 册《电气设备安装工程》、G 册《通风空调工程》、H 册《工业管道工程》、J 册《消防工程》、K 册《给排水、采暖、燃气工程》等，它们均会使用到 M 册《刷油、防腐蚀、绝热工程》计价定额。但这些专业定额均有各自的脚手架搭拆，这时按“以主代次”的原则，脚手架搭拆应按各专业定额的方法计算，而不能用 M 册《刷油、防腐蚀、绝热工程》定额的脚手架搭拆的方法计算。当有单独的刷油、防腐蚀、绝热工程时，脚手架搭拆才单独用 M 册的系数计算。

① 以主带次是指在安装工程定额各分册的范围之内执行“以主带次”的原则，不能延伸至土建、市政或装饰定额。

② 主体册是指施工图所示分部、分项安装工程所执行的册，而不是以工程量的数值比例来划分主体册。

3.4.2　建筑物超高增加费

高层建筑是指高度在 6 层以上的多层建筑（不含 6 层），单层建筑物自室外设计±0.000 至檐口（或最高层楼地面）高度在 20m（不含 20m）以上（不包括屋顶水箱间、电梯间、屋顶平台出入口等）的建筑物。

1）建筑物超高增加费：是指高层建筑施工人工降效，以及由于人工工效降低引起的机械降效。材料垂直运输增加的费用，其包括通信联络设备的使用及摊销。

2）计取条件：单层建筑物檐口高度（指设计室外地坪至滴水的垂直距离）超过 20m，多层建筑物超过 6 层时的工业与民用建筑，均可计取。突出主体建筑物顶的电梯机房、楼梯出口间、水箱间、瞭望塔、排烟机房等不计入檐口高度。

3）计算基础：按±0 以上部分（含突出主体建筑物顶的电梯机房、楼梯出口间、水箱间、瞭望塔、排烟机房等）的全部定额人工费为计算基础。

4）选用费率的标准：计算高层建筑物的高度（层数）时，不包括地下室高度，也不包括屋顶水箱间、电梯间、屋顶平台出入口等建筑物高度。

5）建筑物超高增加费全部为定额人工费。

6）在高层建筑物施工中，同时又符合超高施工条件的，可同时计算建筑物超高增加费和操作高度增加费。

7）在高层建筑施工中主楼与裙楼高度不同时，若同一承建单位施工的同一单位工程高度不同时，按最高楼层高度计算。

8）高层建筑增加费列入措施项目费。

3.4.3　操作高度增加费

操作高度增加费是指超高施工人工降效，以及由于人工工效降低引起的机械降效、材料垂直运输增加的费用。

1）操作高度增加费的内容：超高施工引起的人工工效降低，以及由于人工工效降低引起的机械降效。

2）计算基础：按定额各册规定的高度以超高部分的人工费（或人工费+机械费）为基数，按定额各册规定的系数计取。

3）基准面的确定：操作高度增加费计算的基准面，按有无楼层考虑，无楼层的按操作地点（或设计正负零）为基准面至操作物的距离；有楼层的按楼面标高为基准面至操作物的距离。

4）操作高度增加费全部为定额人工费。

3.4.4　脚手架搭拆费

脚手架搭拆费是指施工需要的各种脚手架的搭、拆、运输费及脚手架的摊销费（或租赁费）。

1）定额中的脚手架搭拆费，均采用系数计算。各册系数已考虑了以下因素。

① 各专业交叉作业施工时，可以互相利用已搭建的脚手架。

② 施工时如部分或全部使用土建的脚手架，按有偿使用考虑。

2）脚手架搭拆费是综合取定的系数，除定额规定不计取脚手架搭拆费外，不论工程是否搭拆或搭拆数量多少，均应按各册规定计取脚手架搭拆费，并包干使用。

3）脚手架搭拆费除了人工费、机械费，剩余的计入材料费中。

4）如果单独承担地下（指埋地）工业管道施工，则不应取脚手架费用。

5）脚手架搭拆费列入措施项目费。

3.4.5　安装与生产同时进行增加费

安装与生产同时进行增加费是指改扩建工程在生产车间或装置内施工，因生产操作或生产条件限制（如不准动火等）干扰了安装工作正常进行而增加的费用，不包括为保证安全生产和施工所采取的措施费用。

1）计取费率：安装与生产同时进行增加费按人工费的 10%计算。

2）安装与生产同时进行增加费全部为定额人工费。

3）安装与生产同时进行增加费列入措施项目费。

3.4.6　在有害身体健康的环境中施工降效增加费

在有害身体健康的环境中施工降效增加费是指改扩建工程由于生产车间、装置范围内有害气体或高分贝的噪声超过国家标准以至影响身体健康而增加的降效费用；不包括劳保条例规定应享受的工种保健费。

1）计取费率：在有害身体健康的环境中施工时按人工费的 10%计算降效增加费。

2）在有害身体健康的环境中施工降效增加费全部为定额人工费。

3）在有害身体健康的环境中施工降效增加费列入措施项目费。

3.5　工程量清单的编制

按照《建设工程工程量清单计价规范》（GB 50500—2013）的规定，工程量清单是指载明建设工程分部分项工程、措施项目、其他项目的名称和相应数量以及规费项目、税金项目等内容的明细清单。该规范同时又规定了招标工程量清单，招标工程量清单是指招标人依据国家标准、招标文件、设计文件以及施工现场实际情况编制的，随招标文件发布供投标报价的工程量清单。

招标工程量清单应以单位（项）工程为单位编制，由分部分项工程项目清单、措施项目清单、其他项目清单、规费和税金项目清单组成。招标工程量清单应由具有编制能力的招标人或受其委托，具有相应资质的工程造价咨询人编制。招标工程量清单必须作为招标文件的组成部分，其准确性和完整性由招标人负责。

3.5.1　工程量清单的编制依据及一般规定

1. 工程量清单的编制依据

1）《建设工程工程量清单计价规范》（GB 50500—2013）。
2）《通用安装工程工程量计算规范》（GB 50856—2013）。
3）国家或省级、行业建设主管部门颁发的计价依据和办法。
4）与建设工程项目有关的标准、规范、技术资料。
5）拟定的招标文件。
6）施工现场情况、工程特点及常规施工方案。
7）其他相关资料。

2. 工程量清单编制的一般规定

工程计量时每一项目汇总的有效位数应遵守下列规定：
1）以“t”为单位，应保留小数点后3位数字，第四位小数四舍五入。
2）以“m、m^2、m^3、kg”为单位，应保留小数点后2位数字，第三位小数四舍五入。
3）以“台、个、件、套、根、组、系统”等为单位，应取整数。

《通用安装工程工程量计算规范》（GB 50856—2013）各项目仅列出了主要工作内容，除另有规定和说明外，应视为已经包括完成该项目所列或未列的全部工作内容。

编制工程量清单出现附录中未包括的项目，编制人应做补充，并报省级或行业工程造价管理机构备案，省级或行业工程造价管理机构应汇总报住房和城乡建设部标准定额研究所。补充项目的编码由《通用安装工程工程量计算规范》（GB 50856—2013）的代码与B和3位阿拉伯数字组成，并应从03B001起顺序编制，同一招标工程的项目不得重码。补充的工程量清单需附有补充项目的名称、项目特征、计量单位、工程量计算规则、工程内容。不能计量的措施项目，需附有补充的项目的名称、工作内容及包含范围。

3. 招标工程量清单的表式组成

按照2020年《四川省建设工程工程量清单计价定额》的规定，招标工程量清单须采用统一格式，由下列表式组成。
1）招标工程量清单封面。
2）招标工程量清单扉页。
3）总说明。
4）分部分项工程和单价措施项目清单与计价表。
5）总价措施项目清单与计价表。
6）其他项目清单与计价汇总表。
① 暂列金额明细表；
② 材料（工程设备）暂估单价及调整表；
③ 专业工程暂估价及结算价表；
④ 计日工表：
⑤ 总承包服务费计价表。

7）发包人提供材料和工程设备一览表。
8）承包人提供主要材料和设备一览表（适用于造价信息差额调整法）。
9）承包人提供主要材料和设备一览表（适用于价格指数调整法）。

3.5.2　工程量清单的编制方法

1. 招标工程量清单封面

招标工程量清单封面应填写招标工程立项时批准的具体工程名称，招标人应加盖单位公章。如果招标工程量清单是招标人委托工程造价咨询人编制的，工程造价咨询人也应加盖单位公章。

2. 招标工程量清单扉页

扉页应按规定的内容填写、签字、盖章。
招标人自行编制招标工程量清单时，招标人加盖单位公章，其法定代表人或其授权人签字或盖章，参与编制的招标人的造价人员签字并盖专用章。注意复核人应是招标人自己的注册一级造价工程师。
招标人委托工程造价咨询人编制工程量清单时，除招标人加盖单位公章及其法定代表人或其授权人签字或盖章外，工程造价咨询人应盖单位资质专用章，其法定代表人或其授权人应签字或盖章，复核人处由工程造价咨询人的注册一级造价工程师签字并盖专用章。

3. 总说明

总说明的内容应包括:
1）工程概况：建设规模、工程特征、计划工期、施工现场实际情况、自然地理条件、环境保护要求、交通状况等。
2）工程发包和专业分包范围。
3）工程量清单编制依据。
4）工程质量、材料、施工等的特殊要求。
5）其他需要说明的问题。
招标工程量清单主要作用是用于招标投标，所以在“其他需要说明的问题”中，应重点对投标人提出或明示投标报价的规定和要求，如综合单价的组成及填报、合价与总价的规定、措施项目报价要求、人工费的调整要求、材料价格的调整要求、报价风险的考虑等。以下 3 种情况一般也应在总说明中进行公布或说明。
① 按照国家《招标投标法实施条例》的规定，招标人设有最高投标限价的，应当在招标文件中公布最高投标限价即招标控制价，招标工程量清单也是招标文件的组成部分，所以通常情况是在总说明中单列一段，公布招标工程的招标控制价及其暂列金额数量。
按照现行的《四川省房屋建筑和市政工程工程量清单招标投标报价评审办法》的规定，招标人应在招标文件中公布招标控制价的全部内容（综合单价分析表除外）。
② 按照 2020 年《四川省建设工程工程量清单计价定额》的规定，为保证招标投标工作顺利进行，投标人投标报价时，安全文明施工费应按招标人公布的安全文明施工费固定金额计取，结算时另行计算。所以，招标人确定的固定的安全文明施工费金额应在总说明中公布。

③ 按照 2020 年《四川省建设工程工程量清单计价定额》的规定，投标人投标报价时规费也应按招标人公布的固定金额计入报价，结算时另行计算。所以，招标人在总说明中应公布固定规费的金额，提供给投标人使用。

4. 分部分项工程和单价措施项目清单与计价表

分部分项工程清单与单价措施项目清单的编制要求相同，所以将两者合并为一个表，可以简化招标工程量清单。

编制分部分项工程量清单必须按照“五个要件”进行编制，即必须根据工程量计算规范规定的项目编码、项目名称、项目特征、计量单位和工程量计算规则进行编制。表中的综合单价与合价在编制工程量清单时不得填列。

（1）项目编码

以五级编码设置，用 12 位阿拉伯数字表示。前 9 位为全国统一编码，分四级；后 3 位为第五级，是清单项目编码，由清单编制人员根据设置的清单项目编制，同一招标工程的项目编码不得有重码。

（2）项目名称

1）项目名称设置以形成工程实体为原则，因此项目的名称应以工程实体命名。实体是指形成生产或工艺作用的主要实体部分，对附属或次要部分均不设置项目。但也有个别工程项目，既不能形成实体，又不能综合在某一个实物量中。例如，消防系统的调试，自动控制仪表工程、采暖工程、通风工程的系统调试项目，均是多台设备、组件由网络（管线）连接组成一个系统，在设备安装的最后阶段，根据工艺要求进行参数整定与测试调整，以达到系统运行前的验收要求。它是某些设备安装不可或缺的内容，没有这个过程就无法验收。因此《通用安装工程工程量计算规范》（GB 50856—2013）对系统调试项目，均作为工程量清单项目单列。

2）一个单位工程内的清单项目设置不能重复，相同的项目，只能相加后列为一项，用同一个清单编码，对应一个综合单价。

（3）项目特征

1）项目特征的描述要具体。项目特征主要是指明显影响实体自身价格，以及体现工艺不同或安装的位置不同的因素等，是用来进一步表述清单项目名称的，应根据《通用安装工程工程量计算规范》（GB 50856—2013）中每个清单项目的要求并结合拟建工程情况来具体表述。

2）项目名称的描述要到位。是指用《通用安装工程工程量计算规范》（GB 50856—2013）中该项目所对应的“工程内容”中应完成的工作来描述项目。“到位”是指结合拟建工程情况将完成该项目的全部内容体现在清单上，不能有遗漏，以便投标人报价。有的工程内容（如刷油、试压等），《四川省建设工程工程量清单计价定额——通用安装工程》（2020）中已作了综合考虑，如电气配管工程项目，定额的工作内容中已包括了刷油，而且消耗材料中也给出了油漆的消耗量；给排水工程的管道工程均含水压试验等。即使是这样，在电气工程的钢管明配项目的描述中仍要加上刷油内容，在给排水管道安装项目的描述中也要加上试压内容。这是因为清单的编制与《四川省建设工程工程量清单计价定额——通用安装工程》（2020）不直接相关，除指定使用这个定额可以不描述刷油（因为定额已包括了刷油）外，一般均应给以描述。另外，有的“工程内容”无法确定其发生与否，如变压器安装“工程内容”中的干燥和油过滤，一般需要到货后经检查方可确定其干燥与否，绝缘油是否需要过滤。在这种情况下通常可按发生描述，也可按不发生描述，但必须在招标文件有关条款中明确实际施工与清单描述不同时的增减处理办法。

总之，分部分项工程量清单名称的设置应根据《通用安装工程工程量计算规范》（GB 50856—2013）中相应清单的项目名称、项目特征、工作内容及拟建工程实际情况等几方面来考虑。另外，由于安装工程材料品牌种类繁多，因此，在编制清单时，对于价格因品牌差异不大的材料（如镀锌钢管、普通绝缘导线等）可不列材料的厂家、品牌，而对于价格因品牌差异大的材料和设备应在编制清单时由招标人确定（或暂定）所用材料的厂家、品牌及详细的型号、规格，以便于评标和结算。为此，同一个清单编码，在不同实际工程中的清单名称是不一定相同的，即仅能保证编码前9位相同的清单项目其对应的大类别名称是唯一的。

（4）计量单位

《通用安装工程工程量计算规范》（GB 50856—2013）附录中规定，有两个或两个以上计量单位的，应结合拟建工程项目的实际情况，确定其中一个为计量单位。同一工程项目的计量单位应一致。

（5）工程量

分部分项工程量清单的工程量计算应按《通用安装工程工程量计算规范》（GB 50856—2013）中的工程量计算规则执行。

单价措施项目是可以计算工程量的项目，按照与分部分项工程量清单相同的方法进行编制。按照2020年《四川省建设工程工程量清单计价定额》通用安装工程中《N 通用项目及措施项目》分册的规定：专业措施项目工程量清单中，大型设备专用机具，特殊地区施工增加，安装与生产同时进行施工增加，在有害身体健康环境中施工增加，工程系统检测、检验，设备、管道施工的安全、防冻和焊接保护，焦炉烘炉、热态工程，隧道内施工的通风、供水、供电、照明及通信设施，脚手架搭拆，其他措施，建筑物超高增加等应列入单价措施计算。

5. 总价措施项目清单与计价表

总价措施项目是不能计算工程量的项目，如安全文明施工费、夜间施工增加费、二次搬运费等。此类措施项目以“项”为计量单位进行编制，以费率形式计算总价措施项目费。在编制招标工程量清单时，可不考虑其对应的费率大小，在编制招标控制价时再按对应费率计取总价措施项目费用。

6. 其他项目清单与计价汇总表

其他项目清单是指分部分项工程项目清单、措施项目清单所包含的内容以外，因招标人的要求而发生的与拟建工程有关的其他费用项目和相应数量的清单。工程建设标准的高低、工程的复杂程度、工程的工期长短、工程的组成内容等直接影响其他项目清单中的具体内容。其他项目清单包括暂列金额、暂估价（包括材料暂估单价、工程设备暂估单价、专业工程暂估价）、计日工、总承包服务费等，不足部分，可根据拟建工程的具体情况列项。编制招标工程量清单时，暂列金额、暂估价均属招标人费用，其金额大小及内容在招标工程量清单中由招标人确定和计算，并提供给投标人。而计日工、总承包服务费属投标人费用，由投标人在投标时报价。招标人编制招标控制价时，也可计算这两项费用。

（1）暂列金额明细表

暂列金额在实际履约过程中可能发生，也可能不发生。本表要求招标人能将暂列金额与拟用项目列出明细。但在实际编制中，招标人往往只是列出暂定金额总额即可。投标时投标人应将上述暂列金额计入投标总价中，不能在所列的暂列金额以外再增加任何其他费用。

（2）材料（工程设备）暂估单价及调整表

在工程施工中常发生，是在招标阶段不能确定的某些材料或设备的单价，为保证招投标活动顺利进行，可以先以暂估单价形式出现。暂估单价由招标人按照材料或设备的名称、型号和单价，在本表中逐项列出。投标人只需将材料或设备暂估单价计入自己投标报价的综合单价即可，投标人不得自己提出暂估单价。

（3）专业工程暂估价及结算价表

专业工程暂估价项目及其表中列明的专业工程暂估价款，是指分包人实施专业工程的造价，也是由招标人暂估。投标人在投标时将该暂估价计入投标总价即可。总承包施工招标完成后，专业工程暂估价达到必须招标的限额规定的，必须进行二次招标。

（4）计日工表

计日工是在施工中承包人完成施工合同范围以外的零星项目或工作，是按合同约定的单价计价的一种方式。计日工是为了解决现场发生的零星工作的计价而设立的。计日工应对完成零星工作所消耗的人工工日、材料数量、施工机具台班进行计量，投标人需要对这些计日工进行报价，结算时按照计日工表填报的适用项目的单价进行计价支付。招标人编制计日工表时，应列出计日工的项目名称、暂定数量，并且需要根据经验尽可能估算出一个比较贴近实际的数量，且尽可能把项目列全，以消除因此而产生的争议。

（5）总承包服务费计价表

总承包服务费是总承包人为配合协调发包人进行的专业工程分包，对发包人自行采购的材料、设备（简称甲供材料）等进行保管以及施工现场管理、竣工资料汇总整理等服务所发生的费用。投标人应预计这笔费用并填入本表中。此表项目名称、服务内容由招标人填写。需要注意的是，如果招标工程没有发包人进行的专业工程分包，没有甲供材料，就不会产生总承包服务费。

7. 发包人提供材料和工程设备一览表

发包人提供的材料和工程设备（甲供材料）应在本表中填写。招标人应写明甲供材料的名称、规格、数量、单位和单价等。投标人投标报价时，可以参考此表确定总承包服务费的报价。

8. 承包人提供主要材料和工程设备一览表（适用于造价信息差额调整法）

此表在编制招标工程量清单时，由招标人填入除“投标单价”外的所有内容，供投标人使用。投标人在投标报价时，自主确定填写“投标单价”。招标人应优先采用工程造价管理机构发布的信息单价作为基准单价，未发布的，通过市场询价确定其基准单价。在工程施工中，当材料和设备价格发生较大变化达到合同约定的价格调整条件时，可以使用此表方便地进行材料和设备信息单价的调整。

9. 承包人提供主要材料和工程设备一览表（适用于价格指数调整法）

此表在编制招标工程量清单时“名称、规格、型号”由招标人填写，“基本价格指数”也由招标人填写。名称、规格、型号一栏既包括需调价的材料类型，也包括需要调整的人工费和机械费。基本价格指数应首先采用工程造价管理机构发布的价格指数，没有发布的，可采用发布的价格代替。此表的“变值权重”由投标人投标报价时填写。“现行价格指数”在竣工结算按规定填写。

3.6　工程量清单计价概述

3.6.1　工程量清单计价的内容

工程量清单计价的内容应包括按招标文件规定完成工程量清单所列项目地全部费用，包括分部分项工程费、措施项目费、其他项目费、规费和税金。

3.6.2　招标控制价

招标控制价是指工程招投标活动中招标人在招标文件中明确地对招标工程限定的最高报价，投标报价高于该价格的投标文件将被否决。

招标控制价是招标人根据国家或省级、行业建设主管部门颁发的有关计价依据和计价定额，以及拟定的招标文件和招标工程量清单，结合工程具体情况编制的招标工程的最高限价。

按照我国现行工程量清单计价规范规定，我国国有资金投资的工程建设项目必须采用工程量清单招标，招标人应负责编制招标控制价或委托具有相应资质的工程造价咨询人编制招标控制价。招标控制价编制完成后，不应上调或下浮。同时为了体现招标的公平、公正性，防止招标人有意抬高或压低工程造价，按照国家《中华人民共和国招标投标法实施条例》相关规定，招标人设有最高投标限价的，应当在招标文件中明确最高投标限价或者最高投标限价的计算方法。

1. 招标控制价的编制依据

1）《建设工程工程量清单计价规范》（GB 50500—2013）。
2）国家或省级、行业建设主管部门颁发的计价定额和计价办法。
3）建设工程设计文件及相关资料。
4）拟订的招标文件及招标工程量清单。
5）与建设项目相关的标准、规范、技术资料。
6）施工现场情况、工程特点及常规施工方案。
7）工程造价管理机构发布的工程造价信息，当工程造价信息没有发布时，参照市场价。
8）其他的相关资料。

2. 招标控制价编制的一般规定

1）应按照招标控制价的编制依据的规定编制，不应上调或下浮。
2）当招标控制价超过批准的概算时，招标人应将其报原概算审批部门审核。

3）采用的材料价格应该是政府工程造价管理机构每月通过工程造价信息发布的材料价格，一般称为材料信息价。工程造价信息中未发布价格的材料，应通过市场询价确定，称为材料市场价。如果在编制招标控制价时未采用工程造价管理部门发布的材料信息价而是采用的材料市场价，需要在招标文件中予以说明。

4）编制招标控制价时，规费应按照 2020 年《四川省建设工程工程量清单计价定额》中“规费费率计取表”中Ⅰ档费率计算。

5）编制招标控制价时，安全文明施工费应足额计取，即环境保护费、文明施工费、安全施工费、临时设施费的费率按照基本费费率加现场评价费最高费率计取。

3. 招标控制价的表式组成

按照 2020 年《四川省建设工程工程量清单计价定额》的规定，招标控制价表格须采用统一格式，由下列表式组成。

1）招标控制价封面。

2）招标控制价扉页。

3）总说明。

4）建设项目招标控制价汇总表。

5）单项工程招标控制价汇总表。

6）单位工程招标控制价汇总表。

7）分部分项工程和单价措施项目清单与计价表。

8）综合单价分析表。

9）总价措施项目清单与计价表。

10）其他项目清单与计价汇总表。

① 暂列金额明细表；

② 材料（工程设备）暂估单价及调整表；

③ 专业工程暂估价及结算价表；

④ 计日工表；

⑤ 总承包服务费计价表。

11）发包人提供材料和工程设备一览表。

12）承包人提供主要材料和设备一览表（适用于造价信息差额调整法）。

13）承包人提供主要材料和设备一览表（适用于价格指数调整法）。

4. 招标控制价编制的方法

（1）招标控制价封面

招标控制价封面编制要求与招标工程量清单封面相同，必须填写与招标工程量清单一致的工程项目名称，盖招标人公章。如果招标控制价是招标人委托工程造价咨询机构编制的，还应加盖工程造价咨询机构的公章。

（2）招标控制价扉页

扉页签字、盖章应完整并符合相关规定。招标人自行编制招标控制价时，招标人及法定代表人或其授权人应签字或盖章，招标控制价的编制人应签字并盖造价人员专用章，复核人应是招标人自己的注册一级造价工程师，并签字盖一级造价工程师专用章。

招标人委托工程造价咨询人编制招标控制价时，除招标人加盖单位公章及其法定代表人或其授权人签字或盖章外，工程造价咨询人应盖单位资质专用章，其法定代表人或其授权人应签字或盖章，招标控制价的编制人应由在工程造价咨询人注册的造价工程师签字盖专用章，复核人应是在工程造价咨询人注册的一级造价工程师签字并盖专用章。

在使用计算机软件进行工程计价和组价时，通常情况下，扉页上的招标控制价大小写数额均由计算机自动生成。

（3）总说明

招标控制价是在招标工程量清单的基础上编制的，必须完全按照招标工程量清单总说明的要求进行。所以招标控制价的编制总说明必须遵从招标工程量清单总说明的要求编写。

由于编制招标控制价是工程计价的范畴，编制中会出现一些新问题，也应在总说明中明示，以便招标人和投标人甚至评标专家正确使用。如材料基准价选用的哪一期工程造价信息，人工费调整系数如何确定，材料调价风险系数的选用等。

（4）建设项目招标控制价汇总表、单项工程招标控制价汇总表、单位工程招标控制价汇总表

在使用工程造价计价软件的情况下，上述 3 个汇总表都是由计算机自动汇总和分类的。首先按照分部分项工程费、措施项目费、其他项目费、规费、税金项目费用的计算结果，自动生成单位工程招标控制价汇总表；若干个单位工程招标控制价，自动生成单项工程招标控制价汇总表；所有的单项工程招标控制价一起，自动生成建设项目招标控制价汇总表。编制中，对最后的结果一定要认真比较和核对，通过各个数据之间的逻辑关系，对其正确性做出判断。

（5）分部分项工程和单价措施项目清单与计价表

这是招标控制价编制中最重要的环节。

分部分项工程费用是指完成工程量清单列出的各分部分项工程量所需的费用，包括人工费、材料费、机械使用费、企业管理费、利润以及一定范围内的风险费用。

《建设工程工程量清单计价规范》（GB 50500—2013）规定，分部分项工程费应根据招标文件中的分部分项工程量清单项目的特征描述及有关要求，按综合单价计算。

采用综合单价计价是工程量清单计价方法的一个重要特征。按照《建设工程工程量清单计价规范》（GB 50500—2013）的规定，综合单价是完成一个规定清单项目所需的人工费、材料和工程设备费、施工机具使用费和企业管理费、利润以及一定范围内的风险费用。综合单价中的风险费用的考虑和计算也是目前工程造价管理中的重要问题。

（6）综合单价分析表

综合单价分析表包括分部分项工程费综合单价分析表和单价措施项目费综合单价分析表。综合单价分析表就是将构成招标控制价综合单价中所含人工费、材料费、机械使用费、企业管理费和利润各项费用进行分拆和分析的表格。它以构成分部分项工程和单价措施项目工程的每一项综合单价为基础，重点对综合单价中工料机费用构成进行分析。

（7）总价措施项目清单与计价表

总价措施项目计价是指措施项目费用的发生和金额与实际完成的实体工程量大小无法直接联系的措施项目，如安全文明施工费、夜间施工增加费、二次搬运费等，应按总价措施项目计价。总价措施项目计价以“项”为单位，查用计价定额中准确的费率，按照规定采用正确的计算基数，完成总价措施项目计价。

在编制招标工程量清单时，招标人提出的措施项目清单是根据一般情况确定的，没有考虑不同投标人的“个性”，由于各投标人拥有的施工装备、技术水平和采用的施工方法有差异，因此在编制招标控制价时，措施项目费应根据拟定的招标文件中的措施项目清单，依据国家或省级、行业建设主管部门颁发的计价定额和计价办法规定的标准计算。

措施项目清单中的安全文明施工费应按照国家或省级、行业建设主管部门的规定的标准计取，不得作为竞争性费用。

（8）其他项目清单与计价汇总表

其他项目是指暂列金额、暂估价（包括材料暂估单价、工程设备暂估单价、专业工程暂估价）、计日工、总承包服务费。前两个费用是招标人暂估的费用，后两个费用是招标人和投标人都需编制的费用。其他项目的具体内容应根据拟建工程的具体情况确定。

1）暂列金额明细表。暂列金额是招标人在编制招标工程量清单中已经确定的，编制招标控制价时只需直接引用并填入暂列金额明细表即可，并按规定计入招标控制价的总价中。

2）材料（工程设备）暂估单价及调整表。材料和设备的暂估单价是招标人在编制招标工程量清单中已经确定的，只需直接填入表内即可。暂估价中的材料单价或工程设备单价在编制招标控制价时应根据招标工程量清单中提供的单价计入综合单价。

3）专业工程暂估价及结算价表。专业工程暂估价是招标人在编制招标工程量清单中已经确定的，编制招标控制价时只需直接引用并填入该表即可，并按规定计入招标控制价的总价中。

4）计日工表。在编制招标工程量清单时，计日工项目和数量已在计日工表中列出了项目和数量，其目的是要求投标人报价。在招标人编制招标控制价时，计日工中的人工单价应按工程造价管理机构公布的单价计算，计日工中人工单价综合费按定额人工单价的 28.38%计算。计日工中的施工机械台班单价应按 2020 年《四川省建设工程工程量清单计价定额》附录一的规定为基础计算，机械单价综合费按机械台班单价的 23.83%计算。计日工中的材料单价应按照工程造价管理机构发布的工程造价信息中的材料单价计算，工程造价信息没有发布材料单价的材料，其价格应按市场询价确定的单价计算。

5）总承包服务费计价表。在编制招标控制价时，总承包服务费的费率和金额由招标人依据招标文件列出的服务内容和具体要求，按照 2020 年《四川省建设工程工程量清单计价定额》的相关规定确定。

（9）发包人提供材料和工程设备一览表

此表已经由招标人在编制招标工程量清单时提出，在编制招标控制价时，编制人只需全部照搬即可。

（10）承包人提供主要材料和设备一览表（适用于造价信息差额调整法）、承包人提供主要材料和设备一览表（适用于价格指数调整法）

此两表也已经由招标人在编制招标工程量清单时提出，在编制招标控制价时，编制人只需全部照搬即可。

3.6.3　投标报价

1. 投标报价的编制依据

1）《建设工程工程量清单计价规范》（GB 50500—2013）。

2）国家或省级、行业建设主管部门颁发的计价定额和计价办法。

3）企业定额，国家或省级、行业建设主管部门颁发的计价定额和计价办法。

4）招标文件、招标工程量清单及其补充通知、答疑纪要。

5）建设工程设计文件及相关资料。

6）施工现场情况、工程特点及投标时拟定的施工组织设计或施工方案。

7）与建设项目相关的标准、规范等技术资料。

8）市场价格信息或工程造价管理机构发布的工程造价信息。

9）其他的相关资料。

2. 投标报价编制的基本原则

1）投标人自主报价。投标报价由投标人或受其委托具有相应资质的工程造价咨询机构编制。投标人应按照自己的企业定额和市场状况报价，也可以参照政府建设行政主管部门发布的计价定额结合市场情况报价。除工程造价管理机构规定的安全文明施工费、规费、税金不得作为竞争性费用外，其余费用投标人应自主报价。

2）投标报价不得低于工程成本。工程成本是投标人为实施合同工程并达到质量标准，在确保安全施工的前提下，必须耗用或使用的人工、材料、工程设备、施工机械台班及管理等方面发生的费用和按照规定缴纳的规费、税金。投标报价低于工程成本的，在评标时将会被否决。

3）编制依据有不同。在采用计价定额方面，招标控制价的编制只能使用政府建设行政主管部门发布的计价定额；而投标人编制投标报价应优先采用企业定额，同时也可以参照政府建设行政主管部门发布的计价定额。

4）采用材料、设备单价的要求不同。招标控制价的编制应优先采用工程造价管理机构发布的材料信息价，只有在材料信息价缺价的情况或某些特殊情况下，才能采用材料市场价。而投标报价的编制并没有这样的规定，而是提倡优先采用材料市场价，同时也可以参照材料信息价。

5）价格标准不同。编制招标控制价只能使用政府主管部门发布的计价定额，编制的结果不能上调或下浮，必须体现招标控制价的公正性。而投标报价的价格标准掌握在投标人手中，除不能超过招标控制价、不得低于工程成本外，价格变化的幅度完全由投标人自己的投标策略决定。

上述招标控制价与投标报价的不同点，完全体现了投标人自主确定投标报价的基本原则。

3. 投标报价的表式组成

按照 2020 年《四川省建设工程工程量清单计价定额》的规定，投标报价表格须采用统一格式，由下列表式组成。

1）投标总价封面。

2）投标总价扉页。

3）总说明。

4）建设项目投标报价汇总表。

5）单项工程投标报价汇总表。

6）单位工程投标报价汇总表。

7）分部分项工程和单价措施项目清单与计价表。

8）综合单价分析表

9）总价措施项目清单与计价表。

10）其他项目清单与计价汇总表。

① 暂列金额明细表；

② 材料（工程设备）暂估单价及调整表；

③ 专业工程暂估价及结算价表；

④ 计日工表；

⑤ 总承包服务费计价表。

11）发包人提供材料和工程设备一览表。

12）承包人提供主要材料和设备一览表（适用于造价信息差额调整法）。

13）承包人提供主要材料和设备一览表（适用于价格指数调整法）。

4. 投标报价的编制方法

（1）分部分项工程费编制

在编制投标报价时，分部分项工程工程量必须是招标工程量清单提供的工程量，综合单价应依据招标文件及其招标工程量清单中的分部分项工程量清单项目的特征描述确定计算，综合单价中应包括招标文件中划分的应由投标人承担的风险范围及其费用。其中人工费依据企业定额和市场价格计算，也可以按国家或省级、行业建设主管部门颁发的计价定额和计价办法的规定计算；材料费依据企业定额和市场价格计算，也可以按国家或省级、行业建设主管部门颁发的计价定额和计价办法的规定计算。招标工程量清单提供了暂估单价的材料和工程设备，投标人应按暂估的单价计入综合单价。机械费依据企业定额和市场价格计算，也可以按国家或省级、行业建设主管部门颁发的计价定额和计价办法的规定计算。企业管理费和利润，可以依据企业定额结合市场和企业具体情况计算，也可以按国家或省级、行业建设主管部门颁发的计价定额和计价办法的规定计算。

（2）综合单价分析表编制

投标报价的综合单价分析表编制包括分部分项工程综合单价分析表、单价措施项目综合单价分析表两部分。

通过综合单价分析表，将构成投标报价综合单价中所含人工费、材料费、机械使用费、企业管理费和利润各项费用进行分拆和分析，它以构成分部分项工程和单价措施项目工程的每一项综合单价为基础，重点对综合单价中人工、材料、机械费用构成、消耗量、损耗率进行分析，为实施工程造价管控提供依据。

（3）总价措施项目清单与计价表编制

在编制总价措施项目清单与计价表时，投标人应根据招标文件中的措施项目清单及投标时拟定的施工组织设计或施工方案依据企业定额和市场价格自主计算，也可以按国家或省级、行业建设主管部门颁发的计价定额和计价办法的规定计算。另外，投标人投标时可根据招标工程实际情况结合施工组织设计或施工方案，对招标人所列的措施项目进行增补。投标人对招标文件编列的措施项目或施工组织设计或施工方案中已有的措施项目未报价的，若中标，结算时不得增加或调整相应措施项目的措施费。

按照 2020 年《四川省建设工程工程量清单计价定额》的规定，为了保证招标投标的公正性和可操作性，投标人在投标报价时填报安全文明施工费，应按招标人在招标文件中公布的安全文明施工费固定金额计取，不需自行计算安全文明施工费金额。竣工结算时，再按 2020 定额规定重新计算安全文明施工费。

（4）其他项目清单与计价汇总表编制

1）对暂列金额，在投标报价时投标人应按招标人在招标工程量清单中的其他项目清单列出的金额填写，不得增加或减少。

2）对材料、工程设备暂估价，投标人投标报价时，应将招标人在其他项目清单中列出的材料单价或设备单价计入投标报价综合单价；专业工程暂估价应按招标人在其他项目清单中列出的金额填写，并进入合同总价。

3）对计日工的报价，投标人应按招标人在其他项目清单中列出的项目和数量，自主确定综合单价并计算计日工费用。一般情况下，计日工中的人工单价和施工机械台班单价应按工程造价管理机构公布的单价计算，计日工中的材料单价应按工程造价管理机构发布的工程造价信息中的材料单价计算，工程造价信息未发布材料单价的，其价格应按市场询价确定的单价计算。编制竣工结算时，计日工的费用应按发包人实际签证确认的数量和投标人所填报的相应计日工综合单价计算。

4）对总承包服务费的投标报价，投标人应依据招标人在招标文件中列出的分包专业工程内容和甲供材料设备情况，按照招标人提出的协调、配合与服务要求和施工现场管理需要由投标人自主确定报价。一般情况下，对总承包服务费报价，招标人仅要求对分包的专业工程进行总承包管理和协调时，按分包的专业工程估算造价的 1.5% 计算；招标人要求对分包的专业工程进行总承包管理和协调并同时要求提供配合服务时，根据招标文件中列出的配合服务内容和提出的要求按分包的专业工程估算造价的 3%～5%计算；招标人自行供应材料的，按招标人供应材料价值的 1%计算。

（5）发包人提供材料和工程设备一览表编制

此表为招标人填写。招标人已经在招标工程量清单中填写完毕并提供给投标人。投标人可将此表直接列入投标报价表式中，作为竣工结算的依据之一。

（6）承包人提供主要材料和设备一览表编制（适用于造价信息差额调整法）

此表除“投标单价”外，其他内容已经由招标人填写完毕。投标人在投标时，只需自主确定投标单价即可。

（7）承包人提供主要材料和设备一览表编制（适用于价格指数调整法）

此表招标人已经填写了“名称、规格、型号”和“基本价格指数 F_0”内容，投标人应根据招标工程的人工费、机械费和材料费、工程设备价值在投标总价中所占的比例，填写“变值权重 B”的内容。竣工结算时，再按规定确定“现行价格指数 F_t”。

（8）规费金额的确定

按照 2020 年《四川省建设工程工程量清单计价定额》的统一要求，投标报价表式中没有列出规费清单表格，但投标人在编制投标报价时，必须确定规费的金额。为保证投标的公平性，按照 2020 年《四川省建设工程工程量清单计价定额》的规定，投标人投标报价时，应按照招标人在招标文件中公布的招标控制价的规费金额填写，不需投标人自己计算规费金额。竣工结算时，再按 2020 年《四川省建设工程工程量清单计价定额》的规定重新计算规费。

3.6.4　工程量清单计价的方法

1. 单位工程造价

单位工程总造价的计算见 2.4 节建筑安装工程计价程序。

2. 分部分项工程量清单计价

$$分部分项工程费=\sum 分部分项清单工程量\times 综合单价$$

目前工程量清单计价的方法，可以认为是工程量清单项目包括多项定额计价模式下的定额子目。因此，目前许多地方工程量清单计价的基本思路是把每个清单项目剖析、分解为若干个定额计价模式下的子目并计算形成清单项目的综合单价，具体方法又可分为直接法和反推法。

（1）直接法

其具体步骤如下：

1）确定对应定额子目。根据工程量清单项目名称和拟建工程的具体情况，按照企业定额（实际应用中较少）或建设行政主管部门颁布的预算定额（简称计价定额），分析确定该清单项目的各项可组合的主要工程内容，并据此选择对应的定额子目。

2）计算一个清单项目单位对应的每个定额子目工程量。根据定额计算规则计算出一个清单项目单位所对应的每个定额子目的工程量（简称计价工程量）。

3）确定每个定额子目单价。根据投标人自行采集的市场价格或参照工程造价管理机构发布的价格信息，结合工程实际分析确定每个定额子目人、材、机的单价。

4）确定综合单价。以上述的量、价为基础，把每个定额子目的价格汇总起来，并考虑企业管理费、利润、风险等分摊费用，即得到清单项目的综合单价。

◆例 3.1　某工程的分部分项工程量清单见表 3.4，已知所采用 U-PVC 排水管 *De*160 的单价为 15 元/m，塑料排水管件 *De*160 的价格均为 10 元/个，共采用 *De*160 阻火圈 36 个，其单价为 50 元/个，不考虑风险和补贴，根据《四川省建设工程工程量清单计价定额——通用安装工程》(2020)，求该分部分项工程量清单的综合单价。

表 3.4　某工程的分部分项工程量清单

序号	项目编码	项目名称	项目特征描述	计量单位	工程量	金额/元		
						综合单价	合价	其中 暂估价
1	031001006001	塑料管	1．安装部位：室内 2．介质：排水 3．材质、规格：U-PVC *De*160 4．连接形式：粘接 5．阻火圈：*De*160 6．压力试验：灌水试验	m	120			

※解※

第一步，确定定额子目。根据该项目名称所描述的工作内容，查得以下预算定额子目。CK0552 室内塑料排水管（粘接）*De*160。

CK0803 阻火圈，公称直径≤150mm。

第二步，计算一个清单项目计量单位所对应的每个定额子目的工程量。

CK0552 室内塑料排水管（粘接）*De*160=1m。

CK0803 阻火圈，公称直径≤150mm =36/120=0.3 个。

第三步，确定每个定额子目的单价。

人工费=定额人工费

材料费=主材费+辅材费=主材定额消耗量×主材单价+定额辅材费

机械费=定额机械费

企业管理费=定额管理费

利润=定额利润

使用以上计算公式和安装预算定额计算得各定额子目的人、材、机、管、利单价，见表 3.5。

表 3.5　定额子目计算过程（1）　（单位：元）

定额编号	项目名称	人工费	材料费		机械费	管理费	利润
			主材费	辅材费			
CK0552	室内塑料排水管（粘接）*De*160	0.1×307.83=30.783	0.1×9.5×15=14.25	0.1×6.31=0.631	0.1×7.14=0.714	0.1×22.05=2.205	0.1×49.77=4.977
			0.1×5.95×10=5.95				
CK0803	阻火圈，公称直径≤150mm	0.3×13.86=4.158	0.3×50=15	0.3×4.22=1.266	0.3×0.08=0.024	0.3×0.98=0.294	0.3×2.20=0.660

第四步，确定综合单价。

综合单价=人工费+材料费+机械费+企业管理费+利润

=(30.783+4.158)+ (14.25+5.95+0.631+15+1.266)+(0.714+0.024)

+(2.205+0.294) +(4.977+0.660)

=80.91（元）

（2）反推法

$$清单项目合价=清单工程量\times综合单价=\sum(定额子目工程量\times定额子目单价)$$

$$综合单价=清单项目合价/清单工程量=\sum(定额子目工程量\times定额子目单价)/清单工程量$$

采用反推法思路清晰，易于理解，其具体步骤如下：

1）确定对应定额子目。

2）计算每个定额子目工程量。

3）计算每个定额子目合价。

4）确定综合单价。以上述的量、价为基础，把每个定额子目的合价汇总起来除以清单工程量，即得到清单项目的综合单价。

◆例 3.2　条件如例 3.1，采用反推法求该分部分项工程量清单的综合单价。

※解※

第一步，确定定额子目。根据该项目名称所描述的工作内容，查得以下预算定额子目。

CK0552 室内塑料排水管（粘接）*De*160。

CK0803 阻火圈，公称直径≤150mm。

第二步，计算每个定额子目计价工程量。

CK0552 室内塑料排水管（粘接）*De*160=120m。

CK0803 阻火圈，公称直径≤150mm=36 个。

第三步，计算每个定额子目合价。

定额子目合价=定额子目单价×定额工程量

未计价材料费=主材定额消耗量×定额工程量×主材单价

使用以上计算公式和安装预算定额计算得各定额子目的合价，见表 3.6。

表 3.6　定额子目计算过程（2）　　（单位：元）

定额编号	项目名称	综合基价	合价	未计价材料费
CK0552	室内塑料排水管（粘接）*De*160	39.31	39.31×120=4717.2	0.95×120×15=1710
				0.595×120×10=714
CK0803	阻火圈，公称直径≤150mm	21.34	21.34×36=768.24	1.000×36×50=1800

第四步，计算综合单价。

$$综合单价=\sum(定额子目工程量\times定额子目单价)/清单工程量$$
$$=(4717.2+1710+714+768.24+1800)/120$$
$$=80.91（元）$$

3.6.5　工程量清单计价注意事项

1）对于分部分项工程量清单必须严格按照招标人提供的清单内容和工程量报价，不准增加、减少和修改。

2）对于措施项目清单、其他项目清单的内容也不准修改、减少，但可以增加，即计价单位认为招标人提供的措施项目、其他项目清单（招标人部分除外）还不能满足工程实际施工要求，则可以自行增加需要发生的项目。

3）要遵照现行定额的相关规定，熟悉每一个定额子目所包括的工程内容，并把其与清单项目的工程内容结合起来，做到清单计价时对其工程内容的考虑不重复、不遗漏，以便能计算出较为合理的价格。

4）对于较复杂的项目，投标报价时，部分措施项目费要结合所做工程的施工组织设计来确定。编制标底时，最好预先做一个施工组织设计或确定一个常规的施工方法，否则有部分措施项目费无法确定或遗漏。

5）工程量清单中的每一计价项目均需填写单价和合价，对没有填写单价和合价项目的费用，将被视为已包括在工程量清单的其他单价或合价之中。

第4章

建筑给排水系统工程计量与计价

4.1　建筑给排水系统组成

4.1.1　给排水工程简介

给排水工程包括给水工程和排水工程两个系统。给水工程是将城市市政给水管网中的水输送到建筑物内各个用水点，并满足用户对水质、水量、水压的要求。排水工程主要是将人们生活、生产中产生的污水、废水及雨雪水收集后排入市政排污管网。

4.1.2　给排水工程的分类

给排水工程可以分为两大类：

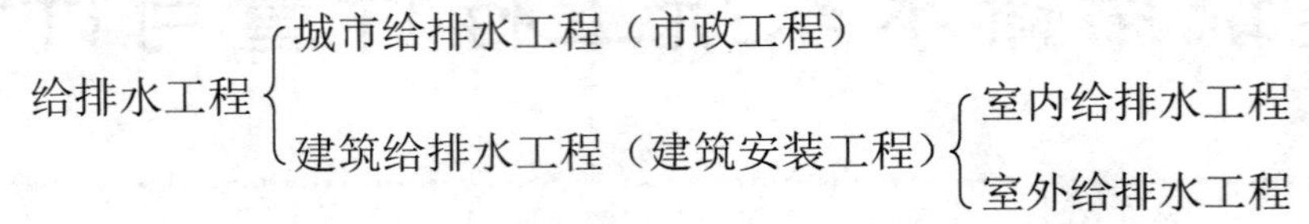

城市给排水工程与建筑给排水工程的分界如图 4.1 所示。

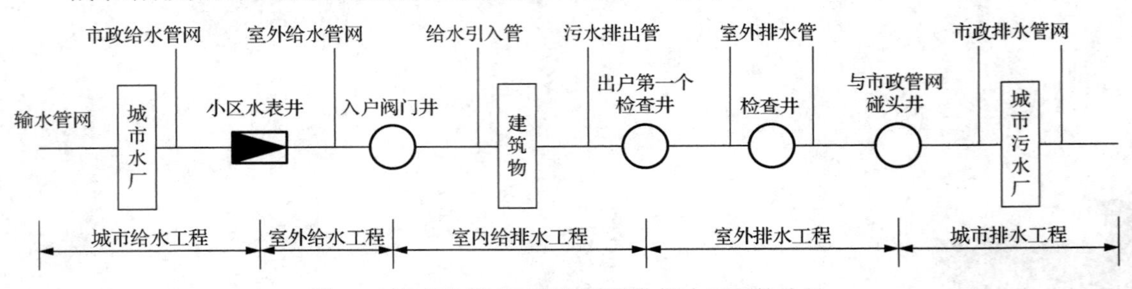

图 4.1　城市给排水工程与建筑给排水工程的分界

4.1.3　建筑室内给水与排水系统的组成

（1）建筑室内给水系统

建筑室内给水系统的组成如图 4.2 所示。

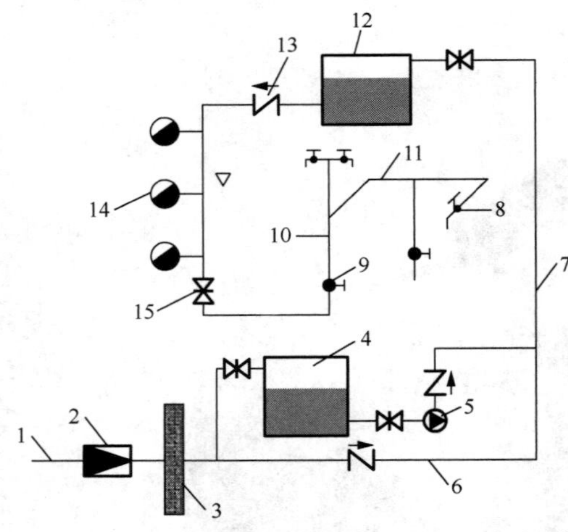

1—引入管（进户管）；2—水表井；3—建筑外墙；4—水池；5—水泵；6—水平干管；7—立干管；8—水龙头；9—截止阀；10—立支管；11—水平支管；12—水箱；13—止回阀；14—消火栓；15—闸阀。

图 4.2　建筑室内给水系统的组成

由图 4.2 可知，室内给水系统由以下 6 部分组成。

1）引入管（进户管）。

2）水表节点（水表井）。

3）管网系统：水平干管、立干管，水平支管、立支管。

4）给水管道附件：阀门、水嘴。

5）升压、储水设备：水泵、水箱。

6）消防设备：消火栓、喷淋管及喷淋头等。

（2）建筑室内排水系统

建筑室内排水系统的组成如图 4.3 所示。

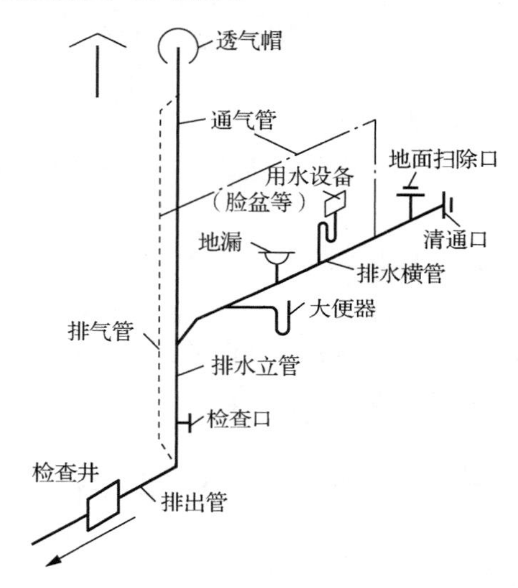

图 4.3　建筑室内排水系统的组成

由图 4.3 可知，室内排水系统由以下 6 部分组成。

1）污水收集器：便溺器等卫生设备。

2）排水管网：器具排水管、排水横管、排水立管及排出管。

3）透气装置：排气管、透气管、透气帽。

4）排水管网附件：存水弯、地漏。

5）清通装置：地面扫除口、检查口、清通口。

6）检查井。

4.1.4　室内外给排水管道安装的工程内容

室内外给排水管道安装的工程内容包括以下内容。

1）管道、管件及弯管的制作、安装。

2）套管（包括防水套管）的制作、安装。

3）阻火圈的安装。

4）管道的除锈、刷油、防腐工程。

5）管道绝热及保护层的安装、除锈、刷油。

6）管道支架的制作、安装、除锈、刷油。

7）给水管道消毒、冲洗。

8）水压及泄漏试验。

4.1.5 给水系统、排水系统检验和检测内容

给水系统、排水系统检验和检测内容按《建筑给水排水及采暖工程施工质量验收规范》（GB 50242—2013）的相关要求执行，主要包括以下内容。

1）承压及给水、采暖、供热等管道系统和设备及阀门等附件，定额子目已包括分层分段一次性水压试验，若要求整个系统进行水压试验时，执行《给排水、采暖、燃气工程》定额“管道压力试验”子目的计算，水泵房、锅炉房、制冷机房内管道和设备及阀门附件试压执行《工业管道工程》相应子目。

2）给水管道：通水试验及冲洗、消毒检测。

3）安全阀、流量计、温度计、传感器及压力表等表计的检测、试验执行《自动化控制仪表安装工程》相关子目。

4）排水管道：灌水、通球及通水试验。

5）雨水管道：灌水及通水试验。

6）卫生器具：通水试验，使用具有溢流功能的器具做满水试验。

7）地漏及地面清扫口做排水试验。

4.2 建筑给排水工程计量与计价方法

4.2.1 建筑给排水工程界限的划分

1.《通用安装工程工程量计算规范》（GB 50856—2013）中室内、室外、市政管道的分界线

（1）给排水、采暖、燃气工程与市政工程管网工程的界定

1）室外给排水、采暖、燃气管道以市政管道碰头井为界。

2）厂区、住宅小区的庭院喷灌及喷泉水设备安装执行《通用安装工程工程量计算规范》（GB 50856—2013）相应项目。

3）公共庭院喷灌及喷泉水设备安装按现行国家标注《市政工程工程量计算规范》（GB 50857—2013）管网工程的相应项目执行。

（2）给排水、采暖、燃气工程管道界限的划分

1）给水管道室内外界限划分：以建筑物外墙皮 1.5m 为界，入口处设阀门者以阀门为界。

2）排水管道室内外界限划分：以出户第一个排水检查井为界。

3）采暖管道室内外界限划分：以建筑物外墙皮 1.5m 为界，入口处设阀门者以阀门为界。

4）燃气管道室内外界限划分：地下引入室内的管道以室内第一个阀门为界；地上引入室内的管道以墙外三通为界。

2.《四川省建设工程工程量清单计价定额——通用安装工程》(2020)中室内、室外、市政管道的分界线

(1)给排水、采暖、燃气工程与市政工程管网工程的界定

1)给水、采暖管道以与市政管道碰头点或以计量表、阀门(井)为界。

2)室外排水管道以与市政管道碰头井为界。

3)燃气管道,以计量总表或用地红线为界。

(2)给排水、采暖、燃气工程管道界限的划分

1)室内外给水管道以建筑物外墙皮 1.5m 为界,建筑物入口处设阀门者以阀门为界。

2)室内外排水管道以出户第一个排水检查井为界。

3)工业管道界线以与工业管道碰头点为界。

4)设在建筑物内的水泵房(间)管道以泵房(间)外墙皮为界。

(3)给排水、采暖、燃气工程界限说明

1)给水管道。给水管道室内外、市政的界限划分如图 4.4 所示。

室内外的分界线:以建筑物外墙皮 1.5m 为界,入口处设阀门的以阀门为界。

室外管道与市政管道的分界线:以水表井为界,无水表井的,以与市政管道碰头为界。

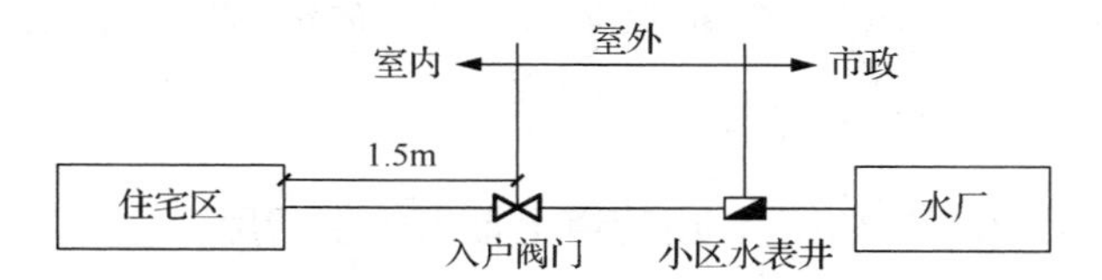

图 4.4　给水管道室内外、市政的界限划分

2)排水管道。排水管道室内外、市政的界限划分如图 4.5 所示。

室内外的分界线:以出户第一个检查井为界。

室外管道与市政管道的分界线:以与市政管道碰头为界。

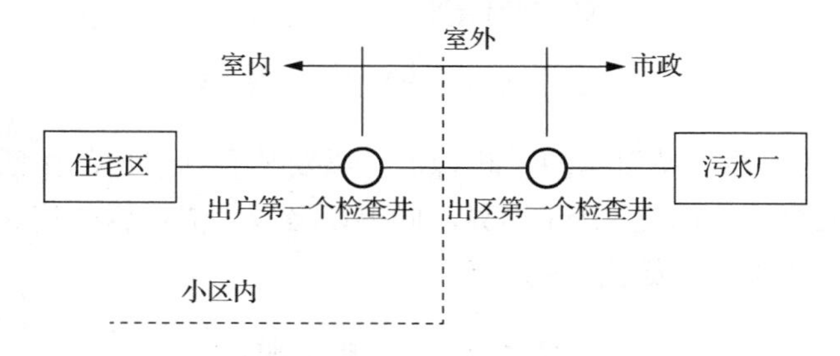

图 4.5　排水管道室内外、市政的界限划分

3)采暖管道。采暖管道室内外、市政的界限划分如图 4.6 所示。

室内外的分界线:以建筑物外墙皮 1.5m 为界,入口处设阀门的以阀门为界。

室外管道与工艺管道的分界线:以热力站外墙皮 1.5m 为界。

工艺管道与市政管道的分界线:以热力站外墙皮 1.5m 为界。

室外管道与市政管道的分界线:与市政管道碰头点或以计量表、阀门(#)为界。

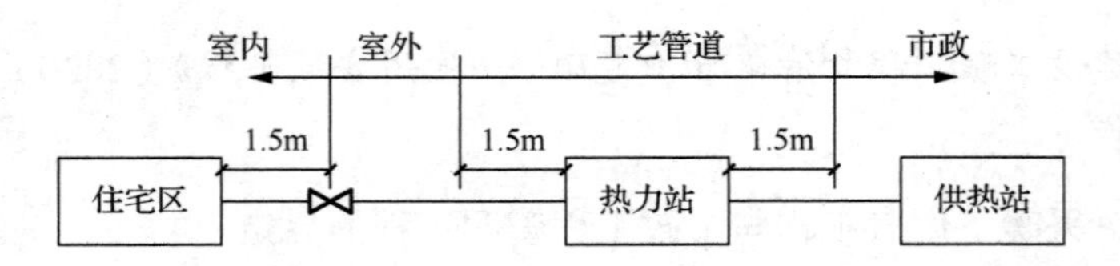

图 4.6　采暖管道室内外、市政的界限划分

4）燃气管道：燃气管道室内外、市政的界限划分如图 4.7 所示。

室内外的分界线：从地下引入室内的管道以室内第一个阀门为界；从地上引入室内的管道以墙外三通为界。

室外管道与市政的分界线：以计量总表或用地红线为界。

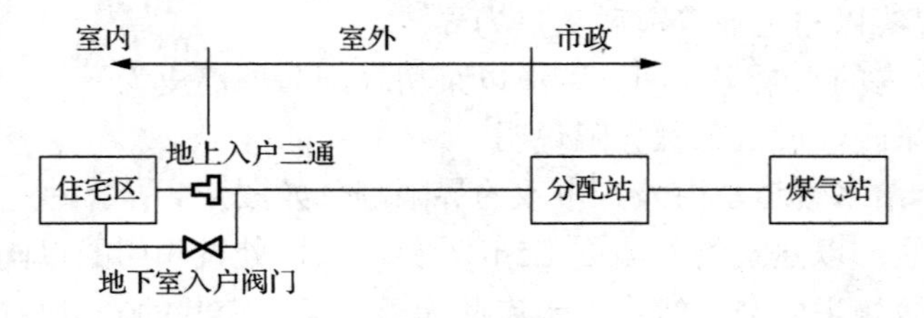

图 4.7　燃气管道室内外、市政的界限划分

3. 暖卫管道与工业管道的分界线

1）从生产用管道或生产、生活合用管道上接出的生活用管道，以二者的碰头点为界，如图 4.8 所示。

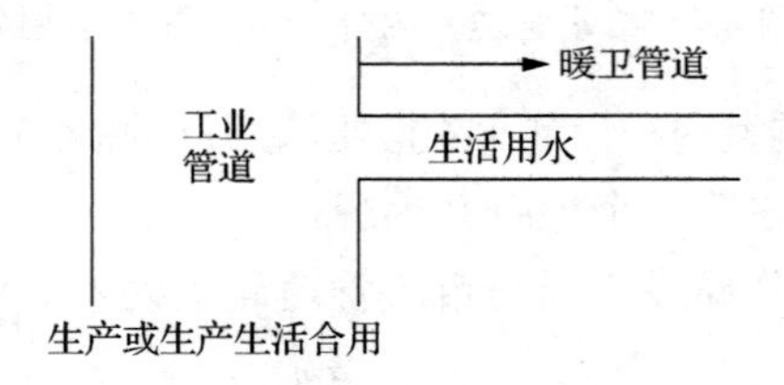

图 4.8　从工业管道上接出一般管道示意

2）从单独锅炉房、热力站引出的采暖管道，以及从泵站引出的生活给水与消防管道，以锅炉房、热力站或泵站外墙皮 1.5m 为界，向上以楼板为界；锅炉房、热力站，以及泵站内的设备配管属于工业管道，如图 4.9 所示。

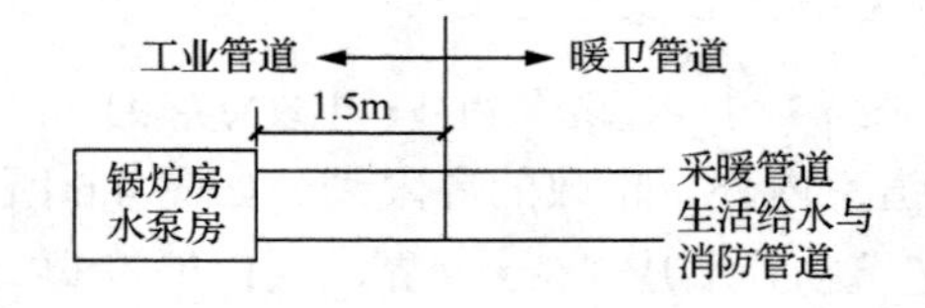

图 4.9　从单独锅炉房、水泵房接出一般管道示意

3）从设在高层建筑内的加压泵间引出生活给水管道与消防管道，以泵间的外墙皮为界。泵间内的设备配管属于工业管道，如图 4.10 所示。

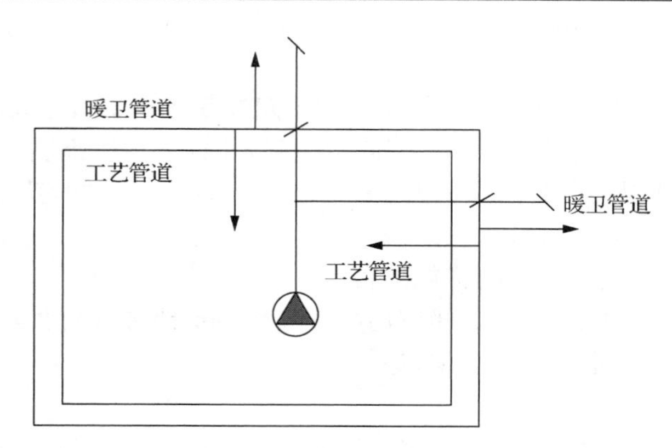

图 4.10　从高层建筑泵间接出一般管道示意

4.2.2　建筑室内给水工程定额选用说明

建筑给排水工程主要执行《四川省建设工程工程量清单计价定额——通用安装工程》（2015）中的 C.K《给排水、采暖、燃气工程》分册。该分册适用于新建、扩建项目中的生活用给水、排水管道及附件、配件安装，小型容器制作、安装。

1. 增加费用说明

1）脚手架搭拆费按定额人工费的 5%，其中人工工资费占 35%，机械费占 5%。

单独承担的室外埋地管道工程，不计取该费用。

说明：

① 脚手架搭拆费是综合取定的系数，除定额规定不计取脚手架搭拆费用外，不论工程是否搭拆或搭拆数量多少，均应按规定计取。

② 脚手架搭拆费列入单价措施项目费，人工费占 35%，机械费占 5%。

2）操作高度增加费：定额中操作物高度以距楼地面 3. 6m 为限，超过 3.6m 时，超过部分工程量按定额人工费乘以表 4.1 系数计算。

表 4.1　超高系数

操作物高度/m	≤10	≤30	≤50
系数	1.10	1.20	1.50

说明：

① 计算操作高度增加费的基数是超过定额规定高度部分工程的定额人工费。

② 操作高度增加费全部计入人工费。

③ 操作高度增加费计入清单项目的综合单价。

3）建筑物超高增加费：指在檐口高度 20m 以上的工业与民用建筑物进行安装增加的费用，按±0 以上部分的定额人工费乘以表 4.2 系数计算。费用全部为人工费。

表 4.2　建筑物超高增加费系数

建筑物檐高/m	≤40	≤60	≤80	≤100	≤120	≤140	≤160	≤180	≤200	200m 以上每增 20m
建筑物超高系数/%	2	5	9	14	20	26	32	38	44	6

说明：

① 建筑物檐口高度超过 20m 时，均可计取建筑物超高增加费。突出主体建筑物顶的电梯机房、楼梯出口间、水箱间、瞭望塔、排烟机房等不计入檐口高度。

② 计算基础为±0 以上部分的定额人工费，不包括地下部分的定额人工费。

③ 建筑物超高增加费全部计入人工费。

④ 建筑物超高增加费列入单价措施项目费。

4）在地下室内（含地下车库）、暗室内、净高<1.6m 楼层、断面面积$<4m^2$且$>2m^2$隧道或洞内进行安装的工程，定额人工费乘以系数 1.12。

说明：

① 地下室内（含地下车库）、暗室内、净高<1.6m 楼层、断面面积$<4m^2$且$>2m^2$隧道或洞内进行安装的工程与其他部位的安装工程分别计算工程量。

② 只有安装工程的定额人工费调整，制作工程的定额人工费不调整。

5）在管井内、竖井内、断面面积$\leqslant 2m^2$隧道或洞内、封闭吊顶天棚内进行安装的工程，定额人工费乘以系数 1.16。

说明：

① 定额中的“管井”，指的是高层建筑中专门为安装管线设置的竖向通道，也称“管道间”。

② 定额中的“管廊”，指的是在宾馆或饭店内封闭的天棚内安装管道。此项费用不适用于综合管廊管道安装。

③ 如在无盖的管沟内安装管道不能视为管廊内的管道安装；如盖上管沟盖后再安装管道，定额人工费乘以系数 1.16。

④ 管井内、竖井内、断面面积$\leqslant 2m^2$隧道或洞内、封闭吊顶天棚内进行安装的工程与其他部位的安装工程分别计算工程量。

⑤ 只有安装工程的定额人工费调整，制作工程的定额人工费不调整。

6）采暖工程系统调整费按采暖系统工程定额人工费的 10%计算，其中人工费、机械费各占 35%。

说明：

① 以采暖工程（由采暖管道、阀门及供暖器具组成采暖工程系统）全部人工费为计算基础，按规定系数计取。人工费、机械费各占 35 %。

② 采暖工程系统调整费按《通用安装工程工程量计算规范》（GB 50856—2013）编码列项，列入分部分项工程量清单。

③ 采暖工程系统调整费是指室内采暖系统的散热器、阀门、温控器等在第一个采暖期运行时进行的水平水力和垂直水力的调节和调试。而室外热力管道仅输送热媒，不需要进行调试，不得计算调试费用。

④ 当采暖工程系统中管道工程量发生变化时，系统调试费用应作相应调整。

⑤ 热水系统不进行调试，不得计算调试费用。

7）空调水系统调整费按空调水系统工程（含冷凝水管)定额人工费的 10 %计算，其中人工费、机械费各占 35 %。

说明：

① 以空调水系统工程（由空调水管道、阀门及冷水机组组成空调水工程系统）全部人工费为计算基础，按规定系数计取。人工费、机械费各占 35 %。

② 空调水系统调整费按《通用安装工程工程量计算规范》(GB 50856—2013)编码列项，列入分部分项工程量清单。

③ 当空调水工程系统中管道工程量发生变化时，系统调试费用应作相应调整。

2. 本分册与相关分册的关系

1）工业管道、生产生活共用的管道，锅炉房、泵房、站类管道以及建筑物内加压泵间、空调制冷机房的管道，管道焊缝热处理、无损探伤，医疗气体管道执行 H《工业管道工程》分册相应项目。

2）本分册定额未包括的采暖、给排水设备安装，执行 A《机械设备安装工程》、C《静置设备与工艺金属结构制作安装工程》等分册相应项目。

3）给排水、采暖设备、器具等电气检查、接线工作，执行 D《电气设备安装工程》分册相应项目。

4）刷油、防腐蚀、绝热工程执行 M《刷油、防腐蚀、绝热工程》分册相应项目。

5）本分册定额凡涉及到管沟、工作坑及井类的土方开挖、回填、运输、垫层、基础、砌筑、地沟盖板预制安装、路面开挖及修复、管道混凝土支墩的项目，以及混凝土管道、水泥管道安装执行相关定额项目。

4.2.3　建筑室内给水工程计量与计价

1. 室内给水管道敷设方式及施工程序

1）管道敷设方式：立干管采用沿墙明敷，支管采用沿墙明敷或沿楼板、墙体暗敷。

2）施工程序：预留孔洞→管道支架安装→套管安装→管道、管件安装→管道附件安装→管道试压→管道冲洗与消毒→管道防腐与保温。

2. 工程量计算方法

计算顺序：由入口起，先主干后支管；先进入后排出；先设备后附件。

计算要领：以管道系统为单元计算，先计算小系统，后相加为全系统；以建筑平面特点划片计算。水平长度由平面图上图示尺寸计算，无尺寸说明时用比例尺量取；垂直长度由系统图上的标高差计算得到。

3. 管道与管件

（1）工程量计算规则

1）清单工程量计算规则。

按设计图示管道中心线以长度计算，以“米”为计量单位。管道工程量计算不扣除阀门、管件（包括减压器、疏水器、水表、除污器、伸缩器等组成安装）及附属构筑物所占长度；方形补偿器以其所占长度列入管道安装工程量。

说明：

① 计算管道安装工程量时，应按不同安装部位（室内、室外）、不同材质（镀锌管、焊接管、铸铁管、塑料管等）、不同连接方式（螺纹连接、焊接、承插连接等）、不同公称直径、不同用途（给水、排水、采暖等）分别列项计算。

② 连接管道的管件、阀门（包括减压阀、疏水器、水表、伸缩器、除污器等）所占长

度均不得扣除。室内采暖管道暖气片所占的长度应从延长米中扣除。

2）定额工程量计算规则。

各类管道安装工程量，均按设计管道中心线长度，以“10m”为计量单位，不扣除阀门、管件、附件（包括器具组成）及井类所占长度。

说明：

① 各类管道安装按室内外、材质、连接形式、规格分别列项，以“10m”为计量单位。定额中铜管、塑料管、复合管（除钢塑复合管外）按公称外径表示，其他管道均按公称直径表示。

② 室内给排水管道与卫生器具连接的分界线。

a．给水管道工程量计算至卫生器具（含附件）前与管道系统连接的第一个连接件（角阀、三通、弯头、管箍等）止。

b．排水管道工程量自卫生器具出口处的地面或墙面的设计尺寸算起；与地漏连接的排水管道自地面设计尺寸算起，不扣除地漏所占长度。

c．方形补偿器所占长度计入管道安装工程量，方形补偿器制作安装应另行计算。

d．给排水、采暖、空调水管道安装项目中，均包括相应管件安装、水压试验及水冲洗工作内容。

e．管道安装项目中，除给排水系统和采暖系统中的室内直埋塑料管项目中已包括管卡安装外，其他管道项目均不包括管道支架、管卡、托钩等制作安装以及管道穿墙、楼板套管制作安装、预留孔洞、堵洞、打洞、凿槽等工作内容，发生时，应另行计算。

f．排水室内直埋塑料管道是指敷设于室内地坪下或墙内的塑料给水管段。包括充压隐蔽、水压试验、水冲洗以及地面划线标示等工作内容。

g．给水管道定额不包括管道消毒、冲洗，应另行计算。

◆例 4.1　某二层建筑物给水系统如图 4.11 所示，采用镀锌钢管螺纹连接。管道安装完毕后进行水压试验，消毒冲洗。计算镀锌钢管的工程量，括号内数据为支管水平段长度，单位为“m”。

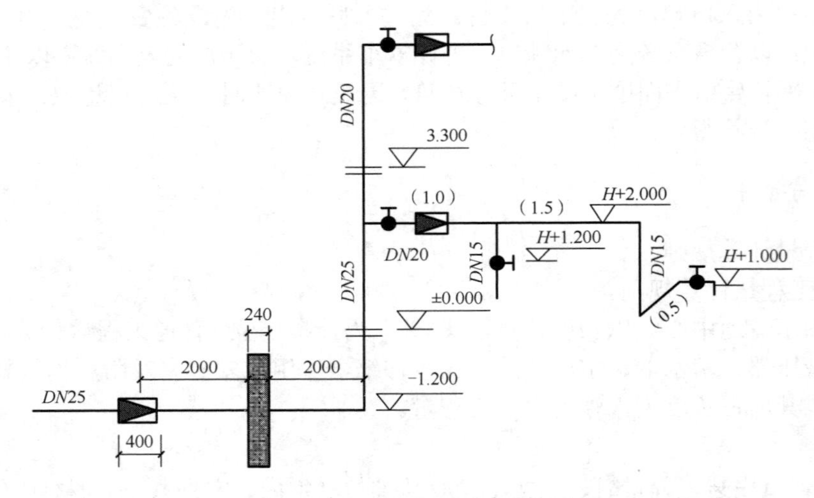

图 4.11　某二层建筑物给水系统

※解※

由图可知，镀锌钢管共有 3 种规格，应分别列项统计。

注意：管道的变径一般发生在分支或汇流处，作为不同管径计算的分界点。

1）管道清单工程量。

*DN*25：水平段(2+0.24+2)m+垂直段[2−(−1.2)]m=7.44（m）。

*DN*20：水平段(1×2)m+垂直段(3.3)m=5.3（m）。

*DN*15：水平段(1.5+0.5)m×2+垂直段[(2−1.2)+(2−1)]m×2=7.6（m）。

2）管道定额工程量。

*DN*25：7.44m。

*DN*20：5.3m。

*DN*15：7.6m。

3）管道消毒、冲洗定额工程量。

*DN*25：7.44m。

*DN*20：5.3m。

*DN*15：7.6m。

（2）清单使用说明

根据《通用安装工程工程量计算规范》（GB 50856—2013）K.1 的规定，给排水管道的工程量清单项目设置、项目特征描述的内容、计量单位及工程量计算规则应按表 4.3 执行。

表 4.3　给排水、采暖、燃气管道（编码：031001）

项目编码	项目名称	项目特征	计量单位	工程量计算规则	工作内容
031001001	镀锌钢管	1. 安装部位 2. 介质 3. 规格、压力等级 4. 连接形式 5. 压力试验及吹、洗设计要求 6. 警示带形式	m	按设计图示管道中心线以长度计算	1. 管道安装 2. 管件制作、安装 3. 压力试验 4. 吹扫、冲洗 5. 警示带敷设
031001002	钢管				
031001003	不锈钢管				
031001004	铜管				
031001005	铸铁管	1. 安装部位 2. 介质 3. 材质、规格 4. 连接形式 5. 接口材料 6. 压力试验及吹、洗设计要求 7. 警示带形式			1. 管道安装 2. 管件安装 3. 压力试验 4. 吹扫、冲洗 5. 警示带敷设
031001006	塑料管	1. 安装部位 2. 介质 3. 材质、规格 4. 连接形式 5. 阻火圈设计要求 6. 压力试验及吹、洗设计要求 7. 警示带形式			1. 管道安装 2. 管件安装 3. 塑料卡固定 4. 阻火圈安装 5. 压力试验 6. 吹扫、冲洗 7. 警示带敷设
031001007	复合管	1. 安装部位 2. 介质 3. 材质、规格 4. 连接形式 5. 压力试验及吹、洗设计要求 6. 警示带形式			1. 管道安装 2. 管件安装 3. 塑料卡固定 4. 压力试验 5. 吹扫、冲洗 6. 警示带敷设

续表

项目编码	项目名称	项目特征	计量单位	工程量计算规则	工作内容
031001009	承插陶瓷缸瓦管	1．埋设深度 2．规格 3．接口方式及材料 4．压力试验及吹、洗设计要求 5．警示带形式	m	按设计图示管道中心线以长度计算	1．管道安装 2．管件安装 3．压力试验 4．吹扫、冲洗 5．警示带敷设
031001010	承插水泥管				
031001011	室外管道碰头	1．介质 2．碰头形式 3．材质、规格 4．连接形式 5．防腐、绝热设计要求	处	按设计图示以处计算	1．挖填工作坑或暖气沟拆除及修复 2．碰头 3．接口处防腐 4．接口处绝热及保护层

说明：

① 管道安装部位指管道安装在室内、室外。

② 输送介质包括给水、排水、中水、雨水、热媒体、燃气和空调水等。

③ 方形补偿器制作安装应含在管道安装综合单价中。

④ 铸铁管安装适用于承插铸铁管、球墨铸铁管、柔性抗震铸铁管等。

⑤ 塑料管安装适用于 UPVC、PVC、PP- C、PP-R、PE、PB 管等塑料管材。

⑥ 复合管安装适用于钢塑复合管、铝塑复合管、钢骨架复合管等复合型管道安装。

⑦ 直埋保温管包括直埋保温管件安装及接口保温。

⑧ 排水管道安装包括立管检查口、透气帽。塑料管安装项目特征应描述是否设置成品塑料管卡、阻火圈或止水环，按设计图纸或规范要求计入综合单价中。若塑料管采用型钢支架，应另行列项。

⑨ 室外管道碰头：

a．适用于新建或扩建工程热源、水源、气源管道与原（旧）有管道碰头；

b．室外管道碰头包括挖工作坑、土方回填或暖气沟局部拆除及修复；

c．带介质管道碰头包括开关闸、临时放水管线铺设等费用；

d．热源管道碰头每处包括供、回水两个接口；

e．碰头形式指带介质碰头、不带介质碰头。

（3）定额使用说明

1）室内给水管道套用 K《给排水、采暖、燃气工程》分册的 K.1 中的管道安装，按管道材质（镀锌钢管、钢管、不锈钢管、铜管、铸铁管、塑料管、复合管）、接口方式（丝接、焊接、承插接口、法兰接口）、管径大小规格分档次分别套用定额。

2）管道为未计价材料，其价值按下式计算：

管材价值=按图计算的管道工程量×管道定额中管材消耗量×相应管材单价

3）室内给水管道安装定额项目中，已包括管件的安装费用，但管件的价值应另计。各种管件数量系综合取定，执行定额时，成品管件数量可依据设计文件及施工方案或参照附录“管道管件数量取定表”计算，定额中其他消耗量均不做调整。

管件价值=按图计算管道的工程量×管道定额中管件消耗量×相应管件单价

4）给水管道定额已包含水压试验及水冲洗，但是不包括管道消毒、冲洗，应另行计算。定额 CK0809～CK0826 管道压力试验项目仅适用于因工程需要而发生且非正常情况的管道水压试验。管道安装定额中已经包括了规范要求的水压试验，不得重复计算。因工程需要再次发生管道冲洗时，执行本章消毒冲洗定额项目乘以系数 0.6。

5）塑料给水管道安装中不包括成品管卡的安装，应另行计算。

6）在地下室内（含地下车库）、暗室内、净高<1.6m 楼层、断面面积<$4m^2$ 且>$2m^2$ 隧道或洞内进行的管道安装工程，定额人工费乘以系数 1.12。

7）在管井内、竖井内、断面面积≤$2m^2$ 隧道或洞内、封闭吊顶天棚内进行的管道安装工程，定额人工费乘以系数 1.16。

◆例 4.2 根据例 4.1 的计算结果，套用相关定额子目，计算定额费用。

※解※

套用镀锌钢管室内给水相关定额子目，见表 4.4。

表 4.4　镀锌钢管室内给水相关定额子目

定额编号	项目名称	计量单位	① 工程数量	② 定额综合基价/元	③ 合价/元 ③=①×②	主材名称	④ 主材数量	单位	⑤ 主材单价/元	⑥ 主材合价/元 ⑥=④×⑤	⑦ 定额合价/元 ⑦=③+⑥
CK0012	室内镀锌钢管螺纹连接 *DN*15	10m	0.76	243.72	185.23	镀锌钢管 *DN*15	7.532	m	6.80	51.21	185.23+51.21+14.21=250.65
						镀锌钢管接头零件 *DN*15	11.012	个	1.29	14.21	
CK0827	管道消毒、冲洗 *DN*15	100m	0.076	52.50	3.99						3.99
CK0017	室内镀锌钢管螺纹连接 *DN*20	10m	0.53	255.57	135.45	镀锌钢管 *DN*20	5.252	m	8.86	46.53	135.45+46.53+12.83=194.81
						镀锌钢管接头零件 *DN*20	6.413	个	2.00	12.83	
CK0828	管道消毒、冲洗 *DN*20	100m	0.053	56.85	3.01						3.01
CK0018	室内镀锌钢管螺纹连接 *DN*25	10m	0.744	311.43	231.70	镀锌钢管 *DN*25	7.373	m	13.15	96.96	231.70+96.96+26.29=354.95
						镀锌钢管接头零件 *DN*25	8.482	个	3.10	26.29	
CK0829	管道消毒、冲洗 *DN*25	100m	0.0744	61.55	4.58						4.58

◆例 4.3　根据例 4.1 和例 4.2 的计算结果，计算室内 *DN*15 镀锌钢管清单项目的合价。

※解※

1）由表 4.3 可知，室内 *DN*15 镀锌钢管螺纹连接清单项目的项目编码是 031001001001。

2）此清单项目的工作内容为管道安装、管件安装、水压试验、消毒冲洗。

3）查《四川省建设工程工程量清单计价定额——通用安装工程》（2020）K 册定额可知，室内 *DN*15 镀锌钢管螺纹连接定额子目的工作内容为管道及管件安装、水压试验、水冲洗，*DN*15 管道消毒、冲洗定额子目的工作内容为消毒冲洗。

4）通过对比 2）和 3），发现清单项目 031001001001 的工作内容为定额子目 CK0012 和 CK0827 的工作内容之和，因此，本例中清单项目 031002003001 对应于定额子目 CK0012 和 CK0827。清单项目和定额子目的关系见表 4.5。定额子目 CK0012 和 CK0827 的信息见表 4.6。

表 4.5　清单项目和定额子目的关系

项目编码	项目名称	项目特征	对应定额子目
031001001001	镀锌钢管	1．安装部位：室内 2．介质：给水 3．规格：*DN*15 4．连接形式：螺纹连接 5．压力试验及吹、洗设计要求：水压试验、消毒、冲洗	CK0012 CK0827

表 4.6　定额子目的信息

定额编号	项目名称	计量单位	定额综合基价/元	其中（单位：元）					未计价材料		
				人工费	材料费	机械费	管理费	利润	名称	单位	数量
CK0012	室内镀锌钢管螺纹连接 *DN*15	10m	243.72	192.09	5.17	2.17	13.60	30.69	镀锌钢管	m	9.910
									镀锌钢管接头零件	个	14.490
CK0827	管道消毒、冲洗 *DN*15	100m	52.50	42.51	0.29		2.98	6.72			

清单项目的合价为

$$(24.372+0.991\times6.80+1.449\times1.29+0.525)\times7.6\approx254.64\text{（元）}$$

4. 套管

给水管道穿墙或穿楼板处需设置套管，套管的选用参见设计说明，一般情况如下：

1）管道穿越地下室外墙和屋面时需设置刚性防水套管。

2）管道穿越水池壁等对防水有严格要求的构筑物时需设置柔性防水套管。

3）管道穿越内墙和楼板时可设置钢套管、镀锌铁皮套管或塑料套管。套管管径一般比所穿管径大二号。

（1）工程量计算规则

1）清单工程量计算规则。

套管按设计图示数量计算，以“个”为计量单位。

说明：

计算套管工程量时，应区分刚性防水套管、柔性防水套管、钢套管、塑料套管、防火套管分别列项计算。

2）定额工程量计算规则。

刚性防水套管、柔性防水套管、钢套管、塑料套管、成品防火套管安装，按工作介质管道直径，区分不同规格以“个”为计量单位。

说明：

① 刚性防水套管、柔性防水套管、钢套管、塑料套管、成品防火套管的定额是按放大后的规格编制的，所以虽然实际套管的规格应该比管道本身的规格大，但在计算其工程量和套用定额时还是按照介质管道的规格计算。

② 保温管道穿墙、板采用套管时，按保温层外径规格执行套管相应项目。

◆例 4.4 某二层建筑物给水系统如图 4.11 所示，给水引入管穿越外墙时设计要求设置刚性防水套管，给水立管穿越楼板时要求设置钢套管，试计算套管工程量。

※解※

由图 4.11 可知，给水引入管穿越外墙时设置刚性防水套管，其清单工程量如下。

刚性防水套管 *DN*25：1 个。

立管穿越一层和二层楼板时应当设置钢套管，钢套管的管径按介质管道的公称直径执行，因此钢套管应当有两种规格，其工程量如下。

钢套管 *DN*25（穿管 DN25）：1 个。

钢套管 *DN*20（穿管 DN20）：1 个。

（2）清单使用说明

根据《通用安装工程工程量计算规范》（GB 50856—2013）K.2 的规定，套管的工程量清单项目设置、项目特征描述的内容、计量单位及工程量计算规则应按表 4.7 执行。

表 4.7 套管工程量清单项目设置

项目编码	项目名称	项目特征	计量单位	工程量计算规则	工作内容
031002003	套管	1．名称、类型 2．材质 3．规格 4．填料材质	个	按设计图示数量计算	1．制作 2．安装 3．除锈、刷油

（3）定额使用说明

1）套管制作安装项目已包含堵洞工作内容。

2）刚性、柔性防水套管制作和安装执行 H《工业管道工程》相应项目。

3）一般穿墙套管、刚性、柔性防水套管均按介质管道的公称直径执行定额子目。

4）人防工程柔性密闭套管制作和安装执行 H《工业管道工程》相应项目。

5）套管长度超过 300mm 时，按实结算。

◆例 4.5 根据例 4.4 的计算结果，套用相关定额子目，计算定额费用。

※解※

例 4.4 共有两种类型的套管，分别为刚性防水套管和穿楼板的钢套管，它们的定额费用见表 4.8。

表 4.8　刚性防水套管和穿楼板钢套管的定额费用

定额编号	项目名称	计量单位	① 工程数量	② 定额综合基价/元	③ 合价/元 ③=①×②	主材名称	④ 主材数量	单位	⑤ 主材单价/元	⑥ 主材合价/元 ⑥=④×⑤	⑦ 定额合价/元 ⑦=③+⑥
CH2716	刚性防水套管制作 *DN*25	个	1	113.30	113.30	钢管	3.260	kg	4.28	13.95	127.25
CH2735	刚性防水套管安装 *DN*25	个	1	74.19	74.19						74.19
CK0762	一般钢套管制作安装 *DN*32	个	1	18.20	18.20	焊接钢管 *DN*50	0.318	m	22.35	7.11	25.31
CK0761	一般钢套管制作安装 *DN*20	个	1	15.46	15.46	焊接钢管 *DN*32	0.318	m	14.34	4.56	20.02

◆例 4.6 根据例 4.4 和例 4.5 的计算结果，计算 *DN*25 刚性防水套管清单项目的综合单价。

※解※

1）由表 4.7 可知，*DN*25 刚性防水套管清单项目的项目编码是 031002003001。

2）此清单项目的工作内容为套管制作、套管安装、除锈、刷油。

3）查《四川省建设工程工程量清单计价定额——通用安装工程》（2020）H 分册的定额可知，CH2716 定额子目的工作内容为刚性防水套管制作、刷防锈漆；CH2735 定额子目的工作内容为刚性防水套管安装。

4）通过对比 2）和 3），发现清单项目 031002003001 的工作内容为定额子目 CH2716 和 CH2735 的工作内容之和，因此本例中清单项目 031002003001 对应于定额子目 CH2716 和 CH2735。清单项目和定额子目的关系见表 4.9，定额子目 CH2716 和 CH2735 的信息见表 4.10，清单项目的综合单价计算表见表 4.11。

表 4.9　清单项目和定额子目的关系

项目编码	项目名称	项目特征	对应定额子目
031002003001	套管	1. 名称、类型：刚性防水套管 2. 材质：碳钢 3. 规格：*DN*25 4. 填料材质：油麻	CH2716 CH2735

表 4.10　定额子目的信息

定额编号	项目名称	计量单位	定额综合基价/元	其中（单位：元）					未计价材料		
				人工费	材料费	机械费	管理费	利润	名称	单位	数量
CH2716	刚性防水套管制作 *DN*50	个	113.30	52.49	32.65	14.89	4.04	9.23	钢管	kg	3.26
CH2735	刚性防水套管安装 *DN*50	个	74.19	54.17	9.35		3.25	7.42			

表 4.11　清单项目的综合单价计算表

项目编码	031002003001	项目名称				套管			计量单位	个	工程量	1	
清单综合单价组成明细													
定额编号	定额名称	定额单位	数量	单价/元					合价/元				
				人工费	材料费	机械费	管理费	利润	人工费	材料费	机械费	管理费	利润
CH2716	刚性防水套管制作 *DN*50	个	1	52.49	32.65	14.89	4.04	9.23	52.49	32.65	14.89	4.04	9.23
CH2735	刚性防水套管安装 *DN*50	个	1	54.17	9.35		3.25	7.42	54.17	9.35		3.25	7.42
人工单价		小计							106.66	42.00	14.89	7.29	16.65
120 元/工日		未计价材料费							13.95				
清单项目综合单价									201.44				
材料费明细	主要材料名称、规格、型号					单位	数量		单价/元	合价/元	暂估单价/元		暂估合价/元
	钢管					kg	3.26		4.28	13.95			
	其他材料费									42.00			
	材料费小计									55.95			

5. 支架

（1）工程量计算规则

1）清单工程量计算规则。

管道支架和设备支架以“kg”计量，按设计图示质量计算；或以“套”计量，按设计图示数量计算。

说明：

① 单件支架质量 100kg 以上的管道支吊架按设备支吊架制作安装列项。

② 成品支吊架安装执行相应管道支吊架或设备支吊架项目，不再计取制作费，支吊架本身价值含在综合单价中。

③ 塑料管、复合管采用型钢支吊架应单独列项计算。

④ 塑料管、复合管采用塑料管卡应组合在塑料管、复合管的综合单价中。

⑤ 除给排水系统和采暖系统中的室内直埋塑料管、明装塑料管、明装复合管的塑料管卡外，其他管道支架均应单独列项计算。

2）定额工程量计算规则。

管道、设备支架制作安装按设计图示单件重量，以“100kg”为计量单位；成品管卡按工作介质管道直径，区分不同规格以“个”为计量单位。

说明：

① 管道安装项目中，除给排水系统和采暖系统中的室内直埋塑料管项目中已包括管卡安

装外，其他管道项目均不包括管道支架、管卡、托钩等制作安装，按 K.2 相应项目另行计算。

② 管道支架采用木垫式、弹簧式管架时，均执行管道支架安装项目，支架中的弹簧减震器、滚珠、木垫等成品件重量应计入安装工程量，其材料数量按实计入。

③ 成品管卡安装项目，适用于与各类管道配套的立、支管成品管卡的安装。

（2）支架工程量计算方法

1）按规范要求计算型钢支架。

① 计算支架个数。支架的间距可按规范要求计算。

$$支架的个数=\frac{某规格的管道长度}{该规格管道支架的间距要求}$$

计算结果有小数则进 1 取整。

钢管垂直安装时支架间距规定：楼层高度小于或等于 5m 时，每层必须安装 1 个；楼层高度大于 5m，每层不得少于 2 个。钢管水平安装时支（吊）架间距不应大于表 4.12 的规定；塑料管及复合管管道支架的最大间距见表 4.13。

表 4.12　钢管水平安装时支（吊）架最大间距

公称直径/mm		15	20	25	32	40	50	65	80	100	125	150	200	250	300
支架的最大间距/m	保温管	2	2.5	2.5	2.5	3	3	4	4	4.5	6	7	7	8	8.5
	不保温管	2.5	3	3.5	4	4.5	5	6	6	6.5	7	8	9.5	11	12

表 4.13　塑料管及复合管管道支架的最大间距

管径/mm			12	14	16	18	20	25	32	40	50	63	75	90	110
支架的最大间距/m	立管		0.5	0.6	0.7	0.8	0.9	1.0	1.1	1.3	1.6	1.8	2.0	2.2	2.4
	水平管	冷水管	0.4	0.4	0.5	0.5	0.6	0.7	0.8	0.9	1.0	1.1	1.2	1.35	1.55
		热水管	0.2	0.2	0.25	0.3	0.3	0.35	0.4	0.5	0.6	0.7	0.8	0.9	1.0

② 计算每个支架所需的各种型钢的长度。

③ 计算单个型钢支架的总质量：

$$\sum 某种型钢长度\times 该型钢的理论质量$$

型钢的理论质量可由五金手册查得，常用型钢的理论质量见表 4.14。

表 4.14　常用型钢的理论质量　　（单位：kg/m）

名称	型号	理论质量	型号	理论质量	型号	理论质量	型号	理论质量	型号	理论质量	型号	理论质量	型号	理论质量
圆钢	5.5	0.187	6	0.222	7	0.302	8	0.395	10	0.617	12	0.888	14	1.21
扁钢	20×3	0.47	25×3	0.59	30×3	0.71	40×4	1.26	40×5	1.57	50×4	1.57	50×5	1.96
等边角钢	20×3	0.899	25×3	1.124	30×3	1.373	40×4	2.422	50×4	3.059	50×5	3.77	63×5	4.822
槽钢	5	5.44	6.3	6.63	8	8.05	10	10.01	12.6	12.32	14a	14.54	14b	16.73
工字钢	10	11.26	12.6	14.22	14	16.89	16	20.51	18	24.14	20a	27.93	20b	31.07

◆例 4.7　某给水工程镀锌钢管 *DN*100 不保温钢管的工程量为 100m，沿墙设置 *DN*100 单管托架，支架的单位质量为 9.2kg/副，试计算支架的清单工程量。

※解※

由表 4.12 可知，*DN*100 不保温管支架的最大间距为 6.5m，则共需要支架个数为

$$\frac{\text{某规格的管道长度}}{\text{该规格管道支架的间距要求}}=\frac{100}{6.5}\approx 15\text{（个）}$$

$$\begin{aligned}\text{支架总质量}&=\sum(\text{某种规格支架的单位质量}\times\text{该规格支架的数量})\\&=9.2\text{kg}/\text{副}\times 16\text{副}=147.2\text{（kg）}\end{aligned}$$

2）按照定额附录表计算型钢支架工程量。

根据《四川省建设工程工程量清单计价定额——通用安装工程》（2020）K 分册，室内钢管、铸铁管道支架用量参考表见表 4.15。

表 4.15　室内钢管、铸铁管道支架用量参考表　　（单位：kg/m）

序号	公称直径（mm 以内）	钢管			铸铁管	
		给水、采暖、空调水		燃气	给水、排水	雨水
		保温	不保温			
1	15	0.58	0.34	0.34		
2	20	0.47	0.30	0.30		
3	25	0.50	0.27	0.27		
4	32	0.53	0.24	0.24		
5	40	0.47	0.22	0.22		
6	50	0.60	0.41	0.41	0.47	
7	65	0.59	0.42	0.42		
8	80	0.62	0.45	0.45	0.65	0.32
9	100	0.75	0.54	0.50	0.81	0.62
10	125	0.75	0.58	0.54		
11	150	1.06	0.64	0.59	1.29	0.86
12	200	1.66	1.33	1.22	1.41	0.97
13	250	1.76	1.42	1.30	1.60	1.09
14	300	1.81	1.48	1.35	2.03	1.20
15	350	2.96	2.22	2.03	3.12	
16	400	3.07	2.36	2.16	3.15	

◆例 4.8　某建筑内沿墙安装 *DN*100 的铸铁给水管 120m，计算支架制作安装的清单工程量。

※解※

查表 4.15，*DN*100 铸铁管支架用量为 0.81kg/m，铸铁给水管 120m 支架制作安装的清单工程量为

$$0.81\times 120=97.2\text{（kg）}$$

3）按照定额附录表计算成品管卡工程量。

根据《四川省建设工程工程量清单计价定额——通用安装工程》（2020）K 分册，成品管卡用量参考表见表 4.16。

表 4.16　成品管卡用量参考表　　（单位：个/10m）

序号	公称直径（mm 以内）	给水、采暖、空调水管道									排水管道	
		钢管		铜管		不锈钢管		塑料管及复合管			塑料管	
		保温	不保温	垂直管	水平管	垂直管	水平管	立管	水平管		立管	横管
									冷水管	热水管		
1	15	5.00	4.00	5.56	8.33	6.67	10.00	11.11	16.67	33.33		
2	20	4.00	3.33	4.17	5.56	5.00	6.67	10.00	14.29	28.57		
3	25	4.00	2.86	4.17	5.56	5.00	6.67	9.09	12.50	25.00		
4	32	4.00	2.50	3.33	4.17	4.00	5.00	7.69	11.11	20.00		
5	40	3.33	2.22	3.33	4.17	4.00	5.00	6.25	10.00	16.67	8.33	25.00
6	50	3.33	2.00	3.33	4.17	3.33	4.00	5.56	9.09	14.29	8.33	20.00
7	65	2.50	1.67	2.86	3.33	3.33	4.00	5.00	8.33	12.50	6.67	13.33
8	80	2.50	1.67	2.86	3.33	2.86	3.33	4.55	7.41		5.88	11.11
9	100	2.22	1.54	2.86	3.33	2.86	3.33	4.17	6.45		5.00	9.09
10	125	1.67	1.43	2.86	3.33	2.86	3.33				5.00	7.69
11	150	1.43	1.25	2.50	2.86	2.50	2.86				5.00	6.25

序号	公称直径（mm 以内）	煤气管道							
		钢管		铜管		不锈钢管		钢塑复合管	
		垂直管	水平管	垂直管	水平管	垂直管	水平管	垂直管	水平管
1	15	4.00	4.00	5.56	8.33	5.00	5.56	6.67	8.33
2	20	3.33	3.33	4.17	5.56	5.00	5.00	4.00	5.56
3	25	2.86	2.86	4.17	5.56	4.00	4.00	4.00	5.56
4	32	2.50	2.50	3.33	4.17	4.00	4.00	3.33	5.00
5	40	2.22	2.22	3.33	4.17	3.33	3.33	3.33	4.17
6	50	2.00	2.00	3.33	4.17	3.33	3.33	2.86	4.17
7	65	1.67	1.67			3.33	3.33		
8	80	1.54	1.54			3.33	3.33		
9	100	1.43	1.43			2.86	2.86		
10	125	1.25	1.25						
11	150	1.00	1.00						

◆例 4.9　某给水工程镀锌钢管 *DN*100 不保温钢管的工程量为 100m，试计算成品管卡的清单工程量（计算结果取整数）。

※解※

由表 4.16 可知，*DN*100 不保温管支架每 10m 成品管卡的数量为 1.54 个，则共需要成品管卡个数为

$$100/10\times1.54\approx15\text{（个）}$$

（3）清单使用说明

根据《通用安装工程工程量计算规范》（GB 50856—2013）的规定，支架的制作、安装应按规范附录 K《给排水、采暖、燃气工程》的相关项目编码列项，支架的除锈、刷油应按规范附录 M《刷油、防腐蚀、绝热工程》的相关项目编码列项。因此，支架制作、安装、除锈、刷油的工程量清单项目设置、项目特征描述的内容、计量单位及工程量计算规则应按表 4.17 执行。

表 4.17　支架工程量清单项目设置

项目编码	项目名称	项目特征	计量单位	工程量计算规则	工作内容
031002001	管道支架	1. 材质 2. 管架形式	1. kg 2. 套	1. 以千克计量，按设计图示质量计算 2. 以套计量，按设计图示数量计算	1. 制作 2. 安装
031002002	设备支架	1. 材质 2. 形式			
031201003	金属结构刷油	1. 除锈级别 2. 油漆品种 3. 结构类型 4. 涂刷遍数、漆膜厚度	1. m^2 2. kg	1. 以平方米计量，按设计图示表面积尺寸以面积计算 2. 以千克计量，按金属结构的理论质量计算	1. 除锈 2. 调配、涂刷

（4）定额使用说明

1）管道支架制作安装项目，适用于室内外管道的管架制作与安装。如单件质量大于 100kg 时，应执行设备支架制作安装相应项目。

2）支架的制作、安装，不包括支架除锈、刷油工程量，需另外列项计算。

3）管道、设备支架的除锈、刷油，执行附录 M《刷油、防腐蚀、绝热工程》相应项目。

4）在地下室内（含地下车库）、暗室内、净高<1.6m 楼层、断面面积<4m^2 且>2m^2 隧道或洞内进行的支架安装工程，定额人工费乘以系数 1.12（不含支架制作）。

5）在管井内、竖井内、断面面积≤2m^2 隧道或洞内、封闭吊顶天棚内进行的支架安装工程，定额人工费乘以系数 1.16（不含支架制作）。

◆例 4.10　根据例 4.7 的计算结果，要求支架除锈后刷防锈漆两道、银粉漆两道，套用相关定额子目，计算定额费用。

※解※

定额费用的计算见表 4.18。

表 4.18　例 4.10 的定额费用

定额编号	项目名称	计量单位	① 工程数量	② 定额综合基价/元	③ 合价/元 ③=①×②	主材名称	④ 主材数量	单位	⑤ 主材单价/元	⑥ 主材合价/元 ⑥=④×⑤	⑦ 定额合价/元 ⑦=③+⑥
CM0005	一般钢结构轻锈	100kg	1.472	47.60	70.07						70.07
CM0113	防锈漆　第一遍	100kg	1.472	30.10	44.31	酚醛防锈漆	1.354	kg	18	24.37	68.68
CM0114	防锈漆　第一遍	100kg	1.472	29.09	42.82	酚醛防锈漆	1.148	kg	18	20.66	63.48
CM0116	银粉漆　第一遍	100kg	1.472	23.77	34.99	银粉漆	0.486	kg	13	6.32	41.31
CM0117	银粉漆　第一遍	100kg	1.472	23.61	34.75	银粉漆	0.427	kg	13	5.55	40.30

◆例 4.11　根据例 4.7 的计算结果，编制管道支架制作、安装清单，计算清单项目的合价。

※解※

1）由表 4.17 可知，本例的工程量清单见表 4.19。

表 4.19　例 4.11 的工程量清单

项目编码	项目名称	项目特征	计量单位	工程量
031002001001	管道支架	1．材质：型钢 2．管架形式：一般管架	kg	147.20

2）通过对比《通用安装工程工程量计算规范》（GB 50856—2013）附录 K 清单项目和《四川省建设工程工程量清单计价定额——通用安装工程》（2020）K 分册定额相关子目的工作内容，可知清单项目 031002001001 对应于定额子目 CK0738 和 CK0743。清单项目和定额子目的关系见表 4.20。

表 4.20　清单项目和定额子目的关系

项目编码	项目名称	项目特征	对应定额子目
031002001001	管道支架	1．材质：型钢 2．管架形式：一般管架	CK0738 CK0743

3）定额子目的信息见表 4.21。

表 4.21　定额子目的信息

定额编号	项目名称	计量单位	定额综合基价/元	其中（单位：元）					未计价材料		
				人工费	材料费	机械费	管理费	利润	名称	单位	数量
CK0738	管道支架制作 10kg 以内	100kg	919.55	548.73	46.65	162.10	49.76	112.31	型钢	kg	105.000
CK0743	管道支架安装 10kg 以内	100kg	593.93	295.56	79.50	123.36	29.32	66.19			

型钢单价为 4000 元/t，清单项目的合价为

$$(9.1955+1.05\times4+5.9393)\times147.2=2846.08\ (元)$$

◆例 4.12　根据例 4.10 的计算结果，计算管道支架除锈、刷油清单项目的综合单价。

※解※

1）由表 4.17 可知，本例的工程量清单见表 4.22。

表 4.22　管道支架除锈、刷油的工程量清单

项目编码	项目名称	项目特征	计量单位	工程量
031201003001	金属结构刷油	1．除锈级别：人工除锈轻锈 2．油漆品种：防锈漆、银粉漆 3．结构类型：一般钢结构 4．涂刷遍数：防锈漆两遍、银粉漆两遍	kg	147.20

2）通过对比《通用安装工程工程量计算规范》（GB 50856—2013）附录 M 清单项目和《四川省建设工程工程量清单计价定额——通用安装工程》（2020）M 分册定额相关子目的工作内容，可知清单项目 031201003001 对应于定额子目 CM0005、CM0113、CM0114、CM0116、CM0117。清单项目和定额子目的关系见表 4.23。

表 4.23　清单项目和定额子目的关系

项目编码	项目名称	项目特征	对应定额子目
031201003001	金属结构刷油	1、除锈级别：人工除锈轻锈 2、油漆品种：防锈漆、银粉漆 3、涂刷遍数： 防锈漆两遍 银粉漆两遍	CM0005 CM0113 CM0114 CM0116 CM0117

3）定额子目的信息见表 4.24。

表 4.24　定额子目的信息

定额编号	项目名称	计量单位	定额综合基价/元	其中（单位：元）					未计价材料		
				人工费	材料费	机械费	管理费	利润	名称	单位	数量
CM0005	一般钢结构 轻锈	100kg	47.60	30.01	1.31	6.59	2.96	6.73			
CM0113	防锈漆 第一遍	100kg	30.10	19.77	0.93	3.29	1.87	4.24	防锈漆	kg	0.920
CM0114	防锈漆 第一遍	100kg	29.09	19.05	0.83	3.29	1.81	4.11	防锈漆	kg	0.780
CM0116	银粉漆 第一遍	100kg	23.77	17.43	1.72		1.41	3.21	银粉漆	kg	0.330
CM0117	银粉漆 第一遍	100kg	23.61	17.43	1.56		1.41	3.21	银粉漆	kg	0.290

清单项目的综合单价为

$$[47.60+(30.10+0.92\times18)+(29.09+0.78\times18)+(23.77+0.33\times13)+(23.61+0.29\times13)]/100=1.93\text{（元）}$$

6. 阀门

（1）工程量计算规则

1）清单工程量计算规则。

各种阀门安装，均以“个”为计量单位，按设计图示数量计算。

说明：

① 法兰阀门安装包括法兰连接，不得另计。阀门安装如仅为一侧法兰连接时，应在项目特征中描述。法兰清单项是指单独安装的法兰。

② 塑料阀门连接形式需注明热熔连接、粘接、热风焊接等方式。

③ 根据阀门型号中的连接方式正确选用清单项目。

2）定额工程量计算规则。

各种阀门安装，均按照不同连接方式、公称直径，以“个”为计量单位。

说明：

① 法兰阀门、法兰式附件安装项目均不包括法兰安装，应另行计算。

② 自动排气阀安装以“个”为计量单位，定额项目不包括支架制作、安装，需另计工程量。

③ 浮球阀安装以“个”为计量单位，定额项目中已包括了联杆及浮球的安装，不得另计工程量。

④ 一般小口径阀门（$DN\leqslant40$mm）采用螺纹连接，大口径阀门（$DN\geqslant50$mm）采用法

兰连接。

⑤ 法兰连接阀门又可以分为螺纹法兰连接和焊接法兰连接。如果管道是塑料管，则一般采用螺纹法兰连接；如果管道是钢管，则一般采用焊接法兰连接。

⑥ 普通水表、IC 卡水表安装不包括水表前的阀门安装，应另行计算。

◆例 4.13 某二层建筑物给水系统如图 4.11 所示，试计算阀门的工程量。

※解※

普通水表、IC 卡水表安装不包括水表前的阀门安装。由图 4.11 可知，截止阀的工程量如下。

*DN*20 截止阀：2 个。

*DN*15 截止阀：2 个。

（2）清单使用说明

根据《通用安装工程工程量计算规范》（GB 50856—2013）K.3 的规定，阀门的工程量清单项目设置、项目特征描述的内容、计量单位及工程量计算规则应按表 4.25 执行。

表 4.25　阀门工程量清单项目设置

项目编码	项目名称	项目特征	计量单位	工程量计算规则	工作内容
031003001	螺纹阀门	1. 类型 2. 材质 3. 规格、压力等级 4. 连接形式 5. 焊接方法	个	按设计图示数量计算	1. 安装 2. 电气接线 3. 调试
031003002	螺纹法兰阀门				
031003003	焊接法兰阀门				
031003004	带短管甲乙阀门	1. 材质 2. 规格、压力等级 3. 连接形式 4. 接口方式及材质			
031003005	塑料阀门	1. 规格 2. 连接形式			1. 安装 2. 调试

（3）定额使用说明

1）螺纹阀门安装适用于各种内外螺纹连接的阀门安装，只要连接方法、公称直径一致，均可套用同一定额，阀门本身为未计价材料。

2）法兰阀门、法兰式附件安装项目均不包括法兰安装，应另行套用相应法兰安装项目。

3）每副法兰和法兰式附件安装项目中，均包括一个垫片和一副法兰螺栓的材料用量。各种法兰连接用垫片均按石棉橡胶板考虑，如用其他材料，不得调整。

4）法兰阀门适用于各种法兰阀门的安装，如仅为一侧法兰连接（如水泵的吸水底阀、与设备相连处）时，应另外列项，定额中的法兰、带帽螺栓及钢垫圈数量减半。

5）主材法兰阀门为未计价材料，其余材料如法兰甲乙短管、带帽螺栓、垫圈均已经包括在定额基价内，不得另行计算。

6）安全阀安装后进行压力调整的，其定额人工费乘以系数 2.0。螺纹三通阀安装按螺纹阀门安装项目乘以系数 1.3。

7）对夹式蝶阀安装已含双头螺栓用量，在套用与其连接的法兰安装项目时，定额材料费乘以系数 0.3。

8）在地下室内（含地下车库）、暗室内、净高<1.6m 楼层、断面面积$<4\text{m}^2$且$>2\text{m}^2$隧道或洞内进行的阀门安装工程，定额人工费乘以系数 1.12。

9）在管井内、竖井内、断面面积≤$2m^2$ 隧道或洞内、封闭吊顶天棚内进行的阀门安装工程，定额人工费乘以系数 1.16。

◆例 4.14　根据例 4.13 的计算结果，套用相关定额子目，计算定额费用。

※解※

由例 4.13 可知，截止阀 *DN*20 和 *DN*15 螺纹连接的工程量均为 2 个，定额费用见表 4.26。

表 4.26　例 4.14 的定额费用

定额编号	项目名称	计量单位	①	②	③	主材名称	④	单位	⑤	⑥	⑦
			工程数量	定额综合基价/元	合价/元 ③=①×②		主材数量		主材单价/元	主材合价/元 ⑥=④×⑤	定额合价/元 ⑦=③+⑥
CK0858	螺纹阀门 *DN*15	个	2	21.84	43.68	螺纹阀门 *DN*15	2.020	个	23.100	46.66	43.68+46.66=90.34
CK0859	螺纹阀门 *DN*20	个	2	25.67	51.34	螺纹阀门 *DN*20	2.020	个	40.00	80.80	51.34+80.80=132.14

◆例 4.15　焊接法兰闸阀 Z45T-16 *DN*100（市场信息价为 260 元/个，*DN*100 法兰为 50 元/片）的安装如图 4.12 所示，试套用相关定额子目，计算定额费用。

图 4.12　焊接法兰闸阀 Z45T-16 *DN*100 的安装

※解※

按定额规定，法兰阀门、法兰式附件安装项目均不包括法兰安装，应另行套用相应法兰安装项目，定额费用见表 4.27。

表 4.27　例 4.15 的定额费用

定额编号	项目名称	计量单位	①	②	③	主材名称	④	单位	⑤	⑥	⑦
			工程数量	定额综合基价/元	合价/元 ③=①×②		主材数量		主材单价/元	主材合价/元 ⑥=④×⑤	定额合价/元 ⑦=③+⑥
CK0899	法兰阀门安装 *DN*100	个	1	116.02	116.02	法兰阀门 *DN*100	1	个	260.00	260.00	116.02+260.00+109.03+100.00=585.05
CK1122	碳钢平焊法兰安装 *DN*100	副	1	109.03	109.03	碳钢平焊法兰 *DN*100	2	片	50.00	100.00	

◆例 4.16　焊接法兰闸阀 Z45T-16 *DN*100（市场信息价为 260 元/个，*DN*100 法兰为 50 元/片）与设备连接如图 4.13 所示，试套用相关定额子目，计算定额费用。

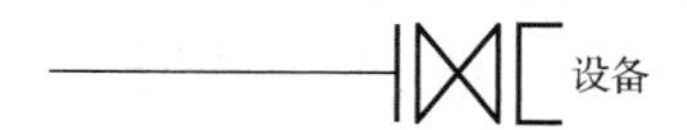

图 4.13　焊接法兰闸阀 Z45T-16 *DN*100 与设备连接

※解※

由图可知，阀门连接只用到一片法兰、一套连接用的带帽螺栓和一个垫片，根据定额规定应换算定额，相应材料消耗量减半（螺栓、垫片）。法兰阀门、法兰式附件安装项目均不包括法兰安装，应另行套用相应法兰安装项目，定额费用见表 4.28。

表 4.28　例 4.16 的定额费用

定额编号	项目名称	计量单位	①	②	③	主材名称	④	单位	⑤	⑥	⑦
			工程数量	定额综合基价/元	合价/元 ③=①×②		主材数量		主材单价/元	主材合价/元 ⑥=④×⑤	定额合价/元 ⑦=③+⑥
CK0899	焊接法兰阀门 *DN*100	个	1	116.02	116.02	法兰阀门 *DN*100	1	个	260.00	260.00	116.02+260.00+109.03+50.00=535.05
CK1122	碳钢平焊法兰安装 *DN*100	副	1	109.03	109.03	碳钢平焊法兰 *DN*100	1	片	50.00	50.00	

◆例 4.17　根据例 4.15 的计算结果，计算 *DN*100 焊接法兰阀门清单项目的综合单价。

※解※

1）由表 4.25 可知，本例的工程量清单见表 4.29。

表 4.29　焊接法兰阀门的工程量清单

项目编码	项目名称	项目特征	计量单位	工程量
031003003001	焊接法兰阀门	1．类型：法兰闸阀 Z45T-16 2．材质：铜质 3．规格、压力等级：*DN*100 4．连接形式：平焊法兰连接	个	1

2）通过对比《通用安装工程工程量计算规范》（GB 50856—2013）附录 K 清单项目和《四川省建设工程工程量清单计价定额——通用安装工程》（2020）K 分册定额相关子目的工作内容，可知清单项目 031201003001 对应于定额子目 CK0899 和 CK1122。清单项目和定额子目的关系见表 4.30。

表 4.30　清单项目和定额子目的关系

项目编码	项目名称	项目特征	对应定额子目
031003003001	焊接法兰阀门	1．类型：法兰闸阀 Z45T-16 2．材质：铜质 3．规格、压力等级：*DN*100 4．连接形式：法兰连接	CK0899 CK1122

3）定额子目的信息见表 4.31。

表 4.31　定额子目的信息

定额编号	项目名称	计量单位	定额综合基价/元	其中（单位：元）					未计价材料		
				人工费	材料费	机械费	管理费	利润	名称	单位	数量
CK0899	法兰阀门安装公称直径≤100mm	个	116.02	69.30	27.27	2.97	5.06	11.42	法兰阀门 *DN*100	个	1.000
CK1122	碳钢平焊法兰安装公称直径≤100mm	副	109.03	57.75	23.02	12.29	4.90	11.07	碳钢平焊法兰 *DN*100	片	2.000

清单项目的综合单价为

$$116.02+260+109.03+100=585.05（元）$$

7. 低压器具及水表

（1）工程量计算规则

1）清单工程量计算规则。

① 减压器、疏水器、除污器（过滤器）、浮标液面计以“组”计量，按设计图示数量计算。

② 软接头（软管）、水表按“个”或“组”计量，按设计图示数量计算。

③ 法兰按“副（片）”计量，　按设计图示数量计算。

④ 倒流防止器、浮漂水位标尺按“套”计量，按设计图示数量计算。

⑤ 热量表按“块”计量，按设计图示数量计算。

说明：

a．减压器规格按高压侧管道规格描述。

b．减压器、疏水器、倒流防止器等项目包括组成与安装工作内容，项目特征应根据设计要求描述附件配置情况，或根据××图集或××施工图做法描述。

2）定额工程量计算规则。

① 软接头、普通水表、IC 卡水表、水锤消除器、塑料排水管消声器安装，均按照不同连接方式、公称直径，以“个”为计量单位。

② 减压器、疏水器、水表、倒流防止器、热量表成组安装，按照不同组成结构、连接方式、公称直径，以“组”为计量单位。减压器安装按高压侧的直径计算。

③ 法兰均区分不同公称直径，以“副”为计量单位。承插盘法兰短管按照不同连接方式、公称直径，以“副”为计量单位。

④ 浮标液面计、浮漂水位标尺区分不同的型号，以“组”为计量单位。

说明：

a．减压器、疏水器安装均按成组安装考虑，分别依据《国家建筑标准设计图集》01SS105 和 05R407 编制。疏水器成组安装未包括止回阀安装，若安装止回阀须执行阀门安装相应项目。减压器、疏水器的组成与安装（带旁通管）如图 4.14 和图 4.15 所示。

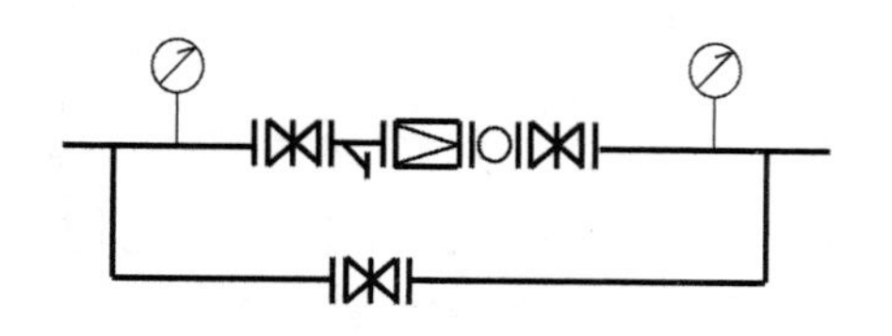

图 4.14　减压器的组成与安装

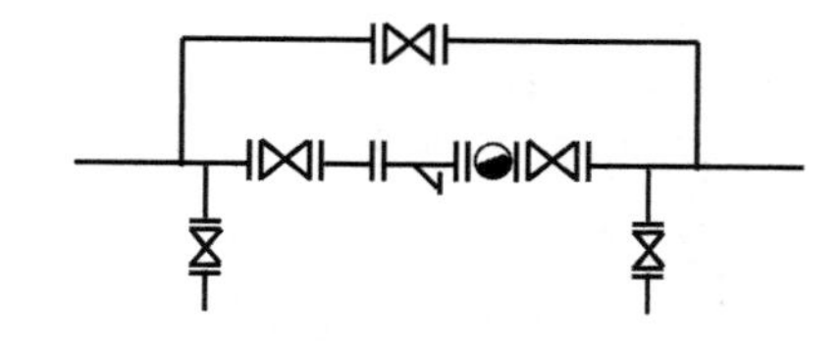

图 4.15　疏水器的组成与安装

b．减压阀按高压侧直径计算。

c．除污器成组安装依据《国家建筑标准设计图集》03R402 编制，适用于立式、卧式和旋流式除污器成组安装。

d．普通水表、IC 卡水表安装不包括水表前的阀门安装，应另行计算。

e．成组水表安装是依据《国家建筑标准设计图集》05S502 编制的。法兰水表（带旁通管）成组安装中三通、弯头均按成品管件考虑。法兰水表安装以“组”为计量单位，水表的组成与安装如图 4.16 所示。

f．小口径水表（*DN*≤40mm）一般作为分户水表，采用螺纹连接；大口径阀门（*DN*≥

50mm）一般作为总水表，采用法兰连接。

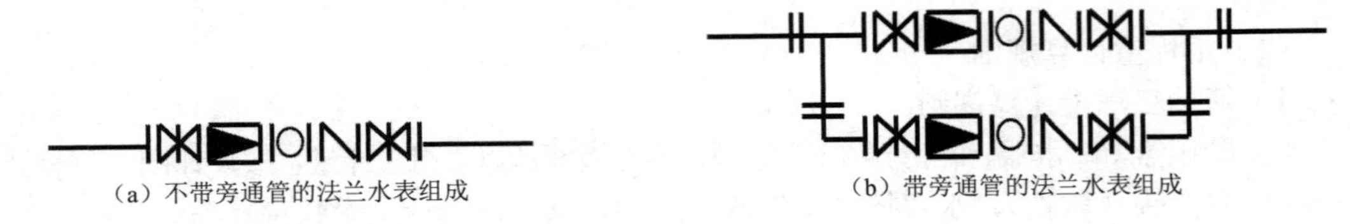

（a）不带旁通管的法兰水表组成　　（b）带旁通管的法兰水表组成

图 4.16　水表的组成与安装

g．如果成组水表中带过滤器，则过滤器安装应另计。

h．水表安装不包括水表箱的安装，水表箱应单独列项计算。

i．法兰水表安装已包括法兰的安装，法兰不得另计。

j．热量表组成安装是依据《国家建筑标准设计图集》10K509、10R504 编制的。如实际组成与此不同时，可按法兰、阀门等附件安装相应项目计算或调整。

k．倒流防止器成组安装是根据《国家建筑标准设计图集》12S108-1 编制的，按连接方式不同分为带水表与不带水表安装。

l．成组安装项目已包括标准设计图集中的旁通管安装，旁通连接管所占长度不再另计管道工程量。

m．器具组成安装均分别依据现行相关标准图集编制，其中连接管、管件均按钢制管道、管件及附件考虑。如实际采用其他材质组成安装，则按相应项目分别计算。

n．器具附件组成如实际与定额不同时，可按法兰、阀门等附件安装相应项目分别计算或调整。

◆例 4.18　某二层建筑物给水系统如图 4.11 所示，水表采用旋翼式水表螺纹连接，试计算水表的工程量。

※解※

由图 4.11 可知，本系统有入户水表和一层、二层横支管上的水表，其工程量如下。

*DN*25 螺纹水表：1 个。

*DN*20 螺纹水表：2 个。

（2）清单使用说明

根据《通用安装工程工程量计算规范》（GB 50856—2013）K.3 的规定，水表的工程量清单项目设置、项目特征描述的内容、计量单位及工程量计算规则应按表 4.32 执行。

表 4.32　水表工程量清单项目设置

项目编码	项目名称	项目特征	计量单位	工程量计算规则	工作内容
031003013	水表	1．安装部位（室内外） 2．型号、规格 3．连接形式 4．附件配置	组（个）	按设计图示数量计算	组装

（3）定额使用说明

1）单独安装减压器、疏水器时执行阀门安装相应项目。

2）单个过滤器安装执行阀门安装相应项目，定额人工费乘以系数 1.2。

3）水表安装定额是按与钢管连接编制的，若与塑料管连接时其定额人工费乘以系数 0.6。

4）法兰附件安装项目均不包括固定支架的制作安装，发生时执行《通用安装工程工程量计算规范》（GB 50856—2013）K.2 相应项目。

5）针对目前常见的“一户一表”水表箱的安装，水表和水表箱应分别套用定额计算费用。

6）在地下室内（含地下车库）、暗室内、净高<1.6m 楼层、断面面积$<4m^2$且$>2m^2$隧道或洞内进行的低压器具安装工程，定额人工费乘以系数 1.12。

7）在管井内、竖井内、断面面积$\leqslant 2m^2$隧道或洞内、封闭吊顶天棚内进行的低压器具安装工程，定额人工费乘以系数 1.16。

◆例 4.19　根据例 4.18 的计算结果，套用相关定额子目，计算定额费用。

※解※

由例 4.18 可知，共有两种规格的螺纹水表，如入户水表配套一个水表箱，型号为 SBX-1（460mm×560mm×170mm），则套用相应定额计算费用见表 4.33。

表 4.33　例 4.19 的定额费用

定额编号	项目名称	计量单位	①	②	③	主材名称	④	单位	⑤	⑥	⑦
			工程数量	定额综合基价/元	合价/元 ③=①×②		主材数量		主材单价/元	主材合价/元 ⑥=④×⑤	定额合价/元 ⑦=③+⑥
CK1259	螺纹水表 *DN*20	个	2	28.10	56.20	螺纹水表 *DN*20	2	个	68.00	136.00	56.20+136.00=192.20
CK1260	螺纹水表 *DN*25	个	1	33.47	33.47	螺纹水表 *DN*25	1	个	102.00	102.00	33.47+102.00=135.47
CK0808	成品表箱安装	个	1	133.21	133.21	住宅水表箱（460mm×560mm×170mm）	1	个	85.00	85.00	133.21+85.00=218.21

◆例 4.20　根据例 4.19 的计算结果，计算入户水表清单项目的综合单价。

※解※

1）由表 4.32 可知，本例的工程量清单见表 4.34。

表 4.34　螺纹水表的工程量清单

项目编码	项目名称	项目特征	计量单位	工程量
031003013001	水表	1．安装部位：室外 2．型号规格：旋翼式水表 *DN*25 3．连接形式：螺纹连接 4．附件配置：水表箱 SBX-1（460mm×560mm×170mm）1 个	个	1

2）通过对比《通用安装工程工程量计算规范》（GB 50856—2013）附录 K 清单项目和《四川省建设工程工程量清单计价定额——通用安装工程》（2020）K 分册定额相关子目的工作内容，可知清单项目 031003013001 对应于定额子目 CK1260 和 CK0808。清单项目和定额子目的关系见表 4.35。

表 4.35　清单项目和定额子目的关系

项目编码	项目名称	项目特征	对应定额子目
031003013001	水表	1．安装部位：室外 2．型号规格：旋翼式水表 *DN*25 3．连接形式：螺纹连接	CK1260
		4．附件配置：水表箱 SBX-1（460mm×560mm×170mm）1 个	CK0808

3）定额子目的信息见表 4.36。

表 4.36　定额子目的信息

定额编号	项目名称	计量单位	定额综合基价/元	其中（单位：元）					未计价材料		
				人工费	材料费	机械费	管理费	利润	名称	单位	数量
CK1260	螺纹水表公称直径≤25mm	个	33.47	24.24	3.25	0.37	1.72	3.89	螺纹水表 *DN*25	个	1.000
CK0808	成品表箱半周长1000mm 以上	个	133.21	95.88	13.93	1.25	6.80	15.35	计量表箱	个	1.000

清单项目的综合单价为

$$33.47+1\times102+133.21+1\times85=353.68（元）$$

8. 补偿器（伸缩器）

常用的伸缩器有方形补偿器、套筒补偿器、波纹管补偿器和球形补偿器等。

（1）工程量计算规则

1）清单工程量计算规则。

补偿器以“个”计量，按设计图示数量计算。

说明：

① 方形补偿器按其所占长度计入管道工程量。

② 方形补偿器的制作和安装组入管道的综合单价中。

2）定额工程量计算规则。

① 补偿器安装，按照不同连接方式、公称直径，以“个”为计量单位。

② 方形补偿器按其所占长度计入管道工程量。方形补偿器的两臂，按臂长的 2 倍合并计入管道工程量中。

③ 方形补偿器分弯头组成和机械煨制，方形补偿器安装，均以“个”为计量单位。

说明：

a．这里的补偿器指的是采暖、热力管道中，按设计要求需要安装的补偿器。

b．塑料排水管中的伸缩节（也称为伸缩接头）不得另行计算，因为塑料排水管中的伸缩节属于管件，已进入定额中，虽然起伸缩作用，但不是伸缩器，不得执行此项目。

c．方形补偿器的制作、安装定额中，其管道的材料费已经包括在管道安装延长米中，不应另计，即由管道构成的方形伸缩器因管道工程量计算规则中的不扣除原则，主要材料管道为未计价材料计算在管道安装的主材费中，不能重复计算。

d．法兰式成品补偿器的安装不包括法兰安装，法兰应另行计算。

（2）清单使用说明

根据《通用安装工程工程量计算规范》（GB 50856—2013）K.3 的规定，补偿器的工程量清单项目设置、项目特征描述的内容、计量单位及工程量计算规则应按表 4.37 执行。

表 4.37　补偿器工程量清单项目设置

项目编码	项目名称	项目特征	计量单位	工程量计算规则	工作内容
031003009	补偿器	1. 类型 2. 材质 3. 规格、压力等级 4. 连接形式	个	按设计图示数量计算	安装

（3）定额使用说明

1）补偿器项目包括方形补偿器制作安装和焊接式、法兰式成品补偿器安装，成品补偿器包括球形、填料式、波纹式补偿器。补偿器安装项目中包括就位前进行预拉（压）工作。

2）在地下室内（含地下车库）、暗室内、净高$<1.6m$楼层、断面面积$<4m^2$且$>2m^2$隧道或洞内进行的低压器具安装工程，定额人工费乘以系数 1.12。

3）在管井内、竖井内、断面面积$\leqslant 2m^2$隧道或洞内、封闭吊顶天棚内进行的低压器具安装工程，定额人工费乘以系数 1.16。

◆例 4.21　某室外热水管道的工程量清单如表 4.38 所示，已知钢管 5000 元/t，$\phi 325\times 8$理论重量为 62.34kg/m，*DN*300 弯头及管件 350 元/个，计算该管道清单项目的综合单价。

表 4.38　热水管道的工程量清单

项目编码	项目名称	项目特征	计量单位	工程量
031001002001	钢管	1. 安装部位：室外管沟 2. 介质：热水 3. 材质、规格：20 号碳钢无缝钢管，$\phi 325\times 8$ 4. 连接形式：电弧焊接 5. 压力试验及吹洗设计要求：水压试验，管道消毒、冲洗 6. 方形补偿器 1 个	m	427.00

1）通过对比《通用安装工程工程量计算规范》（GB 50856—2013）附录 K 清单项目和《四川省建设工程工程量清单计价定额——通用安装工程》（2020）K 分册定额相关子目的工作内容，可知清单项目 031001002001 对应于定额子目 CK0095、CK0840、CK1033 和 CK1052。清单项目和定额子目的关系见表 4.39。

表 4.39　清单项目和定额子目的关系

项目编码	项目名称	项目特征	对应定额子目
031001002001	钢管	1.安装部位：室外管沟 2.介质：热水 3.材质、规格：20 号碳钢无缝钢管，$\phi 325\times 8$ 4.连接形式：电弧焊接 5. 压力试验及吹洗设计要求：水压试验，管道消毒、冲洗 6. 方形补偿器 1 个	CK0095 CK0840 CK1033 CK1052

2）定额子目的信息见表 4.40。

表 4.40　定额子目的信息

定额编号	项目名称	计量单位	定额综合基价/元	其中（单位：元）					未计价材料		
				人工费	材料费	机械费	管理费	利润	名称	单位	数量
CK0095	室外给水钢管焊接公称直径 300mm	10m	853.20	419.22	62.57	224.61	45.07	101.73	钢管 焊接管件	m 个	9.850 0.630
CK0840	管道消毒、冲洗公称直径 300mm	100m	246.44	112.05	108.85		7.84	17.70			
CK1033	方形补偿器制作弯头组成 *DN*300	个	1024.27	462.00	231.92	183.23	45.17	101.95	压制弯头	个	4
CK1052	方形补偿器安装 *DN*300	个	342.93	153.63	59.14	77.47	16.18	36.51			

清单项目的综合单价为

$$[(85.32+0.985\times62.34\times5+0.063\times350)\times427+2.4644\times427+(1024.27+4\times350)+342.93]/427=423.34\text{（元）}$$

9. 管道除锈、刷油、绝热工程

（1）工程量计算规则

1）清单工程量计算规则。

① 管道刷油，设备与矩形管道刷油，铸铁管、暖气片刷油。以“m^2”计量，按设计图示表面积尺寸以面积计算；或以“m”计量，按设计图示尺寸以长度计算。管道刷油以“m”计量，按图示中心线以延长米计算，不扣除附属构筑物、管件及阀门等所占长度。

② 设备筒体、管道表面积以“m^2”计量，计算公式为

$$S=\pi\times D\times L$$

式中，π——圆周率；

D——设备或管道外径；

L——设备筒体高或管道延长米。

③ 设备绝热、管道绝热、阀门绝热、法兰绝热，以“m^3”计量，按图示表面积加绝热层厚度及调整系数计算。设备筒体、管道绝热的计算公式为

$$V=\pi\times(D+1.033\delta)\times1.033\delta\times L$$

式中，V——绝热层体积；

δ——绝热层厚度；

D——直径；

L——设备筒体高或管道延长米；

1.033——调整系数。

④ 防潮层、保护层，以“m^2”计量，按图示表面积加绝热层厚度及调整系数计算；或以“kg”计量，按图示金属结构质量计算。防潮层、保护层面积的计算公式为

$$S=\pi\times(D+2.1\delta+0.0082)\times L$$

式中，0.0082——捆扎线直径或钢带厚；

2.1——调整系数。

说明：

a．设备筒体、管道表面积包括管件、阀门、法兰、入孔、管口凹凸部分。

b．设备筒体绝热不包括设备封头的绝热，封头绝热应另行计算；管道绝热不包括阀门、法兰绝热，阀门、法兰绝热应另行计算。

c．设备筒体防潮层、保护层不包括设备封头的防潮和保护层，封头防潮和保护层应另行计算；管道防潮和保护层不包括阀门、法兰防潮和保护层，阀门、法兰防潮和保护层应另行计算。

2）定额工程量计算规则。

① 管道、设备及矩形管道、大型型钢结构、灰面、布面、气柜、玛蹄脂面刷油工程按设计表面积尺寸以“$10m^2$”计算。计算设备筒体、管道表面积时已包括各种管件、阀门、入孔、管口凹凸部分，不再另行计算。

② 设备筒体、管道表面积计算公式为

$$S = \pi \times D \times L$$

式中，π——圆周率

D——设备或管道外径；

L——设备筒体高或管道延长米。

③ 设备、管道、通风管道、阀门、法兰绝热分材质、绝热厚度按设计图示体积以“m^3”计算。防潮层、保护层按设计图示面积以“$10m^2$”计算。

④ 设备筒体或圆形管道绝热、防潮和保护层计算公式为

$$V = \pi \times (D + 1.03\delta) \times L$$

$$S = \pi \times (D + 2.1\delta) \times L$$

式中，δ——绝热层厚度；

D——直径；

L——设备筒体高或管道延长米；

1.03、2.1——调整系数。

说明：

a．镀锌钢管外径见表4.41。

表4.41　镀锌钢管外径

公称直径	外径/mm	普通管理论质量/（kg/m）	公称直径	外径/mm	普通管理论质量/（kg/m）
*DN*15	21.3	1.32	*DN*65	75.5	6.87
*DN*20	26.8	1.70	*DN*80	88.5	8.61
*DN*25	33.5	2.51	*DN*100	114.0	11.20
*DN*32	42.3	3.25	*DN*125	140.0	13.80
*DN*40	48.0	3.98	*DN*150	165.0	18.31
*DN*50	60.0	5.06			

b．各种管件、阀件和设备上入孔、管口凹凸部分的刷油已综合考虑在定额内，不另行计算。

c．刷油不包括金属表面除锈，应另行计算。

d．管道绝热工程，除法兰、阀门单独套用定额外，其他管件均已考虑在内；设备绝热

工程，除法兰、入孔单独套用定额外，其封头已考虑在内。

e. 根据绝热工程施工及验收技术规范，保温层厚度大于 100mm，保冷层厚度大 75mm 时，若分为两层安装的，其工程量按两层计算并分别套用定额子目。如厚 140mm 的要两层，分别为 60mm 和 80mm，该两层分别计算工程量，套用定额时，按单层 60mm 和 80mm 分别套用定额子目。

◆例 4.22　某工程 $DN100$ 镀锌钢管的工程量为 100m，安装完毕后刷红色调和漆两道，采用 $\delta=50$mm 玻璃棉保温，外包玻璃丝布，试计算该管道刷油、绝热和保护层的清单工程量。

※解※

由表 4.41 可知，$DN100$ 镀锌钢管的外径为 114mm。

1）刷油清单、定额工程量为

$$S=\pi\times D\times L=3.14\times0.114\times100=35.80(\mathrm{m}^2)$$

2）管道绝热清单工程量为

$$\begin{aligned}V&=\pi\times(D+1.033\delta)\times1.033\delta\times L\\&=3.14\times(0.114+1.033\times0.050)\times1.033\times0.050\times100\\&=2.69(\mathrm{m}^3)\end{aligned}$$

管道绝热定额工程量为

$$\begin{aligned}V&=\pi\times(D+1.03\delta)\times1.03\delta\times L\\&=3.14\times(0.114+1.03\times0.050)\times1.03\times0.050\times100\\&=2.676(\mathrm{m}^3)\end{aligned}$$

3）管道保护层清单工程量为

$$\begin{aligned}S&=\pi\times(D+2.1\delta+0.0082)\times L\\&=3.14\times(0.114+2.1\times0.050+0.0082)\times100\\&=71.34(\mathrm{m}^2)\end{aligned}$$

管道保护层定额工程量为

$$\begin{aligned}S&=\pi(D+2.1\delta)\times L\\&=3.14\times(0.114+2.1\times0.050)\times100\\&=68.776(\mathrm{m}^2)\end{aligned}$$

（2）清单使用说明

根据《通用安装工程工程量计算规范》（GB 50856—2013）M.1 和 M.8 的规定，管道刷油、绝热的工程量清单项目设置、项目特征描述的内容、计量单位及工程量计算规则应按表 4.42 执行。

表 4.42　管道刷油、绝热工程量清单项目设置

项目编码	项目名称	项目特征	计量单位	工程量计算规则	工作内容
031201001	管道刷油	1．除锈级别 2．油漆品种 3．涂刷遍数、漆膜厚度 4．标志色方式、品种	1．m^2 2．m	1．以平方米计量，按设计图示表面积尺寸以面积计算 2．以米计量，按设计图示尺寸以长度计算	1．除锈 2．调配、涂刷
031208002	管道绝热	1．绝热材料品种 2．绝热厚度 3．管道外径 4．软木品种	m^3	按图示表面积加绝热层厚度及调整系数计算	1．安装 2．软木制品安装

续表

项目编码	项目名称	项目特征	计量单位	工程量计算规则	工作内容
031208007	防潮层 保护层	1．材料 2．厚度 3．层数 4．对象 5．结构形式	1．m^2 2．kg	1．以平方米计量，按图示表面积加绝热层厚度及调整系数计算 2．以千克计量，按图示金属结构质量计算	安装

（3）定额使用说明

1）各种管件、阀件及设备入孔、管口凸凹部分的除锈、刷油已综合考虑在定额内，不单独计算。

2）手工和动力工具除锈按 St2 级标准确定。若变更级别标准时，如按 St3 级标准，定额乘以系数 1.1。

3）喷射除锈按 Sa2.5 级标准确定。若变更级别标准时，如按 Sa3 级标准，定额乘以系数 1.1；Sa2 级标准定额乘以系数 0.9。

4）定额不包括除微锈，发生时执行轻锈定额乘以系数 0.2。

5）标志色环等零星刷油，采用刷油定额相应子目，其人工费乘以系数 2.0。

6）管道绝热均按现场安装后绝热施工考虑，若先绝热后安装时，其人工费乘以系数 0.9。

7）镀锌铁皮保护层厚度按 0.8mm 以下综合考虑，若厚度大于 0.8mm 时，其人工费乘以系数 1.2。

8）各类绝热材料适用范围见表 4.43。

表 4.43　各类绝热材料适用范围

序号	绝热材料	适用范围
1	硬质瓦块（板材）	珍珠岩、蛭石、微孔硅酸钙
2	纤维类制品	岩棉瓦块（板）、玻璃棉筒（板）、矿棉、硅酸铝制品、泡沫石棉瓦块（板）
3	泡沫塑料瓦块（板）	发泡橡胶塑料、聚苯乙烯泡沫、泡沫橡胶、聚氨酯泡沫塑料
4	毡类制品	玻璃棉毡、牛毛毡、岩棉毡、各类缝毡、带网带布制品、黏结成品
5	棉席（被）类制品	超细玻璃棉席
6	纤维散装材料	超细玻璃棉
7	硅酸盐类涂抹材料	硅酸盐、硅酸铝、硅酸镁

◆例 4.23　根据例 4.22 的计算结果，套用相关定额子目，计算定额费用。

※解※

由例 4.22 可知，共涉及管道除锈、刷油、绝热和保护层共 4 个分项，定额费用见表 4.44。

表 4.44　例 4.23 的定额费用

定额编号	项目名称	计量单位	① 工程数量	② 定额综合基价/元	③ 合价/元 ③=①×②	主材名称	④ 主材数量	单位	⑤ 主材单价/元	⑥ 主材合价/元 ⑥=④×⑤	⑦ 定额合价/元 ⑦=③+⑥
CM0001	手工除锈管道轻锈	$10m^2$	3.58	37.12	132.89						132.89
CM0059	红丹防锈漆第一遍	$10m^2$	3.58	26.34	94.30	醇酸红丹防锈漆	5.263	kg	16.00	84.21	94.30+84.21=178.51

续表

定额编号	项目名称	计量单位	① 工程数量	② 定额综合基价/元	③ 合价/元 ③=①×②	主材名称	④ 主材数量	单位	⑤ 主材单价/元	⑥ 主材合价/元 ⑥=④×⑤	⑦ 定额合价/元 ⑦=③+⑥
CM0060	红丹防锈漆增一遍	$10m^2$	3.58	26.20	93.80	醇酸红丹防锈漆	4.654	kg	16.00	74.46	93.80+74.46=168.26
CM1331	管道保温	m^3	2.676	213.60	571.59	玻璃棉管壳	2.756	m^3	550	1515.80	571.59+1515.80=2087.39
CM1559	玻璃丝布管道	$10m^2$	6.878	42.15	289.91	玻璃丝布0.5	96.292	m^2	2.4	231.10	289.91+231.10=521.01

◆例 4.24 根据例 4.23 的计算结果，列工程量清单，计算各清单项目的综合单价。

※解※

1）由表 4.42 可知，本例的工程量清单见表 4.45。

表 4.45　例 4.24 的工程量清单

序号	项目编码	项目名称	项目特征	计量单位	工程量
1	031201001001	管道刷油	1．除锈级别：人工除锈轻锈 2．油漆品种：红丹防锈漆 3．涂刷遍数、漆膜厚度：两遍	m^2	35.80
2	031208002001	管道绝热	1．绝热材料品种：玻璃棉管壳 2．绝热厚度：$\delta=50$mm 3．管道外径：$D=108$mm	m^3	2.69
3	031208007001	保护层	1．材料：玻璃丝布 2．厚度：0.5mm 3．层数：一层 4．对象：管道	m^2	71.34

2）通过对比《通用安装工程工程量计算规范》（GB 50856—2013）附录 M 清单项目和《四川省建设工程工程量清单计价定额——通用安装工程》（2020）M 分册相关子目的工作内容，可知清单项目 031201001001 对应于定额子目 CM0001、CM0059 和 CM0060，清单项目 031208002001 对应于定额子目 CM1331；清单项目 031208007001 对应于定额子目 CM1559。各清单项目和定额子目的关系见表 4.46。

表 4.46　各清单项目和定额子目的关系

项目编码	项目名称	项目特征	对应定额子目
031201001001	管道刷油	1．除锈级别：管道人工除锈轻锈 → 2．油漆品种：红丹防锈漆 3．涂刷遍数、漆膜厚度：两遍	CM0001 CM0059 CM0060
031208002001	管道绝热	1．绝热材料品种：玻璃棉管壳 2．绝热厚度：$\delta=50$mm 3．管道外径：$D=108$mm	CM1331
031208007001	保护层	1．材料：玻璃丝布 2．厚度：0.5mm 3．层数：一层 4．对象：管道	CM1559

3）定额子目的信息见表 4.47。

表 4.47　定额子目的信息

定额编号	项目名称	计量单位	定额综合基价/元	其中（单位：元）					未计价材料		
				人工费	材料费	机械费	管理费	利润	名称	单位	数量
CM0001	手工除锈管道轻锈	$10m^2$	37.12	27.94	1.78		2.26	5.14			
CM0059	红丹防锈漆第一遍	$10m^2$	26.34	19.85	1.23		1.61	3.65	醇酸防锈漆	kg	1.470
CM0060	红丹防锈漆第二遍	$10m^2$	26.20	19.85	1.09		1.61	3.65	醇酸防锈漆	kg	1.300
CM1331	纤维类管道保温	m^3	213.60	154.85	11.60	4.84	12.93	29.38	玻璃棉管壳	m^3	1.030
CM1559	玻璃丝布管道	$10m^2$	42.15	33.23	0.12		2.69	6.11	玻璃丝布 0.5	m^2	14.000

各清单项目的综合单价如下。

管道刷油（031201001001）:

$$[37.12+(26.34+1.47\times16)+(26.20+1.30\times16)]/10=13.40（元）$$

管道绝热（031208002001）:

$$(213.60+1.03\times550)\times2.676/2.69=776.04（元）$$

保护层（031208007001）:

$$(42.15+14\times2.4)/10\times68.776/71.34=7.30（元）$$

10. 水箱

（1）工程量计算规则

1）清单工程量计算规则。

水箱以“台”为计量单位，按设计图示数量计算。

说明：

水箱不包括基础的制作安装，需另列项计算。

2）定额工程量计算规则。

水箱安装项目按水箱设计容量，以“台”为计量单位；钢板水箱制作分圆形、矩形，按水箱设计容量，以箱体金属重量“100kg”为计量单位。

说明：

① 水箱制作不包括除锈与刷油，应另列项计算，其工程量按展开面积计算，包括水箱里面和外面的面积。

② 各种水箱连接管，均未包括在定额内，可执行室内管道安装的相应项目。

③ 水箱的安装不包括支架制作、安装。若为型钢支架，则支架的制作、安装、除锈、刷油应单独列项计算；若为砖、混凝土、钢筋混凝土和木质支架，均用土建定额。

◆例 4.25　某工程采用 10#槽钢作为水箱的支架，水箱尺寸为 3m×3m×2m（宽×高×厚），试计算水箱支架的工程量。

※解※

采用 10#槽钢作为水箱的支架，支架的长度与水箱的宽和厚有关，即

$$10\#槽钢长度=2\times(3+2)=10（m）$$

查表 4.14 可知，10#槽钢的理论质量为 10.01kg/m，则支架的质量为

$$10.01kg/m\times10m=100.01（kg）$$

（2）清单使用说明

根据《通用安装工程工程量计算规范》（GB 50856—2013）K.6 和 K.2 的规定，水箱、

水箱支架的工程量清单项目设置、项目特征描述的内容、计量单位及工程量计算规则应按表 4.48 执行。

表 4.48　水箱工程量清单项目设置

项目编码	项目名称	项目特征	计量单位	工程量计算规则	工作内容
031006015	水箱	1. 材质、类型 2. 型号、规格	台	按设计图示数量计算	1. 制作 2. 安装
031002002	设备支架	1. 材质 2. 形式	1. kg 2. 套	1. 以千克计量，按设计图示质量计算 2. 以套计量，按设计图示数量计算	1. 制作 2. 安装

（3）定额使用说明

1）水箱安装适用于玻璃钢、不锈钢、钢板等各种材质，不分圆形、方形，均按箱体容积执行相应项目。

2）水箱安装按成品水箱编制，如现场制作、安装水箱，水箱主材不得重复计算。

3）水箱消毒冲洗用水及注水试验用水按设计图示容积或施工方案计入。组装水箱的连接材料是按随水箱配套供应考虑的。

4）水箱安装定额中未包括设备支架或底座制作安装，如采用型钢支架，执行《通用安装工程工程量计算规范》（GB 50856—2013）K.2 相应子目，混凝土及砖底座执行 2020 年《四川省建设工程工程量清单计价定额——房屋建筑与装饰工程》相应项目。

◆例 4.26　根据例 4.25 的计算结果，若不锈钢水箱的单价为 1500 元/台，套用相关定额子目，计算定额费用。

※解※

不锈钢水箱定额费用见表 4.49。

表 4.49　不锈钢水箱定额费用

定额编号	项目名称	计量单位	① 工程数量	② 定额综合基价/元	③ 合价/元 ③=①×②	主材名称	④ 主材数量	单位	⑤ 主材单价/元	⑥ 主材合价/元 ⑥=④×⑤	⑦ 定额合价/元 ⑦=③+⑥
CK1672	整体水箱安装 25m^3 以内	台	1.00	1453.72	1453.72	整体水箱	1.000	个	1500	1500.00	1453.72+1500.00=2953.72
CK0756	设备支架制作 100kg 以内	100kg	1.00	574.60	574.60	型钢	105.000	kg	5.0	525.00	574.60+525.00=1099..60
CK0759	设备支架安装 100kg 以内	100kg	1.00	285.11	285.11						285.11

◆例 4.27　根据例 4.25 的计算结果，列工程量清单，计算各清单项目的综合单价。

※解※

1）由表 4.48 可知，本例的工程量清单见表 4.50。

表 4.50　例 4.27 的工程量清单

序号	项目编码	项目名称	项目特征	计量单位	工程量
1	031006015001	水箱	1. 材质、类型：不锈钢水箱 2. 型号、规格：3m×3m×2m	个	1
2	031002002001	设备支架	1. 材质：10#槽钢 2. 形式：一般钢结构制作安装	kg	100.00

2）通过对比《通用安装工程工程量计算规范》（GB 50856—2013）附录 K 清单项目和《四川省建设工程工程量清单计价定额——通用安装工程》（2020）K 分册定额相关子目的工作内容，可知清单项目 031006015001 对应于定额子目 CK1672，清单项目 031002002001 对应于定额子目 CK0756 和 CK0759。清单项目和定额子目的关系见表 4.51。

表 4.51　清单项目和定额子目的关系

项目编码	项目名称	项目特征	对应定额子目
031006015001	水箱	1．材质、类型：不锈钢水箱 2．型号、规格：3m×3m×2m	CK1672
031002002001	设备支架	1．材质：10#槽钢 2．形式：一般钢结构制作安装	CK0756 CK0759

3）定额子目的信息见表 4.52。

表 4.52　定额子目的信息

定额编号	项目名称	计量单位	定额综合基价/元	其中（单位：元）					未计价材料		
				人工费	材料费	机械费	管理费	利润	名称	单位	数量
CK1672	整体水箱安装 $25m^3$ 以内	台	1453.72	957.72	132.31	118.35	75.32	170.02	整体水箱	个	1.000
CK0756	设备支架制作 100kg 以内	100kg	574.60	355.62	18.66	97.10	31.69	71.53	型钢	kg	105.000
CK0759	设备支架安装 100kg 以内	100kg	285.11	152.34	24.52	59.87	14.85	33.53			

各清单项目的综合单价如下。

水箱（031006015001）：

$$1453.72+1500=2953.72\text{（元）}$$

设备支架（031002002001）：

$$(574.60+105.00\times5+285.11)/100=13.85\text{（元）}$$

11．管沟土方

（1）工程量计算规则

1）清单工程量计算规则。

① 以“m”计量，按设计图示以管道中心线长度计算。

② 以“m^3”计量，按设计图示管底垫层面积乘以挖土深度计算；无管底垫层按管外径的水平投影面积乘以挖土深度计算，不扣除各类井的长度，井的土方并入管道土方内。

2）定额工程量计算规则。

① 管沟挖土方，计算公式为

$$V=h(b+kh)l$$

式中，h——沟深，按设计管底标高计算；

b——管道沟底宽；

l——沟长；

k——放坡系数，根据土壤性质确定，见表 4.53。

表 4.53　放坡系数表

土类别	放坡起点/m	人工挖土
一、二类土	1.20	1∶0.5
三类土	1.50	1∶0.33
四类土	2.00	1∶0.25

② 管道沟槽按图示中心线长度计算，管沟深度按设计标高计算；沟底宽度，设计有规定的按设计规定尺寸计算，设计无规定的按表 4.54 规定的宽度计算。

表 4.54　管沟施工每侧所需工作面宽度计算表

管沟材料	管道结构宽			
	≤500	≤1000	≤2500	>2500
混凝土及钢筋混凝土管道/mm	400	500	600	700
其他材质管道/mm	300	400	500	600

注：管道结构宽，有管座的按基础外缘，无管座的按管道外径。

（2）清单使用说明

根据《房屋建筑与装饰工程工程量计算规范》（GB 50854—2013）附录 A 的规定，土方的工程量清单项目设置、项目特征描述的内容、计量单位及工程量计算规则应按表 4.55 执行。

表 4.55　土方工程量清单项目设置

项目编码	项目名称	项目特征	计量单位	工程量计算规则	工作内容
010101007	管沟土方	1．土壤类别 2．管外径 3．挖沟深度 4．回填要求	1．m 2．m^3	1．以米计量，按设计图示以管道中心线长度计算 2．以立方米计量，按设计图示管底垫层面积乘以挖土深度计算；无管底垫层按管外径的水平投影面积乘以挖土深度计算，不扣除各类井的长度，井的土方并入管道土方内	1．排地表水 2．土方开挖 3．围护（挡土板）、支撑 4．运输 5．回填

（3）定额使用说明

1）给排水工程中的管沟土方定额执行《四川省建设工程工程量清单计价定额——房屋建筑与装饰工程》人工挖沟槽土方及土方回填子目。

2）管沟土石方项目执行挖沟槽土石方定额。

◆例 4.28　某给水管沟土方工程量为 100m^3，管道外径为 159mm，挖沟深度为 1.2m，套用相关定额子目，计算定额费用。

※解※

其定额费用见表 4.56。

表 4.56　例 4.28 的定额费用

定额编号	项目名称	计量单位	① 工程数量	② 定额综合基价/元	③ 合价/元 ③=①×②	主材名称	④ 主材数量	单位	⑤ 主材单价/元	⑥ 主材合价/元 ⑥=④×⑤	⑦ 定额合价/元 ⑦=③+⑥
AA0005	人工挖沟槽土方	100m^3	1	3918.88	3918.88						3918.88
AA0082	回填土人工夯填	100m^3	1	947.47	947.47						947.47

◆例 4.29　根据例 4.28 的计算结果，列工程量清单，计算清单项目的合价。

※解※

1）由表 4.55 可知，本例的工程量清单见表 4.57。

表 4.57　例 4.29 的工程量清单

序号	项目编码	项目名称	项目特征	计量单位	工程量
1	010101007001	管沟土方	1．土壤类别：一般土方 2．管外径：159mm 3．挖沟深度：1.2m 4．回填要求：原土回填	m^3	100

2）通过对比《房屋建筑与装饰工程工程量计算规范》（GB 50854—2013）附录 A 清单项目和《四川省建设工程工程量清单计价定额——房屋建筑与装饰工程》（2020）定额相关子目的工作内容，可知清单项目 010101007001 对应于定额子目 AA0005 和 AA0082，工作内容为人工土方开挖及回填。清单项目和定额子目的关系见表 4.58。

表 4.58　清单项目和定额子目的关系

项目编码	项目名称	项目特征	对应定额子目
010101007001	管沟土方	1．土壤类别：一般土方 2．管外径：159mm 3．挖沟深度：1.2m 4．回填要求：原土回填	AA0005 AA0082

3）定额子目的信息见表 4.59。

表 4.59　定额子目的信息

定额编号	项目名称	计量单位	定额综合基价/元	其中（单位：元）					未计价材料		
				人工费	材料费	机械费	管理费	利润	名称	单位	数量
AA0005	人工挖沟槽土方	$100m^3$	3918.88	3384.18			165.82	368.88			
AA0082	回填土 人工夯填	$100m^3$	947.47	637.02	0.28	180.93	40.08	89.16			

清单项目的合价为

$$3918.88+947.47=4866.35（元）$$

12. 其他

（1）凿槽、刨沟

凿槽、刨沟适用于旧工程改造或新建工程因设计变更，或因安装工艺要求而土建施工未预留，需安装施工时进行凿槽、刨沟时使用。管道安装项目中，均不包括凿槽等工作内容，发生时，应另行计算。

说明：

① 凿槽（沟）、打洞项目，按《通用安装工程工程量计算规范》（GB 50856—2013）附录 D 相关编码列项。

② 此条不适用于应该留槽却没有留槽导致的后期凿槽、刨沟。

③ 此条适用于新建工程给水管空心砖墙机械开槽。

④ 压（留）槽所使用的主材按 5 次摊销计算。

（2）预留孔洞、打洞、堵洞

管道安装项目中，均不包括预留孔洞、堵洞、打洞等工作内容，发生时应另行计算。

说明：

① 打洞项目，按《通用安装工程工程量计算规范》（GB 50856—2013）附录 D 相关编码列项。

② 预留孔洞、堵洞项目，按工作介质管道直径进行列项。

③ 预留孔洞定额项目包含了所用焊接钢管的材料摊销费。

④ 机械钻孔定额项目是按混凝土墙体及混凝土楼板考虑的，厚度系综合取定。如实际墙体厚度超过 300mm，楼板厚度超过 220mm 时，按相应项目乘以系数 1.2。砖墙及砌体墙钻孔按机械钻孔定额项目乘以系数 0.4。

⑤ 套管制作安装项目已包含堵洞工作内容，不得另行计算。

⑥ 堵洞项目适用于管道在穿墙，楼板不安装套管时的洞口封堵。

（3）管道水压试验

水压试验项目仅适用于因工程需要而发生且非正常情况的管道水压试验。

说明：

① 管道安装定额中已经包括了规范要求的水压试验，不得重复计算。

② 如果设计要求分层分批重复进行试验，可套用管道压力试验的相应项目。

③ 此条也适用于由于工程变更引起的管道系统变化，需要重新进行压力试验的情况。

4.2.4 建筑室内排水工程计量与计价

（1）排水管道敷设方式及施工程序

1）管道敷设方式：立干管采用沿墙明敷，支管采用沿墙明敷或在卫生间凹槽内暗敷。

2）施工程序：预留孔洞→管道支架安装→管道、管件安装→管道灌水试验、通球试验→管道通水试验→管道防腐。

（2）计算顺序

由排水排出管起，先干管，后立管，再支管。计算要领同室内给水系统。

1. 排水管道与管件

（1）工程量计算规则

1）清单工程量计算规则。

按设计图示管道中心线长度以米计算，不扣除阀门、管件及各种井类附属构筑物所占的长度。

说明：

① 排水管道安装包括立管检查口、透气帽，不得另行列项计算。

② 排水管道安装不包括塑料排水管消声器，应另行列项计算。

③ 塑料排水管道安装不包括阻火圈、止水环、成品管卡的安装，其费用应组合在塑料排水管的综合单价中。

2）定额工程量计算规则。

室内排水管道安装工程量按设计管道中心线长度，以“10m”为计量单位，不扣除阀门、管件、附件（包括器具组成）及井类所占长度。

说明：

① 排水管道工程量自卫生器具出口处的地面或墙面的设计尺寸算起；与地漏连接的排水管道自地面设计尺寸算起，不扣除地漏所占长度。

② 排水管道安装，均不包括管道支架、管卡、托钩等制作安装以及管道穿墙、楼板套管制作安装、预留孔洞、堵洞、打洞、凿槽等工作内容，发生时，应按《四川省建设工程工程量清单计价定额——通用安装工程》《通用项目及措施项目》N 分册或《通用安装工程工程量计算规范》（GB 50856—2013）K.2 相应项目另行计算。

③ 排（雨）水管道安装项目中，均包括相应管件安装。

④ 排（雨）水管道定额包括灌水（闭水）及通球试验工作内容。

⑤ 排水管道安装不包括止水环、透气帽、H 型管件、存水弯等本体材料，发生时按实际数量另计材料费。

⑥ 雨水管系统中的雨水斗安装执行《通用安装工程工程量清单计算规范》（GB 50856—2013）K.4 相应项目。

◆例 4.30 某高层建筑的排水系统如图 4.17 所示，排水管道采用 U-PVC 管粘接，计算 U-PVC 管 *De*160 的工程量。

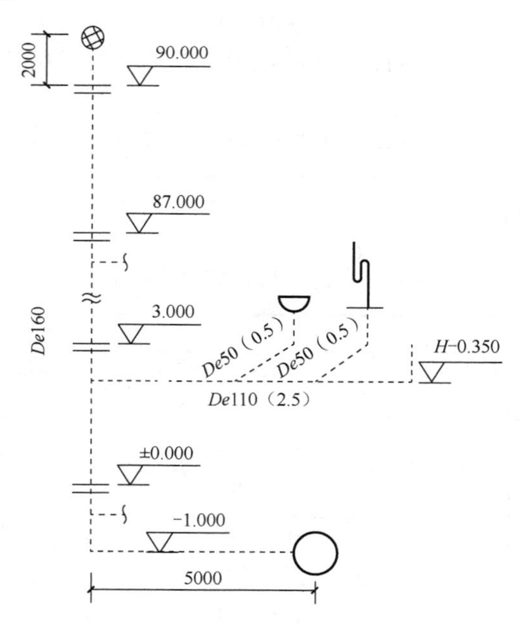

图 4.17　某高层建筑的排水系统

※解※

排水管道 U-PVC 管 *De*160 的工程量为

$$5(\text{排出管})+(1+90+2)(\text{立管})=98\ (\text{m})$$

◆例 4.31 某高层建筑的排水系统如图 4.17 所示，共计 30 层，排水管道采用 U-PVC 管粘接，计算支管的工程量。

※解※

U-PVC 排水支管的工程量如下。

*De*110:

[2.5(横支管)+0.35(接坐便器立支管)]×30(层数)=85.5（m）

*De*50:

[(0.5+0.35)(接地漏支管)+(0.5+0.35)(接洗脸盆支管)]×30(层数)=51（m）

（2）清单使用说明

根据《通用安装工程工程量计算规范》（GB 50856—2013）K.1 的规定，给排水管道工程量清单项目设置、项目特征描述的内容、计量单位及工程量计算规则应按表 4.3 执行。

（3）定额使用说明

1）室内排水管道按管道材质（铸铁管、柔性抗震铸铁管、塑料管等）、接口方式（承插接口、粘接、柔性接口）分类别，以管径大小、规格分档次分别套用套用《四川省建设工程工程量清单计价定额——通用安装工程》K 分册《给排水、采暖、燃气工程》K.1 中相应定额子目。

2）管道为未计价材料，其价值按下式计算：

管材价值=按管道图计算的定额工程量×管道定额中管材消耗量×相应管材单价

3）室内排水管道安装定额项目中，已包括管件的安装费用，但管件的价值应另计。管件个数可按定额消耗量表计算，也可按设计图纸计算。

管件价值=按管道图计算的定额工程量×管道定额中管件消耗量×相应管件单价

4）在地下室内（含地下车库）、暗室内、净高<1.6m 楼层、断面面积$<4m^2$且$>2m^2$隧道或洞内进行的安装工程，定额人工费乘以系数 1.12。

5）在管井内、竖井内、断面面积$\leqslant 2m^2$隧道或洞内、封闭吊顶天棚内进行的安装工程，定额人工费乘以系数 1.16。

◆例 4.32　根据例 4.30 和例 4.31 的计算结果，套用相关定额子目，计算定额费用。

※解※

定额费用计算见表 4.60。

表 4.60　例 4.32 的定额费用计算

定额编号	项目名称	计量单位	① 工程数量	② 定额综合基价/元	③ 合价/元 ③=①×②	主材名称	④ 主材数量	单位	⑤ 主材单价/元	⑥ 主材合价/元 ⑥=④×⑤	⑦ 定额合价/元 ⑦=③+⑥
CK0552	室内塑料排水管粘接 *De*160	10m	9.8	393.10	3852.38	U-PVC 管 *De*160	93.10	m	29.70	2765.07	3852.38+2765.07+1313.06=7930.51
						U-PVC 管件 *De*160	58.31	个	22.57	1313.06	
CK0551	室内塑料排水管粘接 *De*110	10m	8.55	270.54	2313.12	U-PVC 管 *De*110	81.225	m	15.98	1297.98	2313.12+1297.98+890.53=4501.63
						U-PVC 管件 *De*110	98.838	个	9.01	890.53	
CK0549	室内塑料排水管粘接 *De*50	10m	5.1	179.60	915.96	U-PVC 管 *De*50	51.612	m	5.09	262.71	915.96+262.71+157.30=1335.97
						U-PVC 管件 *De*50	35.19	个	4.47	157.30	

◆例 4.33　根据例4.31和例4.32的计算结果，计算室内 *De*50 塑料排水管清单项目的合价。

※解※

1）由表4.3可知，室内 *De*50 塑料排水管清单项目的项目编码是031001006001。

2）对比《通用安装工程工程量计算规范》（GB 50856—2013）附录K清单项目和《四川省建设工程工程量清单计价定额——通用安装工程》（2020）K分册相关定额子目可知，清单项目031001006001和定额子目CK0549的工作内容完全一致，因此本例中清单项目031001006001仅对应定额子目CK0549。清单项目和定额子目的关系见表4.61。

表 4.61　清单项目和定额子目的关系

项目编码	项目名称	项目特征	对应定额子目
031001006001	塑料管	1. 安装部位：室内 2. 介质：排水 3. 规格：*De*50 4. 连接形式：粘接 5. 压力试验及吹、洗设计要求：灌水试验	CK0549

3）定额子目 CK0395 的定额信息见表4.62。

表 4.62　定额子目 CK0395 的定额信息

定额编号	项目名称	计量单位	定额综合基价/元	其中（单位：元）					未计价材料		
				人工费	材料费	机械费	管理费	利润	名称	单位	数量
CK0549	室内塑料排水管粘接 公称直径≤50mm	10m	179.60	144.69	1.87	0.04	10.13	22.87	承插塑料排水管	m	10.120
									承插塑料排水管件	个	6.900

清单项目的合价为

$$(17.96+1.012\times5.09+0.69\times4.47)\times51=1335.96（元）$$

2. 阻火圈或防火套管

高层建筑中明设 *DN*≥110mm 排水塑料管道穿过楼板或防火分区隔墙时，应按设计要求设置阻火圈或防火套管，所以高层建筑塑料排水管道需计算阻火圈或防火套管的工程量，以“个”为计量单位。

（1）工程量计算规则

1）清单工程量计算规则。

防火套管以“个”计量，按设计图示数量计算。阻火圈没有清单项目，组合在排水管道的综合单价中。

2）定额工程量计算规则。

阻火圈安装、成品防火套管安装，按工作介质管道直径，区分不同规格以“个”为计量单位。

◆例 4.34　某高层建筑的排水系统如图4.17所示，每层的层高均为3m，排水管道采用U-PVC管粘接，排水立管穿楼板时需设置阻火圈，计算阻火圈的定额工程量。

※解※

由图可知，高层建筑共有90/3=30（层）。

则，阻火圈 *DN*150 的工程量为

$$1\ 个/层 \times 30\ 层 = 30（个）$$

（2）清单使用说明

根据《通用安装工程工程量计算规范》（GB 50856—2013）附录 K.1 的规定，阻火圈没有单独的清单项目，需要组合在排水管道工程量清单项目中。防火套管按套管的清单项目列项。

（3）定额使用说明

1）阻火圈、成品防火套管按介质管道的直径套用《四川省建设工程工程量清单计价定额——通用安装工程》（2020）K 分册《给排水、采暖、燃气工程》中的相应项目，阻火圈或防火套管为未计价材料。

2）在地下室内（含地下车库）、暗室内、净高<1.6m 楼层、断面面积<4m^2 且>2m^2 隧道或洞内进行的安装工程，定额人工费乘以系数 1.12。

3）在管井内、竖井内、断面面积≤2m^2 隧道或洞内、封闭吊顶天棚内进行的安装工程，定额人工费乘以系数 1.16。

◆例 4.35　根据例 4.34 的计算结果，套用相关定额子目，计算定额费用。

※解※

定额费用计算见表 4.63。

表 4.63　例 4.35 的定额费用计算

定额编号	项目名称	计量单位	①	②	③	主材名称	④	单位	⑤	⑥	⑦
			工程数量	定额综合基价/元	合价/元 ③=①×②		主材数量		主材单价/元	主材合价/元 ⑥=④×⑤	定额合价/元 ⑦=③+⑥
CK0803	阻火圈 *DN*150	个	30	21.34	640.20	阻火圈 *DN*150	30	个	19.18	575.40	640.20+575.40= 1215.60

◆例 4.36　例 4.35 中 *De*160 塑料排水管的工程量为 120m，根据例 4.35 的计算结果，计算室内 *De*160 塑料排水管清单项目的综合单价。

※解※

1）由表 4.3 可知，室内 *De*160 塑料排水管清单项目的项目编码是 031001006001。

2）对比《通用安装工程工程量计算规范》（GB 50856—2013）附录 K 和《四川省建设工程工程量清单计价定额——通用安装工程》（2020）K 分册相关定额子目可知，清单项目 031001006001 的工程内容与定额子目 CK0552 和 CK0803 的工作内容完全一致。清单项目和定额子目的关系见表 4.64。

表 4.64　清单项目和定额子目的关系

项目编码	项目名称	项目特征	对应定额子目
031001006001	塑料管	1．安装部位：室内 2．介质：排水 3．规格：*De*160 4．连接形式：粘接 5．阻火圈设计要求：*DN*150 阻火圈 30 个 6．压力试验及吹、洗设计要求：灌水试验	CK0552 CK0803

3）定额子目的定额信息见表 4.65。

表 4.65　定额子目的定额信息

定额编号	项目名称	计量单位	定额综合基价/元	其中（单位：元）					未计价材料		
				人工费	材料费	机械费	管理费	利润	名称	单位	数量
CK0552	室内塑料排水管粘接 公称外径≤160mm	10m	393.10	307.83	6.31	7.14	22.05	49.77	承插塑料排水管	m	9.500
									承插塑料排水管件	个	5.950
CK0803	阻火圈 公称直径≤150mm	个	21.34	13.86	4.22	0.08	0.98	2.20	阻火圈	个	1.000

清单项目的综合单价分析表见表 4.66。

表 4.66　清单项目的综合单价分析表

项目编码	031001006001	项目名称	塑料管			计量单位		m		工程量	120		
清单综合单价组成明细													
定额编号	定额名称	定额单位	数量	单价/元					合价/元				
				人工费	材料费	机械费	管理费	利润	人工费	材料费	机械费	管理费	利润
CK0552	室内塑料排水管 *De*160 粘接	10m	12	307.83	6.31	7.14	22.05	49.77	3693.96	75.72	85.68	264.60	597.24
CK0803	阻火圈 *DN*150	个	30	13.86	4.22	0.08	0.98	2.20	415.80	126.60	2.40	29.40	66.00
人工单价		小计							4109.76	202.32	88.08	294.00	663.24
120 元/工日		未计价材料费							5572.70				
清单项目综合单价									91.08				

材料费明细	主要材料名称、规格、型号	单位	数量	单价/元	合价/元	暂估单价/元	暂估合价/元
	承插塑料排水管 *De*160	m	114.00	29.70	3385.80		
	承插塑料排水管件 *De*160	个	71.40	22.57	1611.50		
	阻火圈 *DN*150	个	30	19.18	575.40		
	其他材料费				202.32		
	材料费小计				5775.02		

3. 卫生器具

（1）工程量计算规则

1）清单工程量计算规则。

① 浴缸、净身盆、洗脸盆、洗涤盆、化验盆、大便器、小便器、其他成品卫生器具，以“组”计量，按设计图示数量计算。

② 淋浴器，淋浴间，桑拿浴房，大、小便槽自动冲洗水箱，以“套”计量，按设计图示数量计算。

说明：

a．成品卫生器具项目中的附件安装，主要指给水附件，包括水嘴、阀门、喷头等，排水配件包括存水弯、排水栓、下水口等以及配备的连接管，给水附件和排水配件不得另行列项计算。

b．若水平管的设计高度与标准图不符时，则需增加引上管，该引上管的长度计入室内给水管道的安装中。

c．浴缸支座和浴缸周边的砌砖、瓷砖粘贴，应按现行国家标准《房屋建筑与装饰工程工程量计算规范》(GB 50854—2013)相关项目编码列项，功能性浴缸不含电机接线和调试，应按《通用安装工程工程量计算规范》附录 D 电气设备安装工程相关项目编码列项。

2）定额工程量计算规则。

各种卫生器具均按设计图示数量计算，以“10 组”或“10 套”为计量单位。

说明：

① 卫生器具组成安装是参照国家建筑标准设计图集《排水设备及卫生器具安装》(2010 年合订本）中有关标准图编制的，综合了卫生器具与给水管、排水管相连接的人工与材料用量不得另计。

② 室内给排水管道与卫生器具连接的分界线

a．给水管道工程量计算至卫生器具（含附件）前与管道系统连接的第一个连接件（角阀、三通、弯头、管箍等）止。

b．排水管道工程量自卫生器具出口处的地面或墙面的设计尺寸算起；与地漏连接的排水管道自地面设计尺寸算起，不扣除地漏所占长度。

③ 常见卫生器具安装工程量计算的具体范围如下。

a．浴盆。给水管（冷水、热水）安装算至水平管与支管的交接处，水平管的安装高度为 750mm。排水管安装算至地面，浴盆的项目组成如图 4.18 所示。

b．妇洗器。分界点的划分同浴盆，水平管的安装高度为 250mm。

注：妇女净身盆的未计价材料包括净身盆本体、水嘴、冲洗喷头铜活件、排水配件（存水弯、排水直管）等。

c．洗脸盆、洗手盆。其分界点的划分方法同浴盆，热水管的安装高度为 530mm，冷水管的安装高度为 400mm，洗脸盆的项目组成如图 4.19 所示。

d．淋浴器。给水（冷水、热水）的分界点为水平管与支管的交接处，水平管的安装高度为 1000mm。

注：若水平管的设计高度与标准图不符时，则需增加引上管，该引上管的长度计入室内给水管道的安装中。

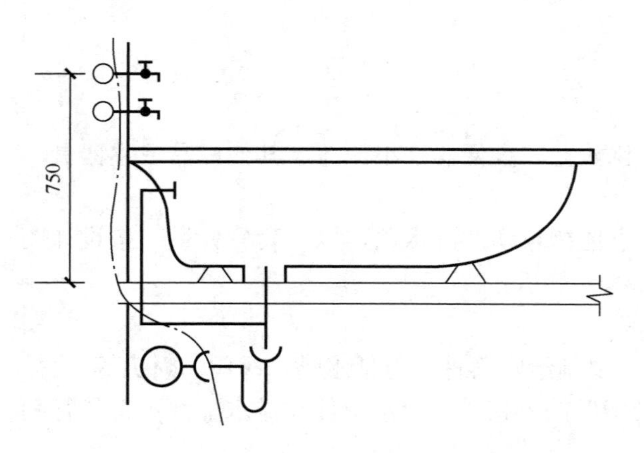

图 4.18　浴盆的项目组成

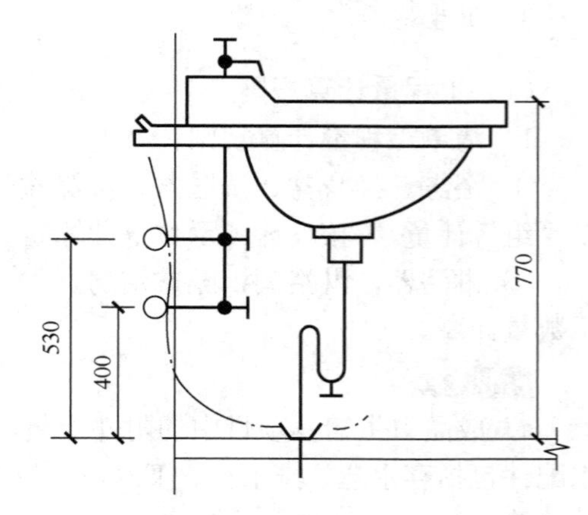

图 4.19　洗脸盆的项目组成

e．大便器。各种蹲式大便器安装定额均已包括了存水弯，不得另计；如采用自带存水弯大便器，应将存水弯从计价材料费中扣除。

普通阀冲洗大便器：给水以水平管与分支管的交点为界，定额标高为 1000mm，项目组成如图 4.20 所示。

高水箱冲洗大便器：给水以水平管与分支管的交点为界，定额标高为 2300mm，项目组成如图 4.21 所示。

坐式大便器：坐式大便器安装的分界点同蹲式大便器，其水平管的安装高度为 250mm，项目组成如图 4.22 所示。

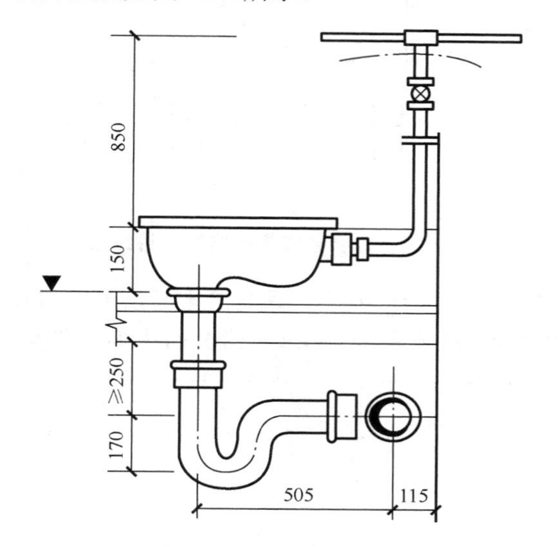

图 4.20　普通阀冲洗大便器项目组成

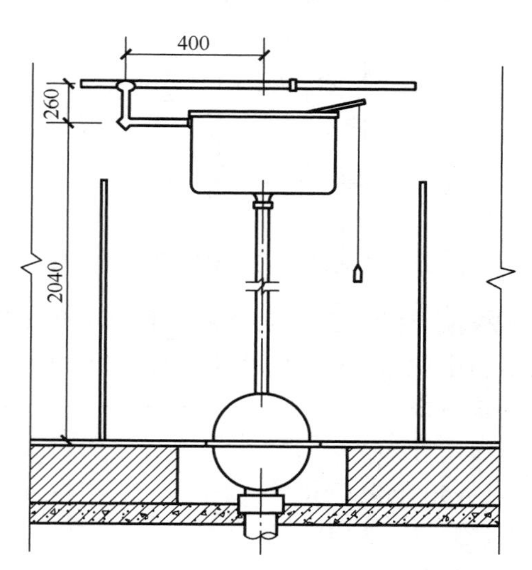

图 4.21　高水箱冲洗大便器项目组成

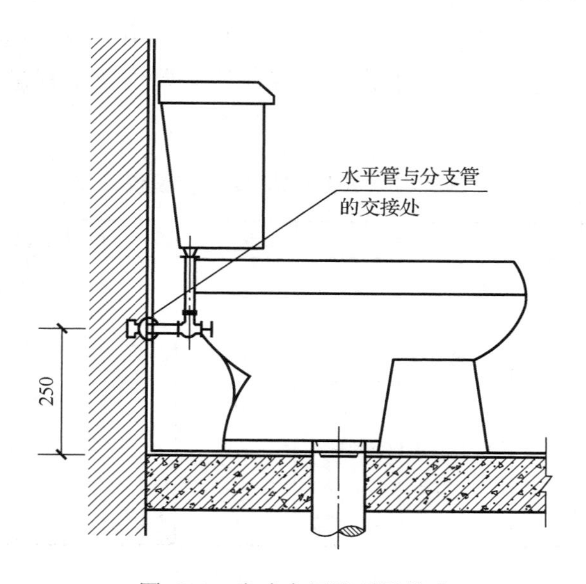

图 4.22　坐式大便器项目组成

f. 小便器。小便器的安装分界点同大便器，其水平管的高度为 1200mm，自动冲洗水箱的水平管为2000mm，普通挂斗式小便器的项目组成如图4.23所示，普通立式小便器的项目组成如图4.24所示。

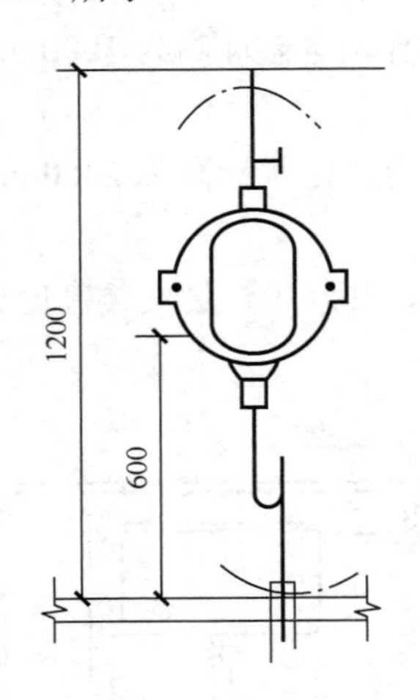

图4.23　普通挂斗式小便器的项目组成

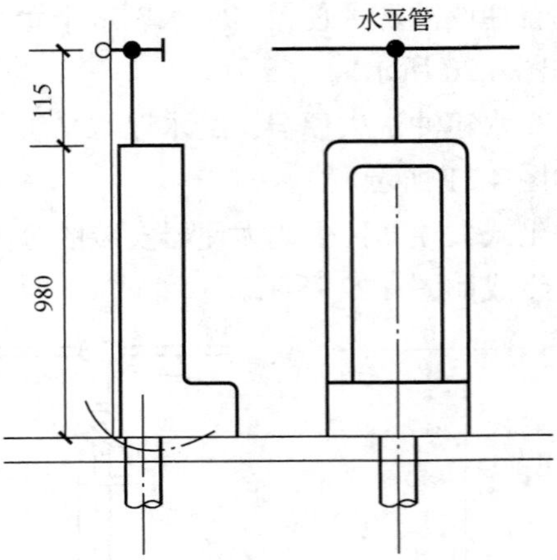

图4.24　普通立式小便器的项目组成

◆例4.37　某高层建筑的排水系统如图4.17所示，共计30层，每层卫生间设置一组挂墙水箱坐便器、一组挂墙式单嘴洗脸盆和一个*DN*50PVC地漏，计算卫生器具的清单工程量。

※解※

由图可知：

*DN*50地漏：30个。

洗脸盆：30组。

坐便器：30组。

（2）清单使用说明

根据《通用安装工程工程量计算规范》（GB 50856—2013）K.4定额的规定，卫生器具的工程量清单项目设置、项目特征描述的内容、计量单位及工程量计算规则应按表4.67执行。

表4.67　卫生器具清单项目设置

项目编码	项目名称	项目特征	计量单位	工程量计算规则	工作内容
031004001	浴缸	1．材质 2．规格、类型 3．组装形式 4．附件名称、数量	组	按设计图示数量计算	1．器具安装 2．附件安装
031004002	净身盆				
031004003	洗脸盆				
031004004	洗涤盆				
031004005	化验盆				
031004006	大便器				
031004007	小便器				
031004008	其他成品卫生器具				

（3）定额使用说明

1）各类卫生器具安装项目包括卫生器具本体、配套附件、成品支托架安装。各类卫生器具所用附件如随设备或器具配套供应时，不得重复计算材料费。

2）各类卫生器具支托架如现场制作时，执行《通用安装工程工程量计算规范》（GB 50856—2013）K.2 相应项目。

3）浴盆安装适用于各种型号的浴盆，但浴盆支座和浴盆周边的砌砖及粘贴瓷砖另行计算。

4）浴盆冷热水带喷头若采用埋入式安装时，混合水管及管件消耗量应另行计算。

5）蹲式坐便器冲洗管的材质，已综合考虑，不得换算；坐式坐便器（感应式）按自闭阀执行，感应阀作为未计价材料另计。

6）蹲式坐便器安装已包括了固定坐便器的垫砖，但不包括坐便器的蹲台砌筑。

7）与卫生器具配套的电气安装，应执行《四川省建设工程工程量清单计价定额——通用安装工程》D 分册《电气设备安装工程》相应项目。

8）各类卫生器具的混凝土或砖基础、周边砌砖、瓷砖粘贴，蹲式大便器蹲台砌筑、台式洗脸盆的台面，浴厕配件安装，应执行 2020 年《四川省建设工程工程量清单计价定额——房屋建筑与装饰工程》相应项目。

9）卫生器具安装不包括预留、堵孔洞，发生时执行《四川省建设工程工程量清单计价定额——通用安装工程》N 分册《通用项目及措施项目》相应项目。

◆例 4.38　根据例 4.37 的计算结果，套用相关定额子目，计算定额费用。

※解※

根据相关定额子目，定额费用的计算见表 4.68。

表 4.68　例 4.38 的定额费用计算

定额编号	项目名称	计量单位	① 工程数量	② 定额综合基价/元	③ 合价/元 ③=①×②	主材名称	④ 主材数量	单位	⑤ 主材单价/元	⑥ 主材合价/元 ⑥=④×⑤	⑦ 定额合价/元 ⑦=③+⑥
CK1416	地漏 *DN*50	10 个	3	215.51	646.53	地漏 *DN*50	30.3	个	23.75	719.63	646.53+719.63=1366.16
CK1338	洗脸盆安装	10 组	3	636.64	1909.92	洗脸盆	30.3	个	180.00	5454.00	1909.92+5454.00+3030.00+2817.90+1102.01=14313.83
						长颈水嘴	30.3	个	100.00	3030.00	
						洗脸盆托架	30.3	副	93.00	2817.90	
						洗脸盆排水附件	30.3	套	36.37	1102.01	
CK1364	挂墙水箱坐便器	10 组	3	1076.17	3228.51	低水箱坐便器	30.3	个	600.00	18180.00	3228.51+18180.00+1151.40+387.84+72.72+209.07=23229.54
						挂墙式低水箱及水箱配件	30.3	套	38.00	1151.40	
						坐便器桶盖	30.3	套	12.80	387.84	
						角型阀 *DN*15	30.3	个	2.40	72.72	
						金属软管 *DN*15	30.3	根	6.90	209.07	

◆例 4.39　根据例 4.38 的计算结果，编制洗脸盆和低水箱坐便器的工程量清单，计算各清单项目的合价。

※解※

1）由表 4.67 可知，本例的工程量清单见表 4.69。

表 4.69　例 4.39 的工程量清单

序号	项目编码	项目名称	项目特征	计量单位	工程量
1	031004003001	洗脸盆	1．材质：陶瓷 2．规格、类型：挂墙式 3．组装形式：冷水单嘴 4．附件名称、数量：长颈水嘴 *DN*15 一个，洗脸盆排水附件一套，洗脸盆托架一副	组	30
2	031004006001	大便器	1．材质：陶瓷 2．规格、类型：挂墙水箱 3．组装形式：坐便器 4．附件名称、数量：挂墙式低水箱及水箱配件一套，坐便器桶盖一套，角阀 *DN*15 一个，金属软管 *DN*15 一根	组	30

2）通过对比《通用安装工程工程量计算规范》（GB 50856—2013）K.4 清单项目和《四川省建设工程工程量清单计价定额——通用安装工程》（2020）K 分册定额相关子目的工作内容，可知清单项目 031004003001 对应于定额子目 CK1338，清单项目 031004006001 对应于定额子目 CK1364。清单项目和定额子目的关系见表 4.70。

表 4.70　清单项目和定额子目的关系

项目编码	项目名称	项目特征	对应定额子目
031004003001	洗脸盆	1．材质：陶瓷 2．规格、类型：挂墙式 3．组装形式：冷水单嘴 4．附件名称、数量：长颈水嘴 *DN*15 一个，洗脸盆排水附件一套，洗脸盆托架一副	CK1338
031004006001	大便器	1．材质：陶瓷 2．规格、类型：挂墙水箱 3．组装形式：坐便器 4．附件名称、数量：挂墙式低水箱及水箱配件一套，坐便器桶盖一套，角阀 *DN*15 一个，金属软管 *DN*15 一根	CK1364

3）定额子目的信息见表 4.71。

表 4.71　定额子目的信息

定额编号	项目名称	计量单位	定额综合基价/元	其中（单位：元）					未计价材料		
				人工费	材料费	机械费	管理费	利润	名称	单位	数量
CK1338	普通冷水嘴洗脸盆	10 组	636.64	488.14	85.38	0.77	31.42	70.93	洗脸盆	个	10.100
									长颈水嘴	个	10.100
									洗脸盆托架	副	10.100
									洗脸盆排水附件	套	10.100
CK1364	低水箱坐便器	10 组	1076.17	783.09	113.58	0.78	54.87	123.85	落地式坐便器	个	10.100
									挂墙式低水箱及水箱配件	套	10.100
									坐便器桶盖	套	10.100
									角型阀 *DN*15	个	10.100
									金属软管 *DN*15	根	10.100

各清单项目的合价为

洗脸盆（031004003001）：

$$[63.664+(180+100+93+36.37)\times1.01]\times30=14313.83（元）$$

大便器（031004006001）：

$$[107.617+(600+38+12.8+2.4+6.9)\times1.01]\times30=23229.54（元）$$

4. 给、排水附（配）件

（1）工程量计算规则

1）清单工程量计算规则。

给、排水附（配）件以“个”或“组”计量，按设计图示数量计算。给、排水附（配）件是指独立安装的水嘴、地漏、地面扫除口等。

2）定额工程量计算规则。

① 水龙头。区分水龙头直径，以“10 个”为计量单位，按施工图所示数量计算。

说明：

a．适用于各种不与卫生器具配套的、单独安装的水龙头，如盥洗台、洗衣机、拖布池的水龙头。

b．与卫生器具配套的水龙头，如洗脸盆、洗涤盆、浴盆、淋浴等的水龙头已包含在成套卫生器具安装的定额中，不得另计。

② 排水栓。区分排水栓直径和是否带存水弯，以“10 组”为计量单位，按施工图所示数量计算。排水栓安装如图 4.25 所示。

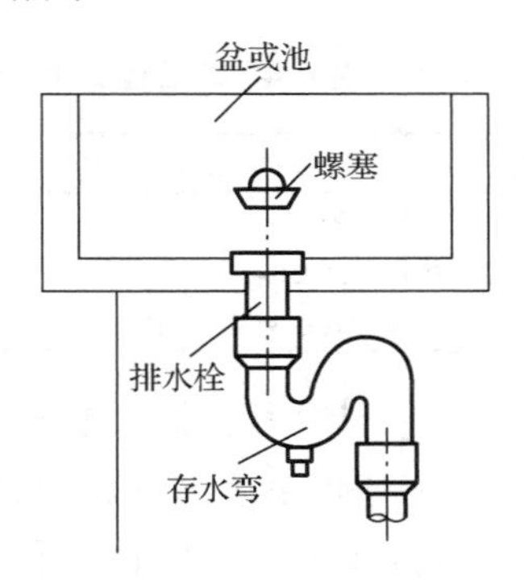

图 4.25　排水栓安装

说明：

a．适用于各种不与卫生器具配套的、单独安装的排水栓，如砖砌盥洗台、砖砌架空拖布池的排水栓。

b．与卫生器具配套的排水栓，如洗脸盆、洗涤盆、浴盆、成品拖布池等的排水栓已包含在成套卫生器具安装的定额中，不得另计。

③ 地漏。区分地漏直径，以“10 个”为计量单位，按施工图所示数量计算。

说明：

a．地漏应区分材质是否相同、是否专用地漏分别列项（因为其主材价格不同）。

b．砖砌落地式拖布池、淋浴一般通过地漏排水，应计入地漏工程量。

④ 地面扫除口。区分地面扫除口直径，以“10 个”为计量单位，按施工图所示数量计算。

说明：

a．地面扫除口，本体用铸铁或塑料制作，面盖一般用青铜做成。若地面扫除口安装于楼层水平排水主管的末端，当管道堵塞时便于清通，此时也称为“清通口”。

b．清通口以“个”为计量单位，借用地面扫除口子目。

（2）清单使用说明

根据《通用安装工程工程量计算规范》（GB 50856—2013）K.4 的规定，给、排水附（配）件的工程量清单项目设置、项目特征描述的内容、计量单位及工程量计算规则应按表 4.72 执行。

表 4.72　给、排水附（配）件工程量清单项目设置

项目编码	项目名称	项目特征	计量单位	工程量计算规则	工作内容
031004014	给、排水附（配）件	1．材质 2．型号、规格 3．安装方式	个（组）	按设计图示数量计算	安装

◆例 4.40 根据例 4.38 的计算结果，编制地漏的工程量清单，计算清单项目的合价。

※解※

1）由表 4.72 可知，本例的工程量清单见表 4.73。

表 4.73　例 4.40 的工程量清单

项目编码	项目名称	项目特征	计量单位	工程量
031004014001	地漏	1．材质：PVC 2．规格：*DN*50 3．安装方式：见国标图集	个	30

2）通过对比《通用安装工程工程量计算规范》（GB 50856—2013）K.4 清单项目和《四川省建设工程工程量清单计价定额——通用安装工程》（2020）K 分册定额相关子目的工作内容，可知清单项目 031004014001 对应于定额子目 CK1416。清单项目和定额子目的关系见表 4.74。

表 4.74　清单项目和定额子目的关系

项目编码	项目名称	项目特征	对应定额子目
031004014001	地漏	1．材质：PVC 2．规格：*DN*50 3．安装方式：见国标图集	CK1416

3）定额子目的信息见表 4.75。

表 4.75　定额子目的信息

定额编号	项目名称	计量单位	定额综合基价/元	其中（单位：元）					未计价材料		
				人工费	材料费	机械费	管理费	利润	名称	单位	数量
CK1416	地漏 *DN*50	10 个	215.51	174.42	1.32		12.21	27.56	地漏 *DN*50	个	10.10

清单项目的合价为

$$(21.551+1.01\times23.75)\times30=1366.16（元）$$

5. 其他

（1）大便槽、小便槽自动冲洗水箱

1）清单工程量计算规则。

以“套”为计量单位，按设计图示数量计算。

2）定额工程量计算规则。

大便槽、小便槽自动冲洗水箱安装分容积按设计图示数量，以“10 套”为计量单位。大、小便槽自动冲洗水箱制作不分规格，以“100kg”为计量单位。

说明：

大、小便槽自动冲洗水箱安装中，已包括水箱和冲洗管的成品支托架、管卡安装，水箱支托架及管卡的制作及刷漆，应按相应定额项目另行计算。

（2）小便槽冲洗管

1）清单工程量计算规则。

以“m”为计量单位，按设计图示长度计算。

2）定额工程量计算规则

小便槽冲洗管制作与安装按设计图示长度以“10m”为计量单位，不扣除阀门的长度。如图 4.26 所示。

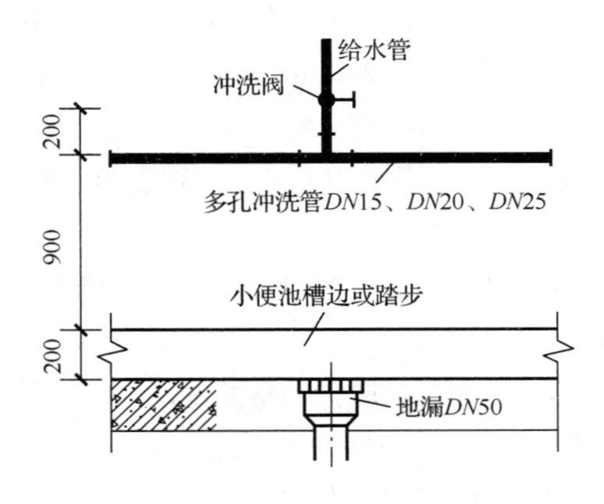

图 4.26　小便槽冲洗管组成示意

说明：

小便槽冲洗管仅指用于冲洗的水平横管，与其相连的给水管、阀门，以及冲洗后用于排出污水的地漏，均应分别计算。

4.3 建筑给排水工程计量与计价实例

本节通过一个工程实例来说明建筑给排水工程计量与计价的计算方法和程序。

4.3.1 工程概况与设计说明

1）本工程为某车间二层公共卫生间的给排水安装工程，无地下室，按照现行的施工及验收规范进行施工，现场施工条件正常。柱截面为400mm×400mm。

2）给水管道采用无规共聚聚丙烯（PP-R）给水管，$PN = 1.25\text{MPa}$，热熔连接，给水管道明装。

3）排水管道采用硬聚氯乙烯（PVC-U）排水管，承插粘接，不考虑横向排水管坡度。

4）给水管道穿过外墙时应设置刚性防水套管，穿过内墙、楼板时应设置钢套管，一层楼板不设钢套管。

5）排水管道穿外墙和穿屋面时应设置刚性防水套管。$DN \geqslant 100\text{mm}$的排水管穿楼板（一层楼板除外）及屋面处均需设置阻火圈。

6）给水管道上的阀门：$DN \geqslant 50\text{mm}$采用 Z15T-10 型闸阀；$DN < 50\text{mm}$采用 J11T-10 型截止阀。

7）卫生设备全部安装到位并达到使用要求，蹲式坐便器为无挡型，*DN*25 延时自闭阀冲洗；洗脸盆为有沿台下式洗脸盆，水嘴为 *DN*15 镀铬水嘴；小便器为挂式小便器，*DN*15 延时自闭阀冲洗；地漏为 *DN*50 带水封地漏；水表为水平旋翼式水表 LXS-65E，连接方式为螺纹连接。

8）图中标高以米计，其他尺寸以毫米计；给水管标高以管中心计，排水标高以管底计。

9）所有墙体均按砖墙考虑，厚度为200mm，钢套管均按大于穿过管道公称直径两级的规格设置。

10）PP-R 给水管采用型钢支架，共计 40 副，每副支架的质量为 1.5kg。UPVC 管采用塑料成品管卡，每 2m 设 1 个。

11）给水管中心距墙边距离为 50mm。PL-1、PL-2 立管至检查井中心距为 3m，PL-3 立管至检查井中心距为 5.5m。

12）给水管道安装完毕后进行水压试验，消毒冲洗，排水管道安装完毕后进行灌水试验。

卫生间给排水详图如图 4.27 所示，卫生间给水系统如图 4.28 所示，卫生间排水系统（一）如图 4.29 所示，卫生间排水系统（二）如图 4.30 所示。

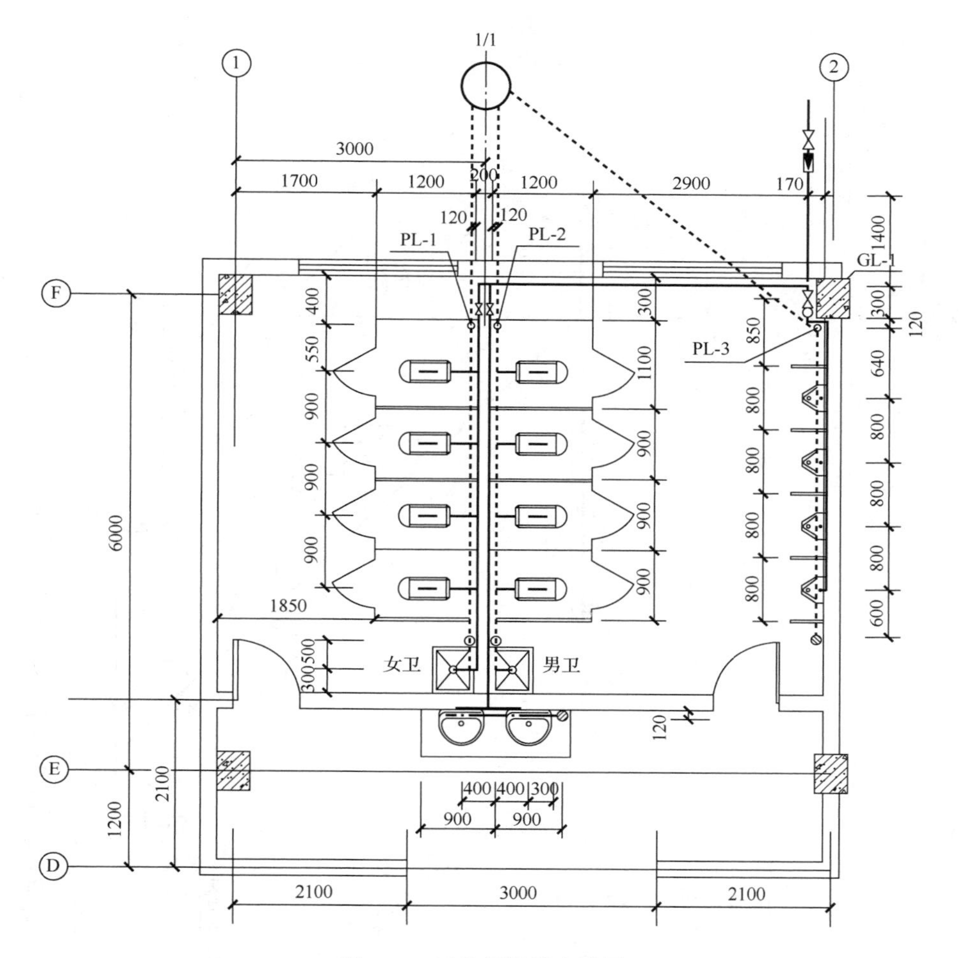

图 4.27　卫生间给排水详图

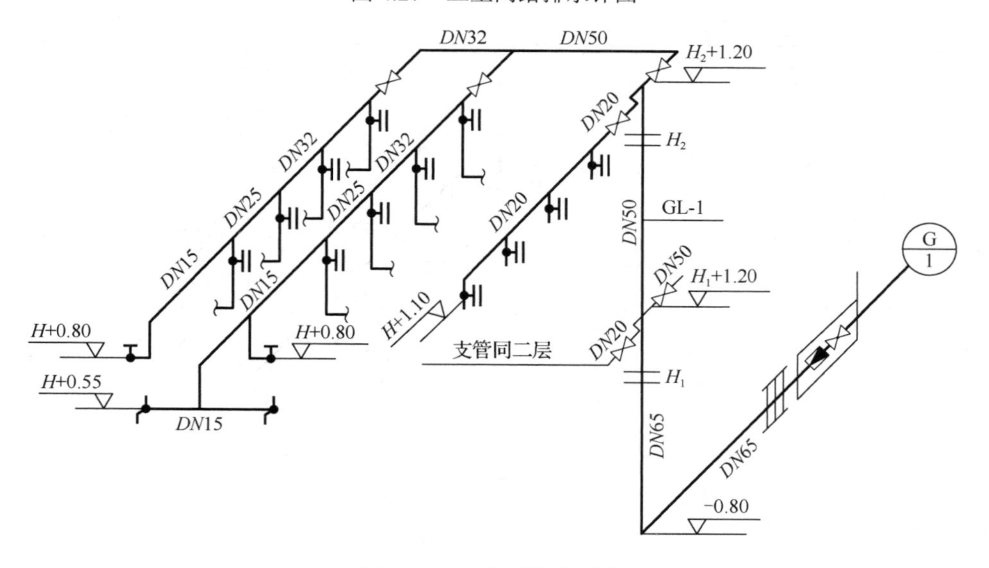

图 4.28　卫生间给水系统

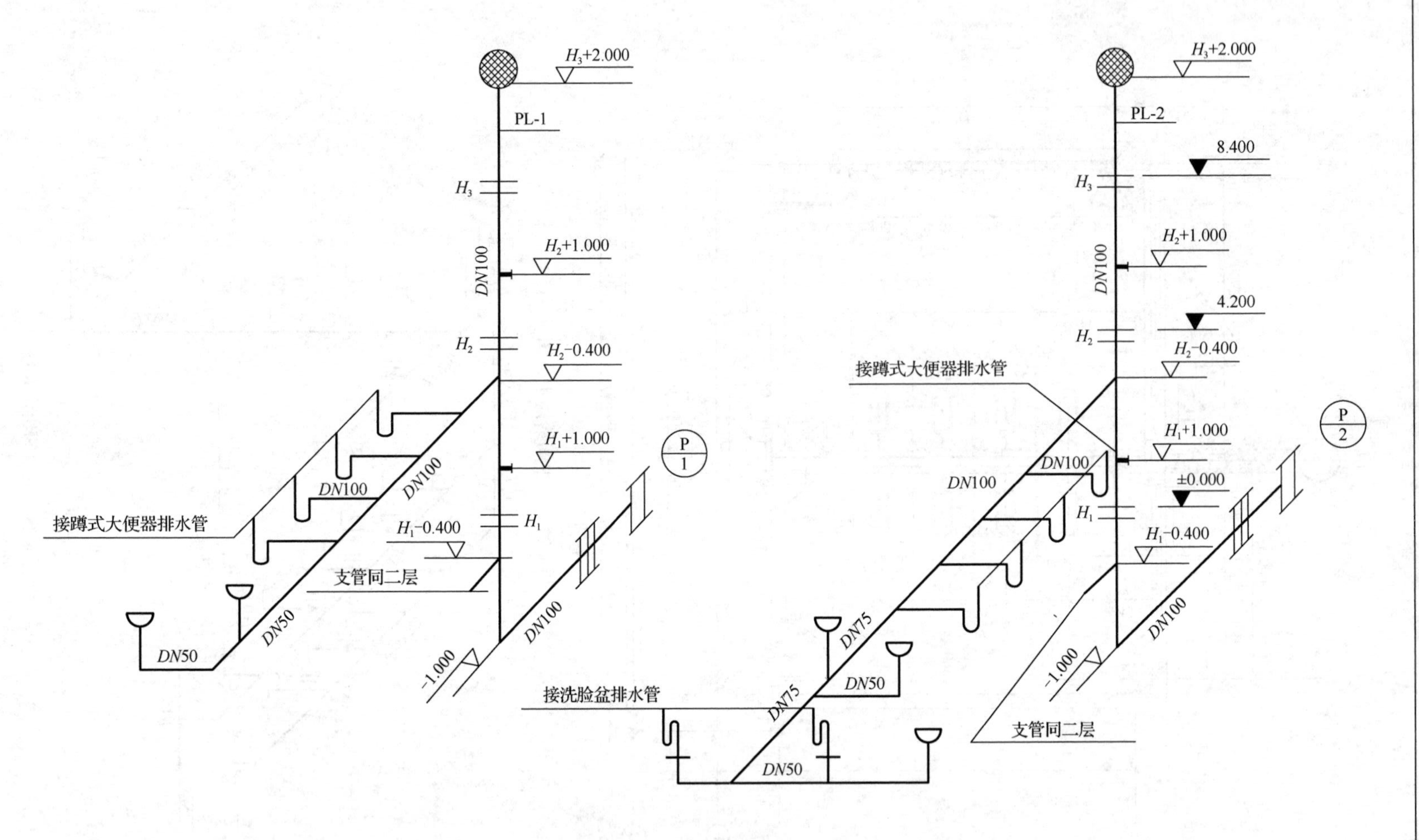

图 4.29　卫生间排水系统（一）

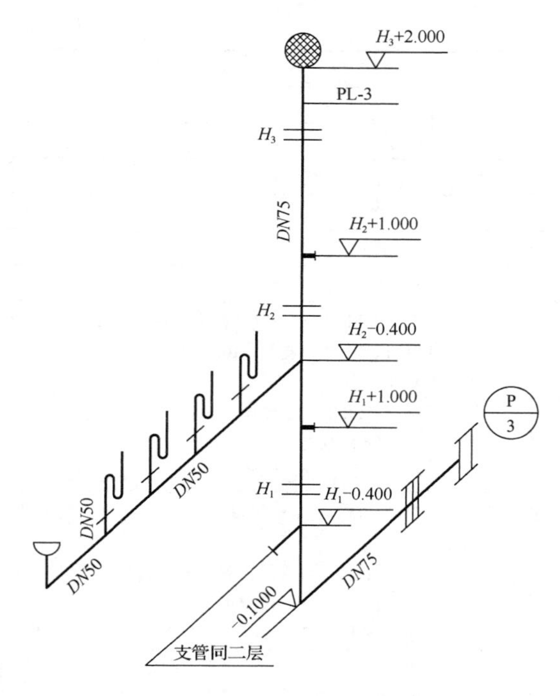

图 4.30　卫生间排水系统（二）

4.3.2　工程量计算

给排水工程量计算见表 4.76。

表 4.76　给排水工程量计算

序号	项目名称	单位	工程量	计算式
1	室内 PP-R 塑料给水管 *DN*65 热熔连接	m	3.70	水表中心至 GL-1 水平段(1.4+0.3)+垂直段[1.2−(−0.8)]=1.7+2=3.70
2	室内 PP-R 塑料给水管 *DN*50 热熔连接	m	12.40	垂直段 4.2+水平横支管[0.3+(轴线距 4.2−半柱厚 0.2−半墙厚 0.1−管中心距墙边 0.05×2)]×2 层=12.4
3	室内 PP-R 塑料给水管 *DN*32 热熔连接	m	11	男卫生间支管与女卫生间支管间水平管： 墙厚 0.2+管中心距墙边 0.05×2=0.3 男卫生间支管至第三个大便器：(0.3−0.05)+0.55+0.9×2=2.6 女卫生间支管至第三个大便器：2.6 小计：(2.6×2 根+0.3)×2 层=11
4	室内 PP-R 塑料给水管 *DN*25 热熔连接	m	3.60	第三个大便器至第四个大便器：0.9×2 根×2 层=3.60
5	室内 PP-R 塑料给水管 *DN*20 热熔连接	m	6.66	男卫生间小便器支管：(0.12+0.17+0.64+0.8×3)×2 层=6.66
6	室内 PP-R 塑料给水管 *DN*15 热熔连接	m	10.60	男卫生间支管第四个大便器之后至洗脸盆：[半柱厚 0.4/2+6+1.2−2.1+半墙厚 0.1+0.05−(0.3+1.1+0.9×2+0.9/2)+至拖布池垂直段（1.2−0.8）+至洗脸盆垂直段(1.2−0.55)+洗脸盆间横管 0.4×2)]×2 层=7.30 女卫生间支管第四个大便器之后至洗脸盆：[半柱厚 0.4/2+6+1.2−2.1−半墙厚 0.1−0.3−(0.3+1.1+0.9×2+0.9/2)+至拖布池垂直段(1.2−0.8)]×2 层=3.30 小计：7.3+3.3=10.60

续表

序号	项目名称	单位	工程量	计算式
7	普通水表 *DN*65	个	1	1
8	螺纹闸阀 *DN*65	个	1	1
9	螺纹闸阀 *DN*50	个	2	1×2 层
10	螺纹截止阀 *DN*32	个	4	2×2 层
11	螺纹截止阀 *DN*20	个	2	1×2 层
12	型钢支架	kg	60	1.5×40
13	室内 U-PVC 塑料排水管 *DN*100 粘接	m	61	PL-1、PL-2 立管：(立管至检查井中心 3+立管(8.4+2)−(−1))×2=28.8 PL-1、PL-2 横支管：[0.55+0.9×3+蹲便器(水平段 0.8+至地面 0.4)×4]×2 层×2=32.2 小计：28.8+32.2=61 成品管卡 *DN*100：61/2=31（个） 阻火圈 *DN*100：2×2=4（个）　PL-1、PL-2 穿二层楼板及屋面
14	室内 U-PVC 塑料排水管 *DN*75 粘接	m	20.64	PL-2 横管：[半柱厚 0.4/2+6+1.2−2.1+半墙厚 0.1+0.12−(0.3+1.1+0.9×2+0.9/2)]×2 层=3.74 PL-3 立管：立管至检查井中心 5.5+立管(8.4+2)−(−1)=16.9 小计：3.74+16.9=20.64 成品管卡 *DN*75：20.64/2=11（个）
15	室内 U-PVC 塑料排水管 *DN*50 粘接	m	22.78	PL-1 横支管：[半柱厚 0.4/2+6+1.2−2.1−半墙厚 0.1−拖布池中心至墙边 0.3−(0.4+0.55+0.9×3)+拖布池水平段 0.3+立支管 0.4×2]×2 层=4.7 PL-2 横支管：(水平段(0.3+0.4×2)+拖布池水平段 0.3+立支管 0.4×5)×2 层=6.80 PL-3 横支管：(0.64+0.8×3+0.6+立支管 0.4×5)×2 层=11.28 小计：4.7+6.8+11.28=22.78 成品管卡 *DN*50：22.78/2=12（个）
16	刚性防水套管 *DN*65	个	1	1 引入管穿外墙处
17	刚性防水套管 *DN*100	个	4	(1+1)×2　PL-1、PL-2 穿外墙、穿屋面处
18	刚性防水套管 *DN*75	个	2	1+1　PL-3 穿外墙、穿屋面处
19	穿楼板钢套管 *DN*50	个	1	1 立管 *DN*50 穿二层楼板处
20	穿墙钢套管 *DN*32	个	2	1×2　*DN*32 支管穿男、女卫生间隔墙
21	穿墙钢套管 *DN*15	个	2	1×2　*DN*15 支管穿男卫生间与前室隔墙
22	蹲便器	组	16	4×2×2
23	小便器	组	8	4×2
24	洗脸盆	组	4	2×2
25	地漏 *DN*50	个	12	6×2
26	水龙头 *DN*15	个	4	2×2 拖布池水龙头
27	预留孔洞 *DN*15	个	2	1×2 层　*DN*15 男卫生间支管穿墙
28	预留孔洞 *DN*50	个	1	GL-1*DN*50 穿二层楼板 1 个
29	预留孔洞 *DN*50（需堵洞）	个	24	男卫生间地漏、小便器立支管穿楼板 7×2=14 女卫生间地漏立支管穿楼板 2×2=4 盥洗间洗脸盆、地漏立支管穿楼板 3×2=6
30	预留孔洞 *DN*65	个	1	*DN*65 引入管穿外墙 1 个
31	预留孔洞 *DN*65（需堵洞）	个	1	GL-1 立管 *DN*65 穿一层楼板 1 个
32	预留孔洞 *DN*75	个	2	PL-3 排出管 *DN*75 穿外墙 1 个 PL-3 立管 *DN*75 穿屋面 1 个

续表

序号	项目名称	单位	工程量	计算式
33	预留孔洞 *DN*75（需堵洞）	个	4	横支管 *DN*75 男卫生间穿墙 1×2=2 PL-3 立管 *DN*75 穿一、二层楼板 2 个
34	预留孔洞 *DN*100	个	4	PL-1、PL-2 排出管 *DN*100 穿外墙、立管穿屋面 2×2=4
35	预留孔洞 *DN*100（需堵洞）	个	20	PL-1、PL-2 立管 *DN*100 穿一、二层楼板 2×2=4 蹲便器立支管穿楼板 8×2=16
36	管沟土方	m^3	8.81	给水： $V = h(b+kh)l = 0.8\times(0.065+0.3\times2)\times1.7 = 0.90$ 排水： $V = \sum h(b+kh)l = 2\times1\times(0.1+0.3\times2)\times3+1\times(0.075+0.3\times2)\times7.91 = 7.91$ 小计：0.90+7.91=8.81

4.3.3　工程量清单与计价

根据《通用安装工程工程量计算规范》（GB 50856—2013）及《四川省建设工程工程量清单计价定额——通用安装工程》(2020)，编制给排水分部分项工程量清单与计价表，见表 4.77。本章用到的主材单价表见表 4.78，综合单价分析表见表 4.79。

表 4.77　给排水分部分项工程量清单与计价表

序号	项目编码	项目名称	项目特征描述	计量单位	工程数量	金额/元		
						综合单价	合价	其中 暂估价
1	031001006001	塑料管	1. 安装部位：室内 2. 输送介质：给水 3. 材质、规格：无规共聚聚丙烯（PP-R）管 *DN*65 4. 连接形式：热熔连接 5. 压力试验及吹洗要求：水压试验，消毒冲洗	m	3.7	78.60	290.82	
	CK0513	室内给水塑料管 *De*75 热熔连接		10m	0.37			
	CK0833	管道消毒、冲洗 *DN*65		100m	0.037			
2	031001006002	塑料管	1. 安装部位：室内 2. 输送介质：给水 3. 材质、规格：无规共聚聚丙烯（PP-R）管 *DN*50 4. 连接形式：热熔连接 5. 压力试验及吹洗要求：水压试验，消毒冲洗	m	12.4	67.80	840.72	
	CK0512	室内给水塑料管 *De*63 热熔连接		10m	1.24			
	CK0832	管道消毒、冲洗 *DN*50		100m	0.124			
3	031001006003	塑料管	1. 安装部位：室内 2. 输送介质：给水 3. 材质、规格：无规共聚聚丙烯（PP-R）管 *DN*32 4. 连接形式：热熔连接 5. 压力试验及吹洗要求：水压试验，消毒冲洗	m	11	35.43	389.73	

续表

序号	项目编码	项目名称	项目特征描述	计量单位	工程数量	金额/元		
						综合单价	合价	其中 暂估价
	CK0510	室内给水塑料管 *De*40 热熔连接		10m	1.1			
	CK0830	管道消毒、冲洗 *DN*32		100m	0.11			
4	031001006004	塑料管	1．安装部位：室内 2．输送介质：给水 3．材质、规格：无规共聚聚丙烯（PP-R）管 *DN*25 4．连接形式：热熔连接 5．压力试验及吹洗要求：水压试验，消毒冲洗	m	3.6	28.86	103.90	
	CK0509	室内给水塑料管 *De*32 热熔连接		10m	0.36			
	CK0829	管道消毒、冲洗 *DN*25		100m	0.036			
5	031001006005	塑料管	1．安装部位：室内 2．输送介质：给水 3．材质、规格：无规共聚聚丙烯（PP-R）管 *DN*20 4．连接形式：热熔连接 5．压力试验及吹洗要求：水压试验，消毒冲洗	m	6.66	26.81	178.56	
	CK0508	室内给水塑料管 *De*25 热熔连接		10m	0.66			
	CK0828	管道消毒、冲洗 *DN*20		100m	0.066			
6	031001006006	塑料管	1．安装部位：室内 2．输送介质：给水 3．材质、规格：无规共聚聚丙烯（PP-R）管 *DN*15 4．连接形式：热熔连接 5．压力试验及吹洗要求：水压试验，消毒冲洗	m	11.14	19.46	216.78	
	CK0507	室内给水塑料管 *De*20 热熔连接		10m	1.114			
	CK0827	管道消毒、冲洗 *DN*15		100m	0.1114			
7	031001006007	塑料管	1．安装部位：室内 2．输送介质：排水 3．材质、规格：U-PVC 管 *DN*100 4．连接形式：粘接 5．阻火圈：*DN*100 6．压力试验及吹洗要求：灌水试验 7．塑料成品管卡 *DN*100	m	61	58.39	3561.79	
	CK0551	室内塑料排水管 *De*110 粘接		10m	6.1			
	CK0802	阻火圈 *DN*100		个	4			
	CK0752	成品管卡安装 *DN*100		个	31			
8	031001006008	塑料管	1．安装部位：室内 2．输送介质：排水 3．材质、规格：U-PVC 管 *DN*75 4．连接形式：粘接 5．压力试验及吹洗要求：灌水试验 7．塑料成品管卡 *DN*75	m	20.64	50.91	1050.78	

续表

序号	项目编码	项目名称	项目特征描述	计量单位	工程数量	金额/元		
						综合单价	合价	其中 暂估价
	CK0550	室内塑料排水管 *De*75 粘接		10m	2.064			
	CK0751	成品管卡安装 *DN*80		个	11			
9	031001006009	塑料管	1．安装部位：室内 2．输送介质：排水 3．材质、规格：U-PVC 管 *DN*50 4．连接形式：粘接 5．压力试验及吹洗要求：灌水试验 6．塑料成品管卡 *DN*50	m	22.78	26.02	592.74	
	CK0549	室内塑料排水管 *De*50 粘接		10m	2.278			
	CK0750	成品管卡安装 *DN*50		个	12			
10	031002003001	套管	1．名称、类型：刚性防水套管 2．材质：碳钢 3．规格：*DN*65 4．填料材质：见说明图集	个	1	217.27	217.27	
	CH2717	刚性防水套管制作 *DN*≤80		个	1			
	CH2736	刚性防水套管安装 *DN*≤100		个	1			
11	031002003002	套管	1．名称、类型：刚性防水套管 2．材质：碳钢 3．规格：*DN*75 4．填料材质：见说明图集	个	2	235.45	470.90	
	CH2717	刚性防水套管制作 *DN*≤80		个	2			
	CH2736	刚性防水套管安装 *DN*≤100		个	2			
12	031002003003	套管	1．名称、类型：刚性防水套管 2．材质：碳钢 3．规格：*DN*100 4．填料材质：见说明图集	个	4	283.28	1133.12	
	CH2718	刚性防水套管制作 *DN*≤100		个	4			
	CH2736	刚性防水套管安装 *DN*≤100		个	4			
13	031002003004	套管	1．名称、类型：穿楼板钢套管 2．材质：碳钢 3．规格：*DN*50 4．填料材质：见说明图集	个	1	55.42	55.42	
	CK0763	一般穿墙钢套管制作、安装 *DN*50		个	1			
14	031002003005	套管	1．名称、类型：穿墙钢套管 2．材质：碳钢 3．规格：*DN*32 4．填料材质：见说明图集	个	2	27.17	54.34	
	CK0762	一般穿墙钢套管制作、安装 *DN*32		个	2			
15	031002003006	套管	1．名称、类型：穿墙钢套管 2．材质：碳钢 3．规格：*DN*15 4．填料材质：见说明图集	个	2	20.97	41.94	
	CK0761	一般穿墙钢套管制作安装 *DN*20 以内		个	2			

续表

序号	项目编码	项目名称	项目特征描述	计量单位	工程数量	金额/元		
						综合单价	合价	其中 暂估价
16	031003001001	螺纹阀门	1. 类型：截止阀 2. 材质：灰铸铁 3. 规格、压力等级：J11T-10、*DN*20，1.0MPa 4. 连接形式：螺纹连接	个	2	66.07	132.14	
	CK0859		螺纹阀门 *DN*20	个	2			
17	031003001002	螺纹阀门	1. 类型：截止阀 2. 材质：灰铸铁 3. 规格、压力等级：J11T-10、*DN*32，1.0MPa 4. 连接形式：螺纹连接	个	4	103.51	414.04	
	CK0861		螺纹阀门 *DN*32	个	4			
18	031003001003	螺纹阀门	1. 类型：闸阀 2. 材质：灰铸铁 3. 规格、压力等级：Z15T-10、*DN*50，1.0MPa 4. 连接形式：螺纹连接	个	2	176.83	353.66	
	CK0863		螺纹阀门 *DN*50	个	2			
19	031003001004	螺纹阀门	1. 类型：闸阀 2. 材质：灰铸铁 3. 规格、压力等级：Z15T-10、*DN*65，1.0MPa 4. 连接形式：螺纹连接	个	1	253.87	253.87	
	CK0864		螺纹阀门 *DN*65	个	1			
20	031003013001	水表	1. 安装部位：室内 2. 型号、规格：旋翼式水表 LXS-65E、*DN*65 3. 连接方式：螺纹连接	个	1	203.12	203.12	
	CK1263 换		螺纹水表 *DN*65	个	1			
21	031004003001	洗脸盆	1. 材质：陶瓷 2. 规格、类型：详图 3. 组装形式：台下式 4. 附件名称、数量：洗脸盆全套	组	4	709.11	2836.44	
	CK1347		台下式冷热水洗脸盆	10 组	0.4			
22	031004006001	大便器	1. 材质：陶瓷 2. 型号、规格：蹲式大便器 3. 组装方式：延时自闭阀冲洗式 *DN*25 4. 附件名称、数量：延时自闭阀冲洗式蹲便器全套	组	16	474.68	7594.88	
	CK1361		自闭阀 *DN*25 蹲式大便器安装	10 套	1.6			
23	031004007001	小便器	1. 材质：陶瓷 2. 规格、类型：挂式小便器 3. 组装方式：挂式，延时自闭阀冲洗 *DN*15	组	8	388.20	3105.60	

续表

序号	项目编码	项目名称	项目特征描述	计量单位	工程数量	金额/元		
						综合单价	合价	其中
								暂估价
23	031004007001	小便器	4．附件名称、数量：延时自闭阀冲洗式小便器全套	组	8	388.20	3105.60	
	CK1369	自闭阀 *DN*15 壁挂式小便器		10 套	0.8			
24	031004014001	地漏	1．材质：塑料 2．型号、规格：水封地漏 *DN*50 3．安装方式：见详图	个	12	45.54	546.48	
	CK1416	地漏安装 *DN*50		10 个	1.2			
25	031004014002	水龙头	1．材质：塑料 2．型号、规格：（镀铬水龙头）*DN*15 3．安装方式：见详图	个	4	21.93	87.72	
	CK1407	水龙头安装 *DN*15		10 个	0.4			
26	031002001001	管道支架	1．材质：型钢 2．管架形式：一般管架	kg	60	22.32	1339.20	
	CK0737	管道支架制作		100kg	0.60			
	CK0742	管道支架安装		100kg	0.60			
27	030413003001	预留孔洞	1．名称：预留孔洞 2．规格：*DN*50 3．类型：混凝土楼板 4．填充恢复方式：设置套管不需堵洞	个	1	6.16	6.16	
	CN0059	混凝土楼板预留孔洞 *DN*50		10 个	0.1			
28	030413003002	预留孔洞	1．名称：预留孔洞 2．规格：*DN*50 3．类型：混凝土楼板 4．填充回复方式：堵洞 5．混凝土标注：C20	个	24	14.05	337.20	
	CN0059	混凝土楼板预留孔洞 *DN*50		10 个	2.4			
	CN0081	堵洞 *DN*50		10 个	2.4			
29	030413003003	预留孔洞	1．名称：预留孔洞 2．规格：*DN*65 3．类型：砖墙 4．填充恢复方式：设置套管不需堵洞	个	1	9.94	9.94	
	CN0071 换	砖墙预留孔洞 *DN*65		10 个	0.1			
30	030413003004	预留孔洞	1．名称：预留孔洞 2．规格：*DN*65 3．类型：砖墙 4．填充回复方式：堵洞 5．混凝土标注：C20	个	1	13.82	13.82	
	CN0071 换	砖墙预留孔洞 *DN*65		10 个	0.1			

续表

序号	项目编码	项目名称	项目特征描述	计量单位	工程数量	金额/元		
						综合单价	合价	其中
								暂估价
	CN0082	堵洞 *DN*65		10 个	0.1			
31	030413003005	预留孔洞	1. 名称：预留孔洞 2. 规格：*DN*75 3. 类型：砖墙 4. 填充恢复方式：设置套管不需堵洞	个	1	4.32	4.32	
	CN0072 换	砖墙预留孔洞 *DN*80 以内		10 个	0.1			
32	030413003006	预留孔洞	1. 名称：预留孔洞 2. 规格：*DN*75 3. 类型：混凝土楼板 4. 填充恢复方式：设置套管不需堵洞	个	1	7.99	7.99	
	CN0061	混凝土楼板预留孔洞 *DN*80 以内		10 个	0.1			
33	030413003007	预留孔洞	1. 名称：预留孔洞 2. 规格：*DN*75 3. 类型：砖墙 4. 填充回复方式：堵洞 5. 混凝土标注：C20	个	2	15.61	31.22	
	CN0072 换	砖墙预留孔洞 *DN*80 以内		10 个	0.2			
	CN0083	堵洞 *DN*80 以内		10 个	0.2			
34	030413003008	预留孔洞	1. 名称：预留孔洞 2. 规格：*DN*75 3. 类型：混凝土楼板 4. 填充回复方式：堵洞 5. 混凝土标注：C20	个	2	19.29	38.58	
	CN0061	混凝土楼板预留孔洞 *DN*80 以内		10 个	0.2			
	CN0083	堵洞 *DN*80 以内		10 个	0.2			
35	030413003009	预留孔洞	1. 名称：预留孔洞 2. 规格：*DN*100 3. 类型：混凝土楼板 4. 填充恢复方式：设置套管不需堵洞	个	2	9.30	18.60	
	CN0062	混凝土楼板预留孔洞 *DN*100		10 个	0.2			
36	0304130030010	预留孔洞	1. 名称：预留孔洞 2. 规格：*DN*100 3. 类型：砖墙 4. 填充恢复方式：设置套管不需堵洞	个	2	4.64	9.28	
	CN0073 换	砖墙预留孔洞 *DN*100		10 个	0.2			
37	0304130030011	预留孔洞	1. 名称：预留孔洞 2. 规格：*DN*100 3. 类型：混凝土楼板 4. 填充回复方式：堵洞 5. 混凝土标注：C20	个	20	22.40	448.00	

续表

序号	项目编码	项目名称	项目特征描述	计量单位	工程数量	金额/元		
						综合单价	合价	其中
								暂估价
	CN0062	混凝土楼板预留孔洞 *DN*100		10 个	2.0			
	CN0084	堵洞 *DN*100		10 个	2.0			
38	010101007001	管沟土方	1. 土壤类别：三类土 2. 管外径：*DN*65，*DN*75，*DN*100 3. 挖沟深度：1m 以内，人工挖沟槽土方 4. 回填要求：人工夯填	m^3	8.81	48.66	428.49	
	AA0005	人工挖沟槽土方（底宽≤1.2m）		$100m^3$	0.0881			
	AA0082	回填方（人工夯填）		$100m^3$	0.0881			

表 4.78　本章用到的主材单价表

序号	主材名称及规格	单位	单价/元	序号	主材名称及规格	单位	单价/元
1	PPR 塑料给水管 *De*75	m	40.65	27	醇酸红丹防锈漆	kg	16
2	PPR 塑料给水管件 *De*75	个	17.64	28	玻璃棉管壳	m^3	550
3	PPR 塑料给水管 *De*63	m	33.94	29	玻璃丝布 δ0.5mm	m^2	2.4
4	PPR 塑料给水管件 *De*63	个	11.44	30	住宅水表箱 （460mm×560mm×170mm）	个	85
5	PPR 塑料给水管 *De*40	m	11.58	31	阻火圈 *DN*100	个	11.35
6	PPR 塑料给水管件 *De*40	个	3.76	32	阻火圈 *DN*150	个	19.18
7	PPR 塑料给水管 *De*32	m	8.32	33	成品管卡 *DN*100	套	2.50
8	PPR 塑料给水管件 *De*32	个	2.13	34	成品管卡 *DN*80	套	2.30
9	PPR 塑料给水管 *De*25	m	5.60	35	成品管卡 *DN*50	套	1.98
10	PPR 塑料给水管件 *De*25	个	3.76	36	小便器排水附件	套	108.00
11	PPR 塑料给水管 *De*20	m	3.05	37	小便器冲水连接管 *DN*15	根	13.00
12	PPR 塑料给水管件 *De*20	个	0.83	38	延时自闭冲洗阀 *DN*15	个	87.00
13	PPR 塑料给水管 *De*25	m	5.60	39	混合冷热水龙头	个	370.00
14	PPR 塑料给水管件 *De*25	个	3.76	40	坐便器桶盖	套	12.80
15	PPR 塑料给水管 *De*20	m	3.05	41	角型阀 *DN*15	个	2.40
16	PPR 塑料给水管件 *De*20	个	0.83	42	金属软管 *DN*15	根	6.90
17	钢管 *DN*150	m	81.57	43	承插塑料排水管 UPVC *De*160	m	29.70
18	钢管 *DN*125	m	68.88	44	承插塑料排水管件 UPVC *De*160	个	22.57
19	钢管 *DN*100	kg	4.58	45	承插塑料排水管 UPVC *De*110	m	15.55
20	钢管 *DN*80	m	38.20	46	承插塑料排水管件 UPVC *De*110	个	9.79
21	钢管 *DN*50	m	22.35	47	承插塑料排水管 UPVC *De*75	m	8.83
22	钢管 *DN*25	m	11.08	48	承插塑料排水管件 UPVC *De*75	个	4.92
23	钢管 *DN*65	kg	4.58	49	承插塑料排水管 UPVC *De*50	m	4.44
24	钢管 *DN*75	kg	4.58	50	承插塑料排水管件 UPVC *De*50	个	1.55
25	酚醛防锈漆	kg	18	51	焊接钢管	kg	4.58
26	银粉漆	kg	13	52	焊接钢管 *DN*50	m	28.21

续表

序号	主材名称及规格	单位	单价/元	序号	主材名称及规格	单位	单价/元
53	焊接钢管 *DN*32	m	17.31	70	焊接法兰闸阀 *DN*100	个	260
54	焊接钢管 *DN*80	m	44.93	71	平焊法兰 *DN*100	片	50
55	镀锌钢管 *DN*25	m	13.15	72	长颈水嘴	个	100
56	镀锌钢管接头零件 *DN*25	个	3.10	73	洗脸盆	个	180.00
57	镀锌钢管 *DN*20	m	8.86	74	洗脸盆托架	副	93.00
58	镀锌钢管接头零件 *DN*20	个	2.00	75	洗脸盆排水附件	套	36.37
59	镀锌钢管 *DN*15	m	6.80	76	瓷蹲式坐便器	个	168.00
60	镀锌钢管接头零件 *DN*15	个	1.29	77	自闭式冲洗阀 *DN*25	个	33.00
61	螺纹阀门 *DN*15	个	23.10	78	防污器 *DN*32	套	85.00
62	螺纹阀门 *DN*20	个	40.00	79	挂式小便器	个	130.00
63	螺纹阀门 *DN*32	个	65.00	80	小便器角型阀 *DN*15	个	18.00
64	螺纹阀门 *DN*50	个	100.00	81	地漏 *DN*50	个	23.75
65	螺纹水表 *DN*80	个	210.00	82	铜水嘴 *DN*15	个	18.00
66	螺纹水表 *DN*65	个	138.00	83	型钢	kg	4.00
67	螺纹水表 *DN*20	个	68	84	低水箱坐便器	个	600.00
68	螺纹水表 *DN*25	个	102	85	挂墙式低水箱及水箱配件	套	38.00
69	螺纹闸阀 Z15T-10K *DN*80	个	160.00	86			

表 4.79　综合单价分析表

工程名称：某车间公共卫生间　　　　第 1 页　共 2 页

项目编码	031001006001	项目名称	塑料管	计量单位	m	工程量	3.7

清单综合单价组成明细													
定额编号	定额名称	定额单位	数量	单价/元					合价/元				
				人工费	材料费	机械费	管理费	利润	人工费	材料费	机械费	管理费	利润
CK0513	室内给水塑料管 *De*75 热熔连接	10m	0.37	206.52	1.43	1.94	14.59	32.94	76.41	0.53	0.72	5.40	12.19
CK0833	管道消毒、冲洗 *DN*65	100m	0.037	70.77	5.25		4.95	11.18	2.62	0.19		0.18	0.41
人工单价		小计							79.03	0.72	0.72	5.58	12.60
120 元/工日		未计价材料费							192.16				
清单项目综合单价									78.60				

材料费明细	主要材料名称、规格、型号	单位	数量	单价/元	合价/元	暂估单价/元	暂估合价/元
	塑料给水管 *De*75	m	3.759	40.65	152.80		
	塑料给水管热熔管件 *De*75	个	2.231	17.64	39.35		
	其他材料费				0.72		
	材料费小计				192.88		

工程名称：某车间公共卫生间　　　　第 2 页　共 2 页

项目编码	031001006001	项目名称	塑料管	计量单位	m	工程量	61

清单综合单价组成明细

定额编号	定额名称	定额单位	数量	单价/元					合价/元				
				人工费	材料费	机械费	管理费	利润	人工费	材料费	机械费	管理费	利润
CK0551	室内塑料排水管 *De*110 粘接	10m	6.1	216.00	5.21	0.07	15.12	34.14	1317.60	31.78	0.43	92.23	208.25
CK0802	阻火圈 *DN*100	个	4	11.55	4.22	0.08	0.81	1.84	46.20	16.88	0.32	3.24	7.36
CK0752	成品管卡安装 *DN*100	个	31	2.19	1.14	0.02	0.15	0.35	67.89	35.34	0.62	4.65	10.85
人工单价		小计							1431.69	84.00	1.37	100.12	226.46
120 元/工日		未计价材料费							1718.25				
清单项目综合单价									58.39				

材料费明细	主要材料名称、规格、型号	单位	数量	单价/元	合价/元	暂估单价/元	暂估合价/元
	塑料排水管 *De*110	m	57.950	15.55	901.12		
	塑料排水管粘接管件 *De*110	个	70.516	9.79	690.35		
	阻火圈 *DN*100	个	4	11.35	45.40		
	成品管卡 *DN*100	套	32.550	2.50	81.38		
	其他材料费				84.00		
	材料费小计				1802.25		

第 5 章

消防系统工程计量与计价

5.1　消防系统组成

根据灭火介质不同，消防工程可分为 3 种：水灭火系统、气体灭火系统和泡沫灭火系统。水灭火系统又可以分为两大类，即消火栓灭火系统和自动喷淋灭火系统。

1．消火栓灭火系统

消火栓灭火系统的组成如图 5.1 所示。由图 5.1 可知，消火栓灭火系统包括消火栓设备（水枪、水龙带、消火栓、消火栓箱及消防报警按钮）、水箱、水泵接合器、水池、水泵、水表等。

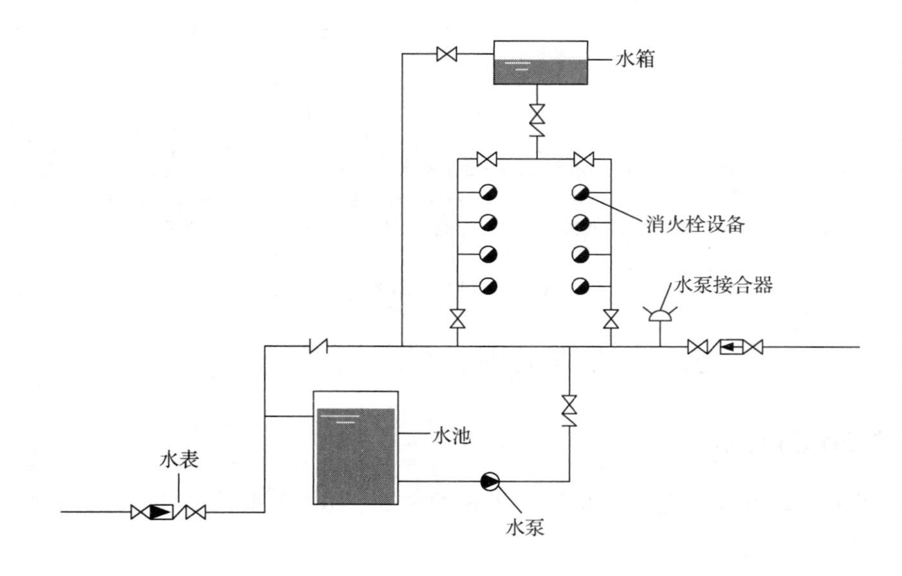

图 5.1　消火栓灭火系统的组成

2．自动喷淋灭火系统

自动喷淋灭火系统的组成如图 5.2 所示。由图 5.2 可知，自动喷淋灭火系统包括消防水池、喷淋水泵、湿式报警阀、信号控制阀、水流指示器、闭式喷头、末端试水装置、屋顶水箱、延时器、压力开关、水力警铃、水泵接合器等。

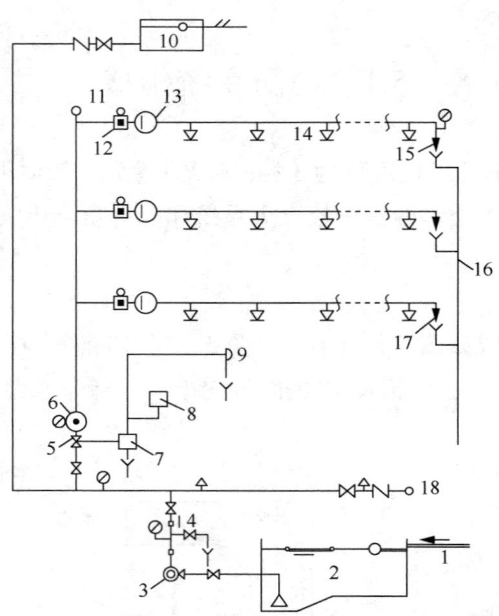

1—消防水池进水管；2—消防水池；3—喷淋水泵；4—试验放水阀；5—湿式报警阀；6—系统检修阀（信号阀）；7—延时器；8—压力开关；9—水力警铃；10—屋顶水箱；11—自动排气阀；12—信号控制阀；13—水流指示器；14—闭式喷头；15—末端试水装置；16—试水排水管；17—试水阀；18—水泵接合器。

图 5.2　自动喷淋灭火系统的组成

5.2　消防工程计量与计价方法

5.2.1　消防工程管道界限的划分

1.《通用安装工程工程量计算规范》（GB 50856—2013）中关于对室内、室外、市政管道的界限划分

1）喷淋系统水灭火管道：室内外界限应以建筑物外墙皮 1.5m 为界，入口处设阀门者应以阀门为界；设在高层建筑物内消防泵间管道应以泵间外墙皮为界。

2）消火栓管道：给水管道室内外界限划分应以外墙皮 1.5m 为界，入口处设阀门者应以阀门为界。

3）与市政给水管道的界限：以与市政给水管道碰头点（井）为界。

2.《四川省建设工程工程量清单计价定额——通用安装工程》（2020）中关于对室内、室外、市政管道的界限划分

1）消防系统室内外管道以建筑物外墙皮 1.5m 为界，入口处设阀门者以阀门为界；室外埋地管道执行 K 分册《给排水、采暖、燃气工程》中室外给水管道安装相应项目。

2）厂区范围内的装置、站、罐区的架空消防管道执行 J 分册《消防工程》相应定额子目。

3）与市政给水管道的界限：以与市政给水管道碰头点（井）为界。

4）设在高层建筑内的消防泵间管道应以泵间外墙皮为界。

5.2.2 消防工程计算规范与其他计算规范的关系

1）消防管道上的阀门、管道及设备支架、套管制作安装，应按《通用安装工程工程量计算规范》（GB 50856—2013）附录K给排水、采暖、燃气工程相关项目编码列项。

2）消防管道如需进行探伤，应按《通用安装工程工程量计算规范》（GB 50856—2013）附录H 工业管道工程相关项目编码列项。

3）管道及设备除锈、刷油、保温除注明者外，均应按《通用安装工程工程量计算规范》（GB 50856—2013）附录M刷油、防腐蚀、绝热工程相关项目编码列项。

4）消防工程措施项目，应按《通用安装工程工程量计算规范》（GB 50856—2013）附录N 措施项目相关项目编码列项。

5.2.3 消防工程定额选用说明

消防工程主要执行《四川省建设工程工程量清单计价定额——通用安装工程》（2020）中的J分册《消防工程》。该分册适用于新建、扩建项目中的消防工程，包括水灭火系统，气体灭火系统，泡沫灭火系统，管道支架制作、安装，火灾自动报警系统，以及消防系统的调试。

1. 增加费用说明

1）脚手架搭拆费按定额人工费的5%计算，其中人工费占35%，机械费占5%。

说明：

① 脚手架搭拆费是综合取定的系数，除定额规定不计取脚手架搭拆费用外，不论工程是否搭拆或搭拆数量多少，均应按规定计取。

② 脚手架搭拆费列入单价措施项目费，人工费占35%，机械费占5%，材料费占60%。

2）设置于管道间、管廊内的管道及部件，其定额人工费、机械费乘以系数1.2。

3）操作高度增加费：本分册定额中操作高度，均按5m以下编制；安装高度超过5m时，超过部分工程量按定额人工费乘以表5.1中的系数计算。

表5.1 超高系数

操作物高度/m	≤10	≤30
系数	1.10	1.20

说明：

① 计算操作高度增加费的基数是超过定额规定高度部分工程的定额人工费。

② 操作高度增加费全部计入人工费。

③ 操作高度增加费计入清单项目的综合单价。

4）建筑物超高增加费：指在檐口高度20m以上的工业与民用建筑物进行安装增加的费用，按±0以上部分的定额人工费乘以表5.2中的系数计算。

表5.2 建筑物超高增加费系数

建筑物檐高/m	≤40	≤60	≤80	≤100	≤120	≤140	≤160	≤180	≤200	200m以上每增20m
建筑物超高系数/%	2	5	9	14	20	26	32	38	44	6

说明：

① 建筑物檐口高度超过 20m 时，均可计取建筑物超高增加费。突出主体建筑物顶的电梯机房、楼梯出口间、水箱间、瞭望塔、排烟机房等不计入檐口高度。

② 计算基础为±0 以上部分的定额人工费，不包括地下部分的定额人工费。

③ 建筑物超高增加费全部计入人工费。

④ 建筑物超高增加费列入单价措施项目费。

2. 《消防分册》分册与相关分册的关系

1）阀门、气压罐安装、消防水箱、套管、支架制作安装（注明者除外），管道系统强度试验、冲洗，执行 K 分册《给排水、采暖、燃气工程》相应项目。

2）各种消防泵、稳压泵安装及二次灌浆，执行 A 分册《机械设备安装工程》相应项目。

3）不锈钢管、铜管管道、泵间管道安装，管道系统强度试验，执行 H 分册《工业管道工程》相应项目。

4）刷油、防腐蚀、绝热工程，执行 M 分册《刷油、防腐蚀、绝热工程》相应项目。

5）电缆敷设、桥架安装、配管配线、接线盒、动力应急照明控制设备、应急照明器具、电动机检查接线、调试接地装置等安装，执行 D 分册《电气设备安装工程》相应项目。

6）各种仪表的安装及带电讯号的阀门、水流指示器、压力开关、驱动装置及泄漏报警开关的接线、校线等执行 F 分册《自动化控制仪表安装工程》相应项目。

7）剔槽打洞及恢复执行 N 分册《通用项目及措施项目》相应项目。

8）凡涉及管沟、基坑及井类的土方开挖、回填、运输、垫层、基础、砌筑、地沟盖板预制安装、路面开挖及修复、管道混凝土支墩的项目，执行 2020 年《四川省建设工程工程量清单计价定额——房屋建筑与装饰工程》和《四川省建设工程工程量清单计价定额——市政工程》相应项目。

9）室外埋地管道执行 K 分册《给排水、采暖、燃气工程》中室外给水管道安装相应项目。

5.2.4　水灭火系统工程计量与计价

1. 室内消火栓给水管安装

（1）工程量计算规则

1）清单工程量计算规则。

以“m”计量，按设计图示管道中心线以长度计算。不扣除阀门、管件及各种组件所占长度。

2）定额工程量计算规则。

管道安装按设计图示管道中心线长度以“10m”为计量单位。不扣除阀门、管件及各种组件所占长度。

说明：

① 室内消火栓管道安装均包括管道及管件安装，但不包括管卡，托吊支架制作、安装，支架的除锈、刷油应另行计算。

② 消火栓管道的安装已包括水压试验和水冲洗，不得另计。

◆例 5.1　某消火栓系统如图 5.3 所示，管材为镀锌钢管，*DN*≥100mm 采用卡箍连接，*DN*<100mm 采用螺纹连接。计算消火栓管道的清单工程量，括号内数据为水平段长度。

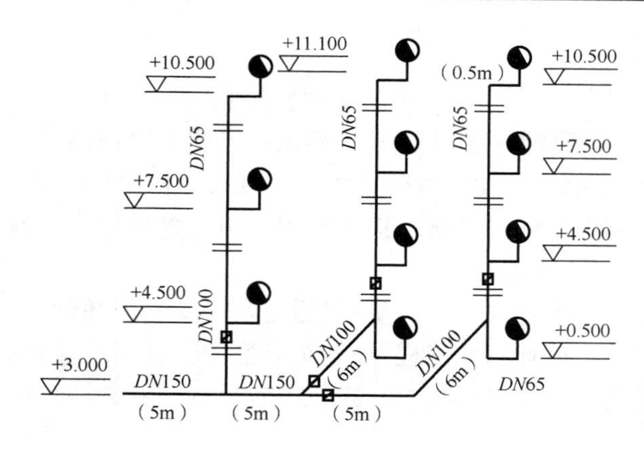

图 5.3　某消火栓系统

※解※

由图可知，镀锌管道共有 3 种规格，应分别列项统计。管道清单工程量如下。

*DN*150 卡箍连接:

$$水平段(5+5)=10\ (\mathrm{m})$$

*DN*100 卡箍连接:

$$水平段(5+6\times2)+垂直段(7.5-3)\times3=30.5\ (\mathrm{m})$$

*DN*65 螺纹连接:

$$垂直段[(10.5-7.5)\times3+(3-0.5)\times2]+接消火栓(0.5+(11.1-10.5))\times11=26.1\ (\mathrm{m})$$

◆例 5.2　某消火栓系统如图 5.3 所示，管材为镀锌钢管，*DN*≥100mm 采用卡箍连接，计算沟槽管件的数量。

※解※

由图可知，沟槽管件的种类和数量如下。

沟槽式机械三通 *DN*150×100：2 个。

沟槽式机械三通 *DN*100：2 个。

沟槽式机械弯头 *DN*100：1 个。

沟槽式机械三通 *DN*100×65：6 个。

沟槽式机械变径管 *DN*150×100：1 个。

沟槽式机械变径管 *DN*100×65：5 个。

(2) 清单使用说明

根据《通用安装工程工程量计算规范》(GB 50856—2013) J.1 的规定，消火栓管道的工程量清单项目设置、项目特征描述的内容、计量单位及工程量计算规则应按表 5.3 执行。

表 5.3　消火栓管道工程量清单项目设置

项目编码	项目名称	项目特征	计量单位	工程量计算规则	工作内容
030901002	消火栓钢管	1. 安装部位 2. 材质、规格 3. 连接形式 4. 钢管镀锌设计要求 5. 压力试验及冲洗设计要求 6. 管道标志设计要求	m	按设计图示管道中心线以长度计算	1. 管道及管件安装 2. 钢管镀锌 3. 压力试验 4. 冲洗 5. 管道标志

（3）定额使用说明

1）水灭火给水管道套用 J 分册《消防工程》定额 J.1 中水灭火系统管道安装部分，应区分水喷淋系统和消火栓系统分别套用。消火栓系统设置了镀锌钢管螺纹连接和无缝钢管焊接两种方式，套用时应根据设计说明以管径大小、规格分档次分别套用定额。

2）消火栓管道安装镀锌钢管螺纹连接定额项目中，管材和管件为未计价材料，其价值按下式计算：

管材价值=按管道图计算的工程量×管道定额中管材消耗量×相应管材单价

管件价值=按管道图计算的工程量×管道定额中管件消耗量×相应管件单价

3）消火栓管道采用无缝钢管焊接时，定额中包括管件安装，管件主材依据设计图纸数量加损耗另计工程量。

4）消火栓管道采用钢管（沟槽连接）时，执行水喷淋钢管（沟槽连接）相关项目。

5）管道安装（沟槽连接）已包括直接卡箍件安装，其他沟槽管件另外执行相关项目。

6）消火栓管道定额已包含工序内一次性水压试验，管道水冲洗不得另计。

7）消火栓管道安装中不包括法兰、阀门及伸缩器的制作、安装，按相应项目另行计算。

8）设置于管道间、管廊内的消火栓管道，人工、机械乘以系数 1.2。

◆例 5.3　根据例 5.1 和例 5.2 的计算结果，套用相关定额子目，计算定额费用。

※解※

套用消火栓镀锌钢管相关定额子目，定额费用见表 5.4。

表 5.4　例 5.3 的定额费用

定额编号	项目名称	计量单位	① 工程数量	② 定额综合基价/元	③ 合价/元 ③=①×②	主材名称	④ 主材数量	单位	⑤ 主材单价/元	⑥ 主材合价/元⑥=④×⑤	⑦ 定额合价/元 ⑦=③+⑥
CJ0020	水喷淋钢管沟槽连接 *DN*150	10m	1	431.68	431.68	镀锌钢管 *DN*150	10.1	m	121.99	1232.10	431.68+1232.10+275.26=1939.04
						沟槽直接头 *DN*150（含胶圈）	1.667	套	165.12	275.26	
CJ0028	管件安装沟槽连接 *DN*150	10 个	0.3	632.60	189.78	沟槽管件 *DN*150	3.015	个	450.35	1357.81	189.78+1357.81=1547.59
CJ0018	水喷淋钢管沟槽连接 *DN*100	10m	3.05	341.38	1041.21	镀锌钢管 *DN*100	30.96	m	70.83	2192.90	1041.21+2192.90+501.18=3735.29
						沟槽直接头 *DN*100（含胶圈）	5.084	套	98.58	501.18	
CJ0026	管件安装沟槽连接 *DN*100	10 个	1.4	375.92	526.29	沟槽管件 *DN*100	14.07	个	190.36	2678.37	526.29+2678.37=3204.66
CJ0033	消火栓镀锌钢管螺纹连接 *DN*65	10m	2.61	438.82	1145.32	镀锌钢管 *DN*65	26.23	m	46.64	1223.37	1145.32+1223.37+357.10=2725.79
						镀锌钢管接头零件 *DN*65	15.56	个	22.95	357.10	

◆例 5.4　根据例 5.1 和例 5.2 的计算结果，编制工程量清单，计算各清单项目的合价和综合单价。

※解※

1）由表 5.3 可知，本例的工程量清单见表 5.5。

表 5.5　例 5.4 的工程量清单

序号	项目编码	项目名称	项目特征	计量单位	工程量
1	030901002001	消火栓钢管	1．安装部位：室内 2．材质、规格：镀锌钢管 *DN*150 3．连接形式：卡箍连接 4．压力试验及冲洗设计要求：水压试验，水冲洗	m	10.0
2	030901002002	消火栓钢管	1．安装部位：室内 2．材质、规格：镀锌钢管 *DN*100 3．连接形式：卡箍连接 4．压力试验及冲洗设计要求：水压试验，水冲洗	m	30.5
3	030901002003	消火栓钢管	1．安装部位：室内 2．材质、规格：镀锌钢管 *DN*65 3．连接形式：螺纹连接 4．压力试验及冲洗设计要求：水压试验，水冲洗	m	26.1

2）通过对比《通用安装工程工程量计算规范》（GB 50856—2013）附录 J 清单项目和《四川省建设工程工程量清单计价定额——通用安装工程》（2020）J 分册定额中相关子目的工作内容，可知清单项目 030901002001 对应于定额子目 CJ0020 和 CJ0028，清单项目 030901002002 对应于定额子目 CJ0018 和 CJ0026，清单项目 030901002003 对应于定额子目 CJ0033。清单项目和定额子目的关系见表 5.6。

表 5.6　清单项目和定额子目的关系

项目编码	项目名称	项目特征	对应定额子目
030901002001	消火栓钢管	1．安装部位：室内 2．材质、规格：镀锌钢管 *DN*150 3．连接形式：卡箍连接 4．压力试验及冲洗设计要求：水压试验，水冲洗	CJ0020 CJ0028
030901002002	消火栓钢管	1．安装部位：室内 2．材质、规格：镀锌钢管 *DN*100 3．连接形式：卡箍连接 4．压力试验及冲洗设计要求：水压试验，水冲洗	CJ0018 CJ0026
030901002003	消火栓钢管	1．安装部位：室内 2．材质、规格：镀锌钢管 *DN*65 3．连接形式：螺纹连接 4．压力试验及冲洗设计要求：水压试验，水冲洗	CJ0033

3）定额子目的信息见表 5.7。

表 5.7　定额子目的信息

定额编号	项目名称	计量单位	定额综合基价/元	其中（单位：元）					未计价材料		
				人工费	材料费	机械费	管理费	利润	名称	单位	数量
CJ0020	水喷淋钢管沟槽连接 *DN*150	10m	431.68	323.40	18.10	3.54	26.48	60.16	镀锌钢管	m	10.100
									沟槽直接头 *DN*150（含胶圈）	套	1.667
CJ0028	管件安装沟槽连接 *DN*150	10 个	632.60	483.12	8.58	10.17	39.96	90.77	沟槽管件 *DN*150	套	10.050
CJ0018	水喷淋钢管沟槽连接 *DN*100	10m	341.38	260.91	8.47	2.26	21.32	48.42	镀锌钢管	m	10.150
									沟槽直接头 *DN*100（含胶圈）	套	1.667
CJ0026	管件安装沟槽连接 *DN*100	10 个	375.92	284.58	7.36	6.77	23.60	53.61	沟槽管件 *DN*150	套	10.050
CJ0033	消火栓镀锌钢管螺纹连接 *DN*65	10m	438.82	332.52	11.39	5.37	27.37	62.17	镀锌钢管	m	10.050
									镀锌钢管管件	个	5.960

各清单项目的合价和综合单价分别如下。

030901002001

清单项目合价：

(43.168+1.01×121.99+0.1667×165.12)×10+(63.26+1.005×450.35)×3=3486.62（元）

综合单价：

3486.62/10=348.66（元）

030901002002

清单项目合价：

(34.138+1.015×70.83+0.1667×98.58)×30.5+(37.592+1.005×190.36)×14=6939.80（元）

综合单价：

6939.80/30.5=227.53（元）

030901002003

清单项目合价：

(43.882+1.005×46.64+0.596×22.95)×26.1=2725.71（元）

综合单价：

2725.71/26.1=104.43（元）

2. 水喷淋灭火管道

（1）工程量计算规则

1）清单工程量计算规则。

以“m”计量，按设计图示管道中心线以长度计算。不扣除阀门、管件及各种组件所占长度。

2）定额工程量计算规则。

① 管道安装按设计图示管道中心线长度以“10m”为计量单位。不扣除阀门、管件及各种组件所占长度。

② 管件连接分规格以“10 个”为计量单位。沟槽管件主材包括卡箍及密封圈，以“套”为计量单位。

说明：

a．管道采用螺纹连接时，定额中包括了管件的安装费，管件的主材费另计。

b．管道采用法兰连接时，钢管（法兰连接）定额中包括管件及法兰安装，但管件、法兰数量应按设计图纸用量另行计算，螺栓按设计用量加 3%损耗计算。

c．管道采用沟槽连接时，定额不包括弯头、三通、大小头等管件的安装，需另行计算。

d．室内各种自动喷淋管道安装均不包括管卡、托吊支架制作、安装及支架的除锈、刷油，需另外列项计算。

e．水喷淋管道的安装已包括水压试验和水冲洗，不得另计。

◆例 5.5　某喷淋系统如图 5.4 所示，管材为镀锌钢管，*DN*≥100mm 采用卡箍连接，*DN*<100mm 采用螺纹连接。计算喷淋管道的清单工程量，图中水平长度单位为 mm，标高单位为 m。

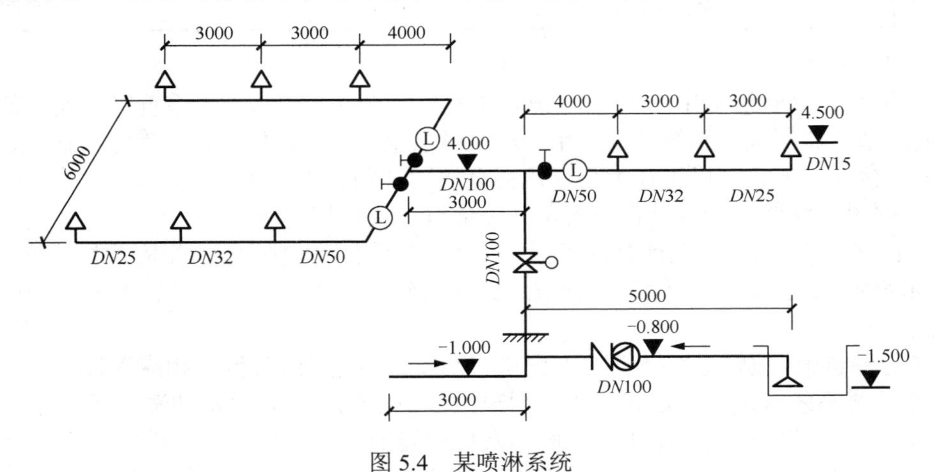

图 5.4　某喷淋系统

※解※

由图可知，镀锌管道共有 4 种规格，应分别列项统计。喷淋管道清单工程量如下。

*DN*100 卡箍连接：

$$\text{水平段}(3+5+3)+\text{垂直段}[(1.5-0.8)+(4+1)]=16.7(\text{m})$$

*DN*50 螺纹连接：

$$\text{水平段}(6+4\times 3)=18(\text{m})$$

*DN*32 螺纹连接：

$$\text{水平段}(3\times 3)=9(\text{m})$$

*DN*25 螺纹连接：

$$\text{水平段}(3\times 3)+\text{垂直段}(4.5-4)\times 9=13.5(\text{m})$$

◆例 5.6　某喷淋系统如图 5.4 所示，管材为镀锌钢管，*DN*≥100mm 采用卡箍连接，计算沟槽管件的数量。

※解※

由图可知，沟槽管件的种类和数量如下。

沟槽式机械弯头 *DN*100：2 个。

沟槽式机械三通 *DN*100：2 个。

沟槽式机械中大三通 $DN100\times50$：1 个。

沟槽式机械变径管 $DN100\times50$：1 个。

（2）清单使用说明

根据《通用安装工程工程量计算规范》（GB 50856—2013）J.1 的规定，自动喷淋灭火管道的工程量清单项目设置、项目特征描述的内容、计量单位及工程量计算规则应按表 5.8 执行。

表 5.8　自动喷淋灭火管道工程量清单项目设置

项目编码	项目名称	项目特征	计量单位	工程量计算规则	工作内容
030901001	水喷淋钢管	1．安装部位 2．材质、规格 3．连接形式 4．钢管镀锌设计要求 5．压力试验及冲洗设计要求 6．管道标志设计要求	m	按设计图示管道中心线以长度计算	1．管道及管件安装 2．钢管镀锌 3．压力试验 4．冲洗 5．管道标志

（3）定额使用说明

1）水灭火给水管道套用 J 分册《消防工程》定额 J.1 中水灭火系统管道安装部分，应区分水喷淋系统和消火栓系统分别套用。水喷淋系统采用镀锌钢管，分为螺纹连接、法兰连接和沟槽连接 3 种方式，以管径大小、规格分档次分别套用定额。

2）水喷淋系统管道为未计价材料，其价值按下式计算：

管材价值=按管道图计算的工程量×管道定额中管材消耗量×相应管材单价

3）水喷淋系统管道安装镀锌钢管螺纹连接定额项目中，已包括管件的安装费用，但管件的价值应另计。

管件价值=按管道图计算的工程量×管道定额中管件消耗量×相应管件单价

4）水喷淋系统管道定额已包含工序内一次性水压试验，管道水冲洗不得另计。

5）水喷淋系统管道安装中不包括阀门及伸缩器的制作、安装，按相应项目另行计算。

6）管道安装（沟槽连接）已包括直接卡箍件安装，其他沟槽管件另行执行相关项目。

7）设置于管道间、管廊内的消火栓管道，人工、机械乘以系数 1.2。

◆例 5.7　根据例 5.5 和例 5.6 的计算结果，套用相关定额子目，计算定额费用。

※解※

套用水喷淋镀锌钢管相关定额子目，定额费用见表 5.9。

表 5.9　例 5.7 的定额费用

定额编号	项目名称	计量单位	① 工程数量	② 定额综合基价/元	③ 合价/元 ③=①×②	主材名称	④ 主材数量	单位	⑤ 主材单价/元	⑥ 主材合价/元 ⑥=④×⑤	⑦ 定额合价/元 ⑦=③+⑥
CJ0018	水喷淋钢管沟槽连接 $DN100$	10m	1.67	341.38	570.11	镀锌钢管 $DN100$	16.95	m	70.83	1200.57	570.11+1200.57+274.45=2045.13
						沟槽直接头 $DN100$（含胶圈）	2.784	套	98.58	274.45	
CJ0026	管件安装沟槽连接 $DN100$	10 个	0.6	375.92	225.55	沟槽管件 $DN100$	6.03	个	190.36	1147.87	225.55+1147.87=1373.42
CJ0004	水喷淋镀锌钢管螺纹连接 $DN50$	10m	1.8	454.62	818.32	镀锌钢管 $DN50$	18.09	m	35.76	646.90	818.32+646.90+191.98=1657.20

续表

定额编号	项目名称	计量单位	①	②	③	主材名称	④	单位	⑤	⑥	⑦
			工程数量	定额综合基价/元	合价/元 ③=①×②		主材数量		主材单价/元	主材合价/元 ⑥=④×⑤	定额合价/元 ⑦=③+⑥
						镀锌钢管接头零件 *DN*50	14.544	个	13.20	191.98	
CJ0002	水喷淋镀锌钢管螺纹连接 *DN*32	10m	0.9	322.91	290.62	镀锌钢管 *DN*32	9.045	m	23.05	208.49	290.62+208.49+39.92=539.03
						镀锌钢管接头零件 *DN*32	6.18	个	6.46	39.92	
CJ0001	水喷淋镀锌钢管螺纹连接 *DN*25	10m	1.35	278.65	376.18	镀锌钢管 *DN*25	13.57	m	16.36	222.00	376.18+222.00+31.54=629.72
						镀锌钢管接头零件 *DN*25	7.965	个	3.96	31.54	

◆例 5.8　根据例 5.5 和例 5.6 的计算结果，编制工程量清单，计算各清单项目的合价和综合单价。

※解※

1）由表 5.8 可知，本例的工程量清单见表 5.10。

表 5.10　例 5.8 的工程量清单

序号	项目编码	项目名称	项目特征	计量单位	工程量
1	030901001001	水喷淋钢管	1．安装部位：室内 2．材质、规格：镀锌钢管 *DN*100 3．连接形式：卡箍连接 4．压力试验及冲洗设计要求：水压试验，水冲洗	m	16.7
2	030901001002	水喷淋钢管	1．安装部位：室内 2．材质、规格：镀锌钢管 *DN*50 3．连接形式：螺纹连接 4．压力试验及冲洗设计要求：水压试验，水冲洗	m	18.0
3	030901001003	水喷淋钢管	1．安装部位：室内 2．材质、规格：镀锌钢管 *DN*32 3．连接形式：螺纹连接 4．压力试验及冲洗设计要求：水压试验，水冲洗	m	9.0
4	030901001004	水喷淋钢管	1．安装部位：室内 2．材质、规格：镀锌钢管 *DN*25 3．连接形式：螺纹连接 4．压力试验及冲洗设计要求：水压试验，水冲洗	m	13.5

2）通过对比《通用安装工程工程量计算规范》（GB 50856—2013）附录J清单项目和《四川省建设工程工程量清单计价定额——通用安装工程》（2020）J分册定额中相关子目的工作内容，可知清单项目 030901001001 对应于定额子目 CJ0018 和 CJ0026，清单项目 030901001002 对应于定额子目 CJ0004，清单项目 030901001003 对应于定额子目 CJ0002，清单项目 030901001004 对应于定额子目 CJ0001。清单项目和定额子目的关系见表 5.11。

表 5.11　清单项目和定额子目的关系

项目编码	项目名称	项目特征	对应定额子目
030901001001	水喷淋钢管	1．安装部位：室内 2．材质、规格：镀锌钢管 *DN*100 3．连接形式：卡箍连接 4．压力试验及冲洗设计要求：水压试验，水冲洗	CJ0018 CJ0026
030901001002	水喷淋钢管	1．安装部位：室内 2．材质、规格：镀锌钢管 *DN*50 3．连接形式：螺纹连接 4．压力试验及冲洗设计要求：水压试验，水冲洗	CJ0004
030901001003	水喷淋钢管	1．安装部位：室内 2．材质、规格：镀锌钢管 *DN*32 3．连接形式：螺纹连接 4．压力试验及冲洗设计要求：水压试验，水冲洗	CJ0002
030901001001	水喷淋钢管	1．安装部位：室内 2．材质、规格：镀锌钢管 *DN*25 3．连接形式：螺纹连接 4．压力试验及冲洗设计要求：水压试验，水冲洗	CJ0001

3）定额子目的信息见表 5.12。

表 5.12　定额子目的信息

定额编号	项目名称	计量单位	定额综合基价/元	其中（单位：元）					未计价材料		
				人工费	材料费	机械费	管理费	利润	名称	单位	数量
CJ0018	水喷淋钢管沟槽连接 *DN*100	10m	341.38	260.91	8.47	2.26	21.32	48.42	镀锌钢管	m	10.150
									沟槽直接头 *DN*100（含胶圈）	套	1.667
CJ0026	管件安装沟槽连接 *DN*100	10个	375.92	284.58	7.36	6.77	23.60	53.61	沟槽管件 *DN*150	套	10.050
CJ0004	水喷淋镀锌钢管螺纹连接 *DN*50	10m	454.62	343.35	11.52	6.93	28.37	64.45	镀锌钢管	m	10.050
									镀锌钢管管件	个	8.080
CJ0002	水喷淋镀锌钢管螺纹连接 *DN*32	10m	322.91	242.67	9.20	5.32	20.09	45.63	镀锌钢管	m	10.050
									镀锌钢管管件	个	6.870

续表

定额编号	项目名称	计量单位	定额综合基价/元	其中（单位：元）					未计价材料		
				人工费	材料费	机械费	管理费	利润	名称	单位	数量
CJ0001	水喷淋镀锌钢管螺纹连接 *DN*25	10m	278.65	210.66	8.33	3.03	17.31	39.32	镀锌钢管	m	10.050
									镀锌钢管管件	个	5.900

各清单项目的合价和综合单价分别如下。

030901001001

清单项目合价：

$$(34.138+1.015\times70.83+0.1667\times98.58)\times16.7+(37.592+1.005\times190.36)\times6=3418.57（元）$$

综合单价：

$$3418.57/16.7=204.70（元）$$

030901001002

清单项目合价：

$$(45.462+1.005\times35.76+0.808\times13.20)\times18=1657.20（元）$$

综合单价：

$$1657.20/18=92.07（元）$$

030901001003

清单项目合价：

$$(32.291+1.005\times23.05+0.687\times6.46)\times9=539.05（元）$$

综合单价：

$$539.05/9=59.89（元）$$

030901001004

清单项目合价：

$$(27.865+1.005\times16.36+0.59\times3.96)\times13.5=629.68（元）$$

综合单价：

$$629.68/13.5=46.64（元）$$

3. 管道套管制作、安装

（1）工程量计算规则

1）清单工程量计算规则。

套管按设计图示数量计算，以“个”为计量单位。

说明：

计算套管工程量时，应区分刚性防水套管、柔性防水套管、钢套管、塑料套管、防火套管分别列项计算。

2）定额工程量计算规则。

刚性防水套管、柔性防水套管、钢套管、塑料套管、成品防火套管安装，按工作介质管道直径，区分不同规格以“个”为计量单位。

（2）清单使用说明

根据《通用安装工程工程量计算规范》（GB 50856—2013）附录 J 的规定，消防工程中的套管制作、安装，应按本规范附录 K《给排水、采暖、燃气工程》中的相关项目编码列项。因此，套管的工程量清单项目设置、项目特征描述的内容、计量单位及工程量计算规则应按表 5.13 执行。

表 5.13　套管工程量清单项目设置

项目编码	项目名称	项目特征	计量单位	工程量计算规则	工作内容
031002003	套管	1．名称、类型 2．材质 3．规格 4．填料材质	个	按设计图示数量计算	1．制作 2．安装 3．除锈、刷油

（3）定额使用说明

1）消防工程管道的套管，执行《四川省建设工程工程量清单计价定额——通用安装工程》K 分册《给排水、采暖、燃气工程》相应项目。

2）套管制作安装项目已包含堵洞工作内容。

3）刚性、柔性防水套管制作和安装执行《四川省建设工程工程量清单计价定额——通用安装工程》H 分册《工业管道工程》相应项目。

4）一般穿墙套管，刚性、柔性防水套管均按介质管道的公称直径执行定额子目。

5）人防工程柔性密闭套管制作、安装执行 H 分册《工业管道工程》定额，按相关规定计算。

4．管道除锈、刷油、防腐

（1）工程量计算规则

消防管道的除锈、刷油、防腐蚀工程量计算同给排水管道工程。

1）清单工程量计算规则。

管道刷油以“m^2”计量，按设计图示表面积尺寸以面积计算；或以“m”计量，按设计图示尺寸以长度计算。管道刷油以“m”计算，按图示中心线以延长米计算，不扣除附属构筑物、管件及阀门等所占长度。

管道除锈、刷油、防腐表面计算公式为

$$S=\pi\times D\times L$$

式中，D——管道外径；

L——管道延长米。

2）定额工程量计算规则。

管道刷油工程按设计表面积尺寸以“$10m^2$”计量。计算管道表面积时已包括各种管件、阀门、入孔、管口凹凸部分，不再另外计算。

◆例 5.9　某喷淋系统如图 5.4 所示，管材为镀锌钢管，$DN\geqslant100$mm 采用卡箍连接，$DN<100$mm 采用螺纹连接，管道安装完毕后刷两道红色调和漆。计算管道刷油的工程量。

※解※

根据工程量计算规则，管道刷油的工程量为

$$\begin{aligned}S&=\sum\pi\times D\times L\\&=3.14\times0.114\times16.7+3.14\times0.06\times18+3.14\times0.0423\times9+3.14\times0.0335\times13.5\\&=11.98(m^2)\end{aligned}$$

◆例 5.10　某消防工程 $DN100$ 镀锌钢管埋地暗装的工程量为 100m，采用环氧煤沥青漆防腐，做法为底漆一道，一布两油，试计算该管道防腐的工程量。

※解※

查表 4.41 可知，*DN*100 镀锌钢管的外径为 114mm，则防腐工程量为

$$S = 3.14 \times 0.114 \times 100 = 35.80\,(\mathrm{m}^2)$$

（2）清单使用说明

根据《通用安装工程工程量计算规范》（GB 50856—2013）附录 M 的规定，管道刷油、防腐的工程量清单项目设置、项目特征描述的内容、计量单位及工程量计算规则应按表 5.14 执行。

表 5.14　管道刷油、防腐工程量清单项目设置

<table>
<tr><th>项目编码</th><th>项目名称</th><th>项目特征</th><th>计量单位</th><th>工程量计算规则</th><th>工作内容</th></tr>
<tr><td>031201001</td><td>管道刷油</td><td>1．除锈级别
2．油漆品种
3．涂刷遍数、漆膜厚度
4．标志色方式、品种</td><td rowspan="4">1．m²
2．m</td><td rowspan="4">1．以平方米计量，按设计图示表面积尺寸以面积计算
2．以米计量，按设计图示尺寸以长度计算</td><td>1．除锈
2．调配、涂刷</td></tr>
<tr><td>031202002</td><td>管道防腐蚀</td><td>1．除锈级别
2．涂刷（喷）品种
3．分层内容
4．涂刷（喷）遍数、漆膜厚度</td><td>1．除锈
2．调配、涂刷（喷）</td></tr>
<tr><td>031202008</td><td>埋地管道防腐蚀</td><td rowspan="2">1．除锈级别
2．刷缠品种
3．分层内容
4．刷缠遍数</td><td>1．除锈
2．刷油
3．防腐蚀
4．缠保护层</td></tr>
<tr><td>031202009</td><td>环氧煤沥青防腐蚀</td><td>1．除锈
2．涂刷、缠玻璃布</td></tr>
</table>

（3）定额使用说明

1）套用《四川省建设工程工程量清单计价定额——通用安装工程》（2020）M 分册定额中的金属管道除锈、刷油及防腐工程。

2）各种管件、阀件及设备入孔、管口凸凹部分的除锈、刷油已综合考虑在定额内，不单独计算。

3）定额不包括除微锈，发生时执行轻锈定额乘以系数 0.2。

4）标志色环等零星刷油，采用刷油定额的相应子目，其人工费乘以系数 2.0。

◆例 5.11　根据例 5.10 的计算结果，套用相关定额子目，计算定额费用。

※解※

由例 5.10 可知，*DN*100 镀锌钢管环氧煤沥青漆防腐的定额费用见表 5.15。

表 5.15　*DN*100 镀锌钢管环氧煤沥青漆防腐的定额费用

定额编号	项目名称	计量单位	①	②	③	主材名称	④	单位	⑤	⑥	⑦
			工程数量	定额综合基价/元	合价/元 ③=①×②		主材数量		主材单价/元	主材合价/元⑥=④×⑤	定额合价/元 ⑦=③+⑥
CM0691	环氧煤沥青防腐一底	10m²	3.58	41.54	148.71	环氧煤沥青底漆	8.950	kg	29	259.55	148.71+259.55=408.26
CM0692 换	环氧煤沥青防腐两油	10m²	7.16	49.32	353.13	环氧煤沥青面漆	20.048	kg	29	581.45	581.45+353.13=939.58

续表

定额编号	项目名称	计量单位	①	②	③	主材名称	④	单位	⑤	⑥	⑦
			工程数量	定额综合基价/元	合价/元 ③=①×②		主材数量		主材单价/元	主材合价/元 ⑥=④×⑤	定额合价/元 ⑦=③+⑥
CM0693	环氧煤沥青防腐一布	$10m^2$	3.58	66.13	236.75	玻璃布	50.120	m^2	2.4	120.29	236.75+120.29=357.04

◆例 5.12　根据例 5.11 的计算结果，列工程量清单，计算清单项目的合价和综合单价。

※解※

1）由表 5.14 可知，本例的工程量清单见表 5.16。

表 5.16　例 5.12 的工程量清单

序号	项目编码	项目名称	项目特征	计量单位	工程量
1	031202009001	环氧煤沥青防腐蚀	1．刷缠品种：环氧煤沥青 2．分层内容：底漆、玻璃丝布、面漆 3．刷缠遍数：一底、一布两油	m^2	35.80

2）通过对比《通用安装工程工程量计算规范》（GB 50856—2013）附录 M 相关项目和《四川省建设工程工程量清单计价定额——通用安装工程》（2020）M 分册相关子目的工作内容，可知清单项目 031202009001 对应于定额子目 CM0691、CM0692 和 CM0693。清单项目和定额子目的关系见表 5.17。

表 5.17　清单项目和定额子目的关系

项目编码	项目名称	项目特征	对应定额子目
031202009001	环氧煤沥青防腐蚀	1．刷缠品种：环氧煤沥青 → 2．分层内容：底漆、玻璃丝布、面漆 → 3．刷缠遍数：一底、一布两油 →	CM0691 CM0692 CM0693

3）定额子目的信息见表 5.18。

表 5.18　定额子目的信息

定额编号	项目名称	计量单位	定额综合基价/元	其中（单位：元）					未计价材料		
				人工费	材料费	机械费	管理费	利润	名称	单位	数量
CM0691	环氧煤沥青防腐一底	$10m^2$	41.54	28.12	5.97		2.28	5.17	环氧煤沥青底漆	kg	2.500
CM0692	环氧煤沥青防腐（增）一油	$10m^2$	49.32	33.41	7.05		2.71	6.15	环氧煤沥青面漆	kg	2.800
CM0693	环氧煤沥青防腐一布	$10m^2$	66.13	43.00	11.74		3.48	7.91	玻璃布	m2	14.000

清单项目的合价为

(4.154+0.25×29)×35.8+(4.932+0.28×29)×71.6 +(6.613+1.4×2.4)×35.8=1699.82（元）

综合单价为

$$1699.82/35.8=47.48（元）$$

5. 支架制作、安装、除锈、刷油

（1）工程量计算规则

1）清单工程量计算规则。

管道支架和设备支架以“kg”计量，按设计图示质量计算；或以“套”计量，按设计图示数量计算。

2）定额工程量计算规则。

① 管道、设备支架制作安装按设计图示单件重量以“100kg”为计量单位。

② 成品管卡按工作介质管道直径，区分不同规格以“个”为计量单位。

说明：

a. 消防管道安装定额项目中，均不包括管道支架制作安装除锈刷油，应另行计算。

b. 消防管道及设备支架制作安装工程量，设计有图示的按图示计算，无设计图示的可参照 K 分册《给排水、采暖、燃气工程》附录中给水管道的支架含量计算。

c. 管道支架除锈、刷油按质量计算，工程量同管道支架制作、安装工程量。

◆例 5.13　某喷淋系统如图 5.4 所示，管材为镀锌钢管，*DN*≥100mm 采用卡箍连接，*DN*<100mm 采用螺纹连接。计算管道支架制作、安装的工程量。

※解※

根据例 5.5 计算结果，喷淋系统管道清单工程量如下。

*DN*100 镀锌钢管 16.7m，*DN*50 镀锌钢管 18m，*DN*32 镀锌钢管 9m，*DN*25 镀锌钢管 13.5m。

查《四川省建设工程工程量清单计价定额——通用安装工程》（2020）K 分册附录及表 4.15，支架制作、安装的工程量为

$$16.7\times0.54+18\times0.41+9\times0.24+13.5\times0.27=22.20\text{（kg）}$$

（2）清单使用说明

根据《通用安装工程工程量计算规范》（GB 50856—2013）附录 J 的规定，消防管道支架及设备支架应按本规范附录 K《给排水、采暖、燃气工程》相关项目编码列项，支架的除锈、刷油应按 M《刷油、防腐蚀、绝热工程》相关项目编码列项。因此，支架制作、安装、除锈、刷油的工程量清单项目设置、项目特征描述的内容、计量单位及工程量计算规则应按表 5.19 执行。

表 5.19　支架工程量清单项目设置

项目编码	项目名称	项目特征	计量单位	工程量计算规则	工作内容
031002001	管道支架	1. 材质 2. 管架形式	1. kg 2. 套	1. 以千克计量，按设计图示质量计算 2. 以套计量，按设计图示数量计算	1. 制作 2. 安装
031002002	设备支架	1. 材质 2. 形式			
031201003	金属结构刷油	1. 除锈级别 2. 油漆品种 3. 结构类型 4. 涂刷遍数、漆膜厚度	1. m^2 2. kg	1. 以平方米计量，按设计图示表面积尺寸以面积计算 2. 以千克计量，按金属结构的理论质量计算	1. 除锈 2. 调配、涂刷

（3）定额使用说明

1）管道支架制作安装项目，适用于室内外管道的管架制作与安装。如单件质量大于 100kg 时，应执行设备支架制作安装相应项目。

2）支架的制作、安装，不包括支架除锈、刷油工程量，需另列项计算。

3）管道、设备支架的除锈、刷油，执行 M 分册《刷油、防腐蚀、绝热工程》相应项目。

4）在地下室内（含地下车库）、暗室内、净高<1.6m 楼层、断面<4m^{2}且>2m^{2}隧道或洞内进行的支架安装工程，定额人工费乘以系数 1.12（不含支架制作）。

5）在管井内、竖井内、断面≤2m^{2}隧道或洞内、封闭吊顶天棚内进行的支架安装工程，定额人工费乘以系数 1.16（不含支架制作）。

◆例 5.14　根据例 5.13 的计算结果（参考图 5-3），要求支架除锈后刷防锈漆两道、银粉漆两道，套用相关定额子目，计算喷淋系统管道支架相关的定额费用。

※解※

喷淋系统管道支架定额费用见表 5.20。

表 5.20　喷淋系统管道支架定额费用

定额编号	项目名称	计量单位	① 工程数量	② 定额综合基价/元	③ 合价/元 ③=①×②	主材名称	④ 主材数量	单位	⑤ 主材单价/元	⑥ 主材合价/元 ⑥=④×⑤	⑦ 定额合价/元 ⑦=③+⑥
CK0737	管道支架制作	100kg	0.222	1094.53	242.99	型钢	23.310	kg	4.00	93.24	242.99+93.24=336.23
CK0742	管道支架安装	100kg	0.222	717.84	159.36						159.36
CM0005	一般钢结构轻锈	100kg	0.222	47.60	10.57						10.57
CM0113	防锈漆第一遍	100kg	0.222	30.10	6.68	酚醛防锈漆（各种颜色）	0.200	kg	10.06	2.01	6.68+2.01=8.69
CM0114	防锈漆增一遍	100kg	0.222	29.09	6.46	酚醛防锈漆（各种颜色）	0.170	kg	10.06	1.71	6.46+1.71=8.17
CM0116	银粉漆第一遍	100kg	0.222	23.77	5.28	银粉漆	0.070	kg	41.00	2.87	5.28+2.87=8.15
CM0117	银粉漆增一遍	100kg	0.222	23.61	5.24	银粉漆	0.060	kg	41.00	2.46	5.24+2.46=7.70

◆例 5.15　根据例 5.14 的计算结果，编制自动喷淋管道支架的清单，计算各清单项目的合价和综合单价。

※解※

1）由表 5.19 可知，本例的工程量清单见表 5.21。

表 5.21　例 5.15 的工程量清单

项目编码	项目名称	项目特征	计量单位	工程量
031002001001	管道支架	1．材质：型钢 2．管架形式：一般管架	kg	22.20
031201003001	金属结构刷油	1．除锈级别：人工除锈轻锈 2．油漆品种：防锈漆、银粉漆 3．结构类型：一般钢结构 4．涂刷遍数：防锈漆两遍、银粉漆两遍	kg	22.20

2）通过对比《通用安装工程工程量计算规范》（GB 50856—2013）附录 K、附录 M 相关项目和《四川省建设工程工程量清单计价定额——通用安装工程》（2020）相关子目的工作内容，可知清单项目 031002001001 对应于定额子目 CK0737 和 CK0742，清单项目 031201003001 对应于定额子目 CM0005、CM0113、CM0114、CM0116 和 CM0117。清单项

目和定额子目的关系见表 5.22。

表 5.22　清单项目和定额子目的关系

项目编码	项目名称	项目特征	对应定额子目
031002001001	管道支架	1. 材质：型钢 2. 管架形式：一般管架	CK0737 CK0742
031201003001	金属结构刷油	1. 除锈级别：人工除锈轻锈 2. 油漆品种：防锈漆、银粉漆 3. 涂刷遍数： 防锈漆两遍 银粉漆两遍	CM0005 CM0113 CM0114 CM0116 CM0117

3）定额子目的信息见表 5.23。

表 5.23　定额子目的信息

定额编号	项目名称	计量单位	定额综合基价/元	其中（单位：元）					未计价材料		
				人工费	材料费	机械费	管理费	利润	名称	单位	数量
CK0737	管道支架制作单重 5kg 以内	100kg	1094.53	648.99	64.61	189.71	58.71	132.51	型钢	kg	105.000
CK0742	管道支架安装单重 5kg 以内	100kg	717.84	349.62	110.19	145.21	34.64	78.18			
CM0005	一般钢结构轻锈	100kg	47.60	30.01	1.31	6.59	2.96	6.73			
CM0113	防锈漆第一遍	100kg	30.10	19.77	0.93	3.29	1.87	4.24	酚醛防锈漆（各种颜色）	kg	0.920
CM0114	防锈漆增二遍	100kg	29.09	19.05	0.83	3.29	1.81	4.11	酚醛防锈漆（各种颜色）	kg	0.780
CM0116	银粉漆第一遍	100kg	23.77	17.43	1.72		1.41	3.21	银粉漆	kg	0.330
CM0117	银粉漆增一遍	100kg	23.61	17.43	1.56		1.41	3.21	银粉漆	kg	0.290

各清单项目的合价和综合单价分别为：

031002001001

清单项目合价：

$$(10.9453+1.05\times4)\times22.20+7.1784\times22.20=495.59（元）$$

综合单价：

$$495.59/22.20=22.32（元）$$

031201003001

清单项目合价：

$$[47.60+(30.10+0.92\times10.06)+(29.09+0.78\times10.06)+(23.77+0.33\times41)+(23.61+0.29\times41)]/100\times22.20=43.67（元）$$

综合单价：

$$43.67/22.20=1.97（元）$$

6. 阀门、法兰

（1）工程量计算规则

1）清单工程量计算规则。

根据《通用安装工程工程量计算规范》（GB 50856—2013）附录 J 的规定，消防管道阀门应按附录K《给排水、采暖、燃气工程》相关项目编码列项。各种阀门安装，均以“个”为计量单位。按阀门种类、与管道的连接方式和公称直径大小分别列项计算。

2）定额工程量计算规则。

根据《四川省建设工程工程量清单计价定额——通用安装工程》（2020）J分册说明，阀门执行K分册《给排水、采暖、燃气工程》相应项目。各种阀门安装，均按照不同连接方式、公称直径，以“个”为计量单位。法兰阀门安装项目均不包括法兰安装，应另行计算。

（2）清单使用说明

根据《通用安装工程工程量计算规范》（GB 50856—2013）的规定，消防管道阀门应按附录K《给排水、采暖、燃气工程》相关项目编码列项。因此，阀门的工程量清单项目设置、项目特征描述的内容、计量单位及工程量计算规则应按表5.24执行。

表5.24　阀门工程量清单项目设置

项目编码	项目名称	项目特征	计量单位	工程量计算规则	工作内容
031003001	螺纹阀门	1. 类型 2. 材质 3. 规格、压力等级 4. 连接形式 5. 焊接方法	个	按设计图示数量计算	1. 安装 2. 电气接线 3. 调试
031003002	螺纹法兰阀门				
031003003	焊接法兰阀门				

（3）定额使用说明

1）阀门套用K分册《给排水、采暖、燃气工程》定额中的相应阀门子目。

2）螺纹阀门安装适用于各种内外螺纹连接的阀门安装，只要连接方法、公称直径一致，均可套用同一定额，阀门本身为未计价材料。

3）法兰阀门和法兰应分别套用定额，法兰阀门的安装不包括法兰的安装。

4）电动阀门应另列电动机检查调试、电动机检查接线等项目，套用D分册《电气设备安装工程》定额中的相应子目。

5）对夹式蝶阀安装已含双头螺栓用量，在套用与其连接的法兰安装项目时，定额材料费乘以系数0.3。

6）在地下室内（含地下车库）、暗室内、净高<1.6m的楼层、断面面积<$4m^2$且>$2m^2$隧道或洞内进行的阀门安装工程，定额人工费乘以系数1.12。

7）在管井内、竖井内、断面面积≤$2m^2$隧道或洞内、封闭吊顶天棚内进行的阀门安装工程，定额人工费乘以系数1.16。

◆例5.16　某消火栓系统如图5.3所示，对夹式蝶阀的型号为D71X-16，套用相关定额子目，计算对夹式蝶阀安装的定额费用。

※解※

对夹式蝶阀安装的定额费用计算见表5.25。

表5.25　对夹式蝶阀安装的定额费用计算

定额编号	项目名称	计量单位	① 工程数量	② 定额综合基价/元	③ 合价/元 ③=①×②	主材名称	④ 主材数量	单位	⑤ 主材单价/元	⑥ 主材合价/元 ⑥=④×⑤	⑦ 定额合价/元 ⑦=③+⑥
CK0927	对夹式蝶阀*DN*100	个	5	113.51	567.55	对夹式蝶阀*DN*100	5	个	347.00	1735.00	567.55+1735.00=2302.55

续表

定额编号	项目名称	计量单位	① 工程数量	② 定额综合基价/元	③ 合价/元 ③=①×②	主材名称	④ 主材数量	单位	⑤ 主材单价/元	⑥ 主材合价/元 ⑥=④×⑤	⑦ 定额合价/元 ⑦=③+⑥
CK1218 换	沟槽法兰	副	5	65.24	326.20	沟槽法兰	10	片	126.50	1265.00	326.20+1265.00+985.80=2577.00
						卡箍连接件（含胶圈）*DN*100	10	套	98.58	985.80	

注：CK1218 换综合基价：79.42−20.26×0.7=65.24（元）。

◆例 5.17　根据例 5.16 的计算结果，编制对夹式蝶阀的清单，计算清单项目的综合单价。

※解※

1）由表 5.24 可知，本例的工程量清单见表 5.26。

表 5.26　例 5.17 的工程量清单

项目编码	项目名称	项目特征	计量单位	工程量
031003003	焊接法兰阀门	1．类型：对夹式蝶阀 D71X-16 2．材质：碳钢 3．规格、压力等级：*DN*100 4．连接形式：沟槽法兰连接 5．焊接方法：电弧焊	个	5

2）通过对比《通用安装工程工程量计算规范》（GB 50856—2013）附录 K 相关项目和《四川省建设工程工程量清单计价定额——通用安装工程》（2020）K 分册相关子目的工作内容，可知清单项目 031003003001 对应于定额子目 CK0927 和 CK1218。清单项目和定额子目的关系见表 5.27。

表 5.27　清单项目和定额子目的关系

项目编码	项目名称	项目特征	对应定额子目
031003003	焊接法兰阀门	1．类型：对夹式蝶阀 D71X-16 2．材质：碳钢 3．规格、压力等级：*DN*100 4．连接形式：沟槽法兰连接 5．焊接方法：电弧焊	CK0927（1、2、3） CK1218（3、4、5）

3）定额子目的信息见表 5.28。

表 5.28　定额子目的信息

定额编号	项目名称	计量单位	定额综合基价/元	其中（单位：元）					未计价材料		
				人工费	材料费	机械费	管理费	利润	名称	单位	数量
CK0927	对夹式蝶阀 *DN*100	个	113.51	63.54	31.83	2.97	4.66	10.51	对夹式蝶阀 *DN*100	个	1.000
CK1218	沟槽法兰 *DN*100	副	79.42	44.31	20.26	3.87	3.37	7.61	沟槽法兰 *DN*100	片	2.000
									卡箍连接件（含胶圈）*DN*100	套	2.000

清单项目的综合单价为

(113.51+1×347.00)+(79.42−0.7×20.26+2×126.50+2×98.58)=975.91（元）

7. 湿式报警阀

（1）工程量计算规则

1）清单工程量计算规则。

报警装置以“组”计量，按设计图示数量计算。

说明：

报警装置包括湿式报警装置、干湿两用报警装置、电动雨淋报警装置、预作用报警装置等报警装置。报警装置安装包括装配管（除水力警铃进水管）的安装，水力警铃进水管并入消防管道工程量。

2）定额工程量计算规则。

报警装置按成套产品以“组”为计量单位，按设计图示数量计算。

（2）清单使用说明

根据《通用安装工程工程量计算规范》（GB 50856—2013）附录J的规定，湿式报警阀的工程量清单项目设置、项目特征描述的内容、计量单位及工程量计算规则应按表5.29执行。

表5.29　湿式报警阀工程量清单项目设置

项目编码	项目名称	项目特征	计量单位	工程量计算规则	工作内容
030901004	报警装置	1. 名称 2. 型号、规格	组	按设计图示数量计算	1. 安装 2. 电气接线 3. 调试

（3）定额使用说明

1）报警装置安装项目，定额中已包括装配管、泄放试验管及水力警铃出水管安装，水力警铃进水管按图示尺寸执行管道安装相应项目；其他报警装置适用于雨淋、干湿两用及预作用报警装置安装。

2）湿式报警阀安装定额已包括一副法兰的安装，其中湿式报警阀和法兰为未计价材料。

3）设置于管道间、管廊内的消火栓管道，人工、机械乘以系数1.2。

◆例5.18　某喷淋系统如图5.4所示，套用相关定额子目，计算*DN*100湿式报警阀的定额费用。

※解※

湿式报警阀的定额费用见表5.30。

表5.30　湿式报警阀的定额费用

定额编号	项目名称	计量单位	① 工程数量	② 定额综合基价/元	③ 合价/元 ③=①×②	主材名称	④ 主材数量	单位	⑤ 主材单价/元	⑥ 主材合价/元 ⑥=④×⑤	⑦ 定额合价/元 ⑦=③+⑥
CJ0048	湿式报警装置公称直径（mm以内）100	组	1	674.28	674.28	湿式报警装置	1.000	套	2800.00	2800.00	674.28+2800.00+450.16=3924.44

续表

定额编号	项目名称	计量单位	① 工程数量	② 定额综合基价/元	③ 合价/元 ③=①×②	主材名称	④ 主材数量	单位	⑤ 主材单价/元	⑥ 主材合价/元 ⑥=④×⑤	⑦ 定额合价/元 ⑦=③+⑥
						沟槽法兰（含连接件）	2.000	片	225.08	450.16	

◆例 5.19　根据例 5.18 的计算结果，编制湿式报警阀的清单，计算清单项目的综合单价。

※解※

1）由表 5.29 可知，本例的工程量清单见表 5.31。

表 5.31　例 5.19 的工程量清单

项目编码	项目名称	项目特征	计量单位	工程量
030901004001	报警装置	1．名称：自动喷淋湿式自动报警阀 2．型号、规格：*DN*100	组	1

2）通过对比《通用安装工程工程量计算规范》（GB 50856—2013）附录 J 相关项目和《四川省建设工程工程量清单计价定额——通用安装工程》（2020）J 分册相关子目的工作内容，可知清单项目 030901004001 对应于定额子目 CJ0048。清单项目和定额子目的关系见表 5.32。

表 5.32　清单项目和定额子目的关系

项目编码	项目名称	项目特征	对应定额子目
030901004001	报警装置	1．名称：自动喷淋湿式自动报警阀 2．型号、规格：*DN*100	CJ0048

3）定额子目的信息见表 5.33。

表 5.33　定额子目的信息

定额编号	项目名称	单位	定额综合基价/元	其中（单位：元）					未计价材料		
				人工费	材料费	机械费	管理费	利润	名称	单位	数量
CJ0048	湿式报警装置公称直径（100mm 以内）	组	674.28	447.09	106.69	1.60	36.34	82.56	湿式报警装置	套	1.000
									沟槽法兰	片	2.000

清单项目的综合单价为

$$674.28+2800.00+2\times225.08=3924.44\text{（元）}$$

8．消火栓

（1）工程量计算规则

1）清单工程量计算规则。

室内消火栓、室外消火栓以“套”计量，按设计图示数量计算。

说明：

室内消火栓包括消火栓箱、消火栓、水枪、水龙头、水龙带接扣、自救卷盘、挂架、消防按钮；落地消火栓箱包括箱内手提灭火器。室外消火栓安装方式分地上式、地下式。

2）定额工程量计算规则。

室内消火栓、室外消火栓按成套产品以“套”为计量单位，按设计图示数量计算。

说明：

① 室内消火栓所带的消防按钮的安装另行计算。

② 屋顶试验用消火栓安装，按同规格、同连接形式的阀门安装计算。

◆例 5.20 某建筑消火栓系统如图 5.5 所示，室内消火栓为暗装，计算消火栓的清单工程量。

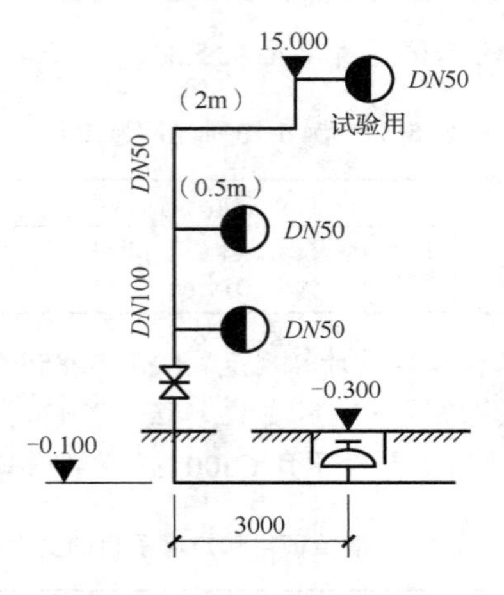

图 5.5 某建筑消火栓系统

※解※

由图可知，消火栓的种类和数量如下。

*DN*50 室内消火栓：2 套。

*DN*50 试验消火栓：1 个。

（2）清单使用说明

根据《通用安装工程工程量计算规范》（GB 50856—2013）附录 J、K 的规定，消火栓的工程量清单项目设置、项目特征描述的内容、计量单位及工程量计算规则应按表 5.34 执行。

表 5.34 消火栓工程量清单项目设置

项目编码	项目名称	项目特征	计量单位	工程量计算规则	工作内容
030901010	室内消火栓	1. 安装方式 2. 型号、规格 3. 附件材质、规格	套	按设计图示数量计算	1. 箱体及消火栓安装 2. 配件安装
030901011	室外消火栓				1. 安装 2. 配件安装
031003001	螺纹阀门	1. 类型 2. 材质 3. 规格、压力等级 4. 连接形式 5. 焊接方法	个		1. 安装 2. 电气接线 3. 调试

（3）定额使用说明

1）落地组合式消防柜安装，执行室内消火栓（明装）定额项目。

2）室外消火栓、消防水泵接合器安装，定额中包括法兰接管及弯管底座（消火栓三通）的安装，本身价值另行计算。

3）屋顶试验用消火栓安装，套用同规格、同连接形式的阀门安装项目。

◆例 5.21　根据例 5.20 的计算结果，套用相关定额子目，计算消火栓的定额费用。

※解※

室内消火栓的定额费用计算见表 5.35。

表 5.35　室内消火栓的定额费用计算

定额编号	项目名称	计量单位	① 工程数量	② 定额综合基价/元	③ 合价/元 ③=①×②	主材名称	④ 主材数量	单位	⑤ 主材单价/元	⑥ 主材合价/元 ⑥=④×⑤	⑦ 定额合价/元 ⑦=③+⑥
CJ0081	室内消火栓暗装 单栓 *DN*50	套	2	142.22	284.44	室内消火栓	2.000	套	1080.00	2160.00	284.44+2160.00=2444.44
CK0863	螺纹阀门 *DN*50	个	1	75.83	75.83	螺纹阀门 *DN*50	1.010	个	136.00	137.36	75.83+137.36=213.19

◆例 5.22　根据例 5.20 的计算结果，编制消火栓的清单，计算清单项目的合价。

※解※

1）由表 5.34 可知，本例的工程量清单见表 5.36。

表 5.36　例 5.22 的工程量清单

项目编码	项目名称	项目特征	计量单位	工程量
030901010001	室内消火栓	1．安装方式：挂墙暗装 2．型号、规格：SN 系列单出口单阀、*DN*50 消火栓 3．附件材质、规格：详见 91SB11-1、P11-12	组	2
031003001001	螺纹阀门	1．类型：屋顶试验用消火栓 2．材质：铸钢 3．规格、压力等级：*DN*50 4．连接形式：螺纹连接	个	1

2）通过对比《通用安装工程工程量计算规范》（GB 50856—2013）附录 J、K 相关项目和《四川省建设工程工程量清单计价定额——通用安装工程》（2020）J、K 分册相关子目的工作内容，可知清单项目 030901010001 对应于定额子目 CJ0081，清单项目 031003010001 对应于定额子目 CK0863。清单项目和定额子目的关系见表 5.37。

表 5.37　清单项目和定额子目的关系

项目编码	项目名称	项目特征	对应定额子目
030901010001	室内消火栓	1．安装方式：挂墙暗装 2．型号、规格：SN 系列单出口单阀、*DN*50 消火栓 3．附件材质、规格：详见 91SB11-1、P11-12	CJ0081

续表

项目编码	项目名称	项目特征	对应定额子目
031003001001	螺纹阀门	1．类型：屋顶试验用消火栓 2．材质：铸钢 3．规格、压力等级：*DN*50 4．连接形式：螺纹连接	CK0863

3）定额子目的信息见表 5.38。

表 5.38　定额子目的信息

定额编号	项目名称	计量单位	定额综合基价/元	其中（单位：元）					未计价材料		
				人工费	材料费	机械费	管理费	利润	名称	单位	数量
CJ0081	室内消火栓暗装 单栓 *DN*65	套	142.22	110.76	1.72	0.30	9.00	20.44	室内消火栓	套	1.000
CK0863	螺纹阀门 *DN*50	个	75.83	31.20	34.33	2.59	2.37	5.34	螺纹阀门	个	1.010

清单项目 030901010001 的合价为

$$(142.22+1\times1080)\times2=2444.44（元）$$

清单项目 031003010001 的合价为

$$(75.83+1.01\times136.00)\times1=213.19（元）$$

9. 水流指示器

水流指示器是水灭火系统组件之一，当喷头喷水时，指示器传出电信号，消防控制中心采取灭火措施，另一面使报警阀打开供水灭火并传出信号。

（1）工程量计算规则

1）清单工程量计算规则。

水流指示器以“个”计量，按设计图示数量计算。

2）定额工程量计算规则。

水流指示器分规格以“个”为计量单位，按设计图示数量计算。

◆例 5.23　某喷淋系统如图 5.4 所示，计算水流指示器的工程量。

※解※

由图可知，*DN*50 水流指示器的工程量为

$$1+1+1=3（个）$$

（2）清单使用说明

根据《通用安装工程工程量计算规范》（GB 50856—2013）附录 J 的规定，水流指示器的工程量清单项目设置、项目特征描述的内容、计量单位及工程量计算规则应按表 5.39 执行。

表 5.39　水流指示器工程量清单项目设置

项目编码	项目名称	项目特征	计量单位	工程量计算规则	工作内容
030901006	水流指示器	1．规格、型号 2．连接形式	套	按设计图示数量计算	1．安装 2．电气接线 3．调试

（3）定额使用说明

1）水流指示器分沟槽法兰连接和马鞍形连接，以公称直径分档套用定额。

2）水流指示器（马鞍型连接）项目，主材中包括胶圈、U 形卡；若设计要求水流指示器采用丝接时，执行 K 分册《给排水、采暖及燃气工程》丝接阀门相应项目。

3）水流指示器等的接线及校线套用 F 分册《自动化控制仪表安装工程》相应项目。

◆例 5.24　根据例 5.23 的计算结果，套用相关定额子目，计算 *DN*50 水流指示器的定额费用。

※解※

*DN*50 水流指示器的定额费用计算见表 5.40。

表 5.40　*DN*50 水流指示器的定额费用计算

定额编号	项目名称	计量单位	①	②	③	主材名称	④	单位	⑤	⑥	⑦
			工程数量	定额综合基价/元	合价/元 ③=①×②		主材数量		主材单价/元	主材合价/元 ⑥=④×⑤	定额合价/元 ⑦=③+⑥
CK0863 换	水流指示器安装公称直径（50mm 以内）	个	3	75.83	227.49	水流指示器	3.030	个	100.00	303.00	227.49+303.00=530.49

◆例 5.25　根据例 5.23 和 5.24 的计算结果，编制水流指示器的清单，计算清单项目的合价。

※解※

1）由表 5.39 可知，本例的工程量清单见表 5.41。

表 5.41　例 5.25 的工程量清单

项目编码	项目名称	项目特征	计量单位	工程量
030901006001	水流指示器	1．规格、型号：ZSJZ 型水流指示器 2．连接形式：螺纹连接	个	3

2）通过对比《通用安装工程工程量计算规范》（GB 50856—2013）附录 J 相关项目和《四川省建设工程工程量清单计价定额——通用安装工程》（2020）J 分册相关子目的工作内容，可知清单项目 030901006001 对应于定额子目 CK0863。清单项目和定额子目的关系见表 5.42。

表 5.42　清单项目和定额子目的关系

项目编码	项目名称	项目特征	对应定额子目
030901006001	水流指示器	1．规格、型号：ZSJZ 型水流指示器 2．连接形式：螺纹连接	→ CK0863

3）定额子目的信息见表 5.43。

表 5.43　定额子目的信息

定额编号	项目名称	计量单位	定额综合基价/元	其中（单位：元）					未计价材料		
				人工费	材料费	机械费	管理费	利润	名称	单位	数量
CK0863	水流指示器安装公称直径（mm 以内）50	个	75.83	31.20	34.33	2.59	2.37	5.34	水流指示器	个	1.010

清单项目的合价为

$$(75.83+1.01\times100)\times3=530.49\text{（元）}$$

10. 喷淋头

（1）工程量计算规则

1）清单工程量计算规则。

水喷淋（雾）喷头以“个”计量，按设计图示数量计算。安装部位应区分有吊顶、无吊顶。

2）定额工程量计算规则。

喷头按安装部位、方式、分规格以“个”为计量单位，按设计图示数量计算。

◆例 5.26 某喷淋系统如图 5.4 所示，计算 *DN*15 喷头的工程量。

※解※

由图可知，无吊顶 *DN*15 喷头的工程量为

$$3\times3=9\text{（个）}$$

（2）清单使用说明

根据《通用安装工程工程量计算规范》（GB 50856—2013）附录 J 的规定，水喷淋喷头的工程量清单项目设置、项目特征描述的内容、计量单位及工程量计算规则应按表 5.44 执行。

表 5.44　水喷淋喷头工程量清单项目设置

项目编码	项目名称	项目特征	计量单位	工程量计算规则	工作内容
030901003	水喷淋（雾）喷头	1. 安装部位 2. 材质、型号、规格 3. 连接形式 4. 装饰盘设计要求	个	按设计图示数量计算	1. 安装 2. 装饰盘安装 3. 严密性试验

（3）定额使用说明

1）喷淋头安装应区分有吊顶和无吊顶方式分别套用 J 分册《消防工程》定额中的相应子目，喷淋头为未计价材料。

2）有吊顶喷淋头的安装已包括装饰盘的安装，装饰盘的主材费需另计。

◆例 5.27 根据例 5.26 的计算结果，套用相关定额子目，计算无吊顶 *DN*15 喷头的定额费用。

※解※

无吊顶 *DN*50 喷头的定额费用计算见表 5.45。

表 5.45　无吊顶 *DN*15 喷头的定额费用计算

定额编号	项目名称	计量单位	①	②	③	主材名称	④	单位	⑤	⑥	⑦
			工程数量	定额综合基价/元	合价/元 ③=①×②		主材数量		主材单价/元	主材合价/元 ⑥=④×⑤	定额合价/元 ⑦=③+⑥
CJ0042	*DN*15 喷头无吊顶	个	9.000	18.28	164.52	喷头	9.090	个	12.00	109.08	164.52+109.08 =273.60

◆例 5.28 根据例 5.26 和例 5.27 的计算结果，编制水喷头（雾）的清单，计算清单项目的合价。

※解※

1）由表5.44可知，本例的工程量清单见表5.46。

表5.46 例5.28的工程量清单

项目编码	项目名称	项目特征	计量单位	工程量
030901003001	水喷淋（雾）喷头	1．安装部位：室内顶板下 2．材质、型号、规格：ZSTX-15A下垂型快速响应玻璃球洒水喷头 3．连接形式：无吊顶	个	9

2）通过对比《通用安装工程工程量计算规范》（GB 50856—2013）附录J相关项目和《四川省建设工程工程量清单计价定额——通用安装工程》（2020）J分册相关子目的工作内容，可知清单项目030901003001对应于定额子目CJ0042。清单项目和定额子目的关系见表5.47。

表5.47 清单项目和定额子目的关系

项目编码	项目名称	项目特征	对应定额子目
030901003001	水喷淋（雾）喷头	1．安装部位：室内顶板下 2．材质、型号、规格：ZSTX-15A 下垂型快速响应玻璃球洒水喷头 3．连接形式：无吊顶	CJ0042

3）定额子目的信息见表5.48。

表5.48 定额子目的信息

定额编号	项目名称	计量单位	定额综合基价/元	其中（单位：元）					未计价材料		
				人工费	材料费	机械费	管理费	利润	名称	单位	数量
CJ0042	水喷淋喷头无吊顶 $DN15$	个	18.28	12.15	2.70	0.16	1.00	2.27	喷头	个	1.010

清单项目的合价为

$$(18.28+1.01\times12)\times9=273.60\text{（元）}$$

11. 消防水泵接合器安装

（1）工程量计算规则

1）清单工程量计算规则。

消防水泵接合器以“套” 计量，按设计图示数量计算。包括法兰接管及弯头安装，接合器井内阀门、弯管底座、标牌等附件安装。

2）定额工程量计算规则。

消防水泵接合器分形式，按成套产品以“组”为计量单位，按设计图示数量计算。定额已包括接合器前的闸阀、止回阀、安全阀的安装，不得另计。

（2）清单使用说明

根据《通用安装工程工程量计算规范》（GB 50856—2013）附录J的规定，水泵接合器的工程量清单项目设置、项目特征描述的内容、计量单位及工程量计算规则应按表5.49执行。

表 5.49　水泵接合器工程量清单项目设置

项目编码	项目名称	项目特征	计量单位	工程量计算规则	工作内容
030901012	消防水泵接合器	1．安装部位 2．型号、规格 3．附件材质、规格	套	按设计图示数量计算	1．安装 2．附件安装

（3）定额使用说明

1）消防水泵接合器分为地上式、地下式和墙壁式，按管径不同套用 J 分册《消防工程》定额中的相应子目。

2）消防水泵接合器安装，定额中包括法兰接管及弯管底座（消火栓三通）的安装，本身价值另行计算。

◆例 5.29　某自动喷淋系统采用 *DN*150 地下式水泵接合器 2 套，套用相关定额子目，计算水泵接合器的定额费用。

※解※

水泵接合器的定额费用计算见表 5.50。

表 5.50　水泵接合器的定额费用计算

定额编号	项目名称	计量单位	① 工程数量	② 定额综合基价/元	③ 合价/元 ③=①×②	主材名称	④ 主材数量	单位	⑤ 主材单价/元	⑥ 主材合价/元 ⑥=④×⑤	⑦ 定额合价/元 ⑦=③+⑥
CJ0094	消防水泵接合器地下式 *DN*150	套	2.000	532.06	1064.12	消防水泵接合器	2.000	套	1980.00	3960.00	1064.12+3960.00=5024.12

◆例 5.30　根据例 5.29 的计算结果，编制消防水泵接合器的清单，计算清单项目的合价。

※解※

1）由表 5.49 可知，本例的工程量清单见表 5.51。

表 5.51　例 5.30 的工程量清单

项目编码	项目名称	项目特征	计量单位	工程量
030901012001	消防水泵接合器	1．安装部位：地下式 2．型号、规格：*DN*150 3．附件材质、规格：详见 91SB12	套	2

2）通过对比《通用安装工程工程量计算规范》（GB 50856—2013）附录 J 相关项目和《四川省建设工程工程量清单计价定额——通用安装工程》（2020）J 分册定额相关子目的工作内容，可知清单项目 030901012001 对应于定额子目 CJ0094。清单项目和定额子目的关系见表 5.52。

表 5.52　清单项目和定额子目的关系

项目编码	项目名称	项目特征	对应定额子目
030901012001	消防水泵接合器	1．安装部位：地下式 2．型号、规格：*DN*150 3．附件材质、规格：详见 91SB12	→ CJ0094

3）定额子目的信息见表 5.53。

表 5.53　定额子目的信息

定额编号	项目名称	计量单位	定额综合基价/元	其中（单位：元）					未计价材料		
				人工费	材料费	机械费	管理费	利润	名称	单位	数量
CJ0094	消防水泵接合器地下式 *DN*150	套	532.06	152.34	327.72	9.20	13.08	29.72	消防水泵接合器	套	1.000

清单项目的合价为

$$(532.06+1\times1980)\times2=5024.12\text{（元）}$$

12. 水灭火系统控制装置调试

（1）工程量计算规则

1）清单工程量计算规则。

水灭火控制装置调试：自动喷洒系统按水流指示器数量以“点（支路）”计算；消火栓系统按消火栓起泵按钮数量以“点”计算；消防水炮系统按水炮数量以“点”计算。

2）定额工程量计算规则。

自动喷水灭火系统调试按水流指示器数量以“点（支路）”为计量单位；消火栓灭火系统按消火栓启泵按钮数量以“点”为计量单位；消防水炮控制装置系统调试按水炮数量以“点”为计量单位。

◆例 5.31　某消火栓系统如图 5.3 所示，计算消火栓水灭火系统控制装置调试的工程量。

※解※

由图可知，消火栓水灭火系统控制装置的工程量为：11 点。

◆例 5.32　某喷淋系统如图 5.4 所示，计算自动喷淋水灭火系统控制装置调试的工程量。

※解※

由图可知，自动喷淋水灭火系统控制装置调试的工程量为：3 点。

（2）清单使用说明

根据《通用安装工程工程量计算规范》（GB 50856—2013）附录 J 的规定，水灭火系统控制装置调试工程量清单项目设置、项目特征描述的内容、计量单位及工程量计算规则应按表 5.54 执行。

表 5.54　水灭火系统控制装置调试工程量清单项目设置

项目编码	项目名称	项目特征	计量单位	工程量计算规则	工作内容
030905002	水灭火控制装置调试	系统形式	点	按控制装置的点数计算	调试

（3）定额使用说明

水灭火系统分为水喷淋系统和消火栓系统，套用 J 分册《消防工程》定额中的相应定额。

5.3　消防工程计量与计价实例

本节通过一个工程实例来说明消防工程量计量与计价的计算方法和程序。

5.3.1　工程概况与设计说明

图 5.6 是某工程的消防自动喷淋给水系统图，水喷淋管采用镀锌钢管，*DN*≥100mm 采用卡箍连接，*DN*<100mm 采用螺纹连接，在横支管始端安装信号蝶阀和水流指示器。自动喷水给水管靠梁下安装，*DN*15 喷头靠吊顶下配合装修安装，吊顶高 2.50m。砖墙厚度均为 200mm，柱断面尺寸为 400mm×400mm，喷淋管中心距墙边距离均为 0.1m。管道刷两遍红色调和漆，支（吊）架人工除轻锈后刷红丹防锈漆和灰色调和漆各两遍。图中括号内数字为水平段长度，单位为 m。管道安装完毕后进行水压试验、水冲洗。

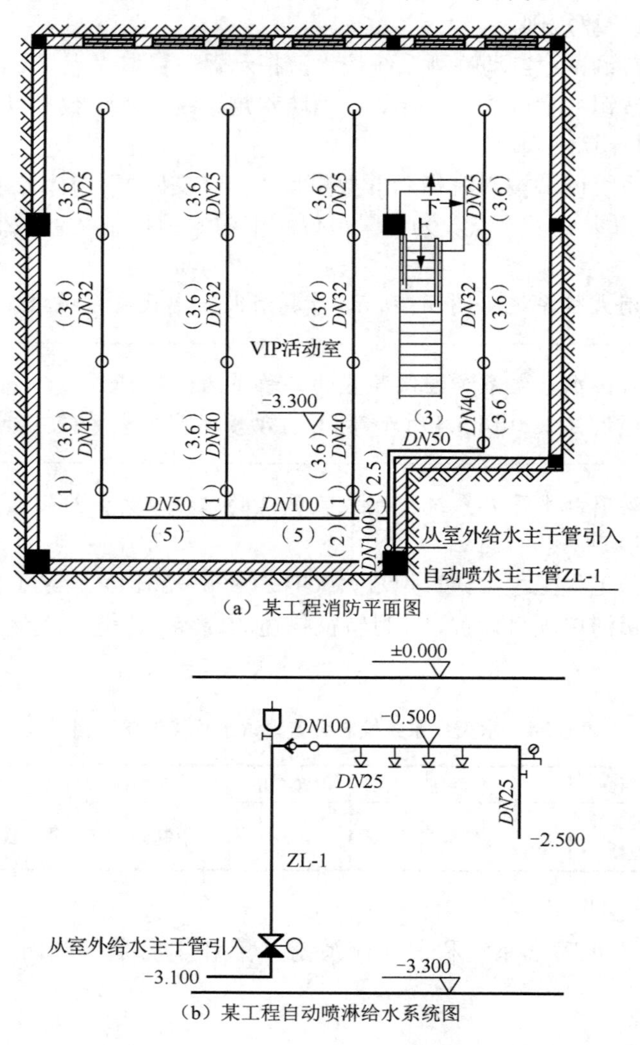

图 5.6　某工程的消防自动喷淋给水系统图

5.3.2　工程量计算

自动喷淋系统的工程量计算见表 5.55。

表 5.55　自动喷淋系统的工程量计算

序号	项目名称	单位	工程量	计算式
1	水喷淋镀锌钢管 *DN*100 沟槽连接	m	13.60	(距外墙皮)1.5+(柱厚)0.4+(管中心距墙边)0.1+垂直段[−0.5−(−3.1)]+2+2+5=13.6 沟槽管件 *DN*100　7 个（弯头 1 个，三通 4 个，变径管 2 个）
2	水喷淋镀锌钢管 *DN*50 螺纹连接	m	13.50	左侧分支水平段 5+1×3（左侧 3 根支管始端）+左侧分支水平段(2.5+3)=13.5
3	水喷淋镀锌钢管 *DN*40 螺纹连接	m	13.80	3.6×3(左侧 3 根支管)+3(右侧 1 根支管)=13.8
4	水喷淋镀锌钢管 *DN*32 螺纹连接	m	14.40	3.6×4=14.4
5	水喷淋镀锌钢管 *DN*25 螺纹连接	m	19.20	水平段 3.6×4+喷头垂直段(3.3−0.5−2.5)×16=19.2
6	湿式报警阀 *DN*100	组	1	1
7	信号蝶阀 *DN*100	个	1	1
8	水流指示器 *DN*100	个	1	1
9	末端试水装置 *DN*25	组	1	1
10	喷头 *DN*15 安装（有吊顶）	个	16	4×4
11	自动排气阀 *DN*20	个	1	1
12	螺纹闸阀 *DN*20	个	1	1
13	管道刷红色调和漆两遍	m^2	13.44	$S=\sum(\pi\times D\times L)$，π为圆周率，*D* 为设备或管道外径，*L* 为设备筒体高或管道延长米 =3.14×0.114×13.6(*DN*100)+3.14×0.060×13.5(*DN*50)+3.14×0.048×13.8(*DN*40)+3.14×0.042×14.4(*DN*32)+3.14×0.034×19.2(*DN*25) =13.44
14	管道支（吊）架制作、安装	kg	24.56	13.6×0.54(*DN*100)+13.5×0.41(*DN*50)+13.8×0.22(*DN*40)+14.4×0.24 (*DN*32)+19.2×0.27(*DN*25)=24.56
15	管道支（吊）架除锈、刷红丹漆两遍、灰色调和漆两遍	kg	24.56	24.56
16	管沟土方	m^3	10.77	$V=h(b+kh)l$ =3.1×(0.114+2×0.3+0.33×3.1)×(1.5+0.4+0.1)=10.77
17	自动喷淋系统调试	点	1	1

5.3.3　工程量清单与计价

根据《通用安装工程工程量计算规范》（GB 50856—2013）及《四川省建设工程工程量清单计价定额——通用安装工程》（2020），编制消防工程分部分项工程量清单与计价表，见表 5.56。本章用到的主材单价表见表 5.57，综合单价分析表见表 5.58。

表 5.56　消防工程分部分项工程量清单与计价表

序号	项目编码	项目名称	项目特征描述	计量单位	工程数量	金额/元		
						综合单价	合价	其中 暂估价
1	030901001001	水喷淋钢管	1．安装部位：室内 2．材质、规格：镀锌钢管 DN100 3．连接形式：沟槽连接 4. 沟槽管件安装 DN100，7 个 5. 压力试验及冲洗要求：水压试验，水冲洗	m	13.60	240.28	3267.81	
	CJ0018	水喷淋镀锌钢管 DN100 沟槽连接		10m	1.36			
	CJ0026	沟槽管件安装 DN100		10 个	0.7			
2	030901001002	水喷淋钢管	1．安装部位：室内 2．材质、规格：镀锌钢管 DN50 3．连接形式：螺纹连接 4. 压力试验及冲洗要求：水压试验，水冲洗	m	13.50	92.07	1242.95	
	CJ0004	水喷淋镀锌钢管 DN50 螺纹连接		10m	1.35			
3	030901001003	水喷淋钢管	1．安装部位：室内 2．材质、规格：镀锌钢管 DN40 3．连接形式：螺纹连接 4. 压力试验及冲洗要求：水压试验，水冲洗	m	13.80	73.78	1018.16	
	CJ0003	水喷淋镀锌钢管 DN40 螺纹连接		10m	1.38			
4	030901001004	水喷淋钢管	1．安装部位：室内 2．材质、规格：镀锌钢管 DN32 3．连接形式：螺纹连接 4. 压力试验及冲洗要求：水压试验，水冲洗	m	14.40	59.89	862.42	
	CJ0002	水喷淋镀锌钢管 DN32 螺纹连接		10m	1.44			
5	030901001005	水喷淋钢管	1．安装部位：室内 2．材质、规格：镀锌钢管 DN25 3．连接形式：螺纹连接 4. 压力试验及冲洗要求：水压试验，水冲洗	m	19.20	46.64	895.49	
	CJ0001	水喷淋镀锌钢管 DN25 螺纹连接		10m	1.92			
6	030901004001	报警装置	1．名称：湿式报警阀 2. 型号、规格：ZSS-DN100	组	1	3727.28	3727.28	
	CJ0048	湿式报警装置安装 DN100		组	1			
7	031003001001	螺纹阀门	1．类型：自动排气阀 2．材质：铜	个	1	50.82	50.82	

续表

序号	项目编码	项目名称	项目特征描述	计量单位	工程数量	金额/元		
						综合单价	合价	其中 暂估价
7	031003001001	螺纹阀门	3．规格、压力等级：*DN*20、1.0MPa 4．连接形式：螺纹连接	个	1	50.82	50.82	
	CK0886	自动排气阀 *DN*20		个	1			
8	031003001002	螺纹阀门	1．类型：闸阀 2．材质：铜 3．规格、压力等级：*DN*20、1.0MPa 4．连接形式：螺纹连接	个	1	66.07	66.07	
	CK0859	螺纹阀门安装 *DN*20		个	1			
9	031003003001	焊接法兰阀门	1．类型：信号蝶阀 2．材质：灰铸铁 3．规格、压力等级：D44-T-1.0、*DN*100 4．连接形式：沟槽法兰连接 5．信号阀接线、校线	个	1	1833.89	1833.89	
	CK0899	法兰阀门安装 *DN*100		个	1			
	CK1218	沟槽法兰安装 *DN*100		副	1			
	CF0913	阀门检查接线 电动蝶阀		台	1			
10	030901006001	水流指示器	1．规格、型号：*DN*100 2．连接方式：沟槽连接 3．水流指示器接线、校线	个	1	627.24	627.24	
	CJ0061	水流指示器 *DN*100 沟槽法兰连接		个	1			
	CF0915	阀门检查接线 多通电磁阀		台	1			
11	030901008001	末端试水装置	1．规格：*DN*25 2．组装形式：整体组装	组	1	347.27	347.27	
	CJ0074	末端试水装置 *DN*25		组	1			
12	030901003001	水喷淋（雾）喷头	1．安装部位：室内 2．材质、型号、规格：有吊顶、*DN*15 3．连接形式：螺纹连接 4．装饰盘设计要求：镀铬装饰盘	个	16	37.22	595.52	
	CJ0045	水喷淋头安装有吊顶 *DN*15		个	16			
13	031002001001	管道支架	1．材质：型钢 2．管架形式：一般管架	kg	24.56	22.36	549.16	
	CK0737	管道支架制作		100kg	0.246			
	CK0742	管道支架安装		100kg	0.246			
14	031201003001	金属结构刷油	1．除锈级别：轻锈 2．油漆品种：红丹防锈漆、灰色调和漆 3．结构类型：一般管架	kg	24.56	1.72	42.24	

续表

序号	项目编码	项目名称	项目特征描述	计量单位	工程数量	金额/元		
						综合单价	合价	其中
								暂估价
14	031201003001	金属结构刷油	4．涂刷遍数：两遍	kg	24.56	1.72	42.24	
	CM0005	一般钢结构轻锈		100kg	0.246			
	CM0111	红丹防锈漆第一遍		100kg	0.246			
	CM0112	红丹防锈漆增一遍		100kg	0.246			
	CM0120	灰色调和漆第一遍		100kg	0.246			
	CM0121	灰色调和漆增一遍		100kg	0.246			
15	031201001001	管道刷油	1．油漆品种：红色调和漆 2．涂刷遍数：两遍	m^2	13.33	6.17	82.25	
	CM0066	红色调和漆第一遍		$10m^2$	1.333			
	CM0067	红色调和漆增一遍		$10m^2$	1.333			
16	010101007001	管沟土方	人工挖填室内管沟土方	m^3	10.77	48.80	525.58	
	AA0005	人工挖沟槽土方（底宽≤1.2m）		$100m^3$	0.108			
	AA0082	回填方（人工夯填）		$100m^3$	0.108			
17	030905002001	水灭火控制装置调试	自动喷淋系统	点	1	372.03	372.03	
	CJ0260	自动喷水灭火系统		点	1			

表 5.57　本章用到的主材单价表

序号	主材名称及规格	单位	单价/元	序号	主材名称及规格	单位	单价/元
1	镀锌钢管 *DN*150	m	121.99	17	银粉漆	kg	41.00
2	镀锌钢管 *DN*100	m	70.83	18	消防水泵接合器	套	1980.00
3	镀锌钢管 *DN*65	m	46.64	19	屋顶试验消火栓 *DN*50	个	136.00
4	镀锌钢管 *DN*50	m	35.76	20	球阀 *DN*25，1.6MPa	个	57.30
5	镀锌钢管 *DN*40	m	26.16	21	压力表 0～2.5 MPaϕ50 带表弯	套	74.80
6	镀锌钢管 *DN*32	m	23.05	22	信号蝶阀 *DN*100	个	418.00
7	镀锌钢管 *DN*25	m	16.36	23	水流指示器 *DN*100	个	126.30
8	沟槽直接头（含胶圈）*DN*150	个	165.12	24	水流指示器 *DN*50	个	100.00
9	沟槽管件综合 *DN*150	个	450.35	25	自动排气阀 *DN*20	个	23.50
10	沟槽直接头（含胶圈）*DN*100	个	98.58	26	喷头 *DN*15	个	12.00
11	沟槽管件综合 *DN*100	个	190.36	27	喷头装饰盘	个	1.10
12	镀锌钢管接头零件 *DN*65	个	22.95	28	型钢	kg	4.00
13	镀锌钢管接头零件 *DN*50	个	13.20	29	醇酸防锈漆 C53-1	kg	5.50
14	镀锌钢管接头零件 *DN*40	个	4.80	30	酚醛调和漆各色	kg	5.00
15	镀锌钢管接头零件 *DN*32	个	6.46	31	环氧煤沥青底漆	kg	29
16	镀锌钢管接头零件 *DN*25	个	3.96	32	环氧煤沥青面漆	kg	29

续表

序号	主材名称及规格	单位	单价/元	序号	主材名称及规格	单位	单价/元
33	湿式报警装置 *DN*100	套	2800.00	37	酚醛防锈漆（各种颜色）	kg	10.06
34	玻璃布	m^2	14.000	38	对夹式蝶阀 D71X-16 *DN*100	个	347.00
35	沟槽法兰（含连接件）	套	450.16	39	沟槽法兰 *DN*100	片	126.50
36	室内消火栓	套	1080.00	40	螺纹阀门 *DN*20	个	40.00

表 5.58　综合单价分析表

工程名称：消防工程　　第 1 页　共 2 页

项目编码	030901001001	项目名称	水喷淋钢管	计量单位	m	工程量	13.60

清单综合单价组成明细													
定额编号	定额名称	定额单位	数量	单价/元					合价/元				
				人工费	材料费	机械费	管理费	利润	人工费	材料费	机械费	管理费	利润
CJ0018	水喷淋镀锌钢管 *DN*100 沟槽连接	10m	1.360	260.91	8.47	2.26	21.32	48.42	354.84	11.52	3.07	29.00	65.85
CJ0026	沟槽管件安装 *DN*100	10 个	0.700	284.58	7.36	6.77	23.60	53.61	199.21	5.15	4.74	16.52	37.53
人工单价		小计							554.05	16.67	7.81	45.52	103.38
120 元/工日		未计价材料费							2540.40				
清单项目综合单价									240.28				

材料费明细	主要材料名称、规格、型号	单位	数量	单价/元	合价/元	暂估单价/元	暂估合价/元
	钢管 *DN*100	m	13.804	70.83	977.74		
	沟槽直接头（含胶圈）*DN*100	套	2.267	98.58	223.48		
	沟槽管件 *DN*100	套	7.035	190.36	1339.18		
	其他材料费				16.67		
	材料费小计				2557.07		

工程名称：消防工程　　第 2 页　共 2 页

项目编码	031003003001	项目名称	焊接法兰阀门	计量单位	个	工程量	1

清单综合单价组成明细													
定额编号	定额名称	定额单位	数量	单价/元					合价/元				
				人工费	材料费	机械费	管理费	利润	人工费	材料费	机械费	管理费	利润
CK0899	法兰阀门安装 *DN*100	个	1	69.300	27.27	2.97	5.06	11.42	69.30	27.27	2.97	5.06	11.42
CK1218	沟槽法兰安装 *DN*100	副	1	44.310	20.26	3.87	3.37	7.61	44.31	20.26	3.87	3.37	7.61
CF0913	阀门检查接线电动蝶阀	台	1	35.130	12.19	8.30	3.52	7.99	35.13	12.19	8.30	3.52	7.99
人工单价		小计							148.74	59.72	15.14	11.95	27.02
120 元/工日		未计价材料费							1571.32				
清单项目综合单价									1833.89				

续表

	主要材料名称、规格、型号	单位	数量	单价/元	合价/元	暂估单价/元	暂估合价/元
材料费明细	信号蝶阀 *DN*100	个	1.000	418.00	418.00		
	沟槽法兰 *DN*100	片	2.000	126.50	253.00		
	卡箍连接件（含胶圈）*DN*100	套	2.000	450.16	900.32		
	其他材料费				59.72		
	材料费小计				1634.04		

第 6 章

通风与空调系统工程计量与计价

6.1 通风与空调系统组成

6.1.1 通风工程

通风工程是送风、排风、除尘、气力输送，以及防、排烟系统工程的总称。

1. 系统的分类

通风工程在民用建筑中主要用于一般的通风换气和火灾防排烟。火灾防排烟设施主要包括防烟楼梯间及前室、消防电梯前室、合用前室、封闭楼梯间、避难层（间）等场所设置的防烟设施；地下室、内走道、中庭、无窗或设有固定窗房间等部位设置的排烟设施；防烟分区之间的挡烟垂壁等。

（1）地下室通风与排烟

高层建筑的地下停车场或设备房的面积均较大，自然通风和排烟效果很差，因此一般设计有机械通风和排烟，以备火灾时急需，同时满足日常通风换气的需要。常用的通风、排烟系统有以下两种做法。

1）通风系统与排烟系统各自独立设置。这种方式因占用地下室空间大、管路复杂、一次性投资高而逐步被淘汰。

2）通风与排烟合用一个系统，即通风与排烟两系统共用同一风管和风机。在这种系统中，平时启动通风换气系统，当地下室发生火灾时，由消防控制室启动排烟系统进行排烟，同时关闭通风换气系统。这种系统管路简单、投资小，但一个系统要适应两种场合，对系统的自动化程度要求较高。

（2）疏散通道的排烟

高层建筑靠防烟楼梯间及其前室、消防电梯间前室和合用前室的外窗等疏散通道自然排烟达不到要求时，应采取机械排烟。通常的做法是加压送风，即用风机把一定量的室外空气送入楼梯间或通道内，使室内保持一定的压力或使门洞处有一定的流速，以免烟气对建筑内的疏散人员造成严重威胁。

2. 系统的组成

通风系统的组成如图 6.1 所示。

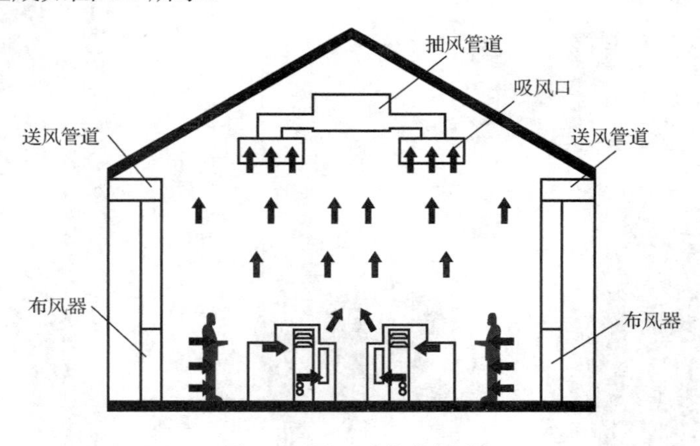

图 6.1 通风系统的组成

机械送风系统一般由进风口、风道、送风机、送风口、阀门等组成；机械排风系统一般由吸风口、净化设备、风管、阀门、排风机、排风口、风帽等组成。

（1）风道

风道是通风与空调系统的主要组成部分，其断面形式有矩形和圆形两种。常见的风管材料有普通薄钢板、镀锌薄钢板、塑料制品、玻璃钢、铝板、不锈钢板等。连接方式有咬口、焊接和法兰连接 3 种。

（2）阀门

阀门是通风与空调系统中调节风量或防止系统火灾的部件。常见的阀门有闸板阀、蝶阀、多叶调节阀、止回阀、排烟阀、防火阀等。

1）当发生火灾时，需将所有的空调送风系统关闭，此时在风管上设置有防火阀，当温度达到 70℃时防火阀自动关闭空调送风。

2）一般的消防排烟风机在 280℃下可连续运转 30min。考虑风机的耐热程度和防止高于 280℃的带火焰的烟气蔓延到风机内，在风机入口附近设置 280℃关闭的排烟防火阀。

（3）进、排风装置

进风装置用于采集洁净空气，即送风，如新风口、进风塔、进风窗口。排风装置用于将排风系统汇集的污浊空气排至室外，如排风口、排风塔、排风帽等。

（4）室内送排风口

室内送排风口是通风和空调系统中的末端装置，常见的有散流器、百叶送排风口、空气分布器、条缝型送风口等。

（5）风机

风机按工作原理可分为离心式风机和轴流式风机；按其输送的气体不同又分为一般性通风机、高温通风机（防排烟风机）、防爆通风机、防腐通风机、耐磨通风机等。

（6）挡烟垂壁

挡烟垂壁是用来阻止防火分区之间烟气蔓延的一种消防设施。它是用不燃烧材料制成的，从顶棚下垂不小于 500mm 的固定或活动的挡烟设施。活动挡烟垂壁是指火灾时因感温、感烟或其他控制设备的作用，自动下垂的挡烟垂壁。

6.1.2　空调工程

空调工程是为保持人们生产和生活所需要的空气温度、湿度、气流速度、洁净度的通风系统，是通风的更高级形式。

1. 系统的分类

1）集中式空调系统：将空气处理设备（如加热器或冷却器、喷水室、过滤器、风机、水泵等）集中设置在专用机房内，统一处理空气，通过风管集中送风。其主要用于公共建筑内等，便于集中管理。

2）半集中式空调系统：将空气系统与空调水系统有机结合起来，其特点是每个房间都有末端空气处理设备，空调水系统直接进入空调房间内，对室内空气进行冷、热、湿处理，而新风系统主要负担新风负荷。其主要用于宾馆、办公楼等场所，便于单独控制。

3）分体式空调：也称家用空调，包括室内机和室外机。

2. 系统的组成

空调系统的组成如图 6.2 所示。

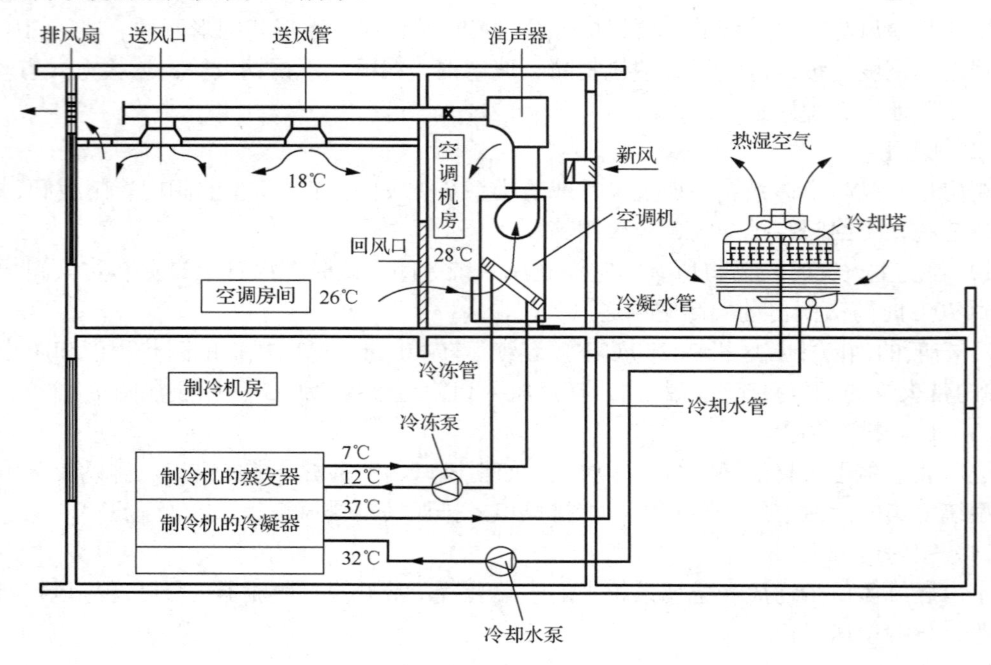

图 6.2 空调系统的组成

由图 6.2 可知，空调系统主要包括以下内容。

1）空调冷源：包括制冷设备、冷冻水泵、冷却水泵、冷却塔。

2）空调末端设备：包括空调机、风机盘管、新风机。

3）空气输送管网：风管、风阀、静压箱、消声器。

4）室内空气分配装置：出风口、回风口。

5）运行调节控制设备：空调自动控制装置。

6.2 通风与空调工程计量与计价方法

6.2.1 通风与空调工程计算规范与其他计算规范的关系

1）通风空调工程是指通风（空调）设备及部件、通风管道及部件的制作安装工程。

2）冷冻机组站内的设备安装、通风机安装及人防两用通风机安装，应按《通用安装工程工程量计算规范》附录 A 机械设备安装工程相关项目编码列项。

3）冷冻机组站内的管道安装，应按《通用安装工程工程量计算规范》附录 H 工业管道工程相关项目编码列项。

4）冷冻站外墙皮以外通往通风空调设备的供热、供冷、供水等管道，应按通用《安装工程工程量计算规范》附录 K 给排水、采暖、燃气工程相关项目编码列项。

5）设备和支架的除锈、刷漆、保温及保护层安装，应按《通用安装工程工程量计算规范》附录 M 刷油、防腐蚀、绝热工程相关项目编码列项。

6.2.2　通风与空调工程定额选用说明

通风与空调工程定额主要执行《四川省建设工程工程量清单计价定额——通用安装工程》（2020）中的 G 分册《通风空调工程》。该分册适用于工业与民用建筑的新建、扩建项目中的通风空调工程。包括通风及空调设备及部件、通风管道及部件、人防通风设备及部件、辅助项目的制作和安装。

1. 增加费用说明

1）系统调整费：按定额人工费的 7%计取，其费用中人工费、机械费各占 35%。

说明：

① 以空调风系统工程（由空调风管道、阀门、空调机组组成空调风工程系统）全部人工费为计算基础，按规定系数计取。人工费、机械费各占 35 %。

② 空调风系统调整费按《通用安装工程工程量计算规范》（GB 50856—2013）编码列项，列入分部分项工程量清单。

③ 当空调风工程系统中风管工程量发生变化时，系统调试费用应作相应调整。

2）脚手架搭拆费：按定额人工费的 4%计算，其费用中人工费占 35%，机械费占 5%。

3）操作高度增加费：本定额操作高度是按距离楼地面 6m 考虑的，超过 6m 时，超过部分工程量按定额人工费乘以系数 1.2 计取。

说明：

① 计算操作高度增加费的基数是超过定额规定高度部分工程的定额人工费。

② 操作高度增加费全部计入人工费。

③ 操作高度增加费计入清单项目的综合单价。

4）建筑物超高增加费：指对檐口高度 20m 以上的工业与民用建筑物进行安装增加的费用，按±0 以上部分的定额人工费乘以表 6.1 中的系数计算。

表 6.1　建筑物超高增加费系数

建筑物檐高/m	≤40	≤60	≤80	≤100	≤120	≤140	≤160	≤180	≤200	200m 以上每增 20m
建筑物超高系数/%	2	5	9	14	20	26	32	38	44	6

说明：

① 建筑物檐口高度超过 20m 时，均可计取建筑物超高增加费。突出主体建筑物顶的电梯机房、楼梯出口间、水箱间、瞭望塔、排烟机房等不计入檐口高度。

② 计算基础为±0 以上部分的定额人工费，不包括地下部分的定额人工费。

③ 建筑物超高增加费全部计入人工费。

④ 建筑物超高增加费列入单价措施项目费。

5）分册定额中包含制作和安装的项目，如果单独制作或者单独（成品）安装，其制作费与安装费的比例按表 6.2 划分。

表 6.2 通风管道、空调部件的制作费与安装费的比例划分

序号	项目	制作占百分率/%			安装占百分率/%		
		人工	材料	机械	人工	材料	机械
1	镀锌钢板法兰式通风管道制作安装	60	95	95	40	5	5
2	镀锌钢板共板式通风管道制作安装	40	95	95	60	5	5
3	钢板法兰式通风管道制作安装	60	95	95	40	5	5
4	净化通风管道制作安装	40	85	95	60	15	5
5	不锈钢板通风管道制作安装	72	95	95	28	5	5
6	铝板通风管道制作安装	68	95	95	32	5	5
7	塑料通风管道制作安装	85	95	95	15	5	5
8	双面铝箔玻纤复合风管制作安装	60	2	99	40	98	1
9	酚醛铝箔、彩钢酚醛、玻镁复合风管制作安装	60	30	99	40	70	1
10	风帽制作安装	75	80	99	25	20	1
11	罩类制作安装	78	98	95	22	2	5
12	静压箱制作安装	60	85	95	40	15	5
13	型钢支架制作安装	86	98	95	14	2	5
14	不锈钢法兰及支架制作安装	72	95	95	28	5	5
15	金属壳体	86	98	95	14	2	5
16	过滤器框架	60	85	95	40	15	5

2. 《通风空调工程》分册与相关分册的关系

1）冷热源（冷冻、冷水、热水、蒸汽）设备、冷却塔执行 A 分册《机械设备安装工程》相应项目。

2）通风空调工程的电气接线和电气调试，卫生间通风器执行 D 分册《电气设备安装工程》相应项目。

3）空调系统中多联空调机铜管外的管道安装执行 K 分册《给排水、采暖、燃气工程》相应项目，设备机房内的管道安装执行 H 分册《工业管道工程》相应项目，以机房外墙皮为界划分。

4）通风空调工程的除锈、刷油、防腐蚀、绝热等内容，执行 M 分册《刷油、防腐蚀、绝热工程》相应项目。

5）防火封堵执行 D 分册《电气设备安装工程》中防火封堵相应项目。

6）风管和冷媒管不含穿墙、穿楼板的洞口预留和封堵。

7）风机如需拆装检查，执行 A 分册《机械设备安装工程》相应项目。

6.2.3 通风与空调工程计量与计价

1. 风管制作、安装

（1）工程量计算规则

1）清单工程量计算规则。

① 碳钢通风管道、净化通风管道、不锈钢板通风管道、铝板通风管道、塑料通风管道以“m^2”计量，按设计图示内径尺寸以展开面积计算。

② 玻璃钢通风管道、复合型风管以“m^2”计量，按设计图示外径尺寸以展开面积计算。

③ 柔性软风管以“m”计量，按设计图示中心线以长度计算；或以“节”计量，按设计图示数量计算。

说明：

a．风管展开面积，不扣除检查孔、测定孔、送风口、吸风口等所占面积； 风管长度一律以设计图示中心线长度为准（主管与支管以其中心线交点划分），包括弯头、三通、变径管、天圆地方等管件的长度，但不包括部件所占的长度。风管展开面积不包括风管、管口重叠部分面积。风管渐缩管：圆形风管按平均直径，矩形风管按平均周长计算。

b．穿墙套管按展开面积计算，计入通风管道工程量中。

c．净化通风管的空气清洁度按 100000 级标准编制， 净化通风管使用的型钢材料如要求镀锌时，工作内容应注明支架镀锌。

2）定额工程量计算规则。

① 风管按设计图示规格，分不同材料、规格（直径、长边长度、周长、板材厚度）、拼接连接方式以展开面积计算，以“$10m^2$”为计量单位。包括端面封头面积，不扣除检查孔、测定孔、送风口、吸风口等所占面积，不计算风管、管口重叠部分面积。面积计算公式如下。

圆形风管展开面积：

$$S = \pi\phi \times L$$

矩形风管展开面积：

$$S = 2\times\left(B+H\right)\times L$$

圆风管端头（单个）面积：

$$S = 1/4\pi\phi^2$$

矩形风管端头（单个）面积：

$$S = B\times H$$

式中代号见表 6.3。

表 6.3　定额项目中的参数和规格采用代号及单位

序号	项目	代号	单位	序号	项目	代号	单位
1	重量、质量	W	kg	7	风管长边/短边（宽/高）	B/H	mm
2	风量	F	m^3/h	8	风管周长	C	mm
3	制冷量	N	kW	9	风管厚度	δ	mm
4	制热量	R	kW	10	面积、框内面积	S	m^2
5	公称直径	DN	mm	11	片距、距离	h	mm
6	直径（风管、铜管）	ϕ/D	mm	12	长/宽	L/B	mm

② 计算风管长度时均以图示风管中心线长度为准，包括弯头、三通、变径管、天圆地方等管件的长度，不包括部件所占的长度。

主管与支管以其中心线交点为界；两端连接风管的变径管以中点为界，一端连接设备或部件的变径管统一按连接风管端的截面计算，两端连接设备或部件的异径管统一按大端截面计算；天圆地方及长度不超过 0.5m 的圆形直段统一按其连接的风管截面计算。

③ 柔性软风管和不锈钢排烟管安装按设计图示中心线长度计算，以“m”为计量单位。

说明：

a．在竖向风井中安装风管，其定额人工费和定额机械费乘以系数 1.8。

b．部分部件长度取值按表 6.4 计取。

表 6.4 部件长度取值 （单位：mm）

部件名称	蝶阀	止回阀	密闭式对开多叶调节阀	圆形风管防火阀	矩形风管防火阀
部件长度	150	300	210	一般为 300～380	一般为 300～380

c.（镀锌）钢板通风管道、净化通风管道、玻璃钢通风管道、复合型风管包括管件（弯头、三通、四通、变径管、天圆地方等）、法兰、加固框和吊托支架的制作安装，但不包括落地支架和加强支架，发生时执行“G.5 辅助项目”相应项目。

d. 不锈钢板风管、铝板风管包括管件，但不包括法兰和吊托支架；法兰和吊托支架执行“G.5 辅助项目”相应项目。

e. 塑料风管包括管件、法兰、加固框，但不包括吊托支架制作安装，吊托支架执行“G.5 辅助项目”相应项目。

f. 柔性软风管适用于由金属、涂塑化纤织物、聚酯、聚乙烯、聚氯乙烯薄膜、铝箔等材料制成的软风管。不包括吊托支架制作安装，吊托支架执行“G.5 辅助项目”相应项目。

g. 塑料风管、玻璃钢风管、复合型风管所表示的规格为内径和内边长。

h. 风道是以砖、石、混凝土、木、石膏板等制作、安装的通风管道，按建筑工程定额有关分部规定计算，不计入安装工程。

◆例 6.1 某空调系统如图 6.3 所示，风管采用镀锌薄钢板咬口连接，板材厚度δ=0.75mm，计算空调风管的清单工程量。

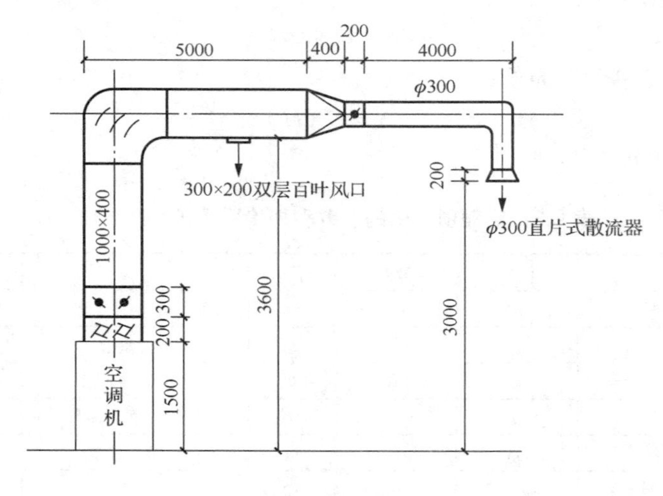

图 6.3 某空调系统

※解※

由图 6.3 可知，空调风管共有两种规格，应分别列项统计。风管清单工程量如下。

矩形风管 1000mm×400mm:

$$L=(3.6+1/2-1.5-0.2-0.3+5-1/2+0.4/2)=6.8\ (\mathrm{m})$$

$$S=2\times(B+H)\times L=2\times(1+0.4)\times6.8=19.04\ (\mathrm{m}^2)$$

圆形风管 ϕ300mm：

$$L=0.4/2+4-0.3/2+3.6+1/2-3-0.2=4.95\ (\mathrm{m})$$

$$S=\pi\phi\times L=3.14\times0.3\times4.95=4.66\ (\mathrm{m}^2)$$

（2）清单使用说明

根据《通用安装工程工程量计算规范》（GB 50856—2013）G.2 的规定，通风管道的工程量清单项目设置、项目特征描述的内容、计量单位及工程量计算规则应按表 6.5 执行。

表 6.5　通风管道工程量清单项目设置

<table>
<tr><th>项目编码</th><th>项目名称</th><th>项目特征</th><th>计量单位</th><th>工程量计算规则</th><th>工作内容</th></tr>
<tr><td>030702001</td><td>碳钢通风管道</td><td rowspan="2">1．名称
2．材质
3．形状
4．规格
5．板材厚度
6．管件、法兰等附件及支架设计要求
7．接口形式</td><td rowspan="7">m^2</td><td rowspan="5">按设计图示内径尺寸以展开面积计算</td><td rowspan="5">1．风管、管件、法兰、零件、支吊架制作、安装
2．过跨风管落地支架制作、安装</td></tr>
<tr><td>030702002</td><td>净化通风管道</td></tr>
<tr><td>030702003</td><td>不锈钢板通风管道</td><td rowspan="3">1．名称
2．形状
3．规格
4．板材厚度
5．管件、法兰等附件及支架设计要求
6．接口形式</td></tr>
<tr><td>030702004</td><td>铝板通风管道</td></tr>
<tr><td>030702005</td><td>塑料通风管道</td></tr>
<tr><td>030702006</td><td>玻璃钢通风管道</td><td>1．名称
2．形状
3．规格
4．板材厚度
5．支架形式、材质
6．接口形式</td><td rowspan="2">按设计图示外径尺寸以展开面积计算</td><td rowspan="2">1．风管、管件安装
2．支吊架制作、安装
3．过跨风管落地支架制作、安装</td></tr>
<tr><td>030702007</td><td>复合型风管</td><td>1．名称
2．材质
3．形状
4．规格
5．板材厚度
6．接口形式
7．支架形式、材质</td></tr>
</table>

（3）定额使用说明

1）整个通风系统设计采用渐缩管均匀送风者，圆形风管按平均直径、矩形风管按平均边长（周长）执行相应规格定额项目，其定额人工费乘以系数 2.5。

2）制作空气幕送风管，按矩形风管平均边长执行相应规格风管项目，其定额人工费乘以系数 3。

3）板材为未计价材料，其价值按下式计算：

板材价值=按风管图计算的工程量×板材定额消耗量×相应板材单价

4）钢板咬口连接风管执行镀锌钢板相应项目。

5）净化风管及部件制作安装项目中，型钢未包括镀锌费，如需镀锌时，应另加镀锌费。

6）不锈钢板风管咬口连接制作安装执行镀锌钢板风管相应项目。

7）风管法兰垫料使用阻（不）燃胶条，定额材料费乘以系数 1.1。

8）风管强度试验，按经批准并实施的方案计取费用。

9）塑料风管胎具的材料费按以下规定另行计算：风管工程量小于或等于 30m^2 的，每 10m^2 风管摊销木材 155 元；风管工程量大于 30m^2 的，每 10m^2 风管摊销木材 105 元。

10）若风管板材厚度超过本章相应项目最大规格，按最大规格项目乘以系数 1.2。

11）在竖向风井中安装风管，其定额人工费和定额机械费乘以系数 1.8。

12）表 6.6 所示风管如需扣除支架制作安装，则相应定额乘以对应系数。

表 6.6　风管扣除支架制作安装系数

序号	风管类型	定额人工费系数	定额材料费系数	定额机械费系数
1	镀锌钢板法兰式咬口矩形风管	0.85	0.75	0.8
2	镀锌钢板共板式咬口矩形风管	0.8	0.7	0.9
3	玻璃钢矩形风管	0.8	0.7	0.9

◆例 6.2　根据例 6.1 的计算结果，套用相关定额子目，计算定额费用。

※解※

套用碳钢通风管道相关定额子目，见表 6.7。

表 6.7　例 6.2 的定额费用

定额编号	项目名称	计量单位	① 工程数量	② 定额综合基价/元	③ 合价/元 ③=①×②	主材名称	④ 主材数量	单位	⑤ 主材单价/元	⑥ 主材合价/元 ⑥=④×⑤	⑦ 定额合价/元 ⑦=③+⑥
CG0110	镀锌薄钢板法兰式矩形风管 $B \leqslant 1000$	10m^2	1.904	924.65	1760.53	镀锌薄钢板 $\delta = 0.75$mm	21.668	m^2	40.04	867.59	1760.53+867.59=2628.12
CG0103	镀锌薄钢板法兰式圆形风管 ϕ300	10m^2	0.466	1765.21	822.59	镀锌薄钢板 $\delta = 0.75$mm	5.303	m^2	40.04	212.33	822.59+212.33=1034.92

◆例 6.3　根据例 6.1 和例 6.2 的计算结果，编制工程量清单，计算各清单项目的综合单价和合价。

※解※

1）由表 6.5 可知，本例的工程量清单见表 6.8。

表 6.8　例 6.3 的工程量清单

序号	项目编码	项目名称	项目特征	计量单位	工程量
1	030702001001	碳钢通风管道	1．名称：薄钢板通风管道 2．材质：镀锌 3．形状：矩形 4．规格：1000mm×400mm 5．板材厚度：$\delta = 0.75$mm 6．接口形式：咬口连接	m^2	19.04
2	030702001002	碳钢通风管道	1．名称：薄钢板通风管道 2．材质：镀锌	m^2	4.66

续表

序号	项目编码	项目名称	项目特征	计量单位	工程量
2	030702001002	碳钢通风管道	3．形状：圆形 4．规格：ϕ300 5．板材厚度：$\delta=0.75$mm 6．接口形式：咬口连接	m^2	4.66

2）通过对比《通用安装工程工程量计算规范》（GB 50856—2013）附录 G 相关项目和《四川省建设工程工程量清单计价定额——通用安装工程》（2020）G 分册定额相关子目的工作内容，可知清单项目 030702001001 对应于定额子目 CG0110，清单项目 030702001002 对应于定额子目 CG0103。清单项目和定额子目的关系见表 6.9。

表 6.9　清单项目和定额子目的关系

项目编码	项目名称	项目特征	对应定额子目
030702001001	碳钢通风管道	1．名称：薄钢板通风管道 2．材质：镀锌 3．形状：矩形 4．规格：1000mm×400mm 5．板材厚度：$\delta=0.75$mm 6．接口形式：咬口连接	CG0110
030702001002	碳钢通风管道	1．名称：薄钢板通风管道 2．材质：镀锌 3．形状：圆形 4．规格：ϕ300 5．板材厚度：$\delta=0.75$mm 6．接口形式：咬口连接	CG0103

3）定额子目的信息见表 6.10。

表 6.10　定额子目的信息

定额编号	项目名称	计量单位	定额综合基价/元	其中（单位：元）					未计价材料		
				人工费	材料费	机械费	管理费	利润	名称	单位	数量
CG0110	镀锌薄钢板法兰式矩形风管 $B\leqslant1000$	$10m^2$	924.65	481.89	300.45	11.55	39.97	90.79	镀锌钢板	m^2	11.380
CG0103	镀锌薄钢板法兰式圆形风管ϕ300	$10m^2$	1765.21	1174.26	235.00	35.39	97.98	222.58	镀锌钢板	m^2	11.380

各清单项目的综合单价和合价分别如下。

030702001001

综合单价：

$$92.465+1.138\times40.04=138.03\text{（元）}$$

清单项目合价：

$$138.03\times19.04=2628.09\text{（元）}$$

030702001002

综合单价：

$$176.521+1.138\times40.04=222.09（元）$$

清单项目合价:

$$222.09\times4.66=1034.94（元）$$

2. 柔性接口制作、安装

（1）工程量计算规则

1）清单工程量计算规则。

柔性接口以“m^2”计量，按设计图示尺寸以展开面积计算。

说明：

柔性接口包括金属、非金属软管接口及伸缩节。

2）定额工程量计算规则。

柔性接头、伸缩节按展开面积计算，以“m^2”为计量单位。

◆**例 6.4** 某空调系统如图 6.3 所示，计算帆布软接头的工程量。

※解※

由图 6.3 可知，软接头的断面为 1000mm×400mm，长度为 0.2m，则其工程量为

$$2\times(1+0.4)\times0.2=0.56(\mathrm{m}^2)$$

（2）清单使用说明

根据《通用安装工程工程量计算规范》（GB 50856—2013）G.3 的规定，柔性接口的工程量清单项目设置、项目特征描述的内容、计量单位及工程量计算规则应按表 6.11 执行。

表 6.11　柔性接口工程量清单项目设置

项目编码	项目名称	项目特征	计量单位	工程量计算规则	工作内容
030703019	柔性接口	1. 名称 2. 规格 3. 材质 4. 类型 5. 形式	m^2	按设计图示内径尺寸以展开面积计算	1. 柔性接口制作 2. 柔性接口安装

（3）定额使用说明

1）柔性接头适用于设备（部件）与风管之间的软连接；非金属柔性接头制作安装为单层考虑，材料为帆布、使用人造革等其他非金属材料时不予换算；金属柔性接头安装，适用于不同的金属材质，接头材料为未计价材料。

2）伸缩节适用于塑料通风管道系统。

◆**例 6.5** 根据例 6.4 的计算结果，套用相关定额子目，计算定额费用。

※解※

套用软管接口相关定额子目，见表 6.12。

表 6.12　柔性接口的定额费用

定额编号	项目名称	计量单位	① 工程数量	② 定额综合基价/元	③ 合价/元 ③=①×②	主材名称	④ 主材数量	单位	⑤ 主材单价/元	⑥ 主材合价/元 ⑥=④×⑤	⑦ 定额合价/元 ⑦=③+⑥
CG0514	非金属柔性接头制作、安装	m^2	0.560	397.88	222.81						222.81

◆例 6.6　根据例 6.4 和例 6.5 的计算结果，编制工程量清单，计算清单项目的合价。

※解※

1）由表 6.11 可知，本例的工程量清单见表 6.13。

表 6.13　例 6.6 的工程量清单

序号	项目编码	项目名称	项目特征	计量单位	工程量
1	030703019001	柔性接口	1．名称：软接口 2．规格：1000mm×400mm，$L=200$mm 3．材质：帆布	m^2	0.56

2）通过对比《通用安装工程工程量计算规范》（GB 50856—2013）附录 G 相关项目和《四川省建设工程工程量清单计价定额——通用安装工程》（2020）G 分册定额相关子目的工作内容，可知清单项目 030703019001 对应于定额子目 CG0514。清单项目和定额子目的关系见表 6.14。

表 6.14　清单项目和定额子目的关系

项目编码	项目名称	项目特征	对应定额子目
030703019001	柔性接口	1．名称：软接口 2．规格：1000mm×400mm，$L=200$mm 3．材质：帆布	CG0514

3）定额子目的信息见表 6.15。

表 6.15　定额子目的信息

定额编号	项目名称	计量单位	定额综合基价/元	其中（单位：元）					未计价材料		
				人工费	材料费	机械费	管理费	利润	名称	单位	数量
CG0514	非金属柔性接头制作、安装	m^2	397.88	174.90	174.35	1.81	14.31	32.51			

清单项目的合价为

$$397.88\times0.56=222.81\text{（元）}$$

3．风管导流叶片

（1）工程量计算规则

1）清单工程量计算规则。

弯头处导流叶片以面积计算，按设计图示以展开面积（单位为米 ^{2}）计算；以组计量，按设计图示数量计算。

2）定额工程量计算规则。

导流叶片分单叶片和双叶片（香蕉形）按图示尺寸以面积计算，以“m^2”为计量单位。单片面积按下列公式或表 6.16 计算。

① 单叶片面积：

$$S=r\theta H$$

② 双叶片（香蕉形）面积：

$$S=(r_1\theta_1+r_2\theta_2)H$$

式中，H ——导流叶片宽度；

r ——导流叶片曲率半径；

θ、θ_1、θ_2 ——曲率半径的角度（单位为弧度）。

表 6.16　单导流叶片面积

风管高度 H/mm	200	250	320	400	500	630	800	1000	1250	1600	2000
面积/m^2	0.075	0.091	0.114	0.14	0.17	0.216	0.273	0.425	0.502	0.623	0.755

注：表中为单叶片面积，双叶片（香蕉形）面积按 2 倍计。

◆例 6.7　某空调系统如图 6.3 所示，弯头处设置单叶片导流叶片，共 7 片，计算导流叶片的工程量。

※解※

由图 6.3 可知，风管高度为 400mm，查表 6.16 可知，单片导流叶片的面积为 0.14m²，则其工程量为

$$0.14 \times 7 = 0.98\,(m^2)$$

（2）清单使用说明

根据《通用安装工程工程量计算规范》（GB 50856—2013）G.2 的规定，弯头处导流叶片的工程量清单项目设置、项目特征描述的内容、计量单位及工程量计算规则应按表 6.17 执行。

表 6.17　弯头处导流叶片工程量清单项目设置

项目编码	项目名称	项目特征	计量单位	工程量计算规则	工作内容
030702009	弯头处导流叶片	1．名称 2．材质 3．规格 4．形式	1．m^2 2．组	1．以面积计量，按设计图示以展开面积（单位为平方米）计算 2．以组计量，按设计图示数量计算	1．制作 2．组装

（3）定额使用说明

风管导流叶片不分单叶片和双叶片（香蕉形），均执行同一项目。

◆例 6.8　根据例 6.7 的计算结果，套用相关定额子目，计算定额费用。

※解※

套用弯头处导流叶片相关定额子目，定额费用见表 6.18。

表 6.18　导流叶片的定额费用

定额编号	项目名称	计量单位	① 工程数量	② 定额综合基价/元	③ 合价/元 ③=①×②	主材名称	④ 主材数量	单位	⑤ 主材单价/元	⑥ 主材合价/元 ⑥=④×⑤	⑦ 定额合价/元 ⑦=③+⑥
CG0519	弯头处导流叶片	m^2	0.980	215.97	211.65	镀锌钢板 δ=1mm	1.117	m^2	53.38	59.63	211.65+59.63 =271.28

◆例 6.9　根据例 6.7 和例 6.8 的计算结果，编制工程量清单，计算清单项目的合价。

※解※

1）由表 6.17 可知，本例的工程量清单见表 6.19。

表 6.19　例 6.9 的工程量清单

序号	项目编码	项目名称	项目特征	计量单位	工程量
1	030702009001	弯头导流叶片	1. 名称：导流叶片 2. 材质：镀锌薄钢板 3. 规格：$0.14m^2$ 4. 形式：单叶片	m^2	0.98

2）通过对比《通用安装工程工程量计算规范》（GB 50856—2013）附录 G 相关项目和《四川省建设工程工程量清单计价定额——通用安装工程》（2020）G 分册定额相关子目的工作内容，可知清单项目 030702009001 对应于定额子目 CG0519。清单项目和定额子目的关系见表 6.20。

表 6.20　清单项目和定额子目的关系

项目编码	项目名称	项目特征	对应定额子目
030702009001	弯头导流叶片	1. 名称：导流叶片 2. 材质：镀锌薄钢板 3. 规格：$0.14m^2$ 4. 形式：单叶片	CG0519

3）定额子目的信息见表 6.21。

表 6.21　定额子目的信息

定额编号	项目名称	计量单位	定额综合基价/元	其中（单位：元）					未计价材料		
				人工费	材料费	机械费	管理费	利润	名称	单位	数量
CG0519	弯头导流叶片	m^2	215.97	169.53	0.63	0.70	13.79	31.32	镀锌钢板	m^2	1.14

清单项目的合价为

$$(215.97+1.14\times 53.38)\times 0.98=271.29（元）$$

4. 检查孔、测定孔

（1）工程量计算规则

1）清单工程量计算规则。

① 风管检查孔以“kg”计量，按风管检查孔质量计算；以“个”计量，按设计图示数量计算。

② 温度、风量测定孔以个计量，按设计图示数量计算。

2）定额工程量计算规则。

① 风管检查孔制作，以“100 kg”为计量单位。

② 温度和风量测定孔以“个”为计量单位，从施工图上数出。

（2）清单使用说明

根据《通用安装工程工程量计算规范》（GB 50856—2013）G.2 的规定，检查孔、测定孔的工程量清单项目设置、项目特征描述的内容、计量单位及工程量计算规则应按表 6.22 执行。

表 6.22　检查孔、测定孔工程量清单项目设置

项目编码	项目名称	项目特征	计量单位	工程量计算规则	工作内容
030702010	风管检查孔	1．名称 2．材质 3．规格	1．kg 2．个	1．以千克计量，按风管检查孔质量计算 2．以个计量，按设计图示数量计算	1．制作 2．安装
030702011	温度、风量测定孔	1．名称 2．材质 3．规格 4．设计要求	个	按设计图示数量计算	

（3）定额使用说明

风管检查孔、温度和风量测定孔执行 G 分册《通风空调工程》定额 G.5 辅助项目中的相应项目。

◆例 6.10　某空调系统设置 T614 型风管检查孔 5 个，单个检查孔的质量为 6.55kg，尺寸为 490mm×430mm，T615 型温度测定孔 4 个，规格为 *DN*100，套用相关定额子目，计算定额费用。

※解※

检查孔的工程量为

$$6.55\times5=32.75(\text{kg})$$

测定孔的工程量：4 个。

套用检查孔、测定孔相关定额子目，定额费用见表 6.23。

表 6.23　风管检查孔、测定孔的定额费用

定额编号	项目名称	计量单位	① 工程数量	② 定额综合基价/元	③ 合价/元 ③=①×②	主材名称	④ 主材数量	单位	⑤ 主材单价/元	⑥ 主材合价/元 ⑥=④×⑤	⑦ 定额合价/元 ⑦=③+⑥
CG0520	风管检查孔制作	100kg	0.3275	4377.83	1433.74						1433.74
CG0521	温度、风量测定孔制作	个	4	93.51	374.04						374.04

◆例 6.11　根据例 6.10 的计算结果，编制工程量清单，计算各清单项目的合价。

※解※

1）由表 6.22 可知，本例的工程量清单见表 6.24。

表 6.24　风管检查孔、测定孔的工程量清单

序号	项目编码	项目名称	项目特征	计量单位	工程量
1	030702010001	风管检查孔	1．名称：风管检查孔 2．材质：镀锌薄钢板 3．规格：490mm×430mm，6.55kg/个	kg	32.75
2	030702011001	温度测定孔	1．名称：温度测定孔 2．材质：镀锌薄钢板 3．规格：*DN*100	个	4

2）通过对比《通用安装工程工程量计算规范》（GB 50856—2013）附录 G 相关项目和《四川省建设工程工程量清单计价定额——通用安装工程》（2020）G 分册《通风空调工程》定额相关子目的工作内容，可知清单项目 030702010001 对应于定额子目 CG0520，清单项目 030702011001 对应于定额子目 CG0521。清单项目和定额子目的关系见表 6.25。

表 6.25　清单项目和定额子目的关系

项目编码	项目名称	项目特征	对应定额子目
030702010001	风管检查孔	1. 名称：风管检查孔 2. 材质：镀锌薄钢板 3. 规格：490mm×430mm，6.55kg/个	CG0520
030702011001	温度测定孔	1. 名称：温度测定孔 2. 材质：镀锌薄钢板 3. 规格：*DN*100	CG0521

3）定额子目的信息见表 6.26。

表 6.26　定额子目的信息

定额编号	项目名称	计量单位	定额综合基价/元	其中（单位：元）					未计价材料		
				人工费	材料费	机械费	管理费	利润	名称	单位	数量
CG0520	风管检查孔制作	100kg	4377.83	2250.33	1394.03	108.40	191.06	434.01			
CG0521	温度、风量测定孔制作	个	93.51	65.49	7.30	2.66	5.52	12.54			

各清单项目的合价如下。

风管检查孔（030702010001）:

$$4377.83\times0.3275=1433.74（元）$$

温度测定孔（030702011001）:

$$93.51\times4=374.04（元）$$

5. 风阀

（1）工程量计算规则

1）清单工程量计算规则。

各种风阀分材质以“个”计量，按设计图示数量计算。

2）定额工程量计算规则。

各种风阀分材质、形状、规格，以“个”计量，按设计图示数量计算。

◆例 6.12　某空调系统如图 6.3 所示，计算风阀的工程量。

※解※

由图 6.3 可知，共有两种阀门，其工程量如下。

对开多叶调节阀 1000mm×400mm：1 个。

圆形蝶阀 ϕ300 mm：1 个。

（2）清单使用说明

根据《通用安装工程工程量计算规范》（GB 50856—2013）G.3 的规定，风管阀门工程量的清单项目设置、项目特征描述的内容、计量单位及工程量计算规则应按表 6.27 执行。

表 6.27　阀门工程量清单项目设置

项目编码	项目名称	项目特征	计量单位	工程量计算规则	工作内容
030703001	碳钢阀门	1．名称 2．型号 3．规格 4．质量 5．类型 6．支架形式、材质	个	按设计图示数量计算	1．阀体制作 2．阀体安装 3．支架制作、安装
030703002	柔性软风管阀门	1．名称 2．规格 3．材质 4．类型			阀体安装
030703003	铝蝶阀	1．名称 2．规格 3．质量 4．类型			
030703004	不锈钢蝶阀				
030703005	塑料阀门	1．名称 2．型号 3．规格 4．类型			
030703006	玻璃钢蝶阀				

（3）定额使用说明

1）阀类按材质分类，区分不同的阀门类别（如蝶阀、止回阀、插板阀、对开多叶调节阀、防火阀等），分别套用相应定额项目。

2）铝合金或其他材料调节阀执行碳钢调节阀相应项目。

3）蝶阀安装项目适用于圆形（保温）蝶阀、矩形（保温）蝶阀。

4）止回阀安装项目适用于圆形止回阀和矩形止回阀。

5）风阀均不包括支架制作安装，发生时执行执行“G.5 辅助项目”相应项目。

◆例 6.13　1000mm×400mm 手动对开多叶调节阀和 ϕ300mm 圆形蝶阀均为成品，单价分别为 246.56 元/个和 158 元/个，根据例 6.12 的计算结果，套用相关定额子目，计算定额费用。

※解※ ————————————————————————————

查《四川省建设工程工程量清单计价定额——通用安装工程》(2020) C.G 定额项目，套用阀门安装相关定额子目，定额费用见表 6.28。

表 6.28　调节阀的定额费用

定额编号	项目名称	计量单位	①	②	③	主材名称	④	单位	⑤	⑥	⑦
			工程数量	定额综合基价/元	合价/元 ③=①×②		主材数量		主材单价/元	主材合价/元 ⑥=④×⑤	定额合价/元 ⑦=③+⑥
CG0272	对开多叶调节阀 $C\leqslant$ 2800	个	1.000	95.46	95.46	对开多叶调节阀 1000mm×400mm	1.010	个	246.56	249.03	95.46+249.03=344.49
CG0260	蝶阀 $C\leqslant$ 1600	个	1.000	61.26	61.26	圆形蝶阀 ϕ300	1.010	个	158.00	159.58	61.26+159.58=220.84

◆例 6.14　根据例 6.13 的计算结果，编制工程量清单，计算各清单项目的综合单价。

※解※

1）由表 6.27 可知，本例的工程量清单见表 6.29。

表 6.29　阀门的工程量清单

序号	项目编码	项目名称	项目特征	计量单位	工程量
1	030703001001	碳钢阀门	1．名称：对开多叶调节阀 2．规格：1000mm×400mm，$L = 300$mm	个	1
2	030703001002	碳钢阀门	1．名称：蝶阀 2．材质：碳钢 3．规格：ϕ300	个	1

2）通过对比《通用安装工程工程量计算规范》（GB 50856—2013）附录 G 相关项目和《四川省建设工程工程量清单计价定额——通用安装工程》（2020）G 分册《通风空调工程》定额相关子目的工作内容，可知清单项目 030703001001 对应于定额子目 CG0272，清单项目 030703001002 对应于定额子目 CG0260。清单项目和定额子目的关系见表 6.30。

表 6.30　清单项目和定额子目的关系

项目编码	项目名称	项目特征	对应定额子目
030703001001	碳钢阀门	1．名称：对开多叶调节阀 2．规格：1000mm×400mm，L=300mm	CG0272
030703001002	碳钢阀门	1．名称：蝶阀 2．材质：碳钢 3．规格：ϕ300	CG0260

3）定额子目的信息见表 6.31。

表 6.31　定额子目的信息

定额编号	项目名称	计量单位	定额综合基价/元	其中（单位：元）					未计价材料		
				人工费	材料费	机械费	管理费	利润	名称	单位	数量
CG0272	对开多叶调节阀 C≤2800	个	95.46	46.20	31.55	4.32	4.09	9.30	对开多叶调节阀	个	1.010
CG0260	蝶阀 C≤1600	个	61.26	30.87	18.62	2.84	2.73	6.20	蝶阀	个	1.010

各清单项目的综合单价如下。

对开多叶调节阀（030702010001）:

$$95.46+1.01\times246.56=344.49\text{（元）}$$

蝶阀（030702010002）:

$$61.26+1.01\times158=220.84\text{（元）}$$

6．风口、风帽

（1）工程量计算规则

1）清单工程量计算规则。

各种风口、风帽分材质以“个”计量，按设计图示数量计算。

2）定额工程量计算规则。

大多数风口安装以“个”计量，按设计图示数量计算。风帽有圆伞形、锥形、筒形，风帽制作安装以质量计算工程量，以“100kg”为计量单位。风帽安装不包括风帽筝绳和风帽泛水的制作、安装，应另列项计算。

◆例 6.15　某空调系统如图 6.3 所示，计算风口的工程量。

※解※

由图 6.3 可知，共有两种碳钢风口，其工程量如下。

双层百叶风口 300mm×200mm：1 个。

直片式散流器 ϕ300 mm：1 个。

（2）清单使用说明

根据《通用安装工程工程量计算规范》（GB 50856—2013）G.3 的规定，风口工程量的清单项目设置、项目特征描述的内容、计量单位及工程量计算规则应按表 6.32 执行。

表 6.32　风口工程量清单项目设置

<table>
<tr><th>项目编码</th><th>项目名称</th><th>项目特征</th><th>计量单位</th><th>工程量计算规则</th><th>工作内容</th></tr>
<tr><td>030703007</td><td>碳钢风口、散流器、百叶窗</td><td rowspan="3">1. 名称
2. 型号
3. 规格
4. 质量
5. 类型
6. 形式</td><td rowspan="7">个</td><td rowspan="7">按设计图示数量计算</td><td rowspan="3">1. 风口制作、安装
2. 散流器制作、安装
3. 百叶窗安装</td></tr>
<tr><td>030703008</td><td>不锈钢风口、散流器、百叶窗</td></tr>
<tr><td>030703009</td><td>塑料风口、散流器、百叶窗</td></tr>
<tr><td>030703010</td><td>玻璃钢风口</td><td rowspan="2">1. 名称
2. 型号
3. 规格
4. 类型
5. 形式</td><td>风口安装</td></tr>
<tr><td>030703011</td><td>铝及铝合金风口、散流器</td><td>1. 风口制作、安装
2. 散流器制作、安装</td></tr>
<tr><td>030703012</td><td>碳钢风帽</td><td>1. 名称
2. 规格
3. 质量
4. 类型
5. 形式
6. 风帽筝绳、泛水设计要求</td><td>1. 风帽制作、安装
2. 筒形风帽滴水盘制作、安装
3. 风帽筝绳制作、安装
4. 风帽泛水制作、安装</td></tr>
<tr><td>030703017</td><td>碳钢罩类</td><td>1. 名称
2. 型号
3. 规格
4. 质量
5. 类型
6. 形式</td><td>1. 罩类制作
2. 罩类安装</td></tr>
</table>

（3）定额使用说明

1）风口按材质分类，区分不同的风口类别（如百叶风口、散流器、百叶窗），分别套用相应的定额项目。

2）碳钢百叶风口安装项目适用于碳钢带调节板活动百叶风口、单层百叶风口、双层百叶风口、三层百叶风口、连动百叶风口、带导流叶片百叶风口、活动金属百叶风口等。

3）送吸风口适用于单面送吸风口和双面送吸风口。

4）铝合金风口安装应执行碳钢风口项目，其定额人工费乘以系数 0.9；带阀风口执行相应项目乘以系数 1.1。

5）风口的宽与长之比≤0.125 为条缝形风口，其定额人工费乘以系数 1.1。

6）防虫网罩单独安装执行风口定额乘以系数 0.8。

7）若风口风阀规格大于本章相应项目的最大规格，按最大规格项目乘以系数 1.20 执行。

8）风帽按材质分类，区分不同的风帽类别（如圆伞形、锥形、筒形），分别套用相应的定额项目。风帽筝绳和风帽泛水的制作、安装执行相应的定额子目。

9）罩类按材质分类，区分不同的罩类类别（如侧吸罩、槽边侧吸罩、回转排气罩等）分别套用相应的定额项目。碳钢罩类项目中不包括的其他材质和形式排气罩，可执行《通风空调工程》定额中近似的项目。

◆例 6.16　300mm×200mm 碳钢双层百叶风口（3.2kg）单价为 58 元/个，ϕ300mm 圆形直片式铝合金散流器单价为 200 元/个，根据例 6.15 的计算结果，套用相关定额子目，计算定额费用。

※解※

查《四川省建设工程工程量清单计价定额——通用安装工程》（2020）C.G 定额项目，套用风口安装相关子目，定额费用见表 6.33。

表 6.33　风口安装的定额费用

定额编号	项目名称	计量单位	① 工程数量	② 定额综合基价/元	③ 合价/元 ③=①×②	主材名称	④ 主材数量	单位	⑤ 主材单价/元	⑥ 主材合价/元 ⑥=④×⑤	⑦ 定额合价/元 ⑦=③+⑥
CG0288	碳钢百叶风口 $C\leqslant$ 1280	个	1	30.97	30.97	碳钢双层百叶风口 300mm×200mm	1.010	个	58.00	58.58	30.97+58.58=89.55
CG0307 换	圆形散流器安装	个	1	46.76	46.76	铝合金圆形散流器 ϕ300	1.010	个	200.00	202.00	46.76+202.00=248.76

注：CG0307 换定额综合基价：50.25−34.86×0.1=46.76（元）。

◆例 6.17　根据例 6.15 和例 6.16 的计算结果，编制工程量清单，计算各清单项目的综合单价。

※解※

1）由表 6.32 可知，本例的工程量清单见表 6.34。

表 6.34　百叶风口的工程量清单

序号	项目编码	项目名称	项目特征	计量单位	工程量
1	030703007001	碳钢风口	1. 名称：双层百叶风口 2. 规格：300mm×200mm 3. 质量：3.2kg	个	1
2	030703011001	铝及铝合金风口、散流器	1. 名称：铝合金圆形散流器 2. 规格：ϕ300 3. 类型：直片式	个	1

2）通过对比《通用安装工程工程量计算规范》（GB 50856—2013）附录 G 相关项目和《四川省建设工程工程量清单计价定额——通用安装工程》（2020）G 分册《通风空调工程》定额相关子目的工作内容，可知清单项目 030703007001 对应于定额子目 CG0288；清单项目 030703011001 对应于定额子目 CG0307。清单项目和定额子目的关系见表 6.35。

表 6.35　清单项目和定额子目的关系

项目编码	项目名称	项目特征	对应定额子目
030703007001	碳钢风口	1. 名称：双层百叶风口 2. 规格：300mm×200mm 3. 质量：3.2kg	CG0288
030703011001	铝及铝合金风口、散流器	1. 名称：铝合金圆形散流器 2. 规格：ϕ300 3. 类型：直片式	CG0307

3）定额子目的信息见表 6.36。

表 6.36　定额子目的信息

定额编号	项目名称	计量单位	定额综合基价/元	其中（单位：元）					未计价材料		
				人工费	材料费	机械费	管理费	利润	名称	单位	数量
CG0288	碳钢百叶风口 $C\leqslant1280$	个	30.97	21.21	3.96	0.14	1.73	3.93	碳钢百叶风口	个	1.010
CG0307	圆形散流器安装	个	50.25	34.86	6.16		2.82	6.41	散流器	个	1.010

各清单项目的综合单价如下。

碳钢风口（030703007001）：

$$30.97+1.01\times58=89.55\text{（元）}$$

铝及铝合金风口、散流器（030703011001）：

$$(34.86\times0.9+6.16+2.82+6.41)+1.01\times200=248.76\text{（元）}$$

7. 消声器和静压箱

（1）工程量计算规则

1）清单工程量计算规则。

① 消声器以“个”计量，按设计图示数量计算。

② 静压箱以“个”计量，按设计图示数量计算；或以“m^2”计量，按设计图示尺寸以展开面积计算。注意，不扣除开口面积。

2）定额工程量计算规则。

消声器分不同类型，以“节”计量，消声弯头以“个”计量，按设计图示数量计算。静压箱制作安装以“$10m^2$”为计量单位，按设计图示尺寸计算。

说明：

① 静压箱以 6 个面的展开面积计算，不扣除开孔所占面积。

② 消声器的安装已包含支架的制作安装，不得另计。

③ 静压箱安装不包括支架的制作安装，需另行计算。

◆例 6.18　某空调系统的静压箱如图 6.4 所示，安装时采用 2 副型钢支架，每副支架的质量为 55kg，计算静压箱及支架的工程量。

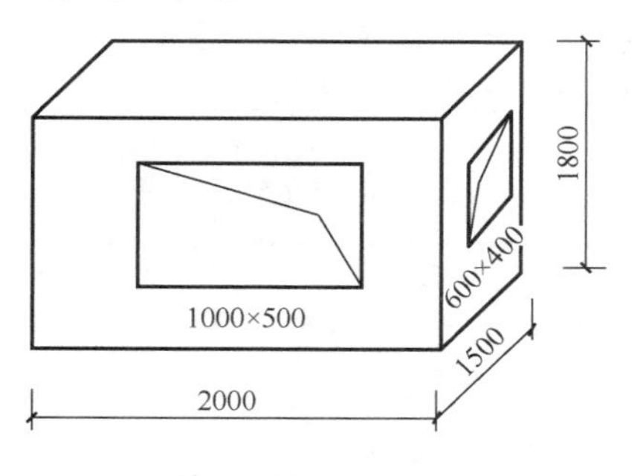

图 6.4　静压箱大样图

※解※

由题可知，静压箱的工程量为

$$2\times1.5\times2+2\times1.8\times2+1.8\times1.5\times2=18.6(m^2)$$

支架的工程量为

$$55\times2=110(kg)$$

（2）清单使用说明

根据《通用安装工程工程量计算规范》（GB 50856—2013）G.3 的规定，消声器和静压箱的工程量清单项目设置、项目特征描述的内容、计量单位及工程量计算规则应按表 6.37 执行。

表 6.37　消声器和静压箱工程量清单项目设置

项目编码	项目名称	项目特征	计量单位	工程量计算规则	工作内容
030703020	消声器	1．名称 2．规格 3．材质 4．形式 5．质量 6．支架形式、材质	个	按设计图示数量计算	1．消声器制作 2．消声器安装 3．支架制作、安装
030703021	静压箱	1．名称 2．规格 3．形式 4．材质 5．支架形式、材质	1．个 2．m^2	1．以个计量，按设计图示数量计算 2．以平方米计量，按设计图示尺寸以展开面积计算	1．静压箱制作、安装 2．支架制作、安装

（3）定额使用说明

1）消声器安装区分类别（如片式消声器、矿棉管式消声器、阻抗复合式消声器等）分别套用相应的定额项目。

2）消声器安装区分消声器长度，以周长分档分别套用相应的定额项目。

3）消声静压箱安装执行相应消声器的安装子目。

4）静压箱制作和安装分别套用相应的定额子目。

◆例 6.19　根据例 6.18 的计算结果，套用相关定额子目，计算定额费用。

※解※

查《四川省建设工程工程量清单计价定额——通用安装工程》（2020）C.G 定额项目，套用静压箱制作安装相关子目，定额费用见表 6.38。

表 6.38 静压箱的定额费用

定额编号	项目名称	计量单位	① 工程数量	② 定额综合基价/元	③ 合价/元 ③=①×②	主材名称	④ 主材数量	单位	⑤ 主材单价/元	⑥ 主材合价/元 ⑥=④×⑤	⑦ 定额合价/元 ⑦=③+⑥
CG0456	静压箱制作安装	10m^2	1.860	1915.69	3563.18	镀锌钢板 δ=1mm	21.371	m^2	53.38	1140.78	3563.18+1140.78=4703.96
CG0503	型钢支架制作安装 W>50kg	100kg	1.100	874.95	962.45						962.45

例 6.20 根据例 6.19 的计算结果，编制工程量清单，计算清单项目的合价和综合单价。

※解※

1）由表 6.37 可知，本例的工程量清单见表 6.39。

表 6.39 静压箱的工程量清单

序号	项目编码	项目名称	项目特征	计量单位	工程量
1	030703021001	静压箱	1. 名称：静压箱 2. 规格：2000mm×1500mm×1800mm 3. 材质：镀锌钢板 4. 支架形式、材质：型钢	m^2	18.6

2）通过对比《通用安装工程工程量计算规范》（GB 50856—2013）附录 G 相关项目和《四川省建设工程工程量清单计价定额——通用安装工程》（2020）G 分册定额相关子目的工作内容，可知清单项目 030703021001 对应于定额子目 CG0456 和 CG0503。清单项目和定额子目的关系见表 6.40。

表 6.40 清单项目和定额子目的关系

项目编码	项目名称	项目特征	对应定额子目
030703021001	静压箱	1. 名称：静压箱 2. 规格：2000mm×1500mm×1800mm 3. 材质：镀锌钢板 4. 支架形式、材质：型钢	CG0456 CG0503

3）定额子目的信息见表 6.41。

表 6.41 定额子目的信息

定额编号	项目名称	计量单位	定额综合基价/元	其中（单位：元）					未计价材料		
				人工费	材料费	机械费	管理费	利润	名称	单位	数量
CG0456	静压箱制作安装	10m^2	1915.69	1309.20	229.07	24.09	108.00	245.33	镀锌钢板	m^2	11.490
CG0503	型钢支架制作安装 W>50kg	100kg	874.95	333.27	433.70	15.55	28.25	64.18			

清单项目的合价为

$$(191.569+1.149\times53.38)\times18.6+8.7495\times110=5666.43\text{（元）}$$

综合单价为

$$5666.43/18.6=304.65\text{（元）}$$

8. 通风空调设备

（1）工程量计算规则

1）清单工程量计算规则。

① 密闭门、挡水板、滤水器与溢水盘、金属壳体以“个”计量，按设计图示数量计算。

② 过滤器以“台”计量，按设计图示数量计算；或以“m^2”计量，按设计图示尺寸以过滤面积计算。

③ 空调器以“台”或“组”计量，按设计图示数量计算。

④ 其余设备及部件以“台”计量，按设计图示数量计算。

说明：

通风空调设备安装的地脚螺栓按设备自带考虑。

2）定额工程量计算规则。

① 密闭门以“个”计量，挡水板以“m^2”计量，滤水器、溢水盘、金属壳体以“100kg”计量。

② 组合式空调器分不同风量以“台”计量，分段组装式空调器以“100kg”计量，空调器按不同质量以“台”计量。空调器的安装不包括支架的制作、安装，需另行计算。

③ 通风机安装按风量分档，以“台”为计量单位。通风机的安装不包括支架的制作、安装，需另行计算。

④ 风机盘管安装按安装方式不同以“台”为计量单位。风机盘管的安装已包括支架的制作、安装，不得另计。

⑤ 空调制冷设备包括制冷主机、水泵、冷却塔等，均以“台”为计量单位。

◆例 6.21　某空调系统采用分段组装式空调器，质量为 1500kg，外形尺寸为 3000mm×1800mm×2000mm（长×宽×高），采用 10#槽钢基础，计算空调器的工程量。

※解※

由题可知，分段组装式空调器的工程量为 1 台，设备支架 10#槽钢的长度为

$$2\times(3+1.8)=9.6\text{（m）}$$

设备支架的工程量为

$$9.6\times10=96\text{（kg）}$$

◆例 6.22　某工程有 FP-136WAHZ-30-3 吊顶式风机盘管 30 台，要求试压后安装，计算风机盘管的工程量。

※解※

由题可知，风机盘管的工程量为 30 台。

（2）清单使用说明

根据《通用安装工程工程量计算规范》（GB 50856—2013）G.1 的规定，通风空调设备的工程量清单项目设置、项目特征描述的内容、计量单位及工程量计算规则应按表 6.42 执行。

表 6.42　通风空调设备工程量清单项目设置

项目编码	项目名称	项目特征	计量单位	工程量计算规则	工作内容
030701001	空气加热器（冷却器）	1．名称 2．型号 3．规格 4．质量 5．安装形式 6．支架形式、材质	台	按设计图示数量计算	1．本体安装、调试 2．设备支架制作、安装 3．补刷（喷）油漆
030701002	除尘设备				
030701003	空调器	1．名称 2．型号 3．规格 4．安装形式 5．质量 6．隔振垫（器）、支架形式、材质	台（组）		1．本体安装或组装、调试 2．设备支架制作、安装 3．补刷（喷）油漆
030701004	风机盘管	1．名称 2．型号 3．规格 4．安装形式 5．减振器、支架形式、材质 6．试压要求	台		1．本体安装、调试 2．设备支架制作、安装 3．试压 4．补刷（喷）油漆
030108001	离心式通风机	1．名称 2．型号 3．规格 4．质量 5．材质 6．减振装置形式、数量 7．灌浆配合比 8．单机试运转要求			1．本体安装 2．拆装检查 3．减振台座制作、安装 4．二次灌浆 5．单机试运转 6．补刷（喷）油漆
030108003	轴流通风机				
030108006	其他风机				
030109001	离心式泵				
030109002	旋涡泵				
030109011	潜水泵				
030109012	其他泵				
030113001	冷水机组	1．名称 2．型号 3．质量 4．制冷（热）形式 5．制冷（热）量 6．灌浆配合比 7．单机试运转要求			1．本体安装 2．二次灌浆 3．单机试运转 4．补刷（喷）油漆
030113009	电动机	1．名称 2．型号 3．质量 4．灌浆配合比 5．单机试运转要求			
030113017	冷却塔	1．名称 2．型号 3．规格 4．材质 5．质量 6．单机试运转要求			1．本体安装 2．单机试运转 3．补刷（喷）油漆

（3）定额使用说明

1）通风机区分离心式通风机、轴流通风机等，套用A分册《机械设备安装工程》定额中的相应项目。离心式通风机、轴流通风机的号数与风量对照见表6.43。

表6.43　离心式通风机、轴流通风机的号数与风量对照

通风机号数	对应风量/（m^3/h）
离心式通风机安装4号	离心式通风机安装4500以下
离心式通风机安装6号	离心式通风机安装4501～7000
离心式通风机安装8号	离心式通风机安装7001～19300
离心式通风机安装12号	离心式通风机安装19301～62000
离心式通风机安装16号	离心式通风机安装62001～123000
离心式通风机安装20号	离心式通风机安装123000以上
轴流通风机安装5号	轴流通风机安装8900以下
轴流通风机安装7号	轴流通风机安装8901～25000
轴流通风机安装10号	轴流通风机安装25001～63000
轴流通风机安装16号	轴流通风机安装63001～140000
轴流通风机安装20号	轴流通风机安装140000以上

2）设备安装包括其电动机安装，但不包括电动机检查接线及调试，执行D分册《电气设备安装工程》定额中的相应项目。

3）设备安装包括减震器安装和地脚螺栓安装，但不包括其相应的主材费。

4）设备安装不包括支吊架制作，支吊架制作安装执行G分册《通风空调工程》"G.5辅助项目"中的支架项目。

5）吊顶式和卡入嵌入式风机盘管、变风量末端装置包含吊架制作安装，不得另行套用定额。

6）诱导风机、多联空调机、室内机执行风机盘管安装相应项目。

7）斜流式风机和混流式风机执行轴流式风机安装相应项目。

8）落地式空气净化器执行落地式风机盘管项目，移动式空气净化器执行落地式风机盘管安装项目乘以系数0.6。

9）空调制冷设备执行A分册《机械设备安装工程》定额中的相应项目。

◆例6.23　根据例6.21的计算结果，套用相关定额子目，计算定额费用。

※解※

查《四川省建设工程工程量清单计价定额——通用安装工程》（2020）C.G定额项目，套用分段组装式空调器安装及设备支架制作、安装相关子目，定额费用见表6.44。

表6.44　空调器的定额费用

定额编号	项目名称	计量单位	① 工程数量	② 定额综合基价/元	③ 合价/元 ③=①×②	主材名称	④ 主材数量	单位	⑤ 主材单价/元	⑥ 主材合价/元 ⑥=④×⑤	⑦ 定额合价/元 ⑦=③+⑥
CG0029	分段组装式空调器	100kg	15	315.41	4731.15	分段组装式空调器	1	台	25000.00	25000.00	4731.15+25000.00=29731.15

续表

定额编号	项目名称	计量单位	① 工程数量	② 定额综合基价/元	③ 合价/元 ③=①×②	主材名称	④ 主材数量	单位	⑤ 主材单价/元	⑥ 主材合价/元 ⑥=④×⑤	⑦ 定额合价/元 ⑦=③+⑥
CG0504	支架制作安装 W>50kg	100kg	0.96	874.95	839.95						839.95

◆例 6.24 根据例 6.22 的计算结果，套用相关定额子目，计算定额费用。

※解※

查《四川省建设工程工程量清单计价定额——通用安装工程》（2020）C.G 定额项目，套用分段组装式空调器安装及设备支架制作、安装相关子目，套用风机盘管安装、试压相关子目，定额费用见表 6.45。

表 6.45　风机盘管的定额费用

定额编号	项目名称	计量单位	① 工程数量	② 定额综合基价/元	③ 合价/元 ③=①×②	主材名称	④ 主材数量	单位	⑤ 主材单价/元	⑥ 主材合价/元 ⑥=④×⑤	⑦ 定额合价/元 ⑦=③+⑥
CG0039	吊顶式风机盘管安装	台	30	297.10	8913.00	风机盘管	30.000	台	300.00	9000.00	8913.00+9000.00=17913.00
CG0042	风机盘管试压	台	30	118.67	3560.1						3560.1

◆例 6.25 根据例 6.23 和例 6.24 的计算结果，编制工程量清单，计算各清单项目的合价和综合单价。

※解※

1）由表 6.42 可知，本例的工程量清单见表 6.46。

表 6.46　例 6.25 的工程量清单

序号	项目编码	项目名称	项目特征	计量单位	工程量
1	030701003001	空调器	1．名称：分段组装式空调器 2．规格：3000mm×1800mm×2000mm（长×宽×高） 3．安装形式：落地安装 4．质量：1500kg 5．支架形式、材质：10#槽钢	台	1
2	030701004001	风机盘管	1．名称：风机盘管 2．型号：FP-136WAHZ-30-3 3．规格：136m³/h 4．安装形式：吊顶式 5．试压要求：需试压	台	30

2）通过对比《通用安装工程工程量计算规范》（GB 50856—2013）附录 G 相关项目和《四川省建设工程工程量清单计价定额——通用安装工程》（2020）G 分册《通风空调工程》定额相关子目的工作内容，可知清单项目 030701003001 对应于定额子目 CG0029 和 CG0504，清单项目 030701004001 对应于定额子目 CG0039 和 CG0042。清单项目和定额子目的关系见表 6.47。

表 6.47 清单项目和定额子目的关系

项目编码	项目名称	项目特征	对应定额子目
030701003001	空调器	1．名称：分段组装式空调器 2．规格：3000mm×1800mm×2000mm（长×宽×高） 3．安装形式：落地安装 4．质量：1500kg 5．支架形式、材质：10#槽钢	CG0029 CG0504
030701004001	风机盘管	1．名称：风机盘管 2．型号：FP-136WAHZ-30-3 3．规格：136m³/h 4．安装形式：吊顶式 5．试压要求：需试压	CG0039 CG0042

3）定额子目的信息见表 6.48。

表 6.48 定额子目的信息

定额编号	项目名称	计量单位	定额综合基价/元	其中（单位：元）					未计价材料		
				人工费	材料费	机械费	管理费	利润	名称	单位	数量
CG0029	分段组装式空调器	100kg	315.41	217.77	4.62	27.91	19.90	45.21			
CG0504	支架制作安装 W>50kg	100kg	874.95	333.27	433.70	15.55	28.25	64.18			
CG0039	吊顶式风机盘管安装	台	297.10	188.88	43.57	11.54	16.23	36.88	风机盘管	台	1.000
CG0042	风机盘管试压	台	118.67	80.79	4.26	9.65	7.33	16.64			

各清单项目的合价和综合单价如下。

空调器（030701003001）:

清单项目合价:

$$315.41\times15+25000.00+874.95\times0.96=30571.10（元）$$

综合单价:

$$30571.10/1=30571.10（元）$$

风机盘管（030703004001）:

清单项目合价:

$$(297.10+1\times300)\times30+118.67\times30=21473.10（元）$$

综合单价:

$$21473.10/30=715.77（元）$$

9．风管保温

（1）工程量计算规则

1）清单工程量计算规则。

① 风管保温按体积计算其工程量，单位为“m³”。

矩形风管：

$$V=2(A+B+2\times1.033\delta)\times1.033\delta\times L$$

圆形风管：

$$V = \pi \times (D + 1.033\delta) \times 1.033\delta \times L$$

式中，L——风管长度；

A, B——矩形风管边长；

D——圆形风管外径；

δ——保温层厚度。

② 防潮层、保护层以其面积计算，单位为“m^2”。

矩形风管：

$$S = 2(A + B + 4 \times 1.033\delta + 0.0082) \times L$$

圆形风管：

$$S = \pi \times (D + 2.1\delta + 0.0082) \times L$$

2）定额工程量计算规则。

设备、管道、通风管道、阀门、法兰绝热分材质、绝热厚度按设计图示体积以“m^3”计量。橡塑管绝热区分管径按长度“m”计量。

① 矩形风管：

$$V = 2(A + B + 2 \times 1.03\delta) \times 1.03\delta \times L$$

圆形风管：

$$V = \pi \times (D + 1.03\delta) \times 1.03\delta \times L$$

式中，L——风管长度；

A, B——矩形风管边长；

D——圆形风管外径；

δ——保温层厚度。

② 防潮层、保护层以其面积计算，单位为“m^2”。

矩形风管：

$$S = 2(A + B + 4 \times 1.03\delta) \times L$$

圆形风管：

$$S = \pi \times (D + 2.1\delta) \times L$$

说明：

a．风管法兰绝热，按其工程量并入风管绝热项目中。

b．根据绝热工程施工及验收技术规范，保温层厚度大于 100mm，保冷层厚度大于 75mm 时，若分为两层安装的，其工程量按两层计算并分别套用定额子目。如厚 140mm 的二层分别为 60mm 和 80mm，该两层分别计算工程量。

◆例 6.26　某空调系统如图 6.3 所示，风管采用 $\delta = 40$mm 橡塑保温，计算矩形风管 1000mm×400mm 橡塑保温工程量。

清单工程量为

$$2 \times (1 + 0.4 + 2 \times 1.033 \times 0.04) \times 1.033 \times 0.04 \times 6.8 = 0.83 \text{（}m^3\text{）}$$

定额工程量为

$$2 \times (1 + 0.4 + 2 \times 1.03 \times 0.04) \times 1.03 \times 0.04 \times 6.8 = 0.83 \text{（}m^3\text{）}$$

（2）清单使用说明

根据《通用安装工程工程量计算规范》（GB 50856—2013）M.8 的规定，通风管道绝热、保护层的工程量清单项目设置、项目特征描述的内容、计量单位及工程量计算规则应按表 6.49 执行。

表 6.49　管道绝热、保护层工程量清单项目设置

项目编码	项目名称	项目特征	计量单位	工程量计算规则	工作内容
031208003	通风管道绝热	1. 绝热材料品种 2. 绝热厚度 3. 软木品种	1. m^3 2. m^2	1. 以立方米计量，按图示表面积加绝热层厚度及调整系数计算 2. 以平方米计量，按图示表面积及调整系数计算	1. 安装 2. 软木制品安装
031208007	防潮层保护层	1. 材料 2. 厚度 3. 层数 4. 对象 5. 结构形式	1. m^2 2. kg	1. 以平方米计量，按图示表面积加绝热层厚度及调整系数计算 2. 以千克计量，按图示金属结构质量计算	安装

（3）定额使用说明

套用《四川省建设工程工程量清单计价定额——通用安装工程》（2020）M 分册定额中的通风管道绝热工程。

1）管道绝热工程，除法兰、阀门单独套用定额外，其他管件均已考虑在内；设备绝热工程，除法兰、入孔单独套用定额外，其封头已考虑在内。

2）根据绝热工程施工及验收技术规范，保温层厚度大于 100mm，保冷层厚度大于 75mm 时，若分为两层安装的，其工程量按两层计算并分别套用定额子目。

◆例 6.27　根据例 6.26 的计算结果，套用相关定额子目，计算定额费用。

※解※

套用 M 分册《刷油、防腐蚀、绝热工程》通风管道保温相关子目，定额费用见表 6.50。

表 6.50　通风管道保温的定额费用

定额编号	项目名称	计量单位	①	②	③	主材名称	④	单位	⑤	⑥	⑦
			工程数量	定额综合基价/元	合价/元 ③=①×②		主材数量		主材单价/元	主材合价/元 ⑥=④×⑤	定额合价/元 ⑦=③+⑥
CM1479	风管橡塑板厚度40mm	m^3	0.830	420.06	348.65	橡塑板	0.896	m^3	720.00	645.12	348.65+645.12=993.77

◆例 6.28　根据例 6.26 的计算结果，编制工程量清单，计算清单项目的合价。

※解※

1）由表 6.49 可知，本例的工程量清单见表 6.51。

表 6.51　通风管道绝热的工程量清单

项目编码	项目名称	项目特征	计量单位	工程量
031208003001	通风管道绝热	1. 绝热材料品种：橡塑 2. 绝热厚度：$\delta = 40$mm	m^3	0.83

2）通过对比《通用安装工程工程量计算规范》（GB 50856—2013）附录 M 相关项目和《四川省建设工程工程量清单计价定额——通用安装工程》（2020）M 分册定额相关子目的工作内容，可知清单项目 031208003001 对应于定额子目 CM1479。清单项目和定额子目的关系见表 6.52。

表 6.52　清单项目和定额子目的关系

项目编码	项目名称	项目特征	对应定额子目
031208003001	通风管道绝热	1．绝热材料品种：橡塑 2．绝热厚度：$\delta=40$mm	CM1479

3）定额子目的信息见表 6.53。

表 6.53　定额子目的信息

定额编号	项目名称	计量单位	定额综合基价/元	其中（单位：元）					未计价材料		
				人工费	材料费	机械费	管理费	利润	名称	单位	数量
CM1479	风管橡塑板厚度 40mm	m^3	420.06	308.06	30.37		24.95	56.68	橡塑板	m^3	1.08

清单项目的合价为

$$(420.06+1.08\times720)\times0.83=994.06（元）$$

10. 空调水系统

空调水系统包括冷冻水系统、冷却水系统和冷凝水系统。

（1）工程量计算规则

1）空调水管的计算方法同室内给水管道。

2）需要保温的管道有冷冻水管和冷凝水管，冷却水管不做保温。管道保温以“m^3”为计量单位，计算公式为

$$V=\pi\times(D+1.033\delta)\times1.033\delta\times L$$

式中，L——水管长度；

D——管道外径；

δ——保温层厚度；

1.033——调整系数。

3）空调水系统中常用阀门有铜闸阀、电动二通阀、自动排气阀、浮球阀、蝶阀、闸阀、电动蝶阀、比例积分阀等，安装时以“个”为计量单位。

（2）定额使用说明

空调水系统执行 K 分册《给排水、采暖、燃气工程》定额中的相应子目。

11. 通风工程检测、调试

（1）工程量计算规则

通风工程检测、调试不包括通风空调水系统的调试费，需另计相关费用。

（2）清单使用说明

根据《通用安装工程工程量计算规范》（GB 50856—2013）的规定，通风工程检测、调试的工程量清单项目设置、项目特征描述的内容、计量单位及工程量计算规则应按表 6.54 执行。

表 6.54　通风工程检测、调试工程量清单项目设置

项目编码	项目名称	项目特征	计量单位	工程量计算规则	工作内容
030704001	通风工程检测、调试	风管工程量	系统	按通风系统计算	1．通风管道风量测定 2．风压测定 3．温度测定 4．各系统风口、阀门调整

续表

项目编码	项目名称	项目特征	计量单位	工程量计算规则	工作内容
030704002	风管漏光试验、漏风试验	漏光试验、漏风试验、设计要求	m^3	按设计图纸或规范要求以展开面积计算	通风管道漏光试验、漏风试验
031009002	空调水工程系统调试	1．系统形式 2．采暖（空调水）管道工程量	系统	按空调水工程系统计算	系统调试

（3）定额使用说明

1）空调风系统调整费按定额人工费的 7%计取，其费用中人工费、机械费各占 35%。

2）空调水系统调试费按空调水系统工程（含冷凝水管)定额人工费的 10%计算，其中人工费、机械费各占 35%。

3）风管漏风试验和漏光试验执行 G 分册《通风空调工程》定额 G.5 的相应项目。

6.3　通风与空调工程计量与计价实例

本节通过一个工程实例来说明通风与空调工程计量与计价的计算方法和程序。

6.3.1　工程概况与设计说明

该工程为某辖区内首层电子零部件加工车间通风空调系统安装工程，层高为 4m，如图 6.5 所示。

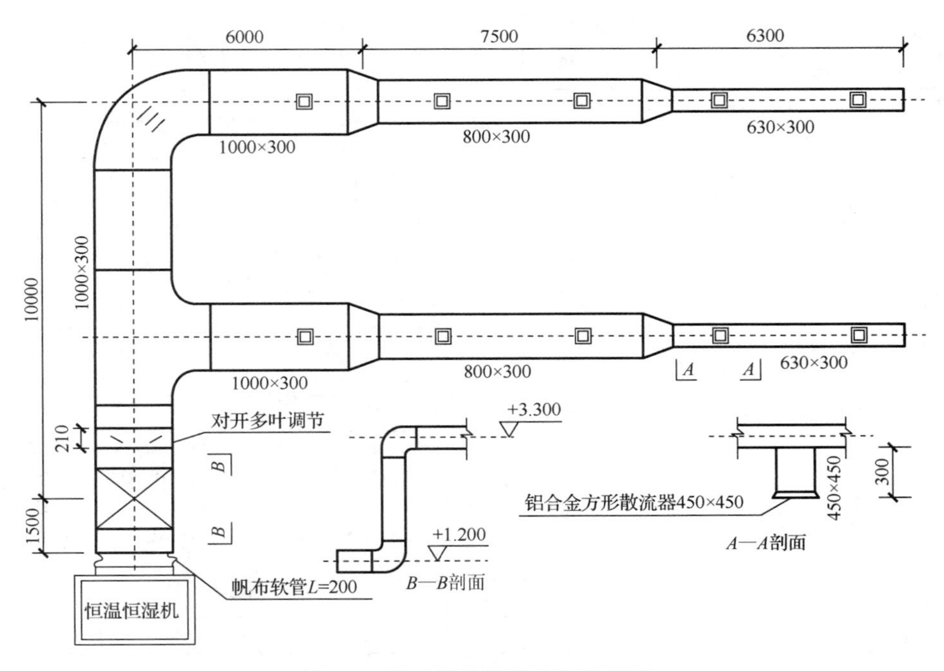

图 6.5　某工程首层通风空调平面

1．设计说明

1）本加工车间采用 1 台恒温恒湿机进行室内空气调节，并配合土建砌筑混凝土基础和预埋地脚螺栓安装，其型号为 YSL-DHS-225，外形尺寸为 1200mm×1100mm×1900mm，质量为 350kg，底部设置δ=20mm 橡胶隔振垫。

2）风管采用镀锌薄钢板矩形风管，法兰咬口连接，风管规格 1000mm×300mm，板厚δ=1.20mm；风管规格 800mm×300mm，板厚δ=1.00mm；风管规格 630mm×300mm，板厚δ=1.00mm；风管规格 450mm×450mm，板厚δ=0.75mm。

3）对开多叶调节阀为成品购买，铝合金方形散流器规格为 450mm×450mm。

4）风管采用橡塑保温，保温厚度为δ=25mm。

5）导流叶片采用单叶片，厚度δ=0.75mm，共 7 片。

2. 计算范围

根据所给图纸，从恒温恒湿机（包括本体）开始计算至各风口止（包括风口，工程量计算保留小数后两位有效数字，第三位四舍五入）。

6.3.2 工程量计算

空调工程量计算见表 6.55。

表 6.55 空调工程量计算

序号	项目名称	单位	工程量	计算式
1	镀锌薄钢板矩形风管 1000mm×300mm，板厚δ=1.20mm，法兰咬口连接	m^2	66.01	$2\times(1+0.3)\times[1.5+(10-0.21)+(3.3-1.2)+6\times2]=66.01$
2	镀锌薄钢板矩形风管 800mm×300mm，板厚δ=1.00mm，法兰咬口连接	m^2	33.00	$2\times(0.8+0.3)\times7.5\times2=33.00$
3	镀锌薄钢板矩形风管 630mm×300mm，板厚δ=1.00mm，法兰咬口连接	m^2	23.44	$2\times(0.63+0.3)\times6.3\times2=23.44$
4	镀锌薄钢板矩形风管 450mm×450mm，板厚δ=0.75mm，法兰咬口连接	m^2	8.10	$2\times(0.45+0.45)\times(0.3+0.15)\times10=8.10$
5	帆布软接头 1000mm×300mm，$L=200$mm	m^2	0.52	$2\times(1+0.3)\times0.2=0.52$
6	单叶片导流叶片，$H=300$mm，$\delta=0.75$mm	m^2	0.80	$0.114\times7=0.80$
7	恒温恒湿空调机	台	1	1
8	对开多叶调节阀 1000mm×300mm，$L=210$mm	个	1	1
9	铝合金方形散流器 450mm×450mm	个	10	$5\times2=10$
10	风管橡塑玻璃棉保温	m^3	3.52	$2\times(1+0.3+2\times1.033\times0.025)\times1.033\times0.025\times25.39$ $+2\times(0.8+0.3+2\times1.033\times0.025)\times1.033\times0.025\times15$ $+2\times(0.63+0.3+2\times1.033\times0.025)\times1.033\times0.025\times12.6$ $+2\times(0.45+0.45+2\times1.033\times0.025)\times1.033\times0.025\times4.5$ $=3.52$
11	通风工程检测、调试		1	1
12	风管漏风、漏光试验	m^2	131.07	$66.01+33.00+23.44+8.10+0.52=131.07$

6.3.3 工程量清单与计价

根据《通用安装工程工程量计算规范》（GB 50856—2013）及《四川省建设工程工程量清单计价定额——通用安装工程》（2020），编制空调工程分部分项工程量清单与计价表，见表 6.56。本章用到的主材单价表见表 6.57，综合单价分析表见表 6.58。

表 6.56　空调工程分部分项工程量清单与计价表

序号	项目编码	项目名称	项目特征描述	计量单位	工程数量	金额/元		
						综合单价	合价	其中 暂估价
1	030702001001	碳钢通风管道	1．名称：薄钢板通风管道 2．材质：镀锌 3．形状：矩形 4．规格：1000mm×300mm 5．板材厚度：$\delta=1.20$mm 6．接口形式：法兰咬口连接	m^2	66.01	165.34	10914.09	
	CG0110	镀锌薄钢板矩形风管法兰式咬口 $B\leqslant1000$，$\delta\leqslant1.2$		10m	6.601			
2	030702001002	碳钢通风管道	1．名称：薄钢板通风管道 2．材质：镀锌 3．形状：矩形 4．规格：800mm×300mm 5．板材厚度：$\delta=1.00$mm 6．接口形式：法兰咬口连接	m^2	33.00	153.21	5055.93	
	CG0110	镀锌薄钢板矩形风管法兰式咬口 $B\leqslant1000$，$\delta\leqslant1.2$		$10m^2$	3.30			
3	030702001003	碳钢通风管道	1．名称：薄钢板通风管道 2．材质：镀锌 3．形状：矩形 4．规格：630mm×300mm 5．板材厚度：$\delta=1.00$mm 6．接口形式：法兰咬口连接	m^2	23.44	153.21	3591.24	
	CG0110	镀锌薄钢板矩形风管法兰式咬口 $B\leqslant1000$，$\delta\leqslant1.2$		$10m^2$	2.344			
4	030702001004	碳钢通风管道	1．名称：薄钢板通风管道 2．材质：镀锌 3．形状：矩形 4．规格：450mm×450mm 5．板材厚度：$\delta=0.75$mm 6．接口形式：法兰咬口连接	m^2	8.10	162.68	1317.71	
	CG0109	镀锌薄钢板矩形风管法兰式咬口 $B\leqslant450$，$\delta\leqslant1.2$		$10m^2$	0.81			
5	030703019001	柔性接口	1．名称：软接口 2．规格：1000mm×300mm，L=200mm 3．材质：帆布	m^2	0.52	397.88	206.90	
	CG0514	非金属柔性接头 制作安装		m^2	0.52			
6	030702009001	弯头导流叶片	1．名称：导流叶片 2．材质：镀锌薄钢板 δ=0.75mm 3．规格：$0.114m^2$ 4．形式：单叶片	m^2	0.80	261.61	209.29	
	CG0519	弯头导流叶片		m^2	0.80			

续表

序号	项目编码	项目名称	项目特征描述	计量单位	工程数量	金额/元		
						综合单价	合价	其中 暂估价
7	030701003001	空调器	1．名称：恒温恒湿机 2．型号：YSL-DHS-225 3．规格：外形尺寸 1200mm×1100mm×1900mm 4．安装形式：落地安装 5．质量：350kg 6．隔振垫（器）、支架形式、材质：橡胶隔振垫 $\delta = 20$mm	台	1	29962.16	29962.16	
	CG0011	落地式空调器 $W \leqslant 1000$		台	1			
8	030703001001	碳钢阀门	1．名称：对开多叶调节阀 2．规格：1000mm×300mm，$L = 210$mm	个	1	277.26	277.26	
	CG0272	对开多叶调节阀 $C \leqslant 2800$		个	1			
9	030703011001	铝及铝合金风口、散流器	1．名称：铝合金方形散流器 2．规格：450mm×450mm	个	10	110.26	1102.60	
	CG0305 换	方形散流器 $C \leqslant 2000$		个	10			
10	031208003001	通风管道绝热	1．绝热材料品种：橡塑保温 2．绝热厚度：$\delta = 25$mm	m^3	3.52	1444.08	5083.16	
	CM1477	通风管道橡塑板保温，$\delta = 25$mm		m^3	3.52			
11	030704002001	风管漏光试验、漏风试验	漏光试验、漏风试验、设计要求：矩形风管漏光试验、漏风试验	m^2	131.07	3.84	503.31	
	CG0573	风管漏风试验		$10m^2$	13.107			
12	030704001001	通风工程检测、调试	风管工程量：通风系统	系统	1	797.62	797.62	

表 6.57　本章用到的主材单价表

序号	主材名称及规格	单位	单价/元	序号	主材名称及规格	单位	单价/元
1	镀锌钢板 δ=1.20mm	m^2	64.06	8	橡塑/PEF 保温板	m^3	720.00
2	镀锌钢板 δ=1.00mm	m^2	53.38	9	对开多叶调节阀 1000mm×300mm	个	180.00
3	镀锌钢板 $\delta = 0.75$mm	m^2	40.04	10	对开多叶调节阀 1000mm×400mm	个	246.56
4	恒温恒湿空调机 $M = 350$kg	台	28000.00	11	圆形蝶阀 $\phi 300$	个	158.00
5	分段组装式空调器 W-1500	台	25000.00	12	铝合金方形散流器 450mm×450mm	个	60.00
6	双层百叶风口 300mm×200mm	个	58.00	13	橡胶隔振垫 1000×2000 $\delta = 20$mm	块	290.00
7	风机盘管 FP-136WAHZ-30-3	台	300.00	14	铝合金圆形散流器 ϕ300	个	200.00

表 6.58　综合单价分析表

工程名称：某工程首层通风空调工程　　第 1 页　共 2 页

<table>
<tr><td>项目编码</td><td colspan="2">030702001001</td><td colspan="2">项目名称</td><td colspan="2">碳钢通风管道</td><td colspan="2">计量单位</td><td>m²</td><td colspan="2">工程量</td><td colspan="2">66.01</td></tr>
<tr><td colspan="14">清单综合单价组成明细</td></tr>
<tr><td rowspan="2">定额编号</td><td rowspan="2">定额名称</td><td rowspan="2">定额单位</td><td rowspan="2">数量</td><td colspan="5">单价/元</td><td colspan="5">合价/元</td></tr>
<tr><td>人工费</td><td>材料费</td><td>机械费</td><td>管理费</td><td>利润</td><td>人工费</td><td>材料费</td><td>机械费</td><td>管理费</td><td>利润</td></tr>
<tr><td>CG0110</td><td>镀锌薄钢板矩形风管法兰式咬口 $B\leqslant1000$，$\delta\leqslant1.2$</td><td>10m²</td><td>6.60</td><td>481.89</td><td>300.45</td><td>11.55</td><td>39.97</td><td>90.79</td><td>3180.47</td><td>1982.97</td><td>76.23</td><td>263.80</td><td>599.21</td></tr>
<tr><td colspan="2">人工单价</td><td colspan="7">小计</td><td>3180.47</td><td>1982.97</td><td>76.23</td><td>263.80</td><td>599.21</td></tr>
<tr><td colspan="2">120 元/工日</td><td colspan="7">未计价材料费</td><td colspan="5">4811.42</td></tr>
<tr><td colspan="9">清单项目综合单价</td><td colspan="5">165.34</td></tr>
<tr><td rowspan="4">材料费明细</td><td colspan="4">主要材料名称、规格、型号</td><td colspan="2">单位</td><td colspan="2">数量</td><td>单价/元</td><td>合价/元</td><td>暂估单价/元</td><td colspan="2">暂估合价/元</td></tr>
<tr><td colspan="4">镀锌钢板 δ=1.2mm</td><td colspan="2">m²</td><td colspan="2">75.108</td><td>64.06</td><td>4811.42</td><td></td><td colspan="2"></td></tr>
<tr><td colspan="8">其他材料费</td><td></td><td>1982.97</td><td></td><td colspan="2"></td></tr>
<tr><td colspan="8">材料费小计</td><td></td><td>6794.39</td><td></td><td colspan="2"></td></tr>
</table>

工程名称：某工程首层通风空调工程　　第 2 页　共 2 页

<table>
<tr><td>项目编码</td><td colspan="2">030701003001</td><td colspan="2">项目名称</td><td colspan="2">空调器</td><td colspan="2">计量单位</td><td>台</td><td colspan="2">工程量</td><td colspan="2">1</td></tr>
<tr><td colspan="14">清单综合单价组成明细</td></tr>
<tr><td rowspan="2">定额编号</td><td rowspan="2">定额名称</td><td rowspan="2">定额单位</td><td rowspan="2">数量</td><td colspan="5">单价/元</td><td colspan="5">合价/元</td></tr>
<tr><td>人工费</td><td>材料费</td><td>机械费</td><td>管理费</td><td>利润</td><td>人工费</td><td>材料费</td><td>机械费</td><td>管理费</td><td>利润</td></tr>
<tr><td>CG0011</td><td>落地式空调器 $W\leqslant1000$</td><td>台</td><td>1.000</td><td>1301.01</td><td>2.31</td><td>19.03</td><td>106.92</td><td>242.89</td><td>1301.01</td><td>2.31</td><td>19.03</td><td>106.92</td><td>242.89</td></tr>
<tr><td colspan="2">人工单价</td><td colspan="7">小计</td><td>1301.01</td><td>2.31</td><td>19.03</td><td>106.92</td><td>242.89</td></tr>
<tr><td colspan="2">120 元/工日</td><td colspan="7">未计价材料费</td><td colspan="5">28290.00</td></tr>
<tr><td colspan="9">清单项目综合单价</td><td colspan="5">29962.16</td></tr>
<tr><td rowspan="5">材料费明细</td><td colspan="4">主要材料名称、规格、型号</td><td colspan="2">单位</td><td colspan="2">数量</td><td>单价/元</td><td>合价/元</td><td>暂估单价/元</td><td colspan="2">暂估合价/元</td></tr>
<tr><td colspan="4">恒温恒湿空调机 $M=350$kg</td><td colspan="2">台</td><td colspan="2">1.000</td><td>28000.00</td><td>28000.00</td><td></td><td colspan="2"></td></tr>
<tr><td colspan="4">橡胶隔振垫 1000×2000 $\delta=20$mm</td><td colspan="2">块</td><td colspan="2">1.000</td><td>290.00</td><td>290.00</td><td></td><td colspan="2"></td></tr>
<tr><td colspan="8">其他材料费</td><td></td><td>2.31</td><td></td><td colspan="2"></td></tr>
<tr><td colspan="8">材料费小计</td><td></td><td>28292.31</td><td></td><td colspan="2"></td></tr>
</table>

第 7 章

工业管道系统工程计量与计价

7.1　工业管道系统简介

7.1.1　工业管道安装的主要工序和方法

工业管道（也称工艺管道）安装工程从施工准备到竣工验收，可分为施工准备、管道安装和管道检查验收 3 个主要工序。

1. 施工准备

施工准备包括技术准备、物质准备和现场准备 3 个方面。

2. 管道安装

管道安装主要有管道连接和敷设固定两个内容。管道连接包括管道与管道，管道与管件、阀件、附件，以及管件、阀件、附件相互之间的连接。连接形式主要有焊接、螺纹连接、法兰连接、承插连接和塑料管粘接 5 种方式。管道的敷设方式有架空、地沟和埋地 3 种。

3. 管道检查验收

管道连接完毕并就位于设计位置后，要进行各方面的检查，如焊缝的检验、管道水压试验、管内吹扫、清洗脱脂等。

4. 管道吹扫和清洗

工业管道在安装前，必须清除管道内的杂物，一般是用压缩空气吹除或用水冲洗。

5. 管道脱脂与酸洗

管道脱脂的介质有多种，可采用有机溶剂、浓硝酸和碱液进行脱脂，有机溶剂包括二氯乙烷、三氯乙烯、四氯化碳、丙酮和工业酒精等。

7.1.2　工业管道压力等级的划分

低压：$0\text{MPa} < p \leqslant 1.6\text{MPa}$ 。
中压：$1.6\text{MPa} < p \leqslant 10\text{MPa}$ 。
高压：一般管道 $10\text{MPa}<p\leqslant 42\text{MPa}$，蒸汽管道 $p\geqslant 9\text{MPa}$、工作温度≥ 500 ℃时为高压。

7.1.3　工业管道与其他管道界限划分

1）油（气）田管道应以施工图标明的站、库分界划分。如果施工图没有明确界线，应以站、库围墙（或以站址边界线）为界，以内为工业管道，以外为油（气）田管道。

2）长输管道应以进站第一个阀门为界，阀门以内为工业管道，阀门以外为长距离输送管道。

3）给水管道以厂区入口水表井或阀门为界，水表以内为工业管道，水表以外为供水管道。

4）排水管道以厂区围墙第一个排水检查井为界，第一个检查井以内为工业管道，以外为污水管道。

5）蒸汽和燃气管道以厂区入口第一个计量表（或阀门）为界，第一个计量表（或阀门）以内为工业管道，以外为供汽（气）管道。

6）锅炉房、水泵房以外墙皮 1.5m 为界，以内为工业管道，以外为供汽（水）管道。

7）高层建筑锅炉房、水泵房以外墙皮为界，以内为工业管道，以外为供水管道。

各管道界限划分如图 7.1～图 7.5 所示。

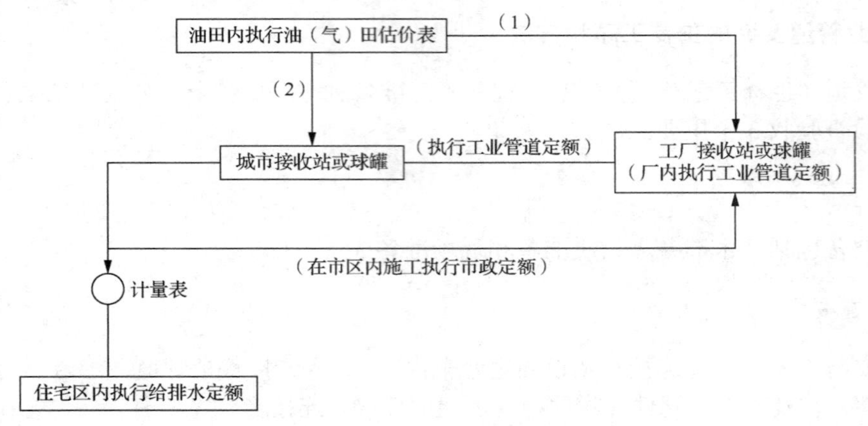

图 7.1　油（气）田管道系统

注：（1）、（2）为油（气）管道，若为城市煤气及油（气）管道，应执行市政定额。

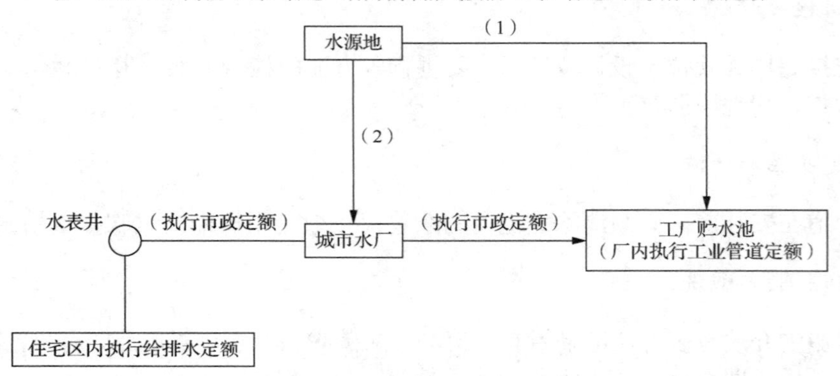

图 7.2　给水管道系统

注：（1）、（2）为水源管道，若为城市给水管道，应执行市政定额。

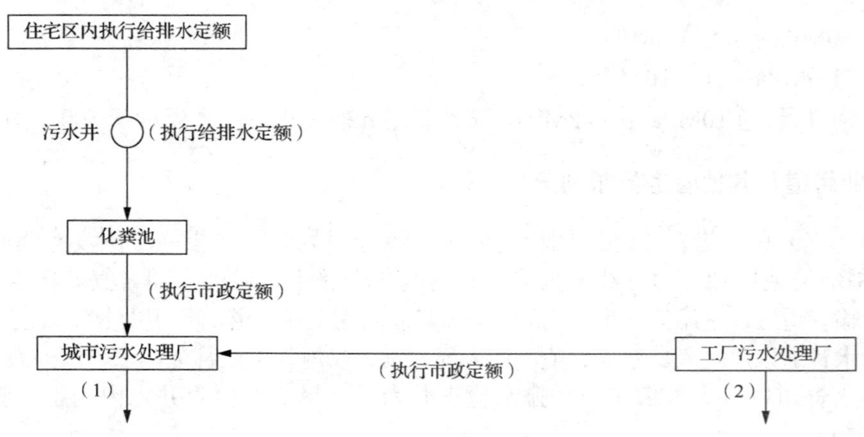

图 7.3　排水管道系统

注：（1）、（2）为总排水管道，若为城市排水管道，应执行市政定额。

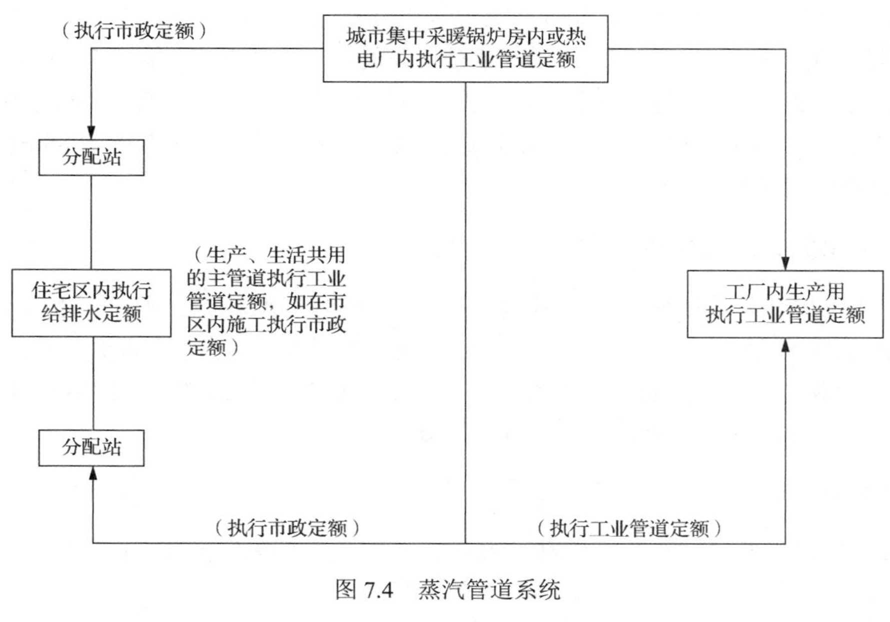

图 7.4　蒸汽管道系统

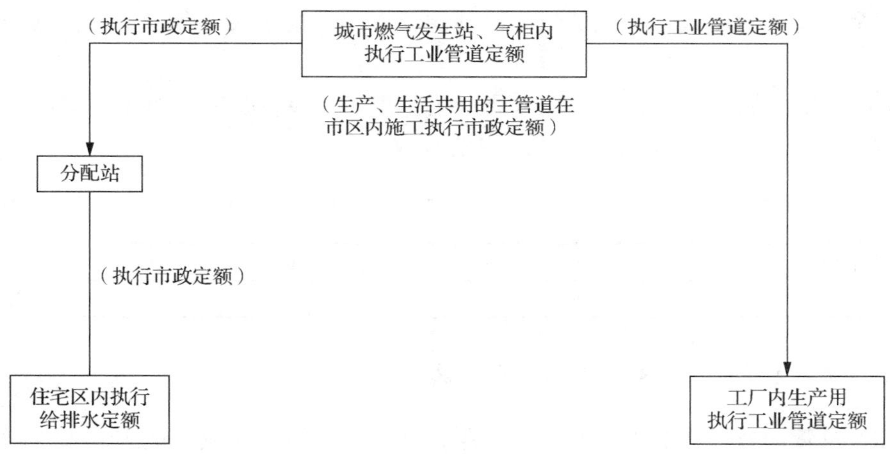

图 7.5　燃气管道系统

7.2　工业管道工程计量与计价方法

7.2.1　工业管道工程规范相关说明

1）工业管道工程适用于厂区范围内的车间、装置、站、罐区及其相互之间各种生产用介质输送管道和厂区第一个连接点以内生产、生活共用的输送给水、排水、蒸汽、燃气的管道安装。

2）厂区范围内的生活用给水、排水、蒸汽、燃气的管道安装工程执行《通用安装工程工程计算规定》《GB 50856—2013》附录 K 给排水，采暖、燃气工程相应项目。

3）仪表流量计，应按《通用安装工程工程计算规定》《GB 50856—2013》附录 F 自动化控制仪表安装工程相关项目编码列项。

4）管道、设备和支架除锈、刷油及保温等内容，除注明者外均应按《通用安装工程工程计算规定》《GB 50856—2013》附录 M 刷油、防腐蚀、绝热工程相关项目编码列项。

5）组装平台搭拆、管道防冻和焊接保护、特殊管道充气保护、高压管道检验、地下管道穿越建筑物保护等措施项目，应按《通用安装工程工程计算规定》《GB 50856—2013》附录 N 措施项目相关项目编码列项。

7.2.2　工业管道工程定额选用说明

工业管道工程主要执行《四川省建设工程工程量清单计价定额——通用安装工程》（2020）中的 H 分册《工业管道工程》。该分册适用于厂区范围内的车间、装置、站、罐区及其相互之间各种生产用介质输送管道，厂区第一个连接点以内的生产用（包括生产与生活共用）给水、排水、蒸汽等输送管道的安装工程。

1. 增加费用说明

1）脚手架搭拆费按定额人工费的 10%计算，其中人工费占 35%，机械费占 5%（单独承担的埋地管道工程，不计取脚手架费用）。

2）管廊及整体封闭式（非盖板封闭）地沟管道，其定额人工费、定额机械费乘以系数 1.20。

3）操作高度增加费：以设计标高±0 平面为基准，安装高度超过 20m 时，超过部分工程量按定额人工费、定额机械费乘以表 7.1 中的系数。

表 7.1　超高费计算系数

操作高度/m	≤30	≤50	>50
系数	1.20	1.50	协商

2. H 分册《工业管道工程》与相关分册的关系

1）凡涉及管沟及井类的土方开挖、垫层、基础、砌筑、抹灰、地沟盖板预制安装、回填、运输、路面开挖及修复、管道支墩等，应执行 2020 年《四川省建设工程工程量清单计价定额——房屋建筑与装饰工程》及《四川省建设工程工程量清单计价定额——市政工程》相应项目。

2）单件重 100kg 以上的管道支吊架制作安装、管道预制钢平台的搭拆执行 C 分册《静置设备与工艺金属结构制作安装工程》中相应项目。

3）管道和支架的除锈、刷油、绝热、防腐蚀、衬里，执行 M 分册《刷油、防腐蚀、绝热工程》相应项目。

4）仪表一次部件安装执行本分定额，配合安装用工执行 F 分册《自动化控制仪表安装工程》有关项目。

5）B 分册《热力设备安装工程》中的管道项目，仅适用于从锅炉至透平机组相同材质和规格的子目，其他管道执行本分册定额。

6）生产、生活共用的给水、排水、蒸汽、燃气等输送管道，执行本分册定额；生活用的各种管道执行 K 分册《给排水、采暖、燃气工程》相应项目。

7）方形补偿器安装，直管执行本分册定额“H.1 管道安装”相应项目，弯头执行“H.2 管件连接”相应项目。

7.2.3　工业管道工程计量与计价

1. 管道安装

（1）工程量计算规则

1）清单工程量计算规则。

管道分不同压力等级，以“m”计量，按设计图示管道中心线以长度计算。

说明：

① 管道工程量计算不扣除阀门、管件所占长度；室外埋设管道不扣除附属构筑物（井）所占长度。方形补偿器以其所占长度列入管道安装工程量。

② 压力试验按设计要求描述试验方法，如水压试验、气压试验、泄漏性试验、真空试验等。

③ 吹扫与清洗按设计要求描述吹扫与清洗方法和介质，如水冲洗、空气吹扫、蒸汽吹扫、化学清洗、油清洗等。

④ 脱脂按设计要求描述脱脂介质种类，如二氯乙烷、三氯乙烯、四氯化碳、动力苯、丙酮或酒精等。

2）定额工程量计算规则。

① 管道安装按不同压力、材质、连接形式，以“10m”为计量单位，管道安装均包括直管安装全部工序内容，不包括管件的管口连接工序。

② 各种管道安装工程量，均按设计图示管道中心线以“延长米”计算，不扣除阀门及各种管件等所占长度。管件所占长度，遇弯管时，按两管交叉的中心线交点计算。方形补偿器以其所占长度按管道安装工程量计算。

说明：

a．碳钢管、不锈钢管、合金钢管及有色金属管、非金属管、生产用铸铁管安装均不包括管件安装，按设计数量执行管件相应子目。

b．伴加热套管的内外套管、旁通管、弯头组成的方形补偿器安装，按延长米执行管道相应子目。

◆例 7.1　某冷冻机房部分工艺管道安装系统如图 7.6 所示，该管道系统工作压力为 2.5MPa，图中标注的标高以“m”为计量单位，其余尺寸以“mm”为计量单位。管道采用无缝钢管电弧焊，管道安装完毕后做水压试验、水冲洗，计算管道安装的工程量。

※解※

由图 7.6 可知，无缝钢管共有 2 种规格，应分别列项统计。

清单工程量：

$$\phi 219\times 6:\ 3+4+10+4=21(\text{m})$$

$$\phi 159\times 6:\ 7+(3.7-1)\times 2=12.4(\text{m})$$

定额工程量：同清单工程量。

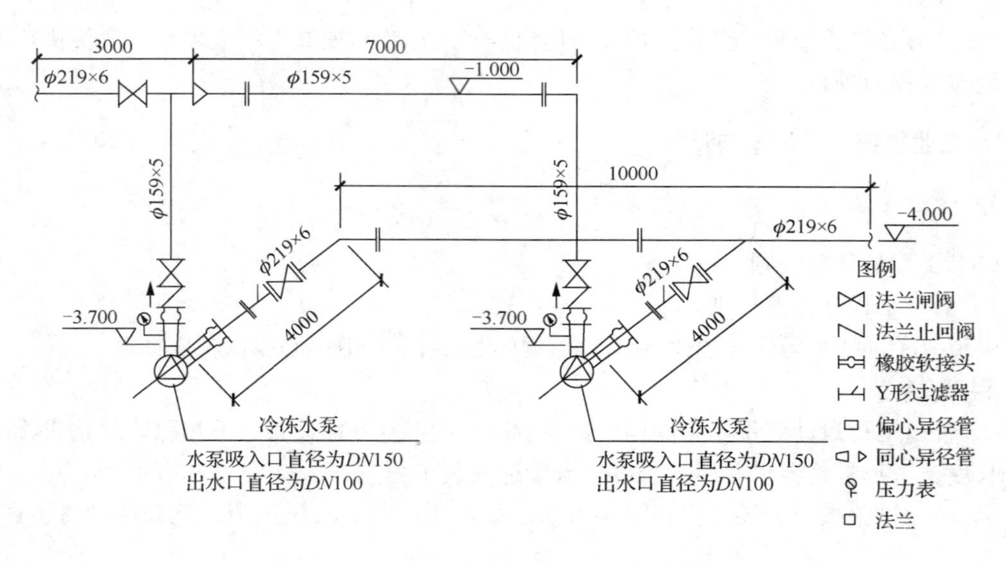

图 7.6　某冷冻机房部分工艺管道安装系统

（2）清单使用说明

根据《通用安装工程工程量计算规范》（GB 50856—2013）H 定额的规定，管道应区分低、中、高压分别列项，中压管道的工程量清单项目设置、项目特征描述的内容、计量单位及工程量计算规则应按表 7.2 执行。

表 7.2　中压管道工程量清单项目设置

项目编码	项目名称	项目特征	计量单位	工程量计算规则	工作内容
030802001	中压碳钢管	1．材质 2．规格 3．连接形式、焊接方法 4．压力试验、吹扫与清洗设计要求 5．脱脂设计要求	m	按设计图示管道中心线以长度计算	1．安装 2．压力试验 3．吹扫、清洗 4．脱脂
030802002	中压螺旋卷管				
030802003	中压不锈钢管	1．材质 2．规格 3．焊接方法 4．充氩保护方式、部位 5．压力试验、吹扫与清洗设计要求 6．脱脂设计要求			1．安装 2．焊口充氩保护 3．压力试验 4．吹扫、清洗 5．脱脂
030802004	中压合金钢管				
030802005	中压铜及铜合金管	1．材质 2．规格 3．焊接方法 4．压力试验、吹扫与清洗设计要求 5．脱脂设计要求			1．安装 2．压力试验 3．吹扫、清洗 4．脱脂

（3）定额使用说明

1）管道安装不包括以下工作内容，需另行套用定额。

① 管件连接；

② 阀门安装；
③ 法兰安装；
④ 管道压力试验、吹扫与清洗；
⑤ 焊口无损检测、预热及后热、热处理、硬度测定、光谱分析；
⑥ 管道支吊架制作、安装；
⑦ 管道脱脂；
⑧ 为泄漏试验专门安装的压力表、温度计；
⑨ 管道系统的真空试验；
⑩ 管道除锈、刷漆、防腐、保温等。

2）管廊及地下管网主材用量，按施工净用量加规定的损耗量计算。

3）超低碳不锈钢管执行不锈钢管项目，其人工费和机械费乘以系数 1.15。

4）高合金钢管执行合金钢管项目，其人工费和机械费乘以系数 1.15。

5）管材为未计价材料，其价值按下式计算：

管材价值=按管道图计算的工程量×管材定额消耗量×相应管材单价

◆例 7.2　根据例 7.1 的计算结果，套用相关定额子目，计算定额费用。

※解※

套用 H 分册《工业管道工程》中压碳钢管相关定额子目，定额费用见表 7.3。

表 7.3　中压碳钢管的定额费用

定额编号	项目名称	计量单位	① 工程数量	② 定额综合基价/元	③ 合价/元 ③=①×②	主材名称	④ 主材数量	单位	⑤ 主材单价/元	⑥ 主材合价/元 ⑥=④×⑤	⑦ 定额合价/元 ⑦=③+⑥
CH0445	中压碳钢管电弧焊 *DN*200	10m	2.1	525.06	1102.63	中压碳钢管 *DN*200	18.575	m	130.80	2429.61	1102.63+2429.61 =3532.24
CH2296	低中压管道液压试验 *DN*≤200	100m	0.21	737.84	154.95	水	0.816	m^3	4.10	3.35	154.95+3.35 =158.30
CH2346	水冲洗 *DN*≤200	100m	0.21	443.54	93.14	水	9.185	m^3	4.10	37.66	93.14+37.66 =130.80
CH0444	中压碳钢管电弧焊 *DN*150	10m	1.24	371.07	460.13	中压碳钢管 *DN*150	10.968	m	92.82	1018.050	460.13+1018.050 =1478.18
CH2296	低中压管道液压试验 *DN*≤200	100m	0.124	737.84	91.49	水	0.482	m^3	4.10	1.98	91.49+1.98 =93.47
CH2346	水冲洗 *DN*≤200	100m	0.124	443.54	55.00	水	5.424	m^3	4.10	22.24	55.00+22.24 =77.24

◆例 7.3　根据例 7.1 和例 7.2 的计算结果，编制工程量清单，计算各清单项目的合价。

※解※

1）由表 7.2 可知，本例的工程量清单见表 7.4。

表 7.4　中压碳钢管的工程量清单

序号	项目编码	项目名称	项目特征	计量单位	工程量
1	030802001001	中压碳钢管	1. 材质：无缝钢管 2. 规格：$\phi219\times6$ 3. 焊接方法：电弧焊 4. 压力试验、吹扫与清洗设计要求：水压试验，水冲洗	m	21.00
2	030802001002	中压碳钢管	1. 材质：无缝钢管 2. 规格：$\phi159\times5$ 3. 焊接方法：电弧焊 4. 压力试验、吹扫与清洗设计要求：水压试验，水冲洗	m	12.40

2）通过对比《通用安装工程工程量计算规范》（GB 50856—2013）附录 H 相关项目和《四川省建设工程工程量清单计价定额——通用安装工程》（2020）H 分册《工业管道工程》定额相关子目的工作内容，可知清单项目 030802001001 对应于定额子目 CH0445、CH2296 和 CH2346；清单项目 030802001002 对应于定额子目 CH0444、CH2296 和 CH2346。清单项目和定额子目的关系见表 7.5。

表 7.5　清单项目和定额子目的关系

项目编码	项目名称	项目特征	对应定额子目
030802001001	中压碳钢管	1. 材质：无缝钢管 2. 规格：$\phi219\times6$ 3. 焊接方法：电弧焊 4. 压力试验、吹扫与清洗设计要求：水压试验，水冲洗	CH0445 CH2296 CH2346
030802001002	中压碳钢管	1. 材质：无缝钢管 2. 规格：$\phi159\times5$ 3. 焊接方法：电弧焊 4. 压力试验、吹扫与清洗设计要求：水压试验，水冲洗	CH0444 CH2296 CH2346

3）定额子目的信息见表 7.6。

表 7.6　定额子目的信息

定额编号	项目名称	计量单位	定额综合基价/元	其中（单位：元）					未计价材料		
				人工费	材料费	机械费	管理费	利润	名称	单位	数量
CH0445	中压碳钢管电弧焊 *DN*200	10m	525.06	315.45	28.37	99.49	24.9	56.85	中压碳钢管	m	8.845
CH2296	低中压管道液压试验 *DN*≤200	100m	737.84	502.61	118.69	14.64	31.04	70.86	水	m^3	3.888
CH2346	水冲洗 *DN*≤200	100m	443.54	301.99	63.30	15.67	19.06	43.52	水	m^3	43.740
CH0444	中压碳钢管电弧焊 *DN*150	10m	371.07	226.83	17.80	68.30	17.71	40.43	中压碳钢管	m	8.845

各清单项目的合价如下。

中压碳钢管（030802001001）：

(52.506+0.8845×130.80+7.3784+0.03888×4.10+4.4354+0.4374×4.10)×21=3821.27（元）

中压碳钢管（030802001002）：

(37.107+0.8845×92.82+7.3784+0.03888×4.10+4.4354+0.4374×4.10)×12.4=1648.86（元）

2. 管件安装

（1）工程量计算规则

1）清单工程量计算规则。

以“个”计量，按图示数量计算。

说明：

① 工业管道工程与给排水、采暖、燃气工程在工程量清单列项中有一个很大的区别是管件的列项。给排水、采暖、燃气工程，各种管道安装均包括管道及管件安装；而工业管道工程管件需要单独列项。

② 管件包括弯头、三通 、四通、异径管、管接头、管帽、方形补偿器弯头、管道上仪表一次部件、仪表温度计扩大管制作安装等。

③ 管件压力试验、吹扫、清洗、脱脂均包括在管道安装中。

④ 在主管上打孔接管的三通和制异径管，均以主管径按管件安装工程量计算，不另计制作费和主材费；打孔接管的三通支线管径小于主管径 1/2 时，不计算管件安装工程量；在主管上打孔接管的焊接接头、凸台等配件，按配件管径计算管件工程量。

⑤ 三通、四通、异径管均按大管径计算。

⑥ 管件用法兰连接时执行法兰安装项目，管件本身不再计算安装。

2）定额工程量计算规则。

① 各种管件连接均按不同压力、材质、连接形式，不分种类以“10 个”为计量单位。

② 管件包括弯头、三通、四通、异径管、管接头、管上焊管接头、管帽、方形补偿器弯头、管道上制作仪表一次部件、仪表温度计扩大管等制作安装，应按设计图纸用量，执行相应项目。

③ 各种管道（在现场加工）在主管上打孔接管三通、异径管，应按不同压力、材质、规格均以主管径执行管件连接相应项目，不另计制作费和主材费。

④ 打孔接管三通支线管径小于主管径 1/2 时，不计算管件安装工程量；在主管上打孔焊接管接头、凸台等配件，按配件管径计算管件工程量。

⑤ 三通、四通、异径管均按大管径计算。

◆例 7.4　某冷冻机房部分工艺管道安装系统如图 7.6 所示，该管道系统工作压力为 2.5MPa，弯头、异径管均采用成品，管道、管件采用无缝钢管电弧焊，计算管件安装的工程量。

※解※

由图 7.6 可知，管件清单工程量如下。

管件 *DN*200：6 个。

其中，变径管 DN 200×150：3 个；三通 DN 200×150：1 个；三通 DN 200：1 个；弯头 DN 200：1 个。

管件 DN150：3 个。

其中，变径管 DN150×100：2 个；弯头 DN150：1 个。

定额工程量：同清单工程量。

（2）清单使用说明

根据《通用安装工程工程量计算规范》（GB 50856—2013）附录 H 的规定，管件应区分低、中、高压分别列项，中压管件的工程量清单项目设置、项目特征描述的内容、计量单位及工程量计算规则应按表 7.7 执行。

表 7.7　中压管件工程量清单项目设置

<table>
<tr><th>项目编码</th><th>项目名称</th><th>项目特征</th><th>计量单位</th><th>工程量计算规则</th><th>工作内容</th></tr>
<tr><td>030805001</td><td>中压碳钢管件</td><td rowspan="2">1. 材质
2. 规格
3. 焊接方法
4. 补强圈材质、规格</td><td rowspan="5">个</td><td rowspan="5">按设计图示数量计算</td><td rowspan="2">1. 安装
2. 三通补强圈制作、安装</td></tr>
<tr><td>030805002</td><td>中压螺旋卷管件</td></tr>
<tr><td>030805003</td><td>中压不锈钢管件</td><td>1. 材质
2. 规格
3. 焊接方法
4. 充氩保护方式、部位</td><td>1. 安装
2. 管件焊口充氩保护</td></tr>
<tr><td>030805004</td><td>中压合金钢管件</td><td>1. 材质
2. 规格
3. 焊接方法
4. 充氩保护方式、部位
5. 补强圈材质、规格</td><td>1. 安装
2. 三通补强圈制作、安装</td></tr>
<tr><td>030805005</td><td>中压铜及铜合金管件</td><td>1. 材质
2. 规格
3. 焊接方法</td><td>安装</td></tr>
</table>

（3）定额使用说明

1）在管道上安装的仪表一次部件，执行管件连接相应项目，基价乘以系数 0.7。

2）仪表的温度计扩大管制作安装，执行管件连接相应项目，基价乘以系数 1.5。工程量按大口径计算。

3）定额中已综合考虑了弯头、三通、异径管、管帽、管接头等管口含量的差异，使用定额时按设计图纸用量不分种类执行同一定额。

4）管件压力试验，吹扫、清洗、脱脂、刷漆、防腐、保温及其补口均包括在管道工程量中，不另计算。

5）焊接盲板（封头）执行本章管件连接相应项目定额乘以系数 0.6。

◆例 7.5　根据例 7.4 的计算结果，套用相关定额子目，计算定额费用。

※解※

套用 H 分册《工业管道工程》中压碳钢管件相关定额子目，定额费用见表 7.8。

表 7.8　中压碳钢管件的定额费用

定额编号	项目名称	计量单位	① 工程数量	② 定额综合基价/元	③ 合价/元 ③=①×②	主材名称	④ 主材数量	单位	⑤ 主材单价/元	⑥ 主材合价/元 ⑥=④×⑤	⑦ 定额合价/元 ⑦=③+⑥
CH1141	中压碳钢管件电弧焊 *DN*200	10 个	0.6	2220.93	1332.56	中压碳钢管件 *DN*200	6.000	个	100.00	600.00	1332.56+600.00 =1932.56
CH1140	中压碳钢管件电弧焊 *DN*150	10 个	0.3	1505.98	451.79	中压碳钢管件 *DN*150	3.000	个	80.00	240.00	451.79+240.00 =691.79

◆例 7.6　根据例 7.4 和例 7.5 的计算结果，编制工程量清单，计算各清单项目的合价。

※解※

1）由表 7.7 可知，本例的工程量清单见表 7.9。

表 7.9　例 7.6 的工程量清单

序号	项目编码	项目名称	项目特征	计量单位	工程量
1	030805001001	中压碳钢管件	1. 材质：无缝钢管 2. 规格：*DN*200 3. 焊接方法：电弧焊	个	6
2	030805001002	中压碳钢管件	1. 材质：无缝钢管 2. 规格：*DN*150 3. 焊接方法：电弧焊	个	3

2）通过对比《通用安装工程工程量计算规范》（GB 50856—2013）附录 H 相关项目和《四川省建设工程工程量清单计价定额——通用安装工程》（2020）H 分册定额相关子目的工作内容，可知清单项目 030805001001 对应于定额子目 CH1141，清单项目 030805001002 对应于定额子目 CH1140。清单项目和定额子目的关系见表 7.10。

表 7.10　清单项目和定额子目的关系

项目编码	项目名称	项目特征	对应定额子目
030805001001	中压碳钢管件	1. 材质：无缝钢管 2. 规格：*DN*200 3. 焊接方法：电弧焊	CH1141
030805001002	中压碳钢管件	1. 材质：无缝钢管 2. 规格：*DN*150 3. 焊接方法：电弧焊	CH1140

3）定额子目的信息见表 7.11。

表 7.11　定额子目的信息

定额编号	项目名称	计量单位	定额综合基价/元	其中（单位：元）					未计价材料		
				人工费	材料费	机械费	管理费	利润	名称	单位	数量
CH1141	中压碳钢管件电弧焊 *DN*200	10 个	2220.93	968.06	383.51	566.96	92.10	210.30	中压碳钢管件	个	10.000

续表

定额编号	项目名称	计量单位	定额综合基价/元	其中（单位：元）					未计价材料		
				人工费	材料费	机械费	管理费	利润	名称	单位	数量
CH1140	中压碳钢管件电弧焊 *DN*150	10 个	1505.98	679.18	230.49	386.40	63.93	145.98	中压碳钢管件	个	10.000

各清单项目的合价如下。

中压碳钢管（030805001001）：

$$(222.093+100)\times6=1932.56（元）$$

中压碳钢管（030805001002）：

$$(150.598+80)\times3=691.79（元）$$

3. 阀门安装

（1）工程量计算规则

1）清单工程量计算规则。

阀门分压力等级，以“个”计量， 按设计图示数量计算。

说明：

① 减压阀直径按高压侧计算。

② 电动阀门包括电动机安装。

2）定额工程量计算规则。

① 按不同压力、连接形式，不分种类以“个”为计量单位。

② 各种法兰阀门安装与配套法兰的安装，分别计算工程量。

◆例 7.7 某冷冻机房部分工艺管道安装系统如图 7.6 所示，该管道系统工作压力为 2.5MPa，管道、管件采用无缝钢管电弧焊，阀门采用平焊法兰连接，阀门型号除图中说明外，均为 J41T-25，计算阀门安装的工程量。

※解※

由图 7.6 可知，阀门分别列项统计如下。

清单工程量：截止阀 *DN*200：3 个。

截止阀 *DN*150：2 个。

过滤器 *DN*200：2 个。

止回阀 *DN*150：2 个。

橡胶软接头 *DN*200：2 个。

橡胶软接头 *DN*150：2 个。

定额工程量：同清单工程量。

工作压力 2.5MPa，一副 *DN*200 平焊法兰采用 M22 × 90 螺栓的设计用量为 5.334kg，损耗率为 3%，则一副法兰螺栓的消耗量为

$$5.334\times(1+3\%)=5.49（kg）$$

工作压力 2.5MPa，一副 *DN*150 平焊法兰采用 M22 × 85 螺栓的设计用量为 3.556kg，损耗率为 3%，则一副法兰螺栓的消耗量为

$$3.556\times(1+3\%)=3.66（kg）$$

（2）清单使用说明

根据《通用安装工程工程量计算规范》（GB 50856—2013）附录 H 的规定，阀门应区分低、中、高压分别列项，中压阀门的工程量清单项目设置、项目特征描述的内容、计量单位及工程量计算规则应按表 7.12 执行。

表 7.12　中压阀门清单项目设置

项目编码	项目名称	项目特征	计量单位	工程量计算规则	工作内容
030808001	中压螺纹阀门	1．名称 2．材质 3．型号、规格 4．连接形式 5．焊接方法	个	按设计图示数量计算	1．安装 2．操纵装置安装 3．壳体压力试验、解体检查及研磨 4．调试
030808002	中压焊接阀门				
030808003	中压法兰阀门				
030808004	中压齿轮、液压传动、电动阀门				1．安装 2．壳体压力试验、解体检查及研磨 3．调试
030808005	中压安全阀门				
030808006	中压调节阀门	1．名称 2．材质 3．型号、规格 4．连接形式			1．安装 2．临时短管装拆 3．壳体压力试验、解体检查及研磨 4．调试

（3）定额使用说明

1）法兰阀门安装包括一个垫片和一副法兰用螺栓的安装，各种法兰阀门（除塑料阀门）安装不包括法兰安装。

2）齿轮、液压传动、电动阀门安装已包括齿轮、液压传动、电动机安装，检查接线执行 D 分册《电气设备安装工程量》相应定额。

3）阀门安装中螺栓材料量按施工图设计用量规定的损耗量计。

4）各种形式的补偿器（除方形补偿器外）、仪表流量计均按阀门安装计算工程量。

5）仪表的流量计安装，执行阀门安装相应定额子目乘以系数 0.6。

6）阀门安装不做壳体压力试验和密封试验时，定额乘以系数 0.6。

7）限流孔板、八字盲板执行阀门安装相应项目，定额乘以系数 0.4。

◆例 7.8　根据例 7.7 的计算结果，套用相关定额子目，计算截止阀的定额费用。

※解※

套用 H 分册《工业管道工程》中压阀门相关定额子目，定额费用见表 7.13。

表 7.13　截止阀的定额费用

定额编号	项目名称	计量单位	① 工程数量	② 定额综合基价/元	③ 合价 ③=①×②	主材名称	④ 主材数量	单位	⑤ 主材单价/元	⑥ 主材合价/元 ⑥=④×⑤	⑦ 定额合价/元 ⑦=③+⑥
CH1583	中压法兰截止阀 *DN*200	个	3	336.69	1010.07	中压法兰截止阀 *DN*200	3.000	个	2300.00	6900.00	1010.07+6900.00+163.22=8073.29

续表

定额编号	项目名称	计量单位	① 工程数量	② 定额综合基价/元	③ 合价 ③=①×②	主材名称	④ 主材数量	单位	⑤ 主材单价/元	⑥ 主材合价/元 ⑥=④×⑤	⑦ 定额合价/元 ⑦=③+⑥
						M22×90 螺栓	16.47	kg	9.91	163.22	1010.07+6900.00+163.22=8073.29
CH1582	中压法兰截止阀 *DN*150	个	2	253.93	507.86	中压法兰截止阀 *DN*150	2.000	个	1300.00	2600.00	507.86+2600.00+70.71=3178.57
						M22×85 螺栓	7.32	kg	9.66	70.71	

◆例 7.9 根据例 7.7 和例 7.8 的计算结果，编制截止阀工程量清单，计算各清单项目的合价。

※解※

1）由表 7.12 可知，本例的工程量清单见表 7.14。

表 7.14　截止阀的工程量清单

序号	项目编码	项目名称	项目特征	计量单位	工程量
1	030808003001	中压法兰阀门	1．名称：中压截止阀 2．材质：碳钢 3．型号、规格：J41T-25 *DN*200 4．连接形式：法兰连接	个	3
2	030808003002	中压法兰阀门	1．名称：中压截止阀 2．材质：碳钢 3．型号、规格：J41T-25 *DN*150 4．连接形式：法兰连接	个	2

2）通过对比《通用安装工程工程量计算规范》（GB 50856—2013）相关项目和《四川省建设工程工程量清单计价定额——通用安装工程》（2020）H 分册定额相关子目的工作内容，可知清单项目 030808003001 对应于定额子目 CH1583，清单项目 030808003002 对应于定额子目 CH1582。清单项目和定额子目的关系见表 7.15。

表 7.15　清单项目和定额子目的关系

项目编码	项目名称	项目特征	对应定额子目
030808003001	中压法兰阀门	1．名称：中压截止阀 2．材质：碳钢 3．型号、规格：J41T-25 *DN*200 4．连接形式：平焊法兰连接	CH1583
030808003002	中压法兰阀门	1．名称：中压截止阀 2．材质：碳钢 3．型号、规格：J41T-25 *DN*150 4．连接形式：平焊法兰连接	CH1582

3）定额子目的信息见表 7.16。

表 7.16　定额子目的信息

定额编号	项目名称	计量单位	定额综合基价/元	其中（单位：元）					未计价材料		
				人工费	材料费	机械费	管理费	利润	名称	单位	数量
CH1583	中压法兰截止阀 *DN*200	个	336.69	238.52	11.15	33.44	16.32	37.26	中压法兰阀门	个	1.000
CH1582	中压法兰截止阀 *DN*150	个	253.93	171.67	8.41	33.44	12.31	28.10	中压法兰阀门	个	1.000

各清单项目的合价如下。

中压法兰阀门（030808003001）:

$$[336.69+2300+5.334\times(1+3\%)\times9.91]\times3=8073.41（元）$$

中压法兰阀门（030808003002）:

$$[253.93+1300+3.556\times(1+3\%)\times9.66]\times2=3178.60（元）$$

4. 法兰安装

（1）工程量计算规则

1）清单工程量计算规则。

以“副”或“片”计量，按设计图示数量计算。

说明：

① 法兰焊接时，要在项目特征中描述法兰的连接形式（平焊法兰、对焊法兰等），不同连接形式应分别列项。

② 配法兰的盲板不计安装工程量。

③ 焊接盲板（封头）按管件连接计算工程量。

2）定额工程量计算规则。

低、中、高压管道，管件、阀门上的各种法兰安装，应按不同压力、材质、规格和种类，分别以“副”为计量单位，按设计图纸规定的压力等级执行相应项目。

◆例7.10　某冷冻机房部分工艺管道安装系统如图 7.6 所示，该管道系统工作压力为 2.5MPa，管道、管件采用无缝钢管电弧焊，阀门采用平焊法兰连接，计算法兰安装的工程量。

※解※

由图 7.6 可知，法兰分别列项统计如下。

清单工程量：成副法兰 *DN*200：7 副。

成副法兰 *DN*150：4 副。

单片法兰 *DN*150：2 片。

单片法兰 *DN*100：2 片。

定额工程量：同清单工程量。

工作压力 2.5MPa，一副 *DN*200 平焊法兰采用 M22×90 螺栓的设计用量为 5.334kg，损耗率为 3%，则一副法兰螺栓的消耗量为

$$5.334\times(1+3\%)=5.49（kg）$$

工作压力 2.5MPa，一副 *DN*150 平焊法兰采用 M22×85 螺栓的设计用量为 3.556kg，损耗率为 3%，则一副法兰螺栓的消耗量为

$$3.556\times(1+3\%)=3.66\ (\text{kg})$$

工作压力 2.5MPa，一副 *DN*100 平焊法兰采用 M20×80 螺栓的设计用量为 2.71kg，损耗率为 3%，则一副法兰螺栓的消耗量为

$$2.71\times(1+3\%)=2.79\ (\text{kg})$$

（2）清单使用说明

根据《通用安装工程工程量计算规范》（GB 50856—2013）附录 H 的规定，法兰应区分低、中、高压分别列项，中压法兰的工程量清单项目设置、项目特征描述的内容、计量单位及工程量计算规则应按表 7.17 执行。

表 7.17　中压法兰工程量清单项目设置

项目编码	项目名称	项目特征	计量单位	工程量计算规则	工作内容
030811001	中压碳钢螺纹法兰	1．材质 2．结构形式 3．型号、规格	副（片）	按设计图示数量计算	1．安装 2．翻边活动法兰短管制作
030811002	中压碳钢焊接法兰	1．材质 2．结构形式 3．型号、规格 4．连接形式 5．焊接方法			
030811003	中压铜及铜合金法兰				

（3）定额使用说明

1）法兰安装包括一个垫片和一副法兰用的螺栓；螺栓用量按施工图设计用量加损耗量计算。

2）单片法兰安装或者与设备相接计算时，执行法兰安装相应项目，定额乘以系数 0.61。

3）中压螺纹法兰、平焊法兰安装，执行低压相应项目，定额乘以系数 1.2。

4）节流装置安装执行法兰安装相应子目，乘以系数 0.7。

5）配法兰的盲板只计算主材费，安装费已包括在单片法兰安装中。

6）不锈钢、有色金属的焊环活动法兰安装，执行翻边活动法兰安装相应项目，但应将项目中的翻边短管换为焊环，并另行计算其价值。

7）用法兰连接的管道安装，管道与法兰分别计算工程量，执行相应项目。

◆例 7.11　根据例 7.10 的计算结果，套用相关定额子目，计算法兰定额费用。

※解※

套用 H 分册《工业管道工程》中压碳钢平焊法兰相关定额子目，定额费用见表 7.18。

表 7.18　法兰安装的定额费用

定额编号	项目名称	计量单位	①	②	③	主材名称	④	单位	⑤	⑥	⑦
			工程数量	定额综合基价/元	合价/元 ③=①×②		主材数量		主材单价/元	主材合价/元 ⑥=④×⑤	定额合价/元 ⑦=③+⑥
CH1763 换	低压碳钢平焊法兰电弧焊 *DN*200	副	7	198.83	1391.81	中压碳钢平焊法兰 *DN*200	14.000	片	125.00	1750.00	1391.81+1750.00+380.84=3522.65
						螺栓	38.43	kg	9.91	380.84	

续表

定额编号	项目名称	计量单位	① 工程数量	② 定额综合基价/元	③ 合价/元 ③=①×②	主材名称	④ 主材数量	单位	⑤ 主材单价/元	⑥ 主材合价/元 ⑥=④×⑤	⑦ 定额合价/元 ⑦=③+⑥
CH1762 换	低压碳钢平焊法兰电弧焊 *DN*150	副	4	111.60	446.40	中压碳钢平焊法兰 *DN*150	8.000	片	88.00	704.00	446.40+704.00+141.42=1291.82
						M22×85 螺栓	14.64	kg	9.66	141.42	
CH1762 换	低压碳钢平焊法兰电弧焊 *DN*150	片	2	68.08	136.16	中压碳钢平焊法兰 *DN*150	2.000	片	88.00	176.00	136.16+176.00+70.71=382.87
						M22×85 螺栓	7.32	kg	9.66	70.71	
CH1760 换	低压碳钢平焊法兰电弧焊 *DN*100	片	2	57.39	114.78	中压碳钢平焊法兰 *DN*100	2.000	片	50.00	100.00	114.78+100.00+42.52=257.30
						M20×80 螺栓	5.58	kg	7.62	42.52	

◆例 7.12　根据例 7.10 和例 7.11 的计算结果，编制法兰工程量清单，计算各清单项目的综合单价。

※解※

1）由表 7.17 可知，本例的工程量清单见表 7.19 所示。

表 7.19　法兰的工程量清单

序号	项目编码	项目名称	项目特征	计量单位	工程量
1	030811002001	中压碳钢焊接法兰	1. 材质：碳钢 2. 型号、规格：*DN*200 3. 连接形式：平焊法兰 4. 焊接方法：电弧焊	副	7
2	030811002002	中压碳钢焊接法兰	1. 材质：碳钢 2. 型号、规格：*DN*150 3. 连接形式：平焊法兰 4. 焊接方法：电弧焊	副	4
3	030811002003	中压碳钢焊接法兰	1. 材质：碳钢 2. 型号、规格：*DN*150 3. 连接形式：平焊法兰 4. 焊接方法：电弧焊	片	2
4	030811002004	中压碳钢焊接法兰	1. 材质：碳钢 2. 型号、规格：*DN*100 3. 连接形式：平焊法兰 4. 焊接方法：电弧焊	片	2

2）通过对比《通用安装工程工程量计算规范》（GB 50856—2013）附录 H 相关项目和《四川省建设工程工程量清单计价定额——通用安装工程》（2020）H 分册定额相关子目的工作内容，可知清单项目 030811002001 对应于定额子目 CH1763 换；清单项目 030811002002

对应于定额子目 CH1762 换；清单项目 030811002003 对应于定额子目 CH1762 换；清单项目 030811002004 对应于定额子目 CH1760 换。清单项目和定额子目的关系见表 7.20。

表 7.20 清单项目和定额子目的关系

项目编码	项目名称	项目特征	对应定额子目
030811002001	中压碳钢焊接法兰	1. 材质：碳钢 2. 型号、规格：*DN*200 3. 连接形式：平焊法兰 4. 焊接方法：电弧焊	CH1763 换
030811002002	中压碳钢焊接法兰	1. 材质：碳钢 2. 型号、规格：*DN*150 3. 连接形式：平焊法兰 4. 焊接方法：电弧焊	CH1762 换
030811002003	中压碳钢焊接法兰	1. 材质：碳钢 2. 型号、规格：*DN*150 3. 连接形式：平焊法兰 4. 焊接方法：电弧焊	CH1762 换
030811002004	中压碳钢焊接法兰	1. 材质：碳钢 2. 型号、规格：*DN*100 3. 连接形式：平焊法兰 4. 焊接方法：电弧焊	CH1760 换

3）定额子目的信息见表 7.21。

表 7.21 定额子目的信息

定额编号	项目名称	计量单位	定额综合基价/元	其中（单位：元）					未计价材料		
				人工费	材料费	机械费	管理费	利润	名称	单位	数量
CH1763	低压碳钢平焊法兰电弧焊 *DN*200	副	165.69	76.08	18.46	46.92	7.38	16.85	碳钢平焊法兰 *DN*200	片	2.000
CH1762	低压碳钢平焊法兰电弧焊 *DN*150	副	93.00	48.53	10.81	20.13	4.12	9.41	碳钢平焊法兰 *DN*150	片	2.000
CH1760	低压碳钢平焊法兰电弧焊 *DN*100	副	78.40	42.21	7.55	16.98	3.55	8.11	中压碳钢平焊法兰 *DN*100	片	1.000

各清单项目的综合单价如下。

中压碳钢焊接法兰（030811002001）：

$$165.69\times1.2+2\times125.00+5.334\times(1+3\%)\times9.91=503.27\text{（元）}$$

中压碳钢焊接法兰（030811002002）：

$$93.00\times1.2+2\times88.00+3.556\times(1+3\%)\times9.66=322.98\text{（元）}$$

中压碳钢焊接法兰（030811002003）：

$$93.00\times1.2\times0.61+88.00+3.556\times(1+3\%)\times9.66=191.46\text{（元）}$$

中压碳钢焊接法兰（030811002004）：

$$78.40\times1.2\times0.61+50.00+2.71\times(1+3\%)\times7.62=128.66\text{（元）}$$

5. 管架制作、安装

（1）工程量计算规则

1）清单工程量计算规则。

以“kg”计量，按设计图示质量计算。

说明：

① 单件支架质量有 100kg 以下和 100kg 以上时，应分别列项。

② 支架衬垫需注明采用何种衬垫，如防腐木垫、不锈钢衬垫、铝衬垫等。

③ 采用弹簧减震器时需注明是否做相应试验。

2）定额工程量计算规则。

一般管架制作安装按图示质量计算，以“100kg”为计量单位。

◆例 7.13 某冷冻机房部分工艺管道安装系统如图 7.6 所示，该管道系统工作压力为 2.5MPa，管道采用无缝钢管电弧焊，管道支架为普通支架，$\phi 159\times5$ 管道支架共 3 处，每处 20kg；$\phi 219\times6$ 管道支架共 5 处，每处 30kg。计算管道支架制作、安装的工程量。

※解※

由题可知，管道支架制作、安装的工程量如下。

清单工程量：

$$20\times3+30\times5=210\ (\text{kg})$$

定额工程量：同清单工程量。

（2）清单使用说明

根据《通用安装工程工程量计算规范》（GB 50856—2013）附录 H 的规定，管架制作、安装的工程量清单项目设置、项目特征描述的内容、计量单位及工程量计算规则应按表 7.22 执行。

表 7.22 管架制作、安装工程量清单项目设置

项目编码	项目名称	项目特征	计量单位	工程量计算规则	工作内容
030815001	管架制作、安装	1. 单件支架质量 2. 材质 3. 管架形式 4. 支架衬垫材质 5. 减振器形式及做法	kg	按设计图示质量计算	1. 制作、安装 2. 弹簧管架物理性试验

（3）定额使用说明

1）除木垫式、弹簧式管架外，其他类型管架均执行一般管架项目。

2）木垫式管架不包括木垫重量。

3）弹簧式管架制作，不包括弹簧本身价格，其价格应另行计算。

4）不锈钢管、有色金属管、非金属管的管架制作与安装（除木垫式、弹簧式管架外），按一般管架定额乘以系数 1.1。

5）采用不锈钢管、成型钢管焊接的异形管架制作安装，按一般管架定额乘以系数 1.3。

6）一般管架：制作占 65%，安装占 35%。

7）木垫式及弹簧管架：制作占 65%，安装占 35%。

◆例 7.14 根据例 7.13 的计算结果，套用相关定额子目，计算管架制作、安装定额费用。

※解※

套用 H 册《工业管道工程》中压碳钢平焊法兰相关定额子目，定额费用见表 7.23。

表 7.23 管架制作、安装的定额费用

定额编号	项目名称	计量单位	① 工程数量	② 定额综合基价/元	③ 合价/元 ③=①×②	主材名称	④ 主材数量	单位	⑤ 主材单价/元	⑥ 主材合价/元 ⑥=④×⑤	⑦ 定额合价/元 ⑦=③+⑥
CH2616	一般管架	100kg	2.1	861.97	1810.14	型钢	222.600	kg	5.00	1113.00	1810.14+1113.00 =2923.14

◆例 7.15 根据例 7.13 和例 7.14 的计算结果，编制管架制作、安装工程量清单，计算清单项目的综合单价。

※解※

1）由表 7.22 可知，本例的工程量清单见表 7.24。

表 7.24 管架制作、安装的工程量清单

项目编码	项目名称	项目特征	计量单位	工程量
030815001001	管架制作、安装	1. 单件支架质量：小于 100kg 2. 材质：型钢 3. 管架形式：一般管架	kg	210

2）通过对比《通用安装工程工程量计算规范》（GB 50856—2013）附录 H 相关项目和《四川省建设工程工程量清单计价定额——通用安装工程》（2020）H 分册定额相关子目的工作内容，可知清单项目 030815001001 对应于定额子目 CH2616。清单项目和定额子目的关系见表 7.25。

表 7.25 清单项目和定额子目的关系

项目编码	项目名称	项目特征	对应定额子目
030815001001	管架制作安装	1. 单件支架质量：小于 100kg 2. 材质：型钢 3. 管架形式：一般管架	CH2616

3）定额子目的信息见表 7.26。

表 7.26 定额子目的信息

定额编号	项目名称	计量单位	定额综合基价/元	其中（单位：元）					未计价材料		
				人工费	材料费	机械费	管理费	利润	名称	单位	数量
CH2616	一般管架	100kg	861.97	564.31	75.01	93.13	39.45	90.07	型钢	kg	106.000

清单项目的综合单价为

$$8.6197+1.06\times5.00=13.92\text{（元）}$$

6. 无损探伤与热处理

（1）工程量计算规则

1）清单工程量计算规则。

① 管材表面超声波探伤、管材表面磁粉探伤，以“m”计量，按管材无损探伤长度计

算；或以“m^2”计量，按管材表面探伤检测面积计算。

② 焊缝 X 射线探伤、焊缝γ射线探伤，以“张” 或“口” 计量， 按规范或设计技术要求计算。

③ 焊缝超声波探伤，焊缝磁粉探伤，焊缝渗透探伤、焊前预热、后热处理，焊口热处理等以“口”计量，按规范或设计技术要求计算。

说明：

探伤项目包括固定探伤仪支架的制作、安装。

2）定额工程量计算规则。

① 管材表面无损检测按规格以“10m”为计量单位。

② X 射线、γ射线无损检测，按管材的双壁厚执行定额相应项目，不分材质、壁厚以“10m”为计量单位。

③ 焊缝超声波、磁粉和渗透按规格，不分材质、壁厚以“10 个口”为计量单位。

④ 焊口预热及后热和焊口热处理按不同材质、规格，及施工方法以“10 个口”为计量单位。

⑤ 焊缝射线检测区别管道不同壁厚、胶片规格，以“10 张”为计量单位。

⑥ 管道焊缝采用超声波无损探伤时，其检测范围内的打磨工程量按展开长度计算。

⑦ 超声波探伤所需的各种对比试块的制作，发生时可根据现场实际情况另行计算。

⑧ 管口射线片子数量按现场实际拍片张数计算。

◆例 7.16　某冷冻机房部分工艺管道安装系统如图 7.6 所示，$\phi219\times6$ 管子焊缝共有 20 处，其中 50%采用 X 射线探伤，底片规格为 80mm×150mm，50%采用超声波探伤。计算无损探伤的工程量。

※解※

由题可知，管道焊缝超声波探伤的清单工程量为

$$20\times50\%=10\ （口）$$

单条焊缝 X 射线探伤需要的清单底片为

$$3.14\times219/(150-25\times2)=7\ （张）$$

式中，25mm——底片成像的无效区域。

管道焊缝 X 射线探伤的清单数量为

$$20\times50\%\times7=70\ （张）$$

定额工程量：同清单工程量。

（2）清单使用说明

根据《通用安装工程工程量计算规范》（GB 50856—2013）附录 H 的规定，无损探伤与热处理的工程量清单项目设置、项目特征描述的内容、计量单位及工程量计算规则应按表 7.27 执行。

表 7.27　无损探伤与热处理工程量清单项目设置

项目编码	项目名称	项目特征	计量单位	工程量计算规则	工作内容
030816003	焊缝 X 射线探伤	1．名称 2．底片规格 3．管壁厚度	张（口）	按规范或设计要求计算	探伤
030816004	焊缝γ射线探伤				

续表

项目编码	项目名称	项目特征	计量单位	工程量计算规则	工作内容
030816005	焊缝超声波探伤	1．名称 2．管道规格 3．对比试块设计要求	口	按规范或设计要求计算	1．探伤 2．对比试块的制作
030816006	焊缝磁粉探伤	1．名称 2．管道规格			探伤
030816007	焊缝渗透探伤				

（3）定额使用说明

1）无损探伤定额已综合考虑了高空作业降效因素。

2）无损探伤项目中不包括固定射线探伤仪器的各种支架的制作，也不包括超声波检测对比试块的制作，需另行计算。

◆例 7.17　根据例 7.16 的计算结果，套用相关定额子目，计算焊缝无损探伤的定额费用。

※解※

套用 H 分册《管道安装工程》无损探伤相关定额子目，定额费用见表 7.28。

表 7.28　焊缝无损探伤的定额费用

定额编号	项目名称	计量单位	① 工程数量	② 定额综合基价/元	③ 合价/元 ③=①×②	主材名称	④ 主材数量	单位	⑤ 主材单价/元	⑥ 主材合价/元 ⑥=④×⑤	⑦ 定额合价 ⑦=③+⑥
CH2417	X 射线检测 80mm×150mm 管壁厚（16mm 以内）	10 张	7.0	484.56	3391.92						3391.92
CH2425	超声波检测 *DN*≤250	10 口	1	166.64	166.64						166.64

◆例 7.18　根据例 7.16 和例 7.17 的计算结果，编制焊缝无损探伤工程量清单，计算各清单项目的合价。

※解※

1）由表 7.27 可知，本例的工程量清单见表 7.29。

表 7.29　焊缝无损探伤的工程量清单

项目编码	项目名称	项目特征	计量单位	工程量
030816003001	焊缝 X 射线探伤	1．名称：焊缝 X 射线探伤 2．底片规格：80mm×150mm 3．管壁厚度：12mm	张	70
030816005001	焊缝超声波探伤	1．名称：焊缝超声波探伤 2．管道规格：*DN*200	口	10

2）通过对比《通用安装工程工程量计算规范》（GB 50856—2013）附录H 相关项目和《四川省建设工程工程量清单计价定额——通用安装工程》（2020）H 分册定额相关子目的工作内容，可知清单项目 030816003001 对应于定额子目 CH2417；清单项目 030816005001 对应于定额子目 CH2425。清单项目和定额子目的关系见表 7.30。

表 7.30　清单项目和定额子目的关系

项目编码	项目名称	项目特征	对应定额子目
030816003001	焊缝 X 射线探伤	1．名称：焊缝 X 射线探伤 2．底片规格：80mm×150mm 3．管壁厚度：12mm	CH2417
030816005001	焊缝超声波探伤	1．名称：焊缝超声波探伤 2．管道规格：*DN*200	CH2425

3）定额子目的信息见表 7.31。

表 7.31　定额子目的信息

定额编号	项目名称	单位	综合基价/元	其中（单位：元）					未计价材料		
				人工费	材料费	机械费	管理费	利润	名称	单位	数量
CH2417	X 射线检测 80mm×150mm 管壁厚（16mm 以内）	10 张	484.56	234.57	109.63	78.66	18.79	42.91			
CH2425	超声波检测 *DN*≤250	10 口	166.64	80.76	38.09	26.64	6.44	14.71			

各清单项目的合价如下。

焊缝 X 射线探伤（030816003001）:

$$48.456\times70=3391.92（元）$$

焊缝超声波探伤（030816005001）:

$$16.664\times10=166.64（元）$$

7．套管

（1）工程量计算规则

1）清单工程量计算规则。

① 套管制作安装以“个”计量，按设计图示数量计算。

② 套管制作安装适用于穿基础、墙、楼板等部位的防水套管、一般钢套管及防火套管等，应分别列项。

2）定额工程量计算规则。

套管制作与安装按不同规格，分一般穿墙套管、混凝土墙（梁）预埋钢套管和柔、刚性套管，以“个”为计量单位。

（2）清单使用说明

根据《通用安装工程工程量计算规范》（GB 50856—2013）附录 H 的规定，套管的工程量清单项目设置、项目特征描述的内容、计量单位及工程量计算规则应按表 7.32 执行。

表 7.32　套管工程量清单项目设置

项目编码	项目名称	项目特征	计量单位	工程量计算规则	工作内容
030817008	套管制作、安装	1．类型 2．材质 3．规格 4．填料材质	个	按设计图示数量计算	1．制作 2．安装 3．除锈、刷油

（3）定额使用说明

① 人防刚、柔性套管安装分别执行 H 分册《工业管道工程》中的“H.7.12.4 刚性防水套管安装”及“H.7.12.2 柔性防水套管安装”。按介质管道的公称直径套用定额。

② 穿楼板套管制作安装执行一般穿墙套管制作安装，按套管公称直径套用定额。

7.3　工业管道工程计量与计价实例

本节通过一个工程实例来说明工业管道工程计量与计价的计算方法和程序。

7.3.1　工程概况与设计说明

某热交换装置部分管道系统如图 7.7 所示，设计说明如下。

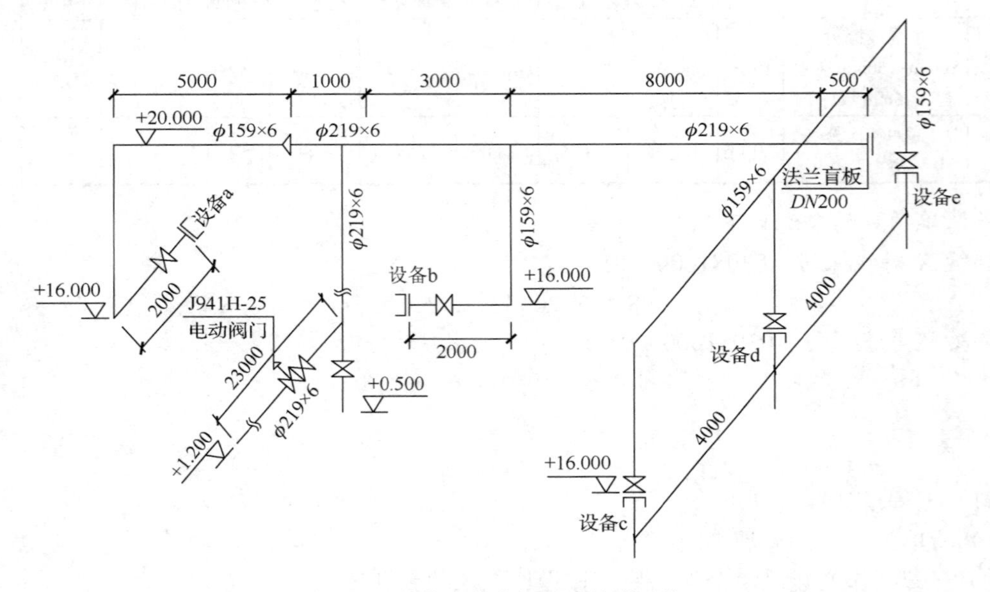

图 7.7　某热交换装置部分管道系统

1）图中标注尺寸标高以“m”为计量单位，其他均以“mm”为计量单位。该管道系统工作压力为 2.0MPa。

2）管道采用 20#碳钢无缝钢管；管件：弯头采用成品冲压弯头，三通、四通为现场挖眼连接，异径管现场摔制。

3）阀门、法兰：所有法兰为碳钢对焊法兰；阀门型号除图中说明外，均为 J41H-25，采用对焊法兰连接；系统连接全部为电弧焊。

4）管道支架为普通支架，其中$\phi 219\times 6$管支架共 12 处，每处 25kg；$\phi 159\times 6$管支架共 10 处，每处 20kg。支架手工除锈后刷防锈漆、调和漆两遍。

5）管道安装完毕后做水压试验，水冲洗。对$\phi 219\times 6$管道焊口按 50%的比例做超声波探伤，其焊口总数为 12 个；对$\phi 159\times 6$管道焊口按 50%的比例做 X 射线无损探伤，其焊口总数为 24 个。

6）管道安装就位后，所有管道外壁手工除锈后均刷防锈漆两遍。采用岩棉管壳（厚度为 60mm）作为绝热层，外包铝箔保护层。

7.3.2　工程量计算

工业管道工程量计算见表 7.33。

表 7.33　工业管道工程量计算

序号	项目名称	单位	工程量	计算式
1	中压无缝钢管电弧焊 ϕ 219×6	m	55	23+20−0.5+1+3+8+0.5=55
2	中压无缝钢管电弧焊 ϕ 159×6	m	37	(2+20−16+5)+(2+20−16)+4+4+(20−16)×3=37
3	中压管件 *DN*200	个	5	3+1+1=5
4	中压管件 *DN*150	个	6	1+5=6
5	中压法兰截止阀 *DN*200	个	2	1+1=2
6	中压法兰截止阀 *DN*150	个	5	1+1+1+1+1=5
7	中压电动阀门 *DN*200	个	1	1
8	中压对焊法兰 *DN*200	副	2	2
9	中压对焊法兰 *DN*200	片	1	1（带盲板）
10	中压对焊法兰 *DN*150	副	2	2
11	中压对焊法兰 *DN*150	片	5	5
12	一般管道支架制作、安装	kg	500	25×12+20×10=500
13	焊缝超声波探伤 *DN*200	口	6	12×50%=6
14	焊缝 X 射线探伤（80mm×150mm）	张	60	每个焊口需要：0.159×3.14÷(0.15−0.025×2)=5.00 需检测的焊口数：24×50%=12（个） 共需要：12×5=60
15	管道除锈、刷油	m^2	56.29	3.14×0.219×55+3.14×0.159×37=56.29
16	支架除锈、刷油	kg	500	500
17	管道岩棉管壳绝热	m^3	4.61	3.14×(0.219+1.033×0.06)×1.033×0.06×55 +3.14×(0.159+1.033×0.06)×1.033×0.06×37=4.61
18	管道铝箔保护层	m^2	95.06	3.14×(0.219+2.1×0.06+0.0082)×55 +3.14×(0.159+2.1×0.06+0.0082)×37=95.06

7.3.3　工程量清单与计价

根据《通用安装工程工程量计算规范》（GB 50856—2013）及《四川省建设工程工程量清单计价定额——通用安装工程》（2020），编制工业管道工程分部分项工程量清单与计价表，见表 7.34。本章用到的主材单价表见表 7.35，综合单价分析表见表 7.36。

表 7.34　工业管道工程分部分项工程量清单与计价表

序号	项目编码	项目名称	项目特征描述	计量单位	工程数量	金额/元		
						综合单价	合价	其中 暂估价
1	030802001001	中压碳钢管	1. 材质：20 号碳钢无缝钢管 2. 规格：ϕ 219×6 3. 连接方式：电弧焊 4. 压力试验、吹扫与清洗设计要求：水压试验，水冲洗	m	55.00	181.96	10007.80	

续表

序号	项目编码	项目名称	项目特征描述	计量单位	工程数量	金额/元		
						综合单价	合价	其中 暂估价
	CH0445	中压碳钢管（电弧焊）DN≤200		10m	5.50			
	CH2296	低中压管道液压试验 DN≤200		100m	0.55			
	CH2346	水冲洗 DN≤200		100m	0.55			
2	030802001002	中压碳钢管	1．材质：20#碳钢无缝钢管 2．规格：ϕ 159×6 3．连接方式：电弧焊 4．压力试验、吹扫与清洗设计要求：水压试验，水冲洗	m	37.00	132.97	4919.89	
	CH0444	中压碳钢管（电弧焊）DN≤150		10m	3.70			
	CH2296	低中压管道液压试验 DN≤200		100m	0.37			
	CH2346	水冲洗 DN≤200		100m	0.37			
3	030805001001	中压碳钢管件	1．材质：20 号碳钢 2．规格：DN200 3．连接方式：电弧焊	个	5	322.09	1610.45	
	CH1141	中压碳钢管件（电弧焊）DN≤ 200		10 个	0.5			
4	030805001002	中压碳钢管件	1．材质：20 号碳钢 2．规格：DN150 3．连接方式：电弧焊	个	6	230.60	1383.60	
	CH1140	中压碳钢管件（电弧焊）DN≤150		10 个	0.6			
5	030808003001	中压法兰阀门	1．名称：中压法兰截止阀 2．型号、规格：J41H-25，DN200 3．连接形式：法兰连接	个	2	2691.14	5382.28	
	CH1583	中压法兰阀门 DN≤200		个	2			
6	030808003002	中压法兰阀门	1．名称：中压法兰截止阀 2．型号、规格：J41H-25，DN150 3．连接形式：法兰连接	个	5	1589.31	7946.55	
	CH1582	中压法兰阀门 DN≤150		个	5			
7	030808004001	中压电动阀门	1．名称：中压电动阀门 2. 型号、规格：J941H-25，DN200 3．连接形式：法兰连接	个	1	1552.54	1552.54	
	CH1593	中压齿轮、液压传动、电动阀门 DN≤ 200		个	1			
8	030811002001	中压碳钢焊接法兰	1．材质：中压碳钢 2．型号规格：DN200 3．连接形式：对焊法兰 4．焊接方法：电弧焊	副	2	512.62	1025.24	
	CH2041	中压碳钢对焊法兰（电弧焊）DN≤ 200		副	2			
9	030811002002	中压碳钢焊接法兰	1．材质：中压碳钢 2．型号规格：DN200 3．连接形式：对焊法兰 4．焊接方法：电弧焊 5．接盲板	片	1	317.50	317.50	
	CH2041 换	中压碳钢对焊法兰（电弧焊）DN≤ 200		片	1			
10	030811002003	中压碳钢焊接法兰	1．材质：中压碳钢 2．型号规格：DN150	副	2	382.88	765.76	

续表

序号	项目编码	项目名称	项目特征描述	计量单位	工程数量	金额/元		
						综合单价	合价	其中 暂估价
10	030811002003	中压碳钢焊接法兰	3．连接形式：对焊法兰 4．焊接方法：电弧焊	副	2	382.88	765.76	
	CH2040	中压碳钢对焊法兰（电弧焊）DN≤150		副	2			
11	030811002004	中压碳钢焊接法兰	1．材质：中压碳钢 2．型号规格：DN150 3．连接形式：对焊法兰 4．焊接方法：电弧焊	片	5	227.99	1139.95	
	CH2040 换	中压碳钢对焊法兰（电弧焊）DN≤150		片	5			
12	030815001001	管架制作、安装	1．单件支架质量：25kg 以下 2．材质：型钢 3．管架形式：一般管架	kg	500	13.92	6960	
	CH2616	一般管架		100kg	5			
13	030816003001	焊缝 X 射线探伤	1．名称：焊缝 X 射线探伤 2．底片规格：80mm×150mm 3．管壁厚度：12mm	张	60	48.46	2907.60	
	CH2417	X 射线检测 80mm×150mm 管壁厚（mm 以内）16		10 张	6			
14	030816005001	焊缝超声波探伤	1．名称：焊缝超声波探伤 2．管道规格：DN200	口	6	16.66	99.96	
	CH2425	焊缝超声波检测 DN≤250		10 口	0.6			
15	031201001001	管道刷油	1．除锈级别：手工除锈，轻锈 2．油漆品种：防锈漆 3．涂刷遍数、漆膜厚度：两遍	m^2	56.29	10.39	584.85	
	CM0001	管道　轻锈		$10m^2$	5.629			
	CM0061	管道刷油　防锈漆　第一遍		$10m^2$	5.629			
	CM0062	管道刷油　防锈漆　增一遍		$10m^2$	5.629			
16	031201003001	金属结构刷油	1．除锈级别：手工除锈，轻锈 2．油漆品种：防锈漆、调和漆 3．结构类型：一般钢结构 4．涂刷遍数、漆膜厚度：两种油漆各两遍	kg	500	1.70	850.00	
	CM0005	一般钢结构　轻锈		100kg	5			
	CM0113	一般钢结构　防锈漆　第一遍		100kg	5			
	CM0114	一般钢结构　防锈漆　增一遍		100kg	5			
	CM0120	一般钢结构　调和漆　第一遍		100kg	5			
	CM0121	一般钢结构　调和漆　增一遍		100kg	5			
17	031208002001	管道绝热	1．绝热材料品种：岩棉管壳 2．绝热厚度：60mm 3．管道外径：219mm，159mm	m^3	4.60	554.50	2550.70	
	CM1335	管道绝热岩棉管壳 60mm		m^3	4.60			
18	031208007001	保护层	1．材料：铝箔 2．层数：一层 3．对象：管道	m^2	95.06	139.17	13229.50	
	CM1569	铝箔-复合玻璃钢　管道		$10m^2$	9.506			

表 7.35　本章用到的主材单价表

序号	主材名称及规格	单位	单价/元	序号	主材名称及规格	单位	单价/元
1	中压碳钢管 *DN*200	m	130.80	11	M22×85 螺栓	kg	9.66
2	中压碳钢管 *DN*150	m	92.82	12	中压碳钢对焊法兰 *DN*100	片	50.00
3	中压碳钢对焊管件 *DN*200	个	100.00	13	M20×80 螺栓	kg	7.62
4	中压碳钢管件电弧焊 *DN*150	个	80.00	14	型钢	kg	5.00
5	中压法兰截止阀 *DN*200	个	2300.00	15	酚醛防锈漆各色	kg	5.80
6	中压法兰截止阀 *DN*150	个	1300.00	16	酚醛调和漆各色	kg	5.00
7	中压电动阀门 *DN*200	个	1080.00	17	管道绝热岩棉管壳 60mm	m^3	350.00
8	中压碳钢对焊法兰 *DN*200	片	125.00	18	水	m^3	4.1
9	M22×90 螺栓	kg	9.91	19	铝箔复合玻璃钢	m^2	92.00
10	中压碳钢对焊法兰 *DN*150	片	88.00				

表 7.36　综合单价分析表

工程名称：某热交换装置　　　　第 1 页　共 2 页

项目编码	030802001001	项目名称	中压碳钢管	计量单位	m	工程量	55.00

清单综合单价组成明细

定额编号	定额名称	定额单位	数量	单价/元					合价/元				
				人工费	材料费	机械费	管理费	利润	人工费	材料费	机械费	管理费	利润
CH0445	碳钢管（电弧焊）*DN*≤200	10m	5.5	315.45	28.37	99.49	24.90	56.85	1734.98	156.04	547.20	136.95	312.68
CH2296	低中压管道液压试验*DN*≤200	100m	0.55	502.61	118.69	14.64	31.04	70.86	276.44	65.28	8.05	17.07	38.97
CH2346	水冲洗*DN*≤200	100m	0.55	301.99	63.30	15.67	19.06	43.52	166.09	34.82	8.62	10.48	23.94
人工单价				小计					2177.51	256.14	563.67	164.50	375.59
120元/工日				未计价材料费					6470.56				
清单项目综合单价									181.96				

材料费明细	主要材料名称、规格、型号	单位	数量	单价/元	合价/元	暂估单价/元	暂估合价/元
	碳钢管*DN*200	m	48.648	130.80	6363.16		
	水	m^3	2.138	4.10	8.77		
	水	m^3	24.057	4.10	98.63		
	其他材料费				256.14		
	材料费小计				6726.70		

工程名称：某热交换装置　　　　第 2 页　共 2 页

项目编码	030811002002	项目名称	中压碳钢焊接法兰	计量单位	片	工程量	1

清单综合单价组成明细

定额编号	定额名称	定额单位	数量	单价/元					合价/元				
				人工费	材料费	机械费	管理费	利润	人工费	材料费	机械费	管理费	利润
CH2041 换	碳钢对焊法兰（电弧焊）*DN*≤200	片	1	56.98	26.29	36.39	5.60	12.79	56.98	26.29	36.39	5.60	12.79

续表

定额编号	定额名称	定额单位	数量	单价/元					合价/元				
				人工费	材料费	机械费	管理费	利润	人工费	材料费	机械费	管理费	利润
人工单价		小计							56.98	26.29	36.39	5.60	12.79
120 元/工日		未计价材料费							179.45				
清单项目综合单价									317.50				

材料费明细	主要材料名称、规格、型号	单位	数量	单价/元	合价/元	暂估单价/元	暂估合价/元
	中压碳钢对焊法兰 *DN*200	片	1.000	125.00	125.00		
	M22×90 螺栓	kg	5.494	9.91	54.45		
	其他材料费				26.29		
	材料费小计				205.74		

第 8 章

建筑电气照明系统工程计量与计价

8.1　建筑电气照明系统简介

8.1.1　建筑电气照明系统组成

一栋单体建筑的照明配电系统由以下环节组成：进户线→总配电箱→干线→分配电箱→支线→照明器具。

单体建筑的照明配电系统的进户方式通常有两种，分别为架空线进户及电缆进户。

架空线进户施工程序：进户横担安装→横担上绝缘子、螺栓、防水弯头安装→进户套管制作与安装→进户线架设。

进户电缆敷设方式：直埋于地、电缆穿管、电缆沟、桥架、支架等。

由于架空线进户会影响建筑物的立面美观，也存在不安全因素，所以应尽量采用电缆进户的方式。

一栋单体建筑一般是一处进户，当建筑物长度超过 60m 或用电设备特别分散时，可考虑两处或两处以上进户。

8.1.2　照明线路及设备在平面图上的表示方法

1）常用线路敷设方式代号如下。

TC：用电线管敷设　　SC：用焊接钢管敷设

SR：用金属线槽敷设　　CT：用桥架敷设

PC：用硬塑料管敷设　　PFC：用半硬塑料管敷设

2）线路敷设部位代号如下。

WE：沿墙明敷　　WC：沿墙暗敷

CE：沿顶棚明敷　　CC：沿顶棚暗敷

BE：沿屋架明敷　　BC：沿梁暗敷

CLE：沿柱明敷　　CLC：沿柱暗敷

FC：沿地板暗敷　　SCC：在吊顶内敷设

3）线路文字标注格式如下：

$$a-b(c\times d)e-f$$

式中，a——线路编号或线路用途符号；

b——导线型号；

c——导线根数；

d——导线截面面积，不同截面面积分别标注；

e——线路敷设方式代号及导线穿管管径；

f——线路敷设部位代号。

4）动力、照明设备在平面图上的表示方法如下。

① 用电设备标注格式为

$$\frac{a}{b}\text{或}\frac{a\,|\,c}{b\,|\,d}$$

式中，a——设备编号；

b——额定功率（kW）；

c——线路首端熔断片或自动开关脱扣器电流（A）；

d——安装标高（m）。

② 电力和照明配电箱标注格式为

$$a\frac{b-c}{d(e\times f)-g}$$

式中，a——设备编号；

b——设备型号；

c——设备功率（kW）；

d——导线型号；

e——导线根数；

f——导线截面面积（mm^2）；

g——导线敷设方式及部位。

③ 灯具的标注方法为

$$a-b\frac{c\times d\times L}{e}f$$

式中，a——灯具数量；

b——灯具型号或编号；

c——每盏照明灯具的灯泡（管）数量；

d——灯泡（管）容量（W）；

e——灯泡（管）安装高度（m）；

f——灯具安装方式；

L——光源种类。

8.2　建筑电气照明工程计量与计价方法

8.2.1　建筑电气照明工程规范相关说明

电气设备安装工程适用于10kV以下变配电设备及线路的安装、车间动力电气设备及电气照明、防雷及接地装置安装、配管配线及电气调试等。

1. 与房屋建筑与装饰工程的界限

挖土、填土工程，应按现行国家标准《房屋建筑与装饰工程工程量计算规范》（GB 50854—2013）相关项目编码列项。

2. 与市政工程的界限

厂区、住宅小区的道路路灯安装工程、庭院艺术喷泉等电气设备安装工程按“电气设备安装工程”相应项目执行；涉及市政道路、市政庭院等电气安装工程的项目，按《市政工程工程量计算规范》（GB 50857—2013）中“路灯工程”的相应项目执行。

开挖路面，应按现行国家标准《市政工程工程量计算规范》（GB 50857—2013）相关项目编码列项。

涉及管沟、坑及井类的土方开挖、垫层、基础、砌筑、抹灰、地沟盖板预制安装、回填、运输、路面开挖及修复、管道支墩的项目，按现行国家标准《房屋建筑与装饰工程工程量计算规范》（GB 50854—2013）和《市政工程工程量计算规范》（GB 50857—2013）的相应项目执行。

3. 与通用安装工程及其他附录的界限

1）过梁、墙、楼板的钢（塑料）套管，应按《通用安装工程工程量计算规范》（GB 50856—2013）附录 K 给排水、采暖、燃气工程相关项目编码列项。

2）除锈、刷漆（补刷漆除外）、保护层安装，应按《通用安装工程工程量计算规范》（GB 50856—2013）附录 M 刷油、防腐蚀、绝热工程相关项目编码列项。

3）由国家或地方检测验收部门进行的检测验收应按《通用安装工程工程量计算规范》（GB 50856—2013）附录 N 措施项目编码列项。

8.2.2　建筑电气照明工程定额选用说明

建筑电气工程主要执行《四川省建设工程工程量清单计价定额——通用安装工程》（2020）中的 D 分册《电气设备安装工程》。该分册适用于新建、扩建工程中 10kV 以下变配电设备及线路安装工程、车间动力电气设备及电气照明器具、防雷及接地装置安装工程、配管配线及电气调整试验等的安装工程。

1. 增加费用说明

1）脚手架搭拆费按定额人工费（不包括“D.17 电气设备调试工程”中人工费）5%计算，其费用中人工费占 35%，机械费占 5%。电压等级≤10kV 架空输电线路工程、直埋敷设电缆工程、路灯工程不单独计算脚手架费用。

2）操作高度增加费：安装高度距离楼面或地面大于 5m 时，超过部分工程量按定额人工费乘以系数 1.1 计算（已经考虑了超高因素的定额项目除外，如小区路灯、投光灯、氙气灯、烟囱或水塔指示灯、装饰灯具），室外电缆工程、电压≤10kV 架空输电线路工程不执行本条规定。

3）建筑物超高增加费：指在檐口高度 20m 以上的工业与民用建筑物进行安装增加的费用，按±0 以上部分的定额人工费乘以表 8.1 中的系数计算。费用全部为人工费。

表 8.1　建筑物超高增加费系数

建筑物檐高/m	≤40	≤60	≤80	≤100	≤120	≤140	≤160	≤180	≤200	200m 以上每增 20m
建筑物超高系数/%	2	5	9	14	20	26	32	38	44	6

4）在地下室内（含地下车库）、暗室内、净高<1.6m 楼层、断面面积<4m^{2}且>2m^{2}隧道或洞内进行安装的工程，定额人工费乘以系数 1.12。

5）在管井内、竖井内、断面面积≤$2m^2$隧道或洞内、封闭吊顶天棚内进行安装的工程，定额人工费乘以系数 1.16。

2.《电气设备安装工程》分册与相关分册的关系

1）起重机的机械部分及电机的安装，执行 A 分册《机械设备安装工程》的相关项目。

2）支架的除锈、刷油等执行《刷油、防腐蚀、绝热工程》分册。

3）电气工程的抗震支架、剔堵槽（沟）、压（留）槽、预留孔洞、堵洞、打洞执行 N 分册《通用项目及措施项目》相应项目。

8.2.3 建筑电气照明工程计量与计价

1. 变压器

变压器是利用电磁感应作用改变交流电压和电流的一种设备，其类型很多，按用途分为电力变压器、特种变压器；按冷却方式分为油浸式、干式；按相数分为单相与三相等。其中，电力变压器是构成电力网和电力系统的主要设备。最常用的是配电变压器，用以接收和分配电能，将电网较高的电压变成适于用户所需的电压。

（1）工程量计算规则

1）清单工程量计算规则。

变压器以“台”计量，按设计图示数量计算。

2）定额工程量计算规则。

① 变压器安装根据设备容量及结构性能，按照设计安装数量以“台”为计量单位。

② 变压器基础槽钢、角钢制作与安装，根据设备布置，按照设计图示安装数量以“m”为计量单位。

③ 变压器绝缘油过滤不分次数至油过滤合格止。按照变压器铭牌充油量计算，以“t”为计量单位。

④ 变压器网门，保护网制作、安装，按设计图示的框外围尺寸，以“m^2”为计量单位。

⑤ 变压器干燥：变压器通过试验，判定绝缘受潮时才需要干燥，工程实际发生时可计取。

◆例 8.1 一台油浸电力变压器 S11-M-6000kV·A 10/0.4 容量为 6000kV·A，需做吊芯检查，外形尺寸为 1800mm×1200mm×800mm（宽×高×厚），采用 10#槽钢为基础。计算变压器安装的相关工程量。

※解※

油浸电力变压器 6000kV·A 安装：1 台。

变压器 10#槽钢基础制作、安装：$2\times(1.8+0.8)=5.2$（m）。

（2）清单使用说明

根据《通用安装工程工程量计算规范》（GB 50856—2013）D.1 的规定，变压器安装的工程量清单项目设置、项目特征描述的内容、计量单位及工程量计算规则应按表 8.2 执行。

表 8.2　变压器安装工程量清单项目设置

<table>
<tr><th>项目编码</th><th>项目名称</th><th>项目特征</th><th>计量单位</th><th>工程量计算规则</th><th>工作内容</th></tr>
<tr><td>030401001</td><td>油浸电力变压器</td><td rowspan="2">1. 名称
2. 型号
3. 容量（kV·A）
4. 电压（kV）
5. 油过滤要求
6. 干燥要求
7. 基础型钢形式、规格
8. 网门、保护门材质、规格
9. 温控箱型号、规格</td><td rowspan="2">台</td><td rowspan="2">按设计图示数量计算</td><td>1. 本体安装
2. 基础型钢制作、安装
3. 油过滤
4. 干燥
5. 接地
6. 网门、保护门制作、安装
7. 补刷（喷）油漆</td></tr>
<tr><td>030401002</td><td>干式变压器</td><td>1. 本体安装
2. 基础型钢制作、安装
3. 温控箱安装
4. 接地
5. 网门、保护门制作、安装
6. 补刷（喷）油漆</td></tr>
</table>

（3）定额使用说明

1）变压器的器身检查：容量小于或等于 4000kV·A 是按吊芯检查考虑的，容量大于 4000kV·A 是按吊钟罩考虑的，当容量大于 4000kV·A 的变压器需做吊芯检查时，定额机械费乘以系数 2.0。

2）安装带有保护外罩的干式变压器时，执行相应定额，人工、机械乘以系数 1.1。

3）油浸式变压器安装定额适用于自耦式变压器、带负荷调压变压器的安装；电炉变压器执行同容量变压器定额乘以系数 1.6；整流变压器安装执行同容量变压器定额，乘以系数 1.2。

◆例 8.2　根据例 8.1 的计算结果，套用相关定额子目，计算变压器安装定额费用。

※解※

套用 D 分册《电气设备安装工程》相关定额子目，定额费用见表 8.3。

表 8.3　变压器安装的定额费用

定额编号	项目名称	计量单位	①	②	③	主材名称	④	单位	⑤	⑥	⑦
			工程数量	定额综合基价/元	合价/元 ③=①×②		主材数量		主材单价/元	主材合价/元 ⑥=④×⑤	定额合价/元 ⑦=③+⑥
CD0006 换	油浸式变压器安装容量（≤8000 kV·A）	台	1	14643.41	14643.41	油浸电力变压器	1	台	25000.00	25000.00	14643.41+25000=39643.41
CD2301	基础槽钢制作、安装	m	5.20	21.73	113.00	型钢	5.252	m	50.00	262.60	113.00+262.60=375.60

◆例 8.3　根据例 8.1 和例 8.2 的计算结果，编制油浸电力变压器安装工程量清单，计算清单项目的综合单价。

※解※

1）由表 8.2 可知，本例的工程量清单见表 8.4。

表 8.4　变压器安装的工程量清单

项目编码	项目名称	项目特征	计量单位	工程量
030401001001	油浸电力变压器	1．名称：油浸电力变压器 2．型号：S11-M-6000kV · A10/0.4 3．容量（kV · A）：6000kV · A 4．电压（kV）：10kV 5．基础型钢形式、规格：10#槽钢基础	台	1

2）通过对比《通用安装工程工程量计算规范》（GB 50856—2013）附录D相关项目和《四川省建设工程工程量清单计价定额——通用安装工程》（2020）D分册定额相关子目的工作内容，可知清单项目030401001001对应于定额子目CD0006和CD2301。清单项目和定额子目的关系见表8.5。

表 8.5　清单项目和定额子目的关系

项目编码	项目名称	项目特征	对应定额子目
030401001001	油浸电力变压器	1．名称：油浸电力变压器 2．型号：S11-M-6000kV · A10/0.4 3．容量（kV · A）：6000kV · A 4．电压（kV）：10kV 5．基础型钢形式、规格：10#槽钢基础	CD0006 换 CD2301

3）定额子目的信息见表8.6。

表 8.6　定额子目的信息

定额编号	项目名称	计量单位	定额综合基价/元	其中（单位：元）					未计价材料		
				人工费	材料费	机械费	管理费	利润	名称	单位	数量
CD0006	油浸式变压器安装容量（≤8000kV ·A）	台	12232.17	6436.44	1367.22	2411.24	619.34	1397.93			
CD2301	基础槽钢制作、安装	m	21.73	13.23	3.58	1.55	1.03	2.34	基础槽（角）钢	m	1.010

清单项目的综合单价为

$$(12232.17+2411.24+25000)+(21.73+1.01\times10\times5)\times5.2=40019.01（元）$$

2．母线

10kV以下母线，在高、低压配电装置中或车间动力大负荷配电干线中作为汇集和分配电流的载体，故称为母线，也称为汇流排。母线类型很多，按刚性分为硬母线、软母线；按材质分为铜母线、铝母线、钢母线；按断面形状分为带（矩）形、槽形、管形、组合形；按安装方式分为矩形单片、叠合或组合；按冷却方式分为水冷、强风冷等。还有目前高层建筑及工厂车间广泛应用的低压封闭式插接母线。

（1）工程量计算规则

1）清单工程量计算规则。

① 软母线、组合软母线、带形母线、槽形母线以“m”计量，　按设计图示尺寸以单相

长度计算（含预留长度）。软母线安装预留长度见表 8.7，硬母线安装预留长度见表 8.8。

表 8.7　软母线安装预留长度　（单位：m/根）

项目	耐张	跳线	引下线、设备连接线
预留长度	2.5	0.8	0.6

表 8.8　硬母线安装预留长度　（单位：m/根）

序号	项目	预留长度	说明
1	带形、槽形母线终端	0.3	从最后一个支持点算起
2	带形、槽形母线与分支线连接	0.5	分支线预留
3	带形母线与设备连接	0.5	从设备端子接口计算
4	多片重型母线与设备连接	1.0	从设备端子接口计算
5	槽形母线与设备连接	0.5	从设备端子接口计算

② 共箱母线，低压封闭式插接母线槽以“m”计量，按设计图示尺寸以中心线长度计算。

③ 重型母线以“t”计量，按设计图示尺寸以质量计算。

④ 始端箱、分线箱以“台”计量，按设计图示数量计算。

2）定额工程量计算规则。

① 软母线安装是指直接由耐张绝缘子串悬挂安装，根据母线形式和截面面积或根数，按照设计布置以“跨/三相”为计量单位。

② 矩形与管形母线及母线引下线安装，根据母线材质及每相片数、截面面积或直径，按照设计图示安装数量以“m/单相”为计量单位。

③ 槽形母线安装，根据母线根数与规格，按照设计图示安装数量以“m/单相”为计量单位。计算长度时，应考虑母线挠度和连接需要增加的工程量。

④ 低压（电压等级≤380V）封闭式插接母线槽安装，根据每相电流容量，按照设计图示安装轴线长度以“m”为计量单位；计算长度时，不计算安装损耗量。

⑤ 重型母线安装，根据母线材质及截面面积或用途，按照设计图示安装成品质量以“t”为计量单位。计算质量时，不计算安装损耗量。母线、固定母线金具、绝缘配件应按照安装数量加损耗量另行计算主材费。硬母线安装预留长度见表 8.8。

⑥ 分线箱、始端箱安装根据电流容量，按照设计图示安装数量以“台”为计量单位。

◆例 8.4　如图 8.1 所示，单母线高压断路器柜的外形尺寸为 1200mm×2000mm×800mm（宽×高×厚），10kV 干式变压器的外形尺寸为 1500mm×1200mm×800mm（宽×高×厚），均采用 10#槽钢作为基础，标高为+0.10，母线安装高度为 4.5m，图中括号内数字为水平长度，单位为米。变压器 8000 元/台，高压柜 132000 元/台，TMY-80×8mm^2 单价 56 元/m，10#槽钢 5 元/kg；硬铜母线穿墙处采用环氧树脂穿通板，穿通板单价 300 元/块，穿墙套管 400 元/个。计算该工程的相关工程量。

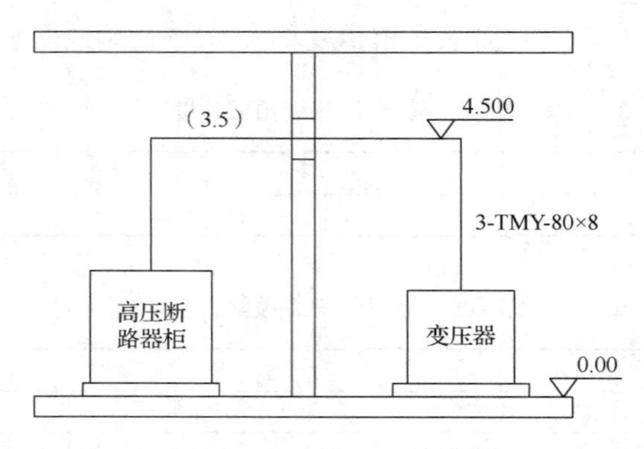

图 8.1　母线安装示意图

※解※

1）硬铜母线 3-TMY-80×8mm^2 的工程量：

$$[(4.5-0.1-2)+3.5+(4.5-0.1-1.2)+0.5\times2]\times3=30.30\ (\mathrm{m})$$

2）高压配电柜：1 台。

10#槽钢基础槽钢制作、安装：2×(1.2+0.8)=4.0（m）。

3）干式变压器：1 台。

10#槽钢基础槽钢制作、安装：2×(1.5+0.8)=4.6（m）。

4）穿墙套管：3 个。

5）环氧树脂穿通板：1 块。

（2）清单使用说明

根据《通用安装工程工程量计算规范》（GB 50856—2013）附录 D.3 的规定，母线安装的工程量清单项目设置、项目特征描述的内容、计量单位及工程量计算规则应按表 8.9 执行。

表 8.9　母线安装工程量清单项目设置

项目编码	项目名称	项目特征	计量单位	工程量计算规则	工作内容
030403003	带形母线	1．名称 2．型号 3．规格 4．材质 5．绝缘子类型、规格 6．穿墙套管材质、规格 7．穿通板材质、规格 8．母线桥材质、规格 9．引下线材质、规格 10．伸缩节、过渡板材质、规格 11．分相漆品种	m	按设计图示尺寸以单相长度计算（含预留长度）	1．母线安装 2．穿通板制作、安装 3．支持绝缘子、穿墙套管的耐压试验、安装 4．引下线安装 5．伸缩节安装 6．过渡板安装 7．刷分相漆
030403004	槽形母线	1．名称 2．型号 3．规格 4．材质 5．连接设备名称、规格 6．分相漆品种			1．母线制作、安装 2．与发电机、变压器连接 3．与断路器、隔离开关连接 4．刷分相漆

续表

项目编码	项目名称	项目特征	计量单位	工程量计算规则	工作内容
030403005	共箱母线	1．名称 2．型号 3．规格 4．材质	m	按设计图示尺寸以中心线长度计算	1．母线安装 2．补刷（喷）油漆
030403006	低压封闭式插接母线槽	1．名称 2．型号 3．规格 4．容量（A） 5．限制 6．安装部位			
030403007	始端箱、分线箱	1．名称 2．型号 3．规格 4．容量（A）	台	按设计图示数量计算	1．本体安装 2．补刷（喷）油漆

（3）定额使用说明

1）矩形钢母线安装执行铜母线安装定额。

2）矩形母线伸缩接头和铜过渡板安装定额均按成品安装编制，定额不包括加工配置及主材费。

3）矩形母线、槽形母线安装定额不包括支持瓷瓶安装和钢构件配置安装，工程实际发生时，执行相关定额。

4）高压共箱母线和低压封闭式插接母线槽安装定额按照成品安装编制，定额不包括加工配置及主材费；包括本体接地安装及材料费。

5）穿通板按不同材质执行相应定额，穿墙套管不分材质、规格，统一执行定额。

6）母线安装不包括支架、铁构件的制作与安装，工程实际发生时，另行计算。

7）在电井内、竖井内、断面面积≤$2m^2$隧道或洞内、封闭吊顶天棚内进行安装的母线工程，定额人工费乘以系数 1.16。

◆例 8.5　根据例 8.4 的计算结果，套用相关定额子目，计算母线安装定额费用。

※解※

套用 D 分册《电气设备安装工程》相关定额子目，定额费用见表 8.10。

表 8.10　母线安装的定额费用

定额编号	项目名称	计量单位	① 工程数量	② 定额综合基价/元	③ 合价/元 ③=①×②	主材名称	④ 主材数量	单位	⑤ 主材单价/元	⑥ 主材合价/元 ⑥=④×⑤	⑦ 定额合价/元 ⑦=③+⑥
CD0198	矩形铜母线单相一片 截面≤$800mm^2$	m/单相	30.30	30.62	927.79	硬铜母线	30.997	m	56.00	1735.83	927.79+1735.83=2663.62
CD2315	环氧树脂板	块	1	396.72	396.72	环氧树脂板	1.050	块	300.00	315.00	396.72+315.00=711.72
CD0330	穿墙套管	个	3	64.21	192.63	穿墙套管	3.06	个	400.00	1224.00	192.63+1224.00=1416.63

◆例 8.6 根据例 8.4 和例 8.5 的计算结果，编制带形母线安装工程量清单，计算清单项目的合价和综合单价。

※解※

1）由表 8.9 可知，本例的工程量清单见表 8.11。

表 8.11　母线安装的工程量清单

项目编码	项目名称	项目特征	计量单位	工程量
030403003001	带形母线	1．名称：硬铜母线 2．型号：TMY 3．规格：80×8mm^2 4．材质：铜 5．穿墙套管材质、规格：陶瓷，3 个 6．穿通板材质、规格：环氧树脂板，1 块	m	30.3

2）通过对比《通用安装工程工程量计算规范》（GB 50856—2013）附录 D.3 相关项目和《四川省建设工程工程量清单计价定额——通用安装工程》（2020）D 分册定额相关子目的工作内容，可知清单项目 030403003001 对应于定额子目 CD0198、CD2315 和 CD0330。清单项目和定额子目的关系见表 8.12。

表 8.12　清单项目和定额子目的关系

项目编码	项目名称	项目特征	对应定额子目
030403003001	带形母线	1．名称：硬铜母线 2．型号：TMY 3．规格：80×8mm^2 4．材质：铜 5．穿墙套管材质、规格：陶瓷，3 个 6．穿通板材质、规格：环氧树脂板，1 块	CD0198 CD2315 CD0330

3）定额子目的信息见表 8.13。

表 8.13　定额子目的信息

定额编号	项目名称	计量单位	定额综合基价/元	其中（单位：元）					未计价材料		
				人工费	材料费	机械费	管理费	利润	名称	单位	数量
CD0198	矩形铜母线安装 每相一片 截面（≤800mm^2）	m/单相	30.62	17.46	3.67	4.48	1.54	3.47	矩形铜母线	m	1.023
CD2315	环氧树脂板	块	396.72	239.88	85.81	13.31	17.72	40.00	环氧树脂板	块	1.050
CD0330	穿墙套管安装	个	64.21	28.62	15.34	11.17	2.79	6.29	穿墙套管	个	1.020

清单项目的合价为

$$(30.62+1.023\times56.00)\times30.30+(396.72+1.050\times300)\times1+(64.21+1.020\times400)\times3=4791.96\text{（元）}$$

综合单价为

$$4791.96/30.30=158.15\text{（元）}$$

3. 控制箱、配电箱

控制箱：一般为挂墙、落地或在落地支架上安装，内装有电源开关、保险装置、继电器或接触器等电气装置，用于对指定设备进行控制。

配电箱：供电专用，可分为电力配电箱和照明配电箱两种。箱内装有电源开关（断路器、隔离开关或刀开关）、熔断器及测量仪表等元件。

控制箱及配电箱的安装方式有嵌入式、壁式、挂式、落地支架式、落地式及台式等，如图 8.2 所示。

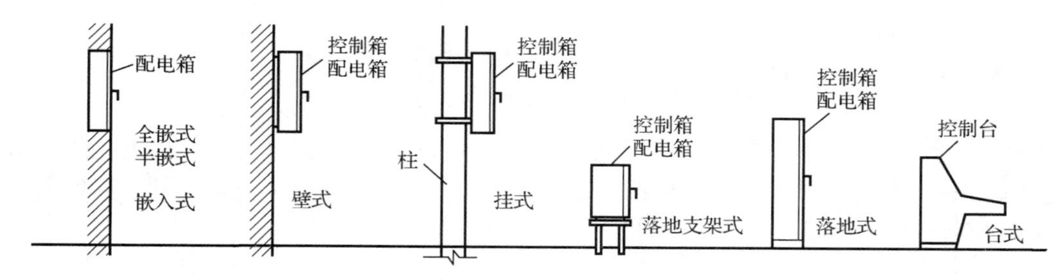

图 8.2　控制箱及配电箱的安装方式

（1）工程量计算规则

1）清单工程量计算规则。

控制箱，配电箱以“台”计量，按设计图示数量计算。

2）定额工程量计算规则。

① 成套配电箱安装，根据箱体半周长，按照设计安装数量以“台”为计量单位。

② 控制箱安装，按照设计图示安装数量以“台”为计量单位。

③ 控制箱、配电箱安装不包括支架制作与安装、二次喷漆及喷字、设备干燥、焊（压）接线端子、端子板外部（二次）接线、基础槽（角）钢制作与安装、设备上开孔等，需另行计算工程量。

④ 落地式配电箱用型钢作为基础时，制作、安装以“m”为计量单位，长度 L=2（宽+厚）。

⑤ 当导线截面面积大于 6mm^2 时，进出配电箱的线头需焊（压）接线端子，以“个”为计量单位。当导线截面面积小于等于 6mm^2 时，进出配电箱的单芯导线需计算无端子外部接线，多芯软导线需计算有端子外部接线，以“个”为计量单位。

◆例 8.7　某配电箱 M0 系统如图 8.3 所示，落地安装，采用 10#槽钢作为基础，计算相关工程量。

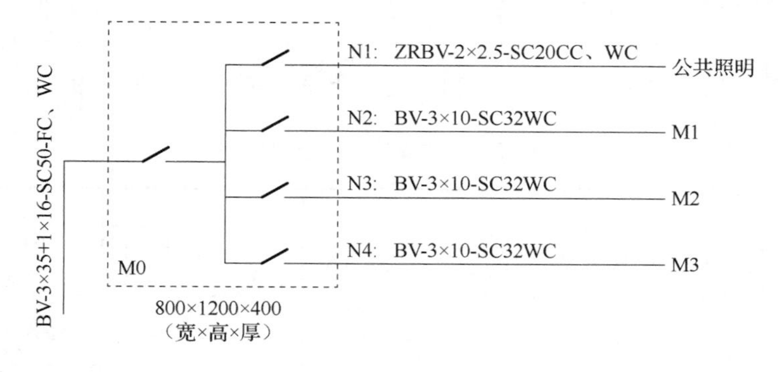

图 8.3　某配电箱 M0 系统

※解※

照明配电箱 M0：1 台。

10#槽钢基础槽钢制作、安装：2×(0.8+0.4)=2.40（m）。

压铜端子 $35mm^2$：3 个。

$16mm^2$：1 个。

$10mm^2$：9 个。

无端子外部接线 $2.5mm^2$：2 个。

（2）清单使用说明

根据《通用安装工程工程量计算规范》（GB 50856—2013）附录 D.4 的规定，控制箱、配电箱安装的工程量清单项目设置、项目特征描述的内容、计量单位及工程量计算规则应按表 8.14 执行。

表 8.14　控制箱、配电箱安装工程量清单项目设置

项目编码	项目名称	项目特征	计量单位	工程量计算规则	工作内容
030404016	控制箱	1．名称 2．型号 3．规格 4．基础形式、材质、规格 5．接线端子材质、规格 6．端子板外部接线材质、规格 7．安装方式	台	按设计图示数量计算	1．本体安装 2．基础型钢制作、安装 3．焊、压接线端子 4．补刷（喷）油漆 5．接地
030404017	配电箱				

（3）定额使用说明

1）配电箱分落地式和悬挂嵌入式，以配电箱半周长分档，分别套用相应的定额子目。

2）成套配电柜和箱式变电站安装不包括基础槽（角）钢安装。

3）成品配套空箱体安装执行相应的"成套配电箱"安装定额乘以系数 0.5。

4）控制箱、配电箱均未包括基础槽钢、角钢的制作、安装，发生时执行相应的定额子目。

5）焊、压接线端子定额只适用于导线。电缆终端头制作、安装定额中已包括焊压接线端子，不得重复计算。

◆例 8.8 根据例 8.7 的计算结果，套用相关定额子目，计算配电箱安装定额费用。

※解※

套用 D 分册《电气设备安装工程》相关定额子目，定额费用见表 8.15。

表 8.15　配电箱安装的定额费用

定额编号	项目名称	计量单位	① 工程数量	② 定额综合基价/元	③ 合价/元 ③=①×②	主材名称	④ 主材数量	单位	⑤ 主材单价/元	⑥ 主材合价/元 ⑥=④×⑤	⑦ 定额合价/元 ⑦=③+⑥
CD0106	落地式配电箱	台	1	415.62	415.62	照明配电箱	1	台	800.00	800.00	415.62+800.00=1215.62
CD2301	基础槽钢制作、安装	m	2.40	21.73	52.15	基础槽钢	2.424	m	50.00	121.20	52.15+121.20=173.35

续表

定额编号	项目名称	计量单位	① 工程数量	② 定额综合基价/元	③ 合价/元 ③=①×②	主材名称	④ 主材数量	单位	⑤ 主材单价/元	⑥ 主材合价/元 ⑥=④×⑤	⑦ 定额合价/元 ⑦=③+⑥
CD0427	压铜接线端子 16mm^2	个	10	7.10	71.00						71.00
CD0428	压铜接线端子 35mm^2	个	3	11.00	33.00						33.00
CD0415	无端子外部接线 2.5mm^2	个	2	3.61	7.22						7.22

◆例 8.9　根据例 8.7 和例 8.8 的计算结果，编制配电箱安装工程量清单，计算清单项目的综合单价。

※解※ ————————————————————————————

1）由表 8.14 可知，本例的工程量清单见表 8.16。

表 8.16　配电箱安装的工程量清单

项目编码	项目名称	项目特征	计量单位	工程量
030404017001	配电箱	1．名称：照明配电箱 M0 2．规格：800mm×1200mm×400mm（宽×高×厚） 3．基础形式、材质、规格：10#槽钢 4．接线端子材质、规格： 压铜接线端子 35mm^2：3 个 压铜接线端子 16mm^2：1 个 压铜接线端子 10mm^2：9 个 5．端子板外部接线材质、规格： 无端子外部接线 2.5mm^2：2 个 6．安装方式：落地安装	台	1

2）通过对比《通用安装工程工程量计算规范》（GB 50856—2013）附录 D 相关项目和《四川省建设工程工程量清单计价定额——通用安装工程》（2020）D 分册定额相关子目的工作内容，可知清单项目 030404017001 对应于定额子目 CD0106、CD2301、CD0427、CD0428 和 CD0415。清单项目和定额子目的关系见表 8.17。

表 8.17　清单项目和定额子目的关系

项目编码	项目名称	项目特征	对应定额子目
030403003001	配电箱	1．名称：照明配电箱 M0 2．规格：800mm×1200mm×400mm（宽×高×厚） 3．基础形式、材质、规格：10#槽钢 4．接线端子材质、规格： 压铜接线端子 35mm^2：3 个 压铜接线端子 16mm^2：1 个 压铜接线端子 10mm^2：9 个 5．端子板外部接线材质、规格： 无端子外部接线 2.5mm^2：2 个 6．安装方式：落地安装	CD0106 CD2301 CD0427 CD0428 CD0415

3）定额子目的信息见表 8.18。

表 8.18　定额子目的信息

定额编号	项目名称	计量单位	定额综合基价/元	其中（单位：元）					未计价材料		
				人工费	材料费	机械费	管理费	利润	名称	单位	数量
CD0106	落地式配电箱	台	415.62	266.70	13.71	60.59	22.91	51.71	—	—	—
CD2301	基础槽钢制作、安装	m	21.73	13.23	3.58	1.55	1.03	2.34	基础槽（角）钢	m	1.010
CD0427	压铜接线子 导线截面（≤16mm²）	个	7.10	3.06	3.35		0.21	0.48			
CD0428	压铜接线子 导线截面（≤35mm²）	个	11.00	4.38	5.62		0.31	0.69			
CD0415	无端子外部接线（≤2.5mm²）	个	3.61	1.44	1.84		0.10	0.23			

清单项目的综合单价为

$$(415.62+800)\times1.0+(21.73+1.010\times50)\times2.4+7.10\times10+11.00\times3+3.61\times2=1500.19（元）$$

4. 低压电器

控制开关：用于隔离电源或接通及断开电路，或者改变电路连接，如自动空气开关、刀开关、封闭式开关熔断器组、胶盖刀开关、组合控制开关、万能转换开关、风机盘管三速开关等。

照明开关：形式有拉线式、跷板式（单双联、单双控）等，分别有明装、暗装两种安装方式。

插座：形式有单相插座（两孔、多孔）、三相插座（三相四孔），分别有明装、暗装、密闭、防水等安装方式。

（1）工程量计算规则

1）清单工程量计算规则。

控制开关、低压熔断器、限位开关、分流器、照明开关、插座以“个”计量， 按设计图示数量计算。

2）定额工程量计算规则。

① 控制开关安装根据开关形式与功能及电流量，按照设计图示安装数量以“个”为计量单位。

② 开关、按钮安装根据安装形式与种类、开关极数及单控与双控，按照设计图示安装数量以“套”为计量单位。

③ 插座安装根据电源数、定额电流、插座安装形式，按照设计图示安装数量以“套”为计量单位。

④ 每个开关都要配一个开关盒，开关盒的安装要另列项计价。

⑤ 每个插座都要配一个插座盒，插座盒的安装要另列项计价。

⑥ 风扇安装已包含调速开关的安装费用，不得另计。

（2）清单使用说明

根据《通用安装工程工程量计算规范》（GB 50856—2013）附录 D.4 的规定，低压电器安装的工程量清单项目设置、项目特征描述的内容、计量单位及工程量计算规则应按表 8.19 执行。

表 8.19　低压电器安装工程量清单项目设置

<table>
<tr><th>项目编码</th><th>项目名称</th><th>项目特征</th><th>计量单位</th><th>工程量计算规则</th><th>工作内容</th></tr>
<tr><td>030404019</td><td>控制开关</td><td>1. 名称
2. 型号
3. 规格
4. 接线端子材质、规格
5. 额定电流（A）</td><td>个</td><td rowspan="11">按设计图示数量计算</td><td rowspan="6">1. 本体安装
2. 焊、压接线端子
3. 接线</td></tr>
<tr><td>030404022</td><td>控制器</td><td rowspan="5">1. 名称
2. 型号
3. 规格
4. 接线端子材质、规格</td><td rowspan="4">台</td></tr>
<tr><td>030404023</td><td>接触器</td></tr>
<tr><td>030404024</td><td>磁力启动器</td></tr>
<tr><td>030404025</td><td>Y-△自耦减压启动器</td></tr>
<tr><td>030404031</td><td>小电器</td><td>个（套、台）</td></tr>
<tr><td>030404033</td><td>风扇</td><td>1. 名称
2. 型号
3. 规格
4. 安装方式</td><td>台</td><td>1. 本体安装
2. 调速开关安装</td></tr>
<tr><td>030404034</td><td>照明开关</td><td rowspan="2">1. 名称
2. 材质
3. 规格
4. 安装方式</td><td rowspan="2">个</td><td rowspan="2">1. 本体安装
2. 接线</td></tr>
<tr><td>030404035</td><td>插座</td></tr>
<tr><td>030404036</td><td>其他电器</td><td>1. 名称
2. 规格
3. 安装方式</td><td>个（套、台）</td><td>1. 安装
2. 接线</td></tr>
</table>

注：小电器包括按钮、电笛、电铃、水位电气信号装置、测量表计、继电器、电磁锁、屏上辅助设备、辅助电压互感器、小型安全变压器。

（3）定额使用说明

1）控制开关定额不包括接线端子、保护盒、接线盒、箱体等安装，工程实际发生时，执行相应定额。

2）插座箱安装执行相应的配电箱定额。

3）灯具开关应区别开关、按钮安装方式，开关、按钮种类，开关极数，以及单控与双控形式，执行相应的定额子目。

4）插座应区别电源相数、额定电流、插座安装形式，执行相应的定额子目。

◆例 8.10　某工程有单相五孔暗装插座 50 套（250V，15A），单价为 34 元/套，套用相关定额子目，计算插座安装定额费用。

※解※

套用 D 分册《电气设备安装工程》相关定额子目，定额费用见表 8.20。

表 8.20　插座安装的定额费用

定额编号	项目名称	计量单位	① 工程数量	② 定额综合基价/元	③ 合价/元 ③=①×②	主材名称	④ 主材数量	单位	⑤ 主材单价/元	⑥ 主材合价/元 ⑥=④×⑤	⑦ 定额合价/元 ⑦=③+⑥
CD2227	单相暗插座电流（A）≤15A	套	50	9.08	454.00	成套插座	51	套	34.00	1734.00	454.00+1734.00=2188.00

◆例 8.11　根据例 8.10 的计算结果，编制插座安装工程量清单，计算清单项目的合价。

※解※

1）由表 8.19 可知，本例的工程量清单见表 8.21。

表 8.21　插座安装的工程量清单

项目编码	项目名称	项目特征	计量单位	工程量
030404035001	插座	1. 名称：普通插座 2. 规格：5 孔 250V 15A 3. 安装方式：暗装	个	50

2）通过对比《通用安装工程工程量计算规范》（GB 50856—2013）附录 D 相关项目和《四川省建设工程工程量清单计价定额——通用安装工程》（2020）D 分册定额相关子目的工作内容，可知清单项目 030404035001 对应于定额子目 CD2227。清单项目和定额子目的关系见表 8.22。

表 8.22　清单项目和定额子目的关系

项目编码	项目名称	项目特征	对应定额子目
030404035001	插座	1. 名称：普通插座 2. 规格：5 孔 250V 15A 3. 安装方式：暗装	CD2227

3）定额子目的信息见表 8.23。

表 8.23　定额子目的信息

定额编号	项目名称	计量单位	定额综合基价/元	其中（单位：元）					未计价材料		
				人工费	材料费	机械费	管理费	利润	名称	单位	数量
CD2227	单相暗插座电流（≤15A）	套	9.08	6.36	1.27		0.45	1.00	成套插座	套	1.020

清单项目的合价为

$$(9.08+1.02\times34)\times50=2188.00\text{（元）}$$

5. 电机检查接线及调试

（1）工程量计算规则

1）清单工程量计算规则。

电动机组、备用励磁机组检查接线及调试以“组”计量，其余以“台”计量，按设计图示数量计算。

电动机按其质量划分为大、中、小型，其中 3t 以下为小型，3～30t 为中型，30t 以上为大型。

2）定额工程量计算规则。

① 发电机、电动机检查接线，根据设备容量，按照设计图示安装数量以“台”为计量单位。单台电动机重量在 30t 以上时，按照重量计算检查接线工程量。

说明：

a．电机检查接线工程量的计算，应按施工图纸要求，按需要检查接线的电机（如水泵电机、风机电机、压缩机电机、磨煤机电机等）数量计算。

b．计算时应注意：带有连接插头的小型电机，不计算检查接线工程量。

c．电机的电源线为导线时，应计算导线的压（焊）接线端子工程量。

d．电动机检查接线定额中，每台电动机含 0.8m 金属软管，超过 0.8m 时安装及材料费按实计算。

e．电动机检查接线定额不包括电动机干燥，工程实际发生时，另行计算费用。

② 电动机负载调试根据电机的控制方式、功率按照电动机的台数计算工程量。

说明：

单相电动机，如轴流通风机、排风扇、吊风扇等不计算调试费，也不计算电机检查接线费。

◆例 8.12 某水泵房平面图如图 8.4 所示，动力配电箱嵌入墙安装，底边距地 1.5m，电动机基础高 0.3m，配管高出基础 0.2m，用同规格金属软管 0.6m 接至电动机，埋地管埋深为 0.2m，电动机需要干燥，计算电动机的相关工程量。

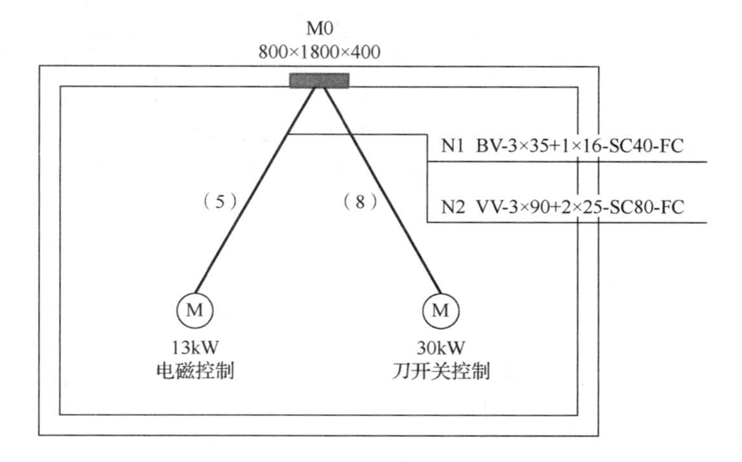

图 8.4　某水泵房平面图

※解※

电动机检查接线 13kW：1 台。

电动机调试电磁控制：1 台。

电动机检查接线 30kW：1 台。

电动机调试刀开关控制：1 台。

（2）清单使用说明

根据《通用安装工程工程量计算规范》（GB 50856—2013）附录 D.6 的规定，电机检查接线及调试的工程量清单项目设置、项目特征描述的内容、计量单位及工程量计算规则应按表 8.24 执行。

表 8.24　电机检查接线及调试工程量清单项目设置

项目编码	项目名称	项目特征	计量单位	工程量计算规则	工作内容
030406006	低压交流异步电动机	1. 名称 2. 型号 3. 容量（kW） 4. 控制保护方式 5. 接线端子材质、规格 6. 干燥要求	台	按设计图示数量计算	1. 检查接线 2. 接地 3. 干燥 4. 调试

（3）定额使用说明

1）功率≤0.75kW 电机检查接线均执行微型电机检查接线定额。设备出厂时电动机带插头的，不计算电动机检查接线费用［如：排风（或排气）扇、电风扇等］。

2）电机安装执行 A 分册《机械设备安装工程》的电机安装项目。

◆例 8.13　根据例 8.12 的计算结果，套用相关定额子目，计算电动机检查接线安装的定额费用。

※解※

套用 D 分册《电气设备安装工程》相关定额子目，定额费用见表 8.25。

表 8.25　电动机检查接线安装的定额费用

定额编号	项目名称	计量单位	① 工程数量	② 定额综合基价/元	③ 合价/元 ③=①×②	主材名称	④ 主材数量	单位	⑤ 主材单价/元	⑥ 主材合价/元 ⑥=④×⑤	⑦ 定额合价/元 ⑦=③+⑥
CD0566	低压交流异步电动机检查接线 13kW	台	1	296.39	296.39						296.39
CD2475	交流异步电动机负载调试 低压笼型 电磁控制	台	1	575.95	575.95						575.95
CD0427	压铜接线端子 16mm^2	个	1	7.10	7.10						7.10
CD0428	压铜接线端子 35mm^2	个	3	11.00	33.00						33.00
CD0567	低压交流异步电动机检查接线 30kW	台	1	477.08	477.08						477.08
CD2474	交流异步电动机负载调试 低压笼型 刀开关控制	台	1	252.47	252.47						252.47

◆例 8.14 根据例 8.12 和例 8.13 的计算结果，编制电动机安装工程量清单，计算各清单项目的综合单价。

※解※

1）由表 8.24 可知，本例的工程量清单见表 8.26。

表 8.26　电动机安装的工程量清单

项目编码	项目名称	项目特征	计量单位	工程量
030406006001	低压交流异步电动机	1．名称：低压交流异步电动机检查接线及调试 2．容量：13kW 3．启动方式：电磁控制 4．接线端子材质、规格： 压铜接线端子 16mm^2：1 个 压铜接线端子 35mm^2：3 个	台	1
030406006002	低压交流异步电动机	1．名称：低压交流异步电动机检查接线及调试 2．容量：30kW 3．启动方式：刀开关控制	台	1

2）通过对比《通用安装工程工程量计算规范》（GB 50856—2013）附录 D 相关项目和《四川省建设工程工程量清单计价定额——通用安装工程》（2020）D 分册定额相关子目的工作内容，可知清单项目 030406006001 对应于定额子目 CD0566、CD2475、CD0427 和 CD0428；清单项目 030406006002 对应于定额子目 CD0567 和 CD2474。清单项目和定额子目的关系见表 8.27。

表 8.27　清单项目和定额子目的关系

项目编码	项目名称	项目特征	对应定额子目
030406006001	低压交流异步电动机	1．名称：低压交流异步电动机检查接线及调试 2．容量：13kW 3．启动方式：电磁控制 4．接线端子材质、规格： 压铜接线端子 16mm^2：1 个 压铜接线端子 35mm^2：3 个	CD0566 CD2475 CD0427 CD0428
030406006002	低压交流异步电动机	1．名称：低压交流异步电动机检查接线及调试 2．容量：30kW 3．启动方式：刀开关控制	CD0567 CD2474

3）定额子目的信息见表 8.28。

表 8.28　定额子目的信息

定额编号	项目名称	计量单位	定额综合基价/元	其中（单位：元）					未计价材料		
				人工费	材料费	机械费	管理费	利润	名称	单位	数量
CD0566	交流异步电动机检查接线功率（≤13kW）	台	296.39	190.47	46.85	12.74	14.22	32.11			
CD2475	交流异步电动机负载调试 低压笼型 电磁控制	台	575.95	271.83	5.45	192.75	32.52	73.40			

续表

定额编号	项目名称	计量单位	定额综合基价/元	其中（单位：元）					未计价材料		
				人工费	材料费	机械费	管理费	利润	名称	单位	数量
CD0427	压铜接线端子 导线截面（≤16mm²）	个	7.10	3.06	3.35		0.21	0.48			
CD0428	压铜接线端子 导线截面（≤35mm²）	个	11.00	4.38	5.62		0.31	0.69			
CD0567	交流异步电动机检查接线功率（≤30kW）	台	477.08	298.41	85.50	20.47	22.32	50.38			
CD2474	交流异步电动机负载调试 低压笼型 刀开关控制	台	252.47	135.96	2.72	67.42	14.24	32.13			

各清单项目的综合单价如下。

低压交流异步电动机（030406006001）:

$$296.39+575.95+7.10+11.00\times3=912.44\text{（元）}$$

低压交流异步电动机（030406006002）:

$$477.08+252.47=729.55\text{（元）}$$

6. 滑触线

滑触线常作为起重机械的电源干线，可用角钢、扁钢、圆钢、轻轨、工字钢、铜电车线或软电缆等制作，如图 8.5 所示。

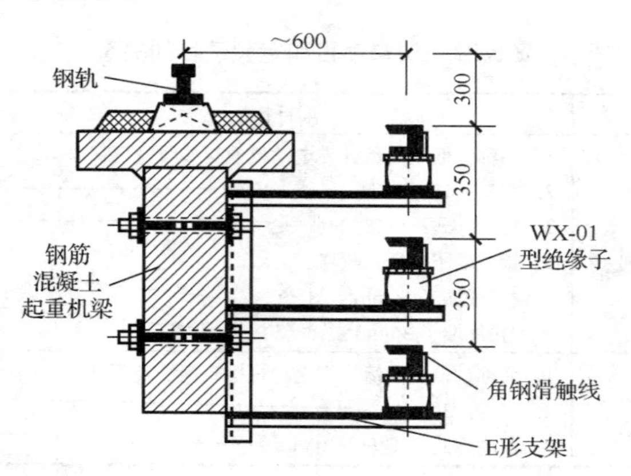

图 8.5　角钢滑触线

（1）工程量计算规则

1）清单工程量计算规则。

滑触线以“m”计量，按设计图示尺寸以单相长度（含预留长度）计算。滑触线安装预留长度见表 8.29。

表 8.29　滑触线安装预留长度　（单位：m/根）

序号	项目	预留长度	说明
1	圆钢、铜母线与设备连接	0.2	从设备接线端子接口起算
2	圆钢、铜滑触线终端	0.5	从最后一个固定点起算

续表

序号	项目	预留长度	说明
3	角钢滑触线终端	1.0	从最后一个支持点起算
4	扁钢滑触线终端	1.3	从最后一个固定点起算
5	扁钢母线分支	0.5	分支线预留
6	扁钢母线与设备连接	0.5	从设备接线端子接口起算
7	轻轨滑触线终端	0.8	从最后一个支持点起算
8	安全节能及其他滑触线终端	0.5	从最后一个固定点起算

2）定额工程量计算规则。

① 滑触线安装以“m”为计量单位，计算公式为

滑触线工程量=(图示单相长度+预留长度)×相数

② 滑触线安装根据材质及性能要求，按照设计图示安装成品数量以“m/单相”为计量单位，计算长度时，应考虑滑触线挠度和连接需要增加的工程量，不计算下料、安装损耗量。滑触线另行计算主材费。

③ 滑触线支架、拉紧装置、挂式支持器安装根据构件形式及材质，按照设计图示安装成品数量以“副”或“套”为计量单位。三相一体为一副或一套。

④ 滑触线电源指示灯安装以“套”为计量单位。

◆例 8.15　某工程桥梁式起重机采用 3 根角钢∟50×50×5 作为滑触线，标高为 12m，图示单根长度为 26m，两端设置信号灯，采用三横架式滑触线焊接固定支架共计 8 副，计算滑触线安装相关工程量。

※解※

角钢滑触线：

(26+1×2)×3=84（m）

三横架式滑触线支架：8 副。

信号灯：2 套。

（2）清单使用说明

根据《通用安装工程工程量计算规范》（GB 50856—2013）附录 D.7 的规定，滑触线装置安装的工程量清单项目设置、项目特征描述的内容、计量单位及工程量计算规则应按表 8.30 执行。

表 8.30　滑触线装置安装工程量清单项目设置

项目编码	项目名称	项目特征	计量单位	工程量计算规则	工作内容
030407001	滑触线	1．名称 2．型号 3．规格 4．材质 5．支架形式、材质 6．移动软电缆材质、规格、安装部位 7．拉紧装置类型 8．伸缩接头材质、规格	m	按设计图示尺寸以单相长度计算（含预留长度）	1．滑触线安装 2．滑触线支架制作、安装 3．拉紧装置及挂式支持器制作、安装 4．移动软电缆安装 5．伸缩接头制作、安装

（3）定额使用说明

1）滑触线及支架安装定额是按照安装高度≤10m 编制的，若安装高度>10m 时，超出部

分的安装工程量按照人工定额乘以系数 1.1。

② 安全节能型滑触线安装不包括滑触线导轨、支架、集电器及其附件等材料，安全节能型滑触线为三相式时，执行单相滑触线安装定额乘以系数 2.0。

◆例 8.16 根据例 8.15 的计算结果，套用相关定额子目，计算滑触线装置安装定额费用。

※解※

套用 D 分册《电气设备安装工程》相关定额子目，定额费用见表 8.31。

表 8.31　滑触线装置安装的定额费用

定额编号	项目名称	计量单位	①	②	③	主材名称	④	单位	⑤	⑥	⑦
			工程数量	定额综合基价/元	合价/元 ③=①×②		主材数量		主材单价/元	主材合价/元 ⑥=④×⑤	定额合价/元 ⑦=③+⑥
CD0604 换	角钢滑触线 50×5	10m/单相	8.4	210.01	1764.08	滑触线	87.36	m	19.00	1659.84	1764.08+1659.84 =3423.92
CD0621 换	3 横架式焊接固定	副	8	42.56	340.48	滑触线支架	8.04	副	80.00	643.20	340.48+643.20 =983.68
CD0625	指示灯	套	2	181.89	363.78						363.78

◆例 8.17 根据例 8.15 和例 8.16 的计算结果，编制滑触线装置安装的工程量清单，计算清单项目的合价和综合单价。

※解※

1）由表 8.30 可知，本例的工程量清单见表 8.32。

表 8.32　滑触线装置安装的工程量清单

项目编码	项目名称	项目特征	计量单位	工程量
030407001001	滑触线	1．名称：滑触线 2．规格：$50\times5mm^2$ 3．材质：角钢 4．支架形式、材质：3 横架式焊接固定支架 5．指示灯：信号灯 6．安装高度：12m	m	84

2）通过对比《通用安装工程工程量计算规范》（GB 50856—2013）附录 D 相关项目和《四川省建设工程工程量清单计价定额——通用安装工程》（2020）D 分册定额相关子目的工作内容，可知清单项目 030407001001 对应于定额子目 CD0604、CD0621 和 CD0625。清单项目和定额子目的关系见表 8.33。

表 8.33　清单项目和定额子目的关系

项目编码	项目名称	项目特征	对应定额子目
030407001001	滑触线	1．名称：滑触线 2．规格：$50\times5mm^2$ 3．材质：角钢 4．支架形式、材质：3 横架式焊接固定支架 5．指示灯：信号灯 6．安装高度：12m	CD0604 CD0621 CD0625

3）定额子目的信息见表 8.34。

表 8.34　定额子目的信息

定额编号	项目名称	计量单位	定额综合基价/元	其中（单位：元）					未计价材料		
				人工费	材料费	机械费	管理费	利润	名称	单位	数量
CD0604	角钢滑触线安装规格 $50\times5mm^2$	10m/单相	195.70	143.10	11.65	6.78	10.49	23.68	滑触线	m	10.400
CD0621	3 横架式焊接固定	副	40.38	21.75	5.74	6.46	1.97	4.46	滑触线支架	副	1.005
CD0625	指示灯安装	套	180.31	15.78	159.42	1.23	1.19	2.69			

清单项目的合价为

$$(19.57+14.31\times0.1+1.04\times19.00)\times84+(40.38+21.75\times0.1+1.005\times80)\times8 +(180.31+15.78\times0.1)\times2=4771.34\text{（元）}$$

综合单价为

$$4771.34/84=56.80\text{（元）}$$

7. 电缆

（1）电缆敷设

电缆的敷设方式有直埋、穿管、电缆沟、桥架、支架、钢索、排管、电缆隧道敷设等。

1）工程量计算规则。

① 清单工程量计算规则。

电力电缆，控制电缆，以“m”计量，按设计图示尺寸以长度计算（含预留长度及附加长度）。电缆敷设预留长度及附加长度见表 8.35。

表 8.35　电缆敷设预留长度及附加长度

序号	项目	预留（附加）长度	说明
1	电缆敷设弛度、波形弯度、交叉	2.5%	按电缆全长计算
2	电缆进入建筑物	2.0m	规范规定最小值
3	电缆进入沟内或吊架时引上（下）预留	1.5m	规范规定最小值
4	变电所进线、出线	1.5m	规范规定最小值
5	电力电缆端头	1.5m	检修余量最小值
6	电缆中间接头盒	两端各留 2.0m	检修余量最小值
7	电缆进控制、保护屏及模拟盘、配电箱等	高+宽	按盘面尺寸
8	高压开关柜及低压配电盘、箱	2.0m	盘下进出线
9	电缆至电动机	0.5m	从电机接线盒算起
10	厂用变压器	3.0m	从地坪算起
11	电缆绕过梁柱等增加长度	按实计算	按被绕物的断面情况计算增加长度
12	电梯电缆与电缆架固定点	每处 0.5m	规范最小值

② 定额工程量计算规则。

电缆敷设根据电缆敷设环境与规格，按照设计图示单根敷设数量以“m”为计量单位。不计算电缆敷设损耗量。

说明：

a．竖井通道内敷设电缆长度按照电缆敷设在竖井通道垂直高度以延长米计算工程量。

b．预制分支电缆敷设长度按照敷设主电缆长度计算工程量。

c．计算电缆敷设长度时，应考虑因波形敷设、弛度、电缆绕梁（柱）所增加的长度以及电缆与设备连接、电缆接头等必要的预留长度。

电缆工程量计算公式为

$$L=(\text{水平长}+\text{垂直长}+\text{预留长})\times(1+2.5\%)$$

式中，2.5%——电缆曲折弯余系数。

◆例 8.18 某低压配电室平面图如图 8.6 所示，低压开关柜 M0 落地安装，采用 10#槽钢作为基础，标高为 0.1m；配电箱 M1 嵌墙暗装，底边距地 1.5m，暗配管埋深为 0.2m，括号内数字为水平长度，单位为 m。计算电缆的工程量。

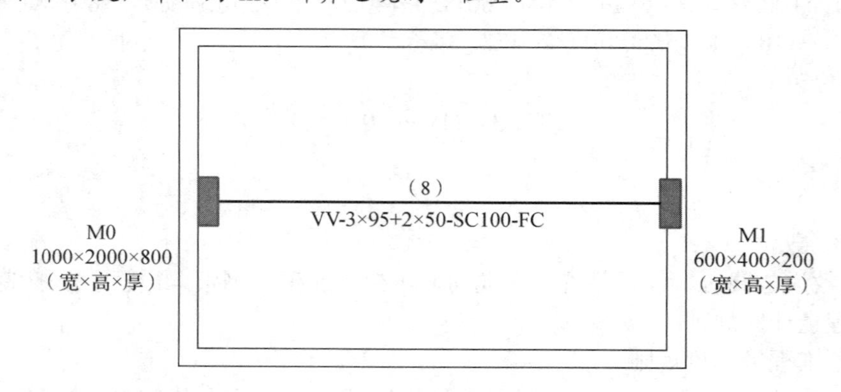

图 8.6　某低压配电室平面图

※解※

电缆 VV-3×95mm²+2×50mm² 的工程量为

[(0.1+0.2)+8+(0.2+1.5)+2+(0.6+0.4)+1.5×2]×(1+2.5%)=16.40（m）

其中：(0.1+0.2)——出配电柜；(0.2+1.5)——进配电箱；2——出配电柜预留；(0.6+0.4)——进配电箱预留；1.5×2——终端头预留。

2）清单使用说明。

根据《通用安装工程工程量计算规范》（GB 50856—2013）附录 D.8 的规定，电缆安装的工程量清单项目设置、项目特征描述的内容、计量单位及工程量计算规则应按表 8.36 执行。

表 8.36　电缆安装工程清单项目设置

项目编码	项目名称	项目特征	计量单位	工程量计算规则	工作内容
030408001	电力电缆	1．名称 2．型号 3．规格 4．材质 5．敷设方式、部位 6．电压等级（kV） 7．地形	m	按设计图示尺寸以长度计算（含预留长度及附加长度）	1．电缆敷设 2．揭（盖）板
030408002	控制电缆				

3）定额使用说明。

① 矿物绝缘电力电缆敷设根据电缆敷设环境与电缆截面执行相应的电力电缆敷设定额与电缆头定额。矿物绝缘控制电缆敷设根据电缆敷设环境与电缆芯数执行相应的控制电缆敷设定额与电缆头定额。

② 电缆敷设定额中综合考虑了电缆布放费用，当电缆布放穿过高度大于 20m 的竖井时，按照穿过竖井电缆长度计算工程量，执行竖井通道内敷设电缆相应定额乘以系数 1.3。

③ 竖直通道内敷设电缆定额适用于单段高度大于 3.6m 的竖井。在单段高度≤3.6m 的竖井内敷设电缆时，应执行“室内敷设电力电缆”相应定额。

④ 电缆在一般山地、丘陵地区敷设时，其定额人工费乘以系数 1.30。该地段施工所需的额外材料（如固定桩、夹具等）应根据施工组织设计另行计算。

⑤ 电力电缆敷设定额是按照三芯（包括三芯连地）编制的，电缆每增加一芯相应定额增加 15%。单芯电力电缆敷设按照同截面电缆敷设定额乘以系数 0.7，两芯电缆按照三芯电缆定额执行。截面 400～800mm^2 的单芯电力电缆敷设，按照 400mm^2 电力电缆敷设定额乘以系数 1.35。截面 800～1600mm^2 的单芯电力电缆敷设，按照 400mm^2 电力电缆敷设定额乘以系数 1.85。

⑥ 电力电缆敷设套定额的截面指的是单芯最大截面，如 YJV-4×95mm^2+1×35mm^2，套电缆敷设定额单价时，应套用铜芯电缆截面为 95mm^2 定额子目，而不是套用 35mm^2 电缆敷设的定额子目。

⑦ 电缆沟盖（揭）板定额按盖板长度分档执行相应的项目，组入电缆安装清单项目中。

◆例 8.19　根据例 8.18 的计算结果，套用相关定额子目，计算电缆安装定额费用。

※解※

套用 D 分册《电气设备安装工程》相关定额子目，定额费用见表 8.37。

表 8.37　电缆安装的定额费用

定额编号	项目名称	计量单位	① 工程数量	② 定额综合基价/元	③ 合价/元 ③=①×②	主材名称	④ 主材数量	单位	⑤ 主材单价/元	⑥ 主材合价/元 ⑥=④×⑤	⑦ 定额合价/元 ⑦=③+⑥
CD0737	铜芯电力电缆敷设电缆截面（≤120mm^2）	10m	1.64	140.18	229.90	电力电缆	16.564	m	361.10	5981.26	229.90+5981.26=6211.16

◆例 8.20　根据例 8.18 和例 8.19 的计算结果，编制电缆安装工程量清单，计算清单项目的合价。

※解※

1）由表 8.36 可知，本例的工程量清单见表 8.38。

表 8.38　电缆安装的工程量清单

项目编码	项目名称	项目特征	计量单位	工程量
030408001001	电力电缆	1. 名称：电力电缆 2. 型号：VV 3. 规格：3×95mm^2+3×50mm^2	m	16.40

续表

项目编码	项目名称	项目特征	计量单位	工程量
030408001001	电力电缆	4．材质：铜芯 5．敷设方式、部位：穿管敷设 6．电压等级：1kV	m	16.40

2）通过对比《通用安装工程工程量计算规范》（GB 50856—2013）附录 D 相关项目和《四川省建设工程工程量清单计价定额——通用安装工程》（2020）D 分册定额相关子目的工作内容，可知清单项目 030408001001 对应于定额子目 CD0737。清单项目和定额子目的关系见表 8.39。

表 8.39　清单项目和定额子目的关系

项目编码	项目名称	项目特征	对应定额子目
030408001001	电力电缆	1．名称：电力电缆 2．型号：VV 3．规格：$3\times95mm^2+3\times50mm^2$ 4．材质：铜芯 5．敷设方式、部位：穿管敷设 6．电压等级：1kV	CD0737

3）定额子目的信息见表 8.40。

表 8.40　定额子目的信息

定额编号	项目名称	计量单位	定额综合基价/元	其中（单位：元）					未计价材料		
				人工费	材料费	机械费	管理费	利润	名称	单位	数量
CD0737	铜芯电力电缆敷设 电缆截面（≤$120mm^2$）	10m	140.18	91.38	20.11	6.40	6.84	15.45	电力电缆	m	10.10

清单项目的合价为

$$(14.018+1.01\times361.1)\times16.4=6211.16\text{（元）}$$

（2）电缆终端头与中间头

1）工程量计算规则。

① 清单工程量计算规则。

电力电缆头，控制电缆头以“个”计量，按设计图示数量计算。

② 定额工程量计算规则。

a．电缆头制作安装根据电压等级与电缆头形式及电缆截面，按照设计图示单根电缆接头数量以“个”为计量单位。

b．电力电缆和控制电缆均按照一根电缆有两个终端头计算。

c．电力电缆中间头按照设计规定计算；设计没有规定的以单根长度 400m 为标准，每增加 400m 计算一个中间头，增加长度<400m 时计算一个中间头。

◆例 8.21　计算图 8.6 中干包式电缆终端头的工程量。

※解※

由图 8.6 可知，户内干包式终端头 VV-$3\times95mm^2+2\times50mm^2$：2 个。

2）清单使用说明。

根据《通用安装工程工程量计算规范》（GB 50856—2013）附录 D.8 的规定，电缆头安装的工程量清单项目设置、项目特征描述的内容、计量单位及工程量计算规则应按表 8.41 执行。

表 8.41　电缆头安装工程量清单项目设置

项目编码	项目名称	项目特征	计量单位	工程量计算规则	工作内容
030408006	电力电缆头	1. 名称 2. 型号 3. 规格 4. 材质、类型 5. 安装部位 6. 电压等级（kV）	个	按设计图示数量计算	1. 电力电缆头制作 2. 电力电缆头安装 3. 接地
030408007	控制电缆头	1. 名称 2. 型号 3. 规格 4. 材质、类型 5. 安装方式			

3）定额使用说明。

① 电缆头制作安装定额中包括镀锡裸铜线、扎索管、接线端子、压接管、螺栓等消耗性材料。定额不包括终端盒、中间盒、保护盒、插接式成品头、铅套管主材及支架安装。电缆头制作安装芯数按电缆敷设芯数调整系数执行。

② 双屏蔽电缆头制作安装执行相应定额人工乘以系数 1.05。

◆例 8.22　根据例 8.21 的计算结果，套用相关定额子目，计算电缆头安装定额费用。

※解※

套用 D 分册《电气设备安装工程》相关定额子目，定额费用见表 8.42。

表 8.42　电缆头安装的定额费用

定额编号	项目名称	计量单位	①	②	③	主材名称	④	单位	⑤	⑥	⑦
			工程数量	定额综合基价/元	合价/元 ③=①×②		主材数量		主材单价/元	主材合价/元 ⑥=④×⑤	定额合价/元 ⑦=③+⑥
CD0822	1kV 以下室内干包式铜芯电力电缆 电缆截面（≤120mm^2）	个	2	198.45	396.90						396.90

◆例 8.23　根据例 8.21 和例 8.22 的计算结果，编制电缆终端头安装工程量清单，计算电缆终端头清单项目的合价。

※解※

1）由表 8.41 可知，本例的工程量清单见表 8.43。

表 8.43　电缆终端头安装的工程量清单

项目编码	项目名称	项目特征	计量单位	工程量
030408006001	电力电缆头	1．名称：电力电缆终端头 2．型号：VV 3．规格：$3\times95mm^2+3\times50mm^2$ 4．材质：铜芯、干包式 5．安装部位：室内 6．电压等级：1kV	个	2

2）通过对比《通用安装工程工程量计算规范》（GB 50856—2013）附录 D.8 相关项目和《四川省建设工程工程量清单计价定额——通用安装工程》（2020）D 分册定额相关子目的工作内容，可知清单项目 030408006001 对应于定额子目 CD0822。清单项目和定额子目的关系见表 8.44。

表 8.44　清单项目和定额子目的关系

项目编码	项目名称	项目特征	对应定额子目
030408006001	电力电缆头	1．名称：电力电缆终端头 2．型号：VV 3．规格：$3\times95mm^2+3\times50mm^2$ 4．材质：铜芯、干包式 5．安装部位：室内 6．电压等级：1kV	CD0822

3）定额子目的信息见表 8.45。

表 8.45　定额子目的信息

定额编号	项目名称	计量单位	定额综合基价/元	其中（单位：元）					未计价材料		
				人工费	材料费	机械费	管理费	利润	名称	单位	数量
CD0822	电力电缆终端头制作安装 1kV 以下室内干包式铜芯电力电缆 电缆截面（≤$120mm^2$）	个	198.45	84.90	94.20		5.94	13.41			

清单项目的合价为

$$198.45\times2=396.90（元）$$

（3）电缆沟挖填土石方

1）工程量计算规则。

① 清单工程量计算规则。

电缆土方按《房屋建筑与装饰工程工程量计算规范》（GB 50854—2013）编码列项。

a．以“m”计量，按设计图示以管道中心线长度计算。

b．以“m^3”计量，按设计图示管底垫层面积乘以挖土深度计算；无管底垫层按管外径的水平投影面积乘以挖土深度计算。不扣除各类井的长度，井的土方并入。

c．铺砂、盖保护板（砖）。以“m”计量，按设计图示尺寸以长度计算。

② 定额工程量计算规则。

a．直埋电缆挖、填土方。

a）1～2 根电缆的电缆沟挖方断面见图 8.7，沟上部宽 600mm，沟下部宽 400mm，沟深 900mm，每米沟长的土方量为 0.45m^3。

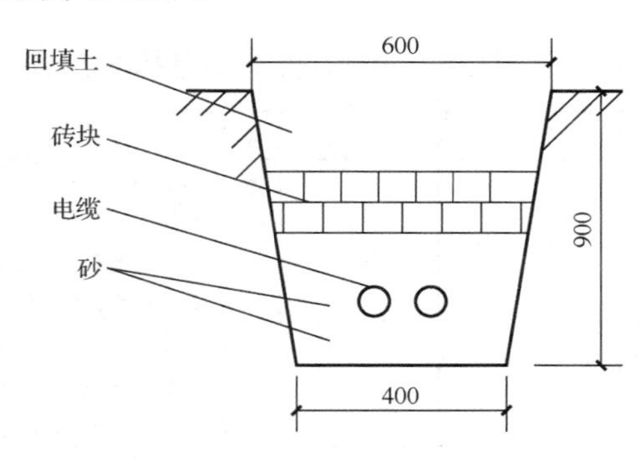

图 8.7　1～2 根电缆的电缆沟挖方断面

b）当直埋的电缆根数超过 2 根时，每增加 1 根电缆，沟底宽增加 0.17m，每米沟长即增加土石方量 0.153m^3。直埋电缆的挖填土石方量见表 8.46。

表 8.46　直埋电缆的挖填土石方量

项目	电缆根数	
	1～2	每增 1 根
每米沟长挖方量/m^3	0.45	0.153

注：以上土方量是按埋深从自然地坪起算，如设计埋深超过 900mm 时，多挖的土方量应另行计算。

b．电缆保护管挖、填土方。

电缆保护管地下敷设，其土石方量施工有设计图纸的，按照设计图纸计算；无设计图纸的，沟深按照 0.9m 计算，沟宽按照保护管边缘每边各增加 0.3m 工作面计算。其计算公式为

$$V=(D+2\times 0.3)hL$$

式中，D——保护管外径（m）；

h——沟深（m）；

L——沟长（m）；

0.3——工作面尺寸（m）。

c．电缆沟揭、盖 、移动盖板根据施工组织设计，以揭一次与盖一次或者移出一次与移回一次为计算基础，按照实际揭与盖或移出与移回的次数乘以其长度，以“m”为计量单位。

d．铺砂、盖砖按照电缆“1～2 根”和“每增 1 根”列项，分别以沟长度“10m”为计量单位。

◆例 8.24　某工程 3 根电缆并行直埋敷设，单根电缆长度为 150m，计算直埋电缆的土方量和铺砂、盖砖的工程量。

※解※

由表 8.46 计算，直埋电缆的土方量为

$$(0.45+0.153)\times 150=90.45\ (m^3)$$

铺砂、盖砖的工程量为：150m。

2）清单使用说明。

根据《通用安装工程工程量计算规范》（GB 50856—2013）的规定，管沟土方、铺砂、盖砖的工程量清单项目设置、项目特征描述的内容、计量单位及工程量计算规则应按表 8.47 执行。

表 8.47　管沟土方、铺砂、盖砖工程量清单项目设置

项目编码	项目名称	项目特征	计量单位	工程量计算规则	工作内容
010101007	管沟土方	1．土壤类别 2．管外径 3．挖沟深度 4．回填要求	1．m 2．m^3	1．以米计量，按设计图示以管道中心线长度计算 2．以立方米计量，按设计图示管底垫层面积乘以挖土深度计算；无管底垫层按管外径的水平投影面积乘以挖土深度计算。不扣除各类井的长度，井的土方并入	1．排地表水 2．土方开挖 3．围护（挡土板）、支撑 4．运输 5．回填
030408005	铺砂、盖保护板（砖）	1．种类 2．规格	m	按设计图示尺寸以长度计算	1．铺砂 2．盖板（砖）

3）定额使用说明。

① 开挖与修复、沟槽挖填适用于电气管道沟等电气工程（除 10kV 以下架空配电线路）的挖填工作。

② 沟槽挖填定额包括土石方开挖、回填、余土外运等，适用于电缆保护管土石方施工。定额是按照人工施工考虑的，工程实际采用机械施工时，执行人工施工定额不做调整。

③ 揭、盖、移动盖板定额综合考虑了不同的工序，执行定额时不因工序的多少而调整。

◆例 8.25　根据例 8.24 的计算结果，套用相关定额子目，计算管沟土方、铺砂和盖砖的定额费用。

※解※

套用 D 分册《电气设备安装工程》相关定额子目，定额费用见表 8.48。

表 8.48　例 8.25 的定额费用

定额编号	项目名称	计量单位	①工程数量	②定额综合基价/元	③合价/元 ③=①×②	主材名称	④主材数量	单位	⑤主材单价/元	⑥主材合价/元 ⑥=④×⑤	⑦定额合价/元 ⑦=③+⑥
CD0653	沟槽挖填普通土	m^3	90.45	61.72	5582.57						5582.57
CD0659	铺砂、盖砖电缆 1～2 根	10m	15.00	209.26	3138.90						3138.90
CD0660	铺砂、盖砖每增加 1 根	10m	15.00	76.22	1143.30						1143.30

◆例 8.26　根据例 8.24 和例 8.25 的计算结果，编制管沟土方、铺砂和盖砖工程量清单，计算各清单项目的合价。

※解※

1）由表 8.47 可知，本例的工程量清单见表 8.49。

表 8.49　例 8.26 的工程量清单

项目编码	项目名称	项目特征	计量单位	工程量
010101007001	管沟土方	1．土壤类别：一般土质 2．挖沟深度：0.9m 3．回填要求：夯填	m^3	90.45
030408005001	铺砂、盖保护板（砖）	1．种类：铺砂、盖砖 2．规格：3 根直埋电缆	m	150.00

2）通过对比《通用安装工程工程量计算规范》（GB 50856—2013）相关项目和《四川省建设工程量清单计价定额——通用安装工程》（2020）D 分册定额相关子目的工作内容，可知清单项目 010101007001 对应于定额子目 CD0653，清单项目 030408005001 对应于定额子目 CD0659 和 CD0660。清单项目和定额子目的关系见表 8.50。

表 8.50　清单项目和定额子目的关系

项目编码	项目名称	项目特征	对应定额子目
010101007001	管沟土方	1．土壤类别：一般土质 2．挖沟深度：0.9m 3．回填要求：夯填	CD0653
030408005001	铺砂、盖保护板（砖）	1．种类：铺砂、盖砖 2．规格：3 根直埋电缆	CD0659 CD0660

3）定额子目的信息见表 8.51。

表 8.51　定额子目的信息

定额编号	项目名称	计量单位	定额综合基价/元	其中（单位：元）					未计价材料		
				人工费	材料费	机械费	管理费	利润	名称	单位	数量
CD0653	沟槽填挖 普通土	m^3	61.72	40.44	0.02	9.80	3.52	7.94			
CD0659	铺砂、盖砖电缆 1～2 根	10m	209.26	34.23	167.22		2.40	5.41			
CD0660	铺砂、盖砖 每增加 1 根	10m	76.22	9.99	63.95		0.70	1.58			

各清单项目的合价如下。

管沟土方（010101007001）：

$$61.72\times90.45=5582.57（元）$$

铺砂、盖保护板（砖）（030408005001）：

$$(20.926+7.622)\times150=4282.20（元）$$

（4）电缆保护管敷设

1）工程量计算规则。

① 清单工程量计算规则。

电缆保护管以“m”计量，按设计图示尺寸以长度计算。

② 定额工程量计算规则。

a．电缆保护管铺设根据电缆敷设路径，应区别不同敷设方式、敷设位置、管材材质、规格，按照设计图示敷设数量以“m”为计量单位。

b．计算电缆保护管长度时，设计无规定者按照以下规定增加保护管长度：

a）横穿马路时，按照路基宽度两端各增加 2m；

b）保护管需要出地面时，弯头管口距地面增加 2m；

c）穿过建（构）筑物外墙时，从基础外缘起增加 1m；

d）穿过沟（隧）道时，从沟（隧）道壁外缘起增 1m。

2）清单使用说明。

根据《通用安装工程工程量计算规范》（GB 50856—2013）附录 D.8 的规定，电缆保护管的工程量清单项目设置、项目特征描述的内容、计量单位及工程量计算规则应按表 8.52 执行。入室后需要敷设电缆保护管时，执行“配管工程”相应清单项目。

表 8.52　电缆保护管工程量清单项目设置

项目编码	项目名称	项目特征	计量单位	工程量计算规则	工作内容
030408003	电缆保护管	1．名称 2．材质 3．规格 4．敷设方式	m	按设计图示尺寸以长度计算	保护管敷设

3）定额使用说明。

电缆保护管铺设定额分为地下铺设、地上铺设两个部分。入室后需要敷设电缆保护管时，执行 D 分册“D.12 配管工程”相应定额。

① 电缆保护管铺设定额分为地下铺设、地上铺设两个部分。

② 地下铺设部分人工或机械铺设、铺设深度，均执行定额，不做调整。

③ 地下顶管、拉管定额不包括入口、出口，施工应根据施工措施方案进行计算。

④ 地上铺设保护管定额不分角度与方向，综合考虑了不同壁厚与长度，执行定额时不做调整。

⑤ 多孔梅花管安装执行相应的 UPVC 管定额执行。

（5）电缆支架

1）工程量计算规则。

① 清单工程量计算规则。

铁构件以“kg”为计量单位，按设计图示尺寸以质量计算。

② 定额工程量计算规则。

电缆桥架支撑架、沿墙支架、铁构件的制作与安装，按照设计图示安装成品重量以“t”为计量单位。

2）清单使用说明。

根据《通用安装工程工程量计算规范》（GB 50856—2013）附录 D.13 的规定，电缆支架的工程量清单项目设置、项目特征描述的内容、计量单位及工程量计算规则应按表 8.53 执行。

表 8.53　电缆支架工程量清单项目设置

项目编码	项目名称	项目特征	计量单位	工程量计算规则	工作内容
030413001	铁构件	1．名称 2．材质 3．规格	kg	按设计图示尺寸以质量计算	1．制作 2．安装 3．补刷（喷）油漆

3）定额使用说明。

① 铁构件制作与安装定额适用于本分册范围内除电缆桥架支撑架以外的各种支架、构

件的制作与安装。

② 铁构件制作定额不包括镀锌、镀锡、镀铬、喷塑等其他金属防护费用，工程实际发生时，执行相关定额另行计算。

③ 轻型铁构件是指铁构件的主体结构厚度小于等于 3mm 的铁构件。单件重量大于 100kg 的铁构件安装执行 C 分册《静止设备与工艺金属结构制作安装工程》相应项目。

（6）电缆防火处理

1）工程量计算规则。

① 清单工程量计算规则。

a．防火堵洞。以“处”计量，按设计图示数量计算。

b．防火隔板。以“m^2”计量，按设计图示尺寸以面积计算。

c．防火涂料。以“kg”计量，按设计图示尺寸以质量计算。

② 定额工程量计算规则。

a．防火堵料以“t”为计量单位。

b．防火隔板以“m^2”为计量单位，防火涂料以“kg”为计量单位。

2）清单使用说明。

根据《通用安装工程工程量计算规范》（GB 50856—2013）附录 D.8 的规定，电缆防火处理的工程量清单项目设置、项目特征描述的内容、计量单位及工程量计算规则应按表 8.54 执行。

表 8.54　电缆防火处理工程量清单项目设置

项目编码	项目名称	项目特征	计量单位	工程量计算规则	工作内容
030408008	防火堵洞	1．名称 2．材质 3．方式 4．部位	处	按设计图示数量计算	安装
030408009	防火隔板		m^2	按设计图示尺寸以面积计算	
030408010	防火涂料		kg	按设计图示尺寸以质量计算	

3）定额使用说明。

电缆防火涂料适用于电缆刷防火涂料。桥架及管道刷防火涂料执行 M 分册《刷油、防腐蚀、绝热工程》定额。

8．配管配线

（1）配管

1）工程量计算规则。

① 清单工程量计算规则。

配管、线槽、桥架以“m”计量，按设计图示尺寸以长度计算。配管、线槽安装不扣除管路中间的接线箱（盒）、灯头盒、开关盒所占长度。

② 定额工程量计算规则。

a．配管敷设根据配管材质与直径，区别敷设位置、敷设方式，按照设计图示安装数量以“10m”为计量单位。计算长度时，不扣除管路中间的接线箱、接线盒、灯头盒、开关盒、插座盒、管件等所占长度。

b．各种配管工程均不包括管子本身的材料价值，应按施工图设计用量乘以定额规定消耗系数和工程所在地材料预算价格另行计算。

c．计算方法：先干管、后支管，按楼层、供电系统各回路逐条列式计算。

管长=水平长+垂直长

a）水平方向敷设的线管工程量计算。以施工平面布置图的线管走向和敷设部位为依据，以各配件安装平面位置的中心点为基准点，用比例尺测水平长度，或者借用建筑物平面图所标墙、柱轴线尺寸和实际到达位置进行线管长度的计算。

b）垂直方向敷设的线管工程量计算。垂直方向的管一般沿墙、柱引上或引下，其工程量计算与楼层高度、板厚及与箱、柜、盘、板、开关等设备安装高度有关，以标高差计算垂直长度。线管垂直方向敷设示意图如图 8.8 所示。

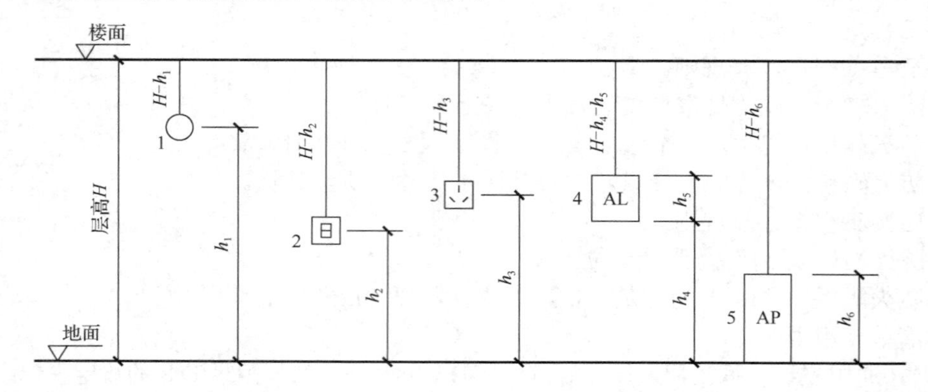

图 8.8　线管垂直方向敷设示意图

d．配管工程均未包括接线箱（盒），支架制作、安装，钢索架设及拉紧装置的制作、安装，应另列项计算。

e．接线盒安装工程量，区分接线盒材质，分明装、暗装及钢索上接线盒，分别以“个”为计量单位。接线盒价值另行计算。计算时应注意以下内容。

a）接线盒安装发生在管线分支处或管线转弯处时按要求计算接线盒工程量。

b）线管敷设超过下列长度时，中间应加接线盒：管子长度每超过 30m 无弯时；管子长度每超过 20m 中间有一个弯时；管子长度每超过 15m 中间有两个弯时；管子长度每超过 8m 中间有 3 个弯时。

◆例 8.27　某房间照明平面图如图 8.9 所示，照明配电箱嵌墙安装，底边距地 1.5m，开关距地 1.4m 暗装，双管荧光灯吸顶安装，层高为 3.8m，导线根数与管径对应情况见表 8.55，图中括号内数据为水平长度，单位为 m。计算电气配管、接线盒的清单工程量。

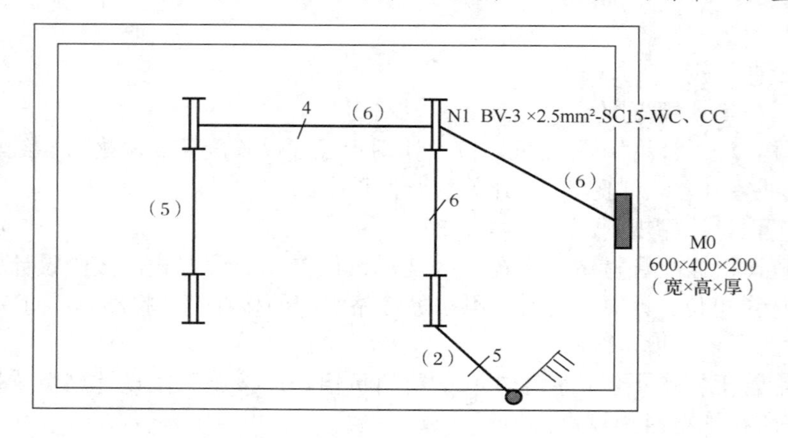

图 8.9　某房间照明平面图

表 8.55　导线根数与管径对应

BV-2.5mm²	2～3	4～5	6～7
钢管	SC15	SC20	SC25

※解※ ————————————————————————————

计算方法：从配电箱出发，沿回路计算，标注导线根数：——表示 4 根线，═══表示 5 根线，～～～表示 6 根线，未标注的表示 3 根线。

$$(3.8-1.5-0.4)+6+\underline{6}+5+\underset{\sim}{5}+\text{开}\underline{\underline{[2+(3.8-1.4)]}}=12.9+\underline{6}+\underset{\sim}{5}+\underline{\underline{4.4}}=28.3\text{（m）}$$

由表 8.55 可得

SC15：12.9m。

SC20：10.4m。

SC25：5m。

灯头盒：4 个。

开关盒：1 个。

2）清单使用说明。

根据《通用安装工程工程量计算规范》（GB 50856—2013）附录 D.11 的规定，电气配管的工程量清单项目设置、项目特征描述的内容、计量单位及工程量计算规则应按表 8.56 执行。

表 8.56　电气配管工程量清单项目设置

项目编码	项目名称	项目特征	计量单位	工程量计算规则	工作内容
030411001	配管	1．名称 2．材质 3．规格 4．配置形式 5．接地要求 6．钢索材质、规格	m	按设计图示尺寸以长度计算	1．电线管路敷设 2．钢索架设（拉紧装置安装） 3．预留沟槽 4．接地
030411006	接线盒	1．名称 2．材质 3．规格 4．安装形式	个	按设计图示数量计算	本体安装

3）定额使用说明。

① 配管定额中钢管材质是按照镀锌钢管考虑的，定额不包括采用焊接钢管刷油漆、刷防火漆或防火涂料，管外壁防腐保护以及接线、接线盒、支架的制作与安装。焊接钢管刷油漆、刷防火漆或涂防火涂料、管外壁防腐保护执行 M 分册《刷油、防腐蚀、绝热工程》相应定额；接线箱、接线盒安装执行本分册定额“D.13 配线工程”相应定额；支架的制作与安装执行本分册定额“D.16 金属构件及辅助项目安装工程”相应定额。

② 工程采用镀锌电线管时，执行镀锌钢管定额计算安装费。

③ 工程采用扣压式薄壁钢导管（KB）时，执行套用紧定式镀锌钢导管（JDC）定额计算安装费；扣压式薄壁钢导管（KBC）主材费按照镀锌钢管用量另行计算。计算其主材费时，管件按实际用量乘系数 1.03（损耗率）计算。

④ 定额中刚性阻燃管为刚性PVC阻燃线管，管材长度一般为4m/根，管子连接采用专用接头插法连接，接口密封；半硬质塑料管为阻燃聚乙烯软管，管子连接采用自制套管接头抹塑料胶后粘接。工程实际安装与定额不同时，执行定额不做调整。

⑤ 配管定额是按照各专业间配合施工考虑的，定额中不考虑凿槽、刨沟、凿孔（洞）等费用，凿、刨、堵槽（沟）、压（留）槽、预留孔洞、堵洞、打洞执行N分册《通用项目及措施项目》相应项目。

⑥ 钢管敷设，若设计或质检部门要求采用专用接地卡时，按实计算专用接地卡材料费。

⑦ 接线箱、接线盒安装及盘柜配线定额适用于电压等级≤380V电压等级用电系统。

⑧ 灯具接线盒执行接线盒子目。

⑨ 墙内接线盒延接边框定额乘以系数1.8。

⑩ 在预制叠合楼板（PC）上现浇混凝土内预埋电气配管，执行相应电气配管砖混凝土结构内暗配定额，定额人工费乘以系数1.30，其余不变。

◆例 8.28 根据例8.27的计算结果，套用相关定额子目，计算电气配管、接线盒的定额费用。

※解※

套用相关定额子目，定额费用见表8.57。

表 8.57　例 8.28 的定额费用

定额编号	项目名称	计量单位	①	②	③	主材名称	④	单位	⑤	⑥	⑦
			工程数量	定额综合基价/元	合价/元 ③=①×②		主材数量		主材单价/元	主材合价/元 ⑥=④×⑤	定额合价/元 ⑦=③+⑥
CD1409	砖、混凝土结构暗配公称直径（*DN*）≤15	10m	1.29	77.72	100.26	镀锌钢管	13.287	m	4.88	64.84	100.26+64.84=165.10
CD1410	砖、混凝土结构暗配公称直径（*DN*）≤20	10m	1.04	80.14	83.35	镀锌钢管	10.712	m	6.36	68.13	83.35+68.13=151.48
CD1411	砖、混凝土结构暗配公称直径（*DN*）≤25	10m	0.50	106.56	53.28	镀锌钢管	5.150	m	10.71	55.16	53.28+55.16=108.44
CD1825	暗装接线盒	个	4	5.50	22.00	接线盒	4.080	个	2.00	8.16	22.00+8.16=30.16
CD1824	暗装开关（插座）盒	个	1	5.22	5.22	接线盒	1.020	个	2.00	2.04	5.22+2.04=7.26

◆例 8.29 根据例8.27和例8.28的计算结果，编制电气配管、接线盒的工程量清单，计算各清单项目的综合单价和合价。

※解※

1）由表8.56可知，本例的工程量清单见表8.58。

表 8.58　例 8.29 的工程量清单

项目编码	项目名称	项目特征	计量单位	工程量
030411001001	配管	1. 名称：电气配管 2. 材质：焊接钢管 3. 规格：*DN*15 4. 配置形式：砖、混凝土结构暗配	m	12.90
030411001002	配管	1. 名称：电气配管 2. 材质：焊接钢管 3. 规格：*DN*20 4. 配置形式：砖、混凝土结构暗配	m	10.40
030411001003	配管	1. 名称：电气配管 2. 材质：焊接钢管 3. 规格：*DN*25 4. 配置形式：砖、混凝土结构暗配	m	5.00
030411006001	接线盒	1. 名称：灯具接线盒 2. 材质：钢制 3. 规格：86H 4. 安装形式：暗装	个	4
030411006002	接线盒	1. 名称：开关接线盒 2. 材质：钢制 3. 规格：86H 4. 安装形式：暗装	个	1

2）通过对比《通用安装工程工程量计算规范》（GB 50856—2013）附录 D 相关项目和《四川省建设工程工程量清单计价定额——通用安装工程》（2020）D 分册定额相关子目的工作内容，可知清单项目 030411001001 对应于定额子目 CD1409，清单项目 030411001002 对应于定额子目 CD1410，清单项目 030411001003 对应于定额子目 CD1411，清单项目 030411006001 对应于定额子目 CD1825，清单项目 030411006002 对应于定额子目 CD1824。清单项目和定额子目的关系见表 8.59。

表 8.59　清单项目和定额子目的关系

项目编码	项目名称	项目特征	对应定额子目
030411001001	配管	1. 名称：电气配管 2. 材质：焊接钢管 3. 规格：*DN*15 4. 配置形式：砖、混凝土结构暗配	CD1409
030411001002	配管	1. 名称：电气配管 2. 材质：焊接钢管 3. 规格：*DN*20 4. 配置形式：砖、混凝土结构暗配	CD1410
030411001003	配管	1. 名称：电气配管 2. 材质：焊接钢管 3. 规格：*DN*25 4. 配置形式：砖、混凝土结构暗配	CD1411

续表

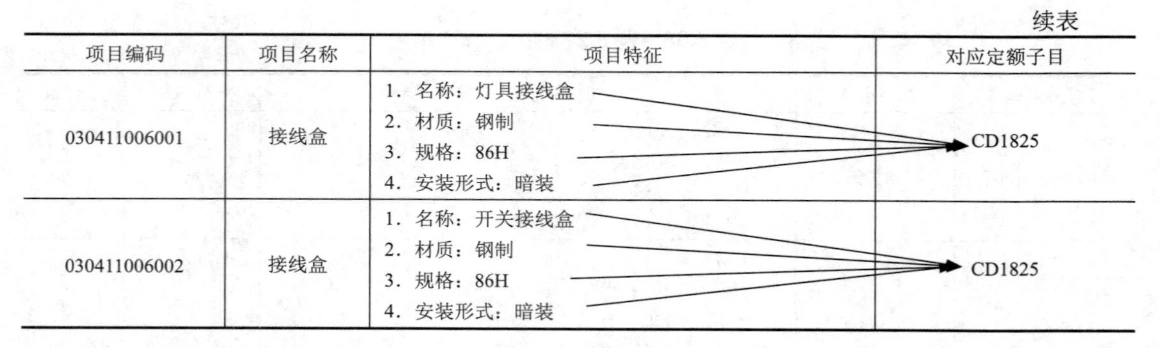

项目编码	项目名称	项目特征	对应定额子目
030411006001	接线盒	1. 名称：灯具接线盒 2. 材质：钢制 3. 规格：86H 4. 安装形式：暗装	CD1825
030411006002	接线盒	1. 名称：开关接线盒 2. 材质：钢制 3. 规格：86H 4. 安装形式：暗装	CD1825

3）定额子目的信息见表 8.60。

表 8.60　定额子目的信息

定额编号	项目名称	计量单位	定额综合基价/元	其中（单位：元）					未计价材料		
				人工费	材料费	机械费	管理费	利润	名称	单位	数量
CD1409	砖、混凝土结构暗配公称直径（DN≤15）	10m	77.72	51.72	14.21		3.62	8.17	镀锌钢管	m	10.300
CD1410	砖、混凝土结构暗配公称直径（DN≤20）	10m	80.14	51.72	16.63		3.62	8.17	镀锌钢管	m	10.300
CD1411	砖、混凝土结构暗配公称直径（DN≤25）	10m	106.56	61.65	30.85		4.32	9.74	镀锌钢管	m	10.300
CD1825	暗装接线盒	个	5.50	3.45	1.26		0.24	0.55	接线盒	个	1.020
CD1824	暗装开关（插座）盒	个	5.22	3.81	0.54		0.27	0.60	接线盒	个	1.020

各清单项目的综合单价和合价分别如下。

配管（030411001001）

综合单价：

$$7.772+1.03\times4.88=12.80（元）$$

清单项目合价：

$$12.80\times12.9=165.10（元）$$

配管（030411001002）

综合单价：

$$8.014+1.03\times6.36=14.56（元）$$

清单项目合价：

$$14.56\times10.4=151.47（元）$$

配管（030411001003）

综合单价：

$$10.656+1.03\times10.71=21.69（元）$$

清单项目合价：

$$21.69\times5=108.44（元）$$

接线盒（030411006001）

综合单价：

$$5.50+1.02\times2.00=7.54（元）$$

清单项目合价：

$$7.54 \times 4 = 30.16（元）$$

接线盒（030411006002）

综合单价:

$$5.22 + 1.02 \times 2.00 = 7.26（元）$$

清单项目合价:

$$7.26 \times 1 = 7.26（元）$$

（2）桥架

1）工程量计算规则。

① 清单工程量计算规则。

桥架以“m”计量，按设计图示尺寸以长度计算。

② 定额工程量计算规则。

a．桥架安装根据桥架材质与规格，按照设计图示安装数量以“m”为计量单位。不扣除弯头、三通、四通等所占长度。

电缆桥架长=水平长+垂直长

b．组合式桥架安装按照设计图示安装数量以“片”为计量单位，复合支架安装按照设计图示安装数量以“副”为计量单位。

c．桥架的安装不包括托架、支架的安装，需另列项计算。

d．桥架跨接，接地线采用专用接地卡时，可按实计算专用接地卡材料费。

◆例 8.30　某低压配电室平面图如图 8.10 所示，低压开关柜 M0（1000mm×2000mm×1000mm，宽×高×厚）落地安装，采用 10#槽钢作为基础，配电箱 M1（800mm×600mm×200mm，宽×高×厚）嵌墙暗装，底边距地 1.5m，钢制托盘式桥架标高为 3.3m，桥架每 2m 设置一副支架，单个支架重 5kg，现场制作，括号内数字为水平长度，单位为 m。计算桥架及桥架支撑架的清单工程量。

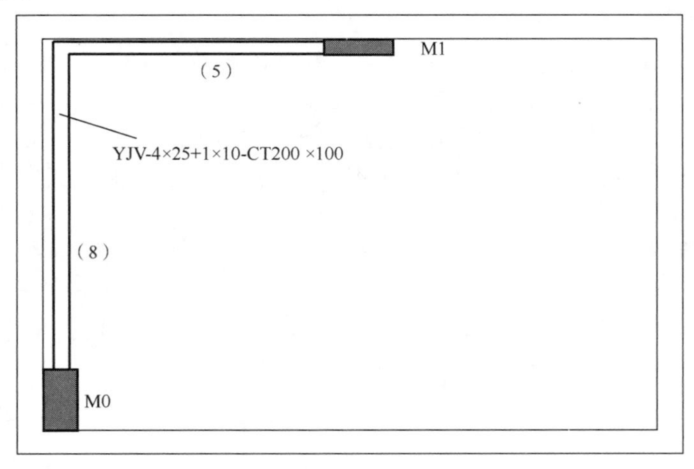

图 8.10　某低压配电室平面图

※解※

钢制托盘式桥架（200mm×100mm）的清单工程量为

$$(3.3-2-0.1)+8+5+(3.3-1.5-0.6)=15.4 \ （m）$$

桥架支撑架个数为

$$15.4/2 \approx 8（副）$$

桥架支撑架清单工程量为

$$8\times5=40\text{（kg）}$$

2）清单使用说明。

根据《通用安装工程工程量计算规范》(GB 50856—2013）附录 D 的规定，桥架的工程量清单项目设置、项目特征描述的内容、计量单位及工程量计算规则应按表 8.61 执行。

表 8.61　桥架工程量清单项目设置

项目编码	项目名称	项目特征	计量单位	工程量计算规则	工作内容
030411003	桥架	1. 名称 2. 型号 3. 规格 4. 材质 5. 类型 6. 接地方式	m	按设计图示尺寸以长度计算	1. 本体安装 2. 接地
030413001	铁构件	1. 名称 2. 材质 3. 规格	kg	按设计图示尺寸以质量计算	1. 制作 2. 安装 3. 补刷（喷）油漆

3）定额使用说明。

① 桥架安装定额包括组对、焊接、桥架本体开孔、隔板与盖板安装、接地、附件安装、修理等。定额不包括桥架支撑架安装及出线管开孔。定额综合考虑了螺栓、焊接和膨胀螺栓三种固定方式，实际安装与定额不同时不做调整。

② 梯式桥架安装定额是按照不带盖考虑的，若梯式桥架带盖，则执行相应的槽式桥架定额。

③ 钢制桥架主结构设计厚度大于 3mm 时，执行相应安装定额的定额，人工费、定额机械费乘以系数 1.20。

④ 不锈钢桥架安装执行相应的钢制桥架定额乘以系数 1. 10。

⑤ 电缆桥架安装定额是按照厂家供应成品安装编制的，若现场需要制作桥架时，应执行本分册定额“D.16 金属构件及辅助项目安装工程”相应定额。

⑥ 槽盒安装根据材质与规格，执行相应的槽式桥架安装定额，其中定额人工费、定额机械费乘以系数 1.08。

◆例 8.31 根据例 8.30 的计算结果，套用相关定额子目，计算桥架、支撑架定额费用。

※解※

套用 D 分册《电气设备安装工程》相关定额子目，定额费用见表 8.62。

表 8.62　例 8.31 的定额费用

定额编号	项目名称	计量单位	① 工程数量	② 定额综合基价/元	③ 合价/元 ③=①×②	主材名称	④ 主材数量	单位	⑤ 主材单价/元	⑥ 主材合价/元 ⑥=④×⑤	⑦ 定额合价/元 ⑦=③+⑥
CD1589	钢制托盘式桥架（宽+高≤400mm）	10m	1.54	263.42	405.67	电缆桥架	15.554	m	72.00	1119.89	405.67+1119.89=1525.56
CD2303	电缆桥架支撑架制作	t	0.040	7083.30	283.33	型钢	42.00	kg	5.00	210.00	283.33+210.00=493.33
CD2304	电缆桥架支撑架安装	t	0.040	4054.00	162.16						162.16

◆例 8.32 根据例 8.30 和例 8.31 的计算结果，编制桥架、桥架支撑架工程量清单，计算各清单项目的综合单价和合价。

※解※ ——————————————————————

1）由表 8.61 可知，本例的工程量清单见表 8.63。

表 8.63 例 8.32 的工程量清单

项目编码	项目名称	项目特征	计量单位	工程量
030411003001	桥架	1．名称：桥架 2．规格：200mm×100mm 3．材质：钢制 4．类型：托盘式	m	15.40
030413001001	铁构件	1．名称：桥架支撑架 2．材质：型钢	kg	40.00

2）通过对比《通用安装工程工程量计算规范》（GB 50856—2013）附录 D 相关项目和《四川省建设工程工程量清单计价定额——通用安装工程》（2020）D 分册定额相关子目的工作内容，可知清单项目 030411003001 对应于定额子目 CD1589，清单项目 030413001001 对应于定额子目 CD2303 和 CD2304。清单项目和定额子目的关系见表 8.64。

表 8.64 清单项目和定额子目的关系

项目编码	项目名称	项目特征	对应定额子目
030411003001	桥架	1．名称：桥架 2．规格：200mm×100mm 3．材质：钢制 4．类型：托盘式	CD1589
030413001001	铁构件	1．名称：桥架支撑架 2．材质：型钢	CD2305 CD2306

3）定额子目的信息见表 8.65。

表 8.65 定额子目的信息

定额编号	项目名称	计量单位	定额综合基价/元	其中（单位：元）					未计价材料		
				人工费	材料费	机械费	管理费	利润	名称	单位	数量
CD1589	钢制托盘式桥架（宽+高≤400mm）	10m	263.42	194.94	12.84	9.12	14.28	32.24	电缆桥架	m	10.100
CD2303	电缆桥架支撑架制作	t	7083.30	4833.60	653.97	402.01	366.49	827.23	型钢	kg	1050.000
CD2304	电缆桥架支撑架安装	t	4054.00	2812.65	153.03	364.03	222.37	501.92			

清单项目的综合单价和合价分别如下。

桥架（030411003001）

综合单价：

$$26.342+1.010\times72=99.06\text{（元）}$$

清单项目合价：

$$99.06\times15.4=1525.56\text{（元）}$$

铁构件（030413001001）

综合单价：

$$7.083+1.05\times5.00+4.054=16.39（元）$$

清单项目合价:

$$16.39\times40=655.48（元）$$

（3）配线

1）工程量计算规则。

① 清单工程量计算规则。

配线以“m”计量，按设计图示尺寸以单线长度计算（含预留长度）。配线进入箱、柜、板的预留长度见表 8.66。

表 8.66　配线进入箱、柜、板的预留长度

序号	项目	每根线预留长度	说明
1	各种开关、柜、板	宽+高	盘面尺寸
2	单独安装（无箱、盘）的刀开关、启动器、母线槽进出线盒等	0.3m	从安装对象中心起
3	由地面管子出口引至动力接线箱	1.0m	从管口计算
4	电源与管内导线连接（管内穿线与软、硬母线接点）	1.5m	从管口计算
5	出户线	1.5m	从管口计算

② 定额工程量计算规则。

管内穿线根据导线材质与截面面积，区别照明线与动力线，按照设计图示安装数量以“10m”为计量单位；管内穿多芯软导线根据软导线芯数与单芯截面面积，按照设计图示安装数量以“10m”为计量单位。管内穿线工程量的计算式为

管内穿线长度=(配管长度+导线预留长度)×同截面导线根数

说明：

a．管内穿线的线路分支接头线长度已综合考虑在定额中，不得另行计算。

b．灯具、开关、插座 、按钮等器件预留线，已分别综合在相应项目内，不另行计算。如只配线未安装以上器件，每个器件按 0.15m/根线计入配线工程量。

◆例 8.33　某房间照明平面图如图 8.9 所示，计算导线清单工程量。

※解※

导线 BV-2.5mm^2 清单工程量为

$$12.9\times3+6\times4+4.4\times5+5\times6+(0.6+0.4)\times3=117.7（m）$$

2）清单使用说明。

根据《通用安装工程工程量计算规范》（GB 50856—2013）附录 D.11 的规定，导线的工程量清单项目设置、项目特征描述的内容、计量单位及工程量计算规则应按表 8.67 执行。

表 8.67　导线工程量清单项目设置

项目编码	项目名称	项目特征	计量单位	工程量计算规则	工作内容
030411004	配线	1．名称 2．配线形式 3．型号 4．规格 5．材质 6．配线部位 7．配线线制 8．钢索材质、规格	m	按设计图示尺寸以单线长度计算（含预留长度）	1．配线 2．钢索架设（拉紧装置安装） 3．支持体（夹板、绝缘子、槽板等）安装

3）定额使用说明。

① 照明线路中导线截面面积大于 6mm² 时，执行“穿动力线”相应的定额。

② 各种形式的配线（除有规定者外）子目中均未包括支架制作、钢索架设及拉紧装置制作安装。

◆例 8.34 根据例 8.33 的计算结果，套用相关定额子目，计算电气配线定额费用。

※解※

套用 D 分册《电气设备安装工程》相关定额子目，定额费用见表 8.68。

表 8.68　例 8.34 的定额费用

定额编号	项目名称	计量单位	①	②	③	主材名称	④	单位	⑤	⑥	⑦
			工程数量	定额综合基价/元	合价/元 ③=①×②		主材数量		主材单价/元	主材合价/元 ⑥=④×⑤	定额合价/元 ⑦=③+⑥
CD1642	管内穿线 穿照明线铜芯导线截面（≤2.5mm²）	10m	11.77	12.34	145.24	绝缘电线 BV-2.5mm²	136.532	m	1.28	174.76	145.24+174.76=320.00

◆例 8.35 根据例 8.33 和例 8.34 的计算结果，编制电气配线工程量清单，计算清单项目的综合单价和合价。

※解※

1）由表 8.67 可知，本例的工程量清单见表 8.69。

表 8.69　例 8.35 的工程量清单

项目编码	项目名称	项目特征	计量单位	工程量
030411004001	配线	1. 名称：管内穿线 2. 配线形式：管内穿线 3. 型号：BV 4. 规格：2.5mm² 5. 材质：铜芯	m	117.70

2）通过对比《通用安装工程工程量计算规范》（GB 50856—2013）附录 D 相关项目和《四川省建设工程工程量清单计价定额——通用安装工程》（2020）D 分册定额相关子目的工作内容，可知清单项目 030411004001 对应于定额子目 CD1642。清单项目和定额子目的关系见表 8.70。

表 8.70　清单项目和定额子目的关系

项目编码	项目名称	项目特征	对应定额子目
030411004001	配线	1. 名称：管内穿线 2. 配线形式：管内穿线 3. 型号：BV 4. 规格：2.5mm² 5. 材质：铜芯	CD1642

3）定额子目的信息见表 8.71。

表 8.71　定额子目的信息

定额编号	项目名称	计量单位	定额综合基价/元	其中（单位：元）					未计价材料		
				人工费	材料费	机械费	管理费	利润	名称	单位	数量
CD1642	管内穿线 穿照明线铜芯导线截面（≤$2.5mm^2$）	10m	12.34	9.18	1.07		0.64	1.45	绝缘电线	m	11.600

清单项目的综合单价和合价如下。

综合单价:

$$1.234+1.16\times1.28=2.72\text{（元）}$$

清单项目合价:

$$2.72\times117.7=320.00\text{（元）}$$

9. 照明器具

（1）工程量计算规则

1）清单工程量计算规则。

照明器具以“套”计量，按设计图示数量计算。

说明：

① 普通灯具包括圆球吸顶灯、半圆球吸顶灯、方形吸顶灯、软线吊灯、座灯头、吊链灯、防水吊灯、壁灯等。

② 工厂灯包括工厂罩灯、防水灯、防尘灯、碘钨灯、投光灯、泛光灯、混光灯、密闭灯等。

③ 高度标志（障碍）灯包括烟囱标志灯、高塔标志灯、高层建筑屋顶障碍指示灯等。

④ 装饰灯包括吊式艺术装饰灯、吸顶式艺术装饰灯、荧光艺术装饰灯、几何型组合艺术装饰灯、标志灯、诱导装饰灯、水下（上）艺术装饰灯、点光源艺术灯、歌舞厅灯具、草坪灯具等。

⑤ 医疗专用灯包括病房指示灯、病房暗脚灯、紫外线杀菌灯、无影灯等。

⑥ 中杆灯是指安装在高度小于或等于 19m 的灯杆上的照明器具。

⑦ 高杆灯是指安装在高度大于 19m 的灯杆上的照明器具。

2）定额工程量计算规则。

① 普通灯具安装根据灯具种类、规格，按照设计图示安装数量以“套”为计量单位。

② 吊式艺术装饰灯具安装根据装饰灯具示意图所示，区别不同装饰物以及灯体直径和灯体垂吊长度，按照设计图示安装数量以“套”为计量单位。

③ 吸顶式艺术装饰灯具安装根据装饰灯具示意图所示，区别不同装饰物、吸盘几何形状、灯体直径、灯体周长和灯体垂吊长度，按照设计图示安装数量以“套”为计量单位。

④ 荧光艺术装饰灯具安装根据装饰灯具示意图所示，区别不同安装形式和计量单位计算。

⑤ 标志、诱导装饰灯具安装根据装饰灯具示意图所示，区别不同的安装形式，按照设计图示安装数量以“套”为计量单位。

⑥ 荧光灯具安装根据灯具安装形式、灯具种类、灯管数量，按照设计图示安装数量以“套”为计量单位。

⑦ 工厂灯及防水防尘灯安装根据灯具安装形式，按照设计图示安装数量以“套”为计量单位。

说明：

每套灯具都要配一个灯头盒，灯头盒的安装要另列项计价。

◆例 8.36　某房间照明平面图如图 8.9 所示，计算灯具的工程量。

※解※

由图可知，双管荧光灯的工程量：4 套。

（2）清单使用说明

根据《通用安装工程工程量计算规范》（GB 50856—2013）附录 D.12 的规定，照明器具的工程量清单项目设置、项目特征描述的内容、计量单位及工程量计算规则应按表 8.72 执行。

表 8.72　照明器具工程量清单项目设置

项目编码	项目名称	项目特征	计量单位	工程量计算规则	工作内容
030412001	普通灯具	1．名称 2．型号 3．规格 4．类型	套	按设计图示数量计算	本体安装
030412002	工厂灯	1．名称 2．型号 3．规格 4．安装形式			
030412003	高度标志（障碍）灯	1．名称 2．型号 3．规格 4．安装部位 5．安装高度			
030412004	装饰灯	1．名称 2．型号 3．规格 4．安装形式			
030412005	荧光灯				

（3）定额使用说明

1）灯具引导线是指灯具吸盘到灯头的连线，除注明者外，均按照灯具自备考虑。如引导线需要另行配置时其安装费不变，主材费另行计算。

2）小区路灯、投光灯、氙气灯、烟囱或水塔指示灯的安装定额，考虑了超高安装（操作超高）因素，其他照明器具的安装高度大于 5m 时，按照册说明中的规定另行计算超高安装增加费。

3）装饰灯具安装（除标志、诱导灯具、水下艺术灯具、点光源艺术灯具、盆景花木装饰灯具）定额考虑了超高安装因素，并包括脚手架搭拆费用。装饰灯具项目中用ϕ表示灯体直径，用 L 表示垂吊长度。

4）照明灯具安装除特殊说明外，均不包括支架制作安装。工程实际发生时，执行 D 分册定额“D.16　金属构件及辅助项目安装工程”相应定额。

5）灯具安装定额中灯槽、灯孔按照事先预留考虑。

◆例 8.37　根据例 8.36 的计算结果，套用相关定额子目，计算灯具定额费用。

※解※

套用D分册《电气设备安装工程》相关定额子目，定额费用见表8.73。

表8.73　例8.37的定额费用

定额编号	项目名称	计量单位	① 工程数量	② 定额综合基价/元	③ 合价/元 ③=①×②	主材名称	④ 主材数量	单位	⑤ 主材单价/元	⑥ 主材合价/元 ⑥=④×⑤	⑦ 定额合价/元 ⑦=③+⑥
CD2033	吸顶式双管荧光灯	套	4	28.70	114.80	成套灯具	4.040	套	43.00	173.72	114.80+173.72 = 288.52

◆例8.38 根据例8.36和例8.37的计算结果，编制灯具工程量清单，计算清单项目的综合单价和合价。

※解※

1）由表8.72可知，本例的工程量清单见表8.74。

表8.74　例8.38的工程量清单

项目编码	项目名称	项目特征	计量单位	工程量
030412005001	荧光灯	1．名称：管内穿线 2．型号：YG 3．规格：2×20W 4．安装形式：吸顶安装	套	4

2）通过对比《通用安装工程工程量计算规范》（GB 50856—2013）附录D相关项目和《四川省建设工程工程量清单计价定额——通用安装工程》（2020）D分册定额相关子目的工作内容，可知清单项目030412005001对应于定额子目CD2033。清单项目和定额子目的关系见表8.75。

表8.75　清单项目和定额子目的关系

项目编码	项目名称	项目特征	对应定额子目
030412005001	荧光灯	1．名称：管内穿线 2．型号：YG 3．规格：2×20W 4．安装形式：吸顶安装	CD2033

3）定额子目的信息见表8.76。

表8.76　定额子目的信息

定额编号	项目名称	计量单位	定额综合基价/元	其中（单位：元）					未计价材料		
				人工费	材料费	机械费	管理费	利润	名称	单位	数量
CD2033	吸顶式双管荧光灯	套	28.70	19.77	4.43		1.38	3.12	成套灯具	套	1.010

清单项目的综合单价和合价如下。

综合单价：

$$28.70+1.01\times43=72.13\text{（元）}$$

清单项目合价：

$$72.13\times4=288.52\text{（元）}$$

10. 电气调试

（1）工程量计算规则

1）清单工程量计算规则。

① 电力变压器系统、送配电装置系统、事故照明切换装置、不间断电源、硅整流设备、可控硅整流装置以“系统”计量，按设计图示系统计算。

② 特殊保护装置以“台”或“套”计量，按设计图示数量计算。

③ 自动投入装置以“系统”“台”或“套”计量，按设计图示数量计算。

④ 中央信号装置以“系统”或“台”计量，按设计图示数量计算。

⑤ 母线以“段”计量，按设计图示数量计算。

⑥ 避雷器、电容器、电除尘器以“组”计量，按设计图示数量计算。

⑦ 接地装置以“系统”计量，按设计图示系统计算；或以“组”计量，按设计图示数量计算。

⑧ 电抗器、消弧线圈以“台”计量，按设计图示数量计算。

⑨ 电缆试验以“次”、“根”或“点”计量，按设计图示数量计算。

2）定额工程量计算规则。

① 供电桥回路的断路器、母线分段断路器，均按照独立的输配电设备系统计算调试费。

② 输配电设备系统调试是按照一侧有一台断路器考虑的，若两侧均有断路器时，则按照两个系统计算。

③ 变压器系统调试是按照每个电压侧有一台断路器考虑的，若断路器多于一台时，则按照相应的电压等级另行计算输配电设备系统调试费。

④ 自动投入装置系统调试包括继电器、仪表等元件本身和二次回路的调整试验。其工程量按照下列规定计算。

a．备用电源自动投入装置按照连锁机构的个数计算自动投入装置的系统工程量。一台备用厂用变压器作为三段厂用工作母线备用电源，按照三个系统计算工程量。设置自动投入的两条互为备用的线路或两台变压器，按照两个系统计算工程量。备用电动机自动投入装置亦按此规定计算。

b．线路自动重合闸系统调试，按照采用自动重合闸装置的线路自动断路器的台数计算系统工程量。综合重合闸亦按此规定计算。

c．自动调频装置系统调试，以一台发电机为一个系统计算工程量。

d．用电切换系统调试，按照设计能够完成交直流切换的一套装置为一个系统计算工程量。

⑤ 电动机负载调试是指电动机连带机械设备及装置一并进行调试。电动机负载调试根据电机的控制方式、功率按照电动机的台数计算工程量。

⑥ 一般民用建筑电气工程中，配电室内带有调试元件的盘、箱、柜和带有调试元件的照明配电箱，应按照供电方式计算输配电设备系统调试数量。用户所用的配电箱供电不计算系统调试费。电量计量表一般是由供应单位经有关检验校验后进行安装，不计算调试费。

⑦ 接地网测试。

a．接地网接地电阻的测定。一般的发电厂或变电站连为一体的母网，按一个系统计算；自成母网不与厂区母网相连的独立接地网，另按一个系统计算。

b．工厂、车间、大型建筑群各有自己的接地网（接地电阻值设计有要求），虽然在最后也将各接地网连在一起，但应按各自的接地网计算，不能作为一个网，具体应按接地网的接地情况（独立的单位工程），套用接地调试定额。

c．利用基础钢筋作接地和接地极形成网系统的，应按接地网电阻测试，以“系统”为单位计算。建筑物、构筑物、电杆等利用户外接地母线敷设（接地电阻值设计有要求的），应按各自的接地测试点（以断接卡为准）以“组”为单位计算。如工程中同时具有上述情况，则分别计算。

d．避雷针接地电阻的测定。每一避雷针均有单独接地网（包括独立的避雷针、烟囱避雷针等）时，均按一组计算。

e．独立的接地装置按组计算。如一台柱上变压器有一个独立的接地装置，即按一组计算。

f．配电室自成母网不与工程项目母网相连的独立接地网，单独计算一个系统测试工程量。

（2）清单使用说明

根据《通用安装工程工程量计算规范》（GB 50856—2013）附录 D.14 的规定，电气调试的工程量清单项目设置、项目特征描述的内容、计量单位及工程量计算规则应按表 8.77 执行。

表 8.77　电气调试工程量清单项目设置

项目编码	项目名称	项目特征	计量单位	工程量计算规则	工作内容
030414001	电力变压器系统	1. 名称 2. 型号 3. 容量（kV·A）	系统	按设计图示系统计算	系统调试
030414002	送配电装置系统	1. 名称 2. 型号 3. 电压等级（kV） 4. 类型			
030414003	特殊保护装置	1. 名称 2. 类型	台（套）	按设计图示数量计算	调试
030414004	自动投入装置		系统、台（套）		
030414005	中央信号装置	1. 名称 2. 类型	系统、台		
030414006	事故照明切换装置		系统	按设计图示系统计算	
030414007	不间断电源	1. 名称 2. 类型 3. 容量			
030414008	母线	1. 名称 2. 电压等级（kV）	段	按设计图示数量计算	
030414009	避雷器		组		
030414010	电容器				
030414011	接地装置	1. 名称 2. 类别	1. 系统 2. 组	1. 以系统计量，按设计图示系统计算 2. 以组计量，按设计图示数量计算	接地电阻调试

（3）定额使用说明

1）输配电装置系统调试中电压等级≤1kV 的定额适用于所有低压供电回路，如从低压配电装置至分配电箱的供电回路（包括照明供电回路）；从配电箱直接至电动机的供电回路已经包括在电动机的负载系统调试定额内。凡供电回路中带有仪表、继电器、电磁开关等调试元件的（不包括刀开关、保险器），均按照调试系统计算。输配电设备系统调试包括系统内的电试验、绝缘耐压试验等调试工作。桥形接线回路中的断路器、母线分段接线回路中断路器均作为独立的供电系统计算。配电箱内只有开关、熔断器等不含调试元件的供电回路，则不再作为调试系统计算。

2）移动式电器和以插座连接的家用电器设备及电量计量装置，不计算调试费用。

3）定额是按照新的且合格的设备考虑的。当调试经更换修改的设备、拆迁的旧设备时，定额乘以系数 1.15。

4）调试带负荷调压装置的电力变压器时，调试定额乘以系数 1.12；三线变压器、整流变压器、电炉变压器调试按照同容量的电力变压器调试定额乘以系数 1.2。

5）3～10kV 母线系统调试定额中包含一组电压互感器，电压等级≤1kV 母线系统调试定额中不包含电压互感器，定额适用于低压配电装置的各种母线（包括软母线）的调试。

6）低压交流异步电动机调试：可调试控制的电机（带一般调速的电机、可逆式控制、带能耗制动的电机、多速机、降压起动电机）按相应子目乘以系数 1.3。电动机调试子目的每一系统是按一台电动机考虑的。如一个控制回路有两台以上电机时，再增加一台电机调试子目乘以系数 1.2。

8.3　建筑电气照明工程计量与计价实例

本节通过一个工程实例来说明建筑照明工程计量与计价的计算方法和程序。

8.3.1　工程概况与设计说明

某工程为二层楼房，其主要设备材料见表 8.78，其照明工程如图 8.11～图 8.14 所示。设计说明如下。

1）电力电缆采用干包式电缆头。室外电缆埋深 0.9m，一般土壤。

2）照明电气暗配线管埋深均为 0.1m。

3）房间层高为 3m，门框高度为 2m。

4）手孔井为现场砖砌小手孔（220mm×320mm×220mm）（SSK）。

5）进户电力电缆由低压配电柜底边至手孔井前端电缆按 30m 计算，手孔井前端室外电缆保护管按 20m 计算。

6）配电室内电缆长度按 10m 计。

表 8.78　主要设备材料

序号	图例	名称	规格	单位	数量	备注
1	■	照明配电箱	XRM-305（高 600mm+宽 400mm）	台	2	底边距地 1.5m 暗装
2	|—|	双管荧光灯	2×36W	盏	20	吸顶安装
3	○	节能灯	1×16W	个	8	吸顶安装
4	⊗	防水防尘灯（配节能灯）	1×16W	个	4	吸顶安装
5	⊠	自带电源事故照明灯	2×8W	盏	5	距地 2.5m 安装
6	⊠C	自带电源事故照明灯	1×16W	盏	2	嵌顶安装
7	→	单向疏散指示灯	1×2W	盏	2	距地 0.4m 安装
8	E	安全出口指示灯	1×2W	盏	4	门上方 0.2m 安装
9		暗装插座（安全型）	5 孔，250V，10A	个	25	底边距地 0.3m 安装
10	K1	柜式空调插座（安全型）	3 孔，250V，15A	个	2	底边距地 0.3m 安装
11	K2	挂式空调插座	3 孔，250V，15A	个	6	底边距地 2.2m 安装
12		暗装单极开关	250V，10A	个	8	底边距地 1.3m 安装
13		暗装双极开关	250V，10A	个	10	底边距地 1.3m 安装

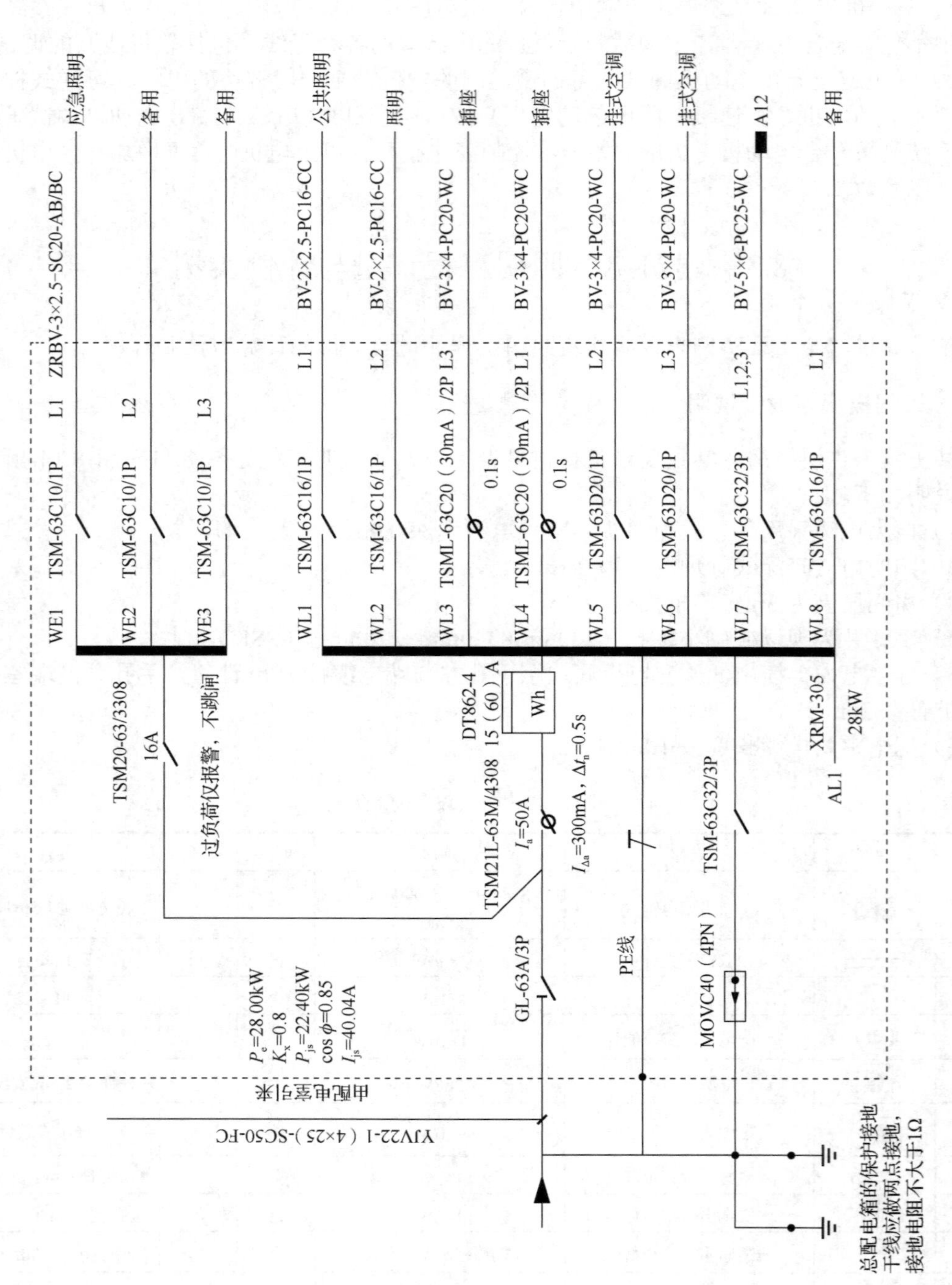

图 8.11　某工程一层配电箱（AL1）系统

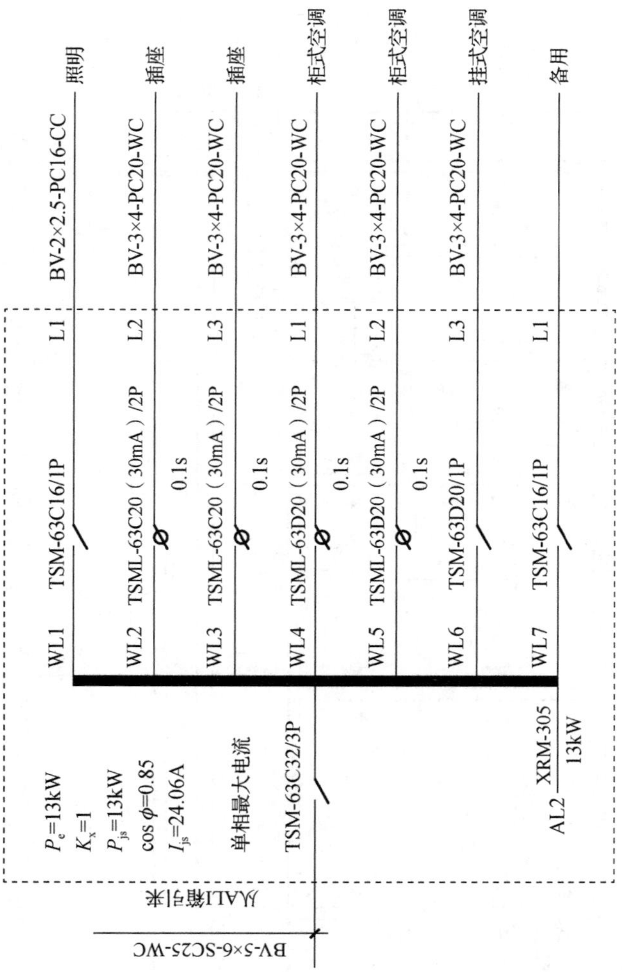

BV-5×6-SC25-WC
从AL1箱引来
P_e=13kW
K_x=1
P_{js}=13kW
cos ϕ=0.85
I_{js}=24.06A
单相最大电流
TSM-63C32/3P
AL2 XRM-305 13kW
WL1 TSM-63C16/1P L1 BV-2×2.5-PC16-CC 照明
WL2 TSML-63C20（30mA）/2P 0.1s L2 BV-3×4-PC20-WC 插座
WL3 TSML-63C20（30mA）/2P 0.1s L3 BV-3×4-PC20-WC 插座
WL4 TSML-63D20（30mA）/2P 0.1s L1 BV-3×4-PC20-WC 柜式空调
WL5 TSML-63D20（30mA）/2P 0.1s L2 BV-3×4-PC20-WC 柜式空调
WL6 TSM-63D20/1P L3 BV-3×4-PC20-WC 挂式空调
WL7 TSM-63C16/1P L1 备用

图 8.12　某工程二层配电箱（AL2）系统

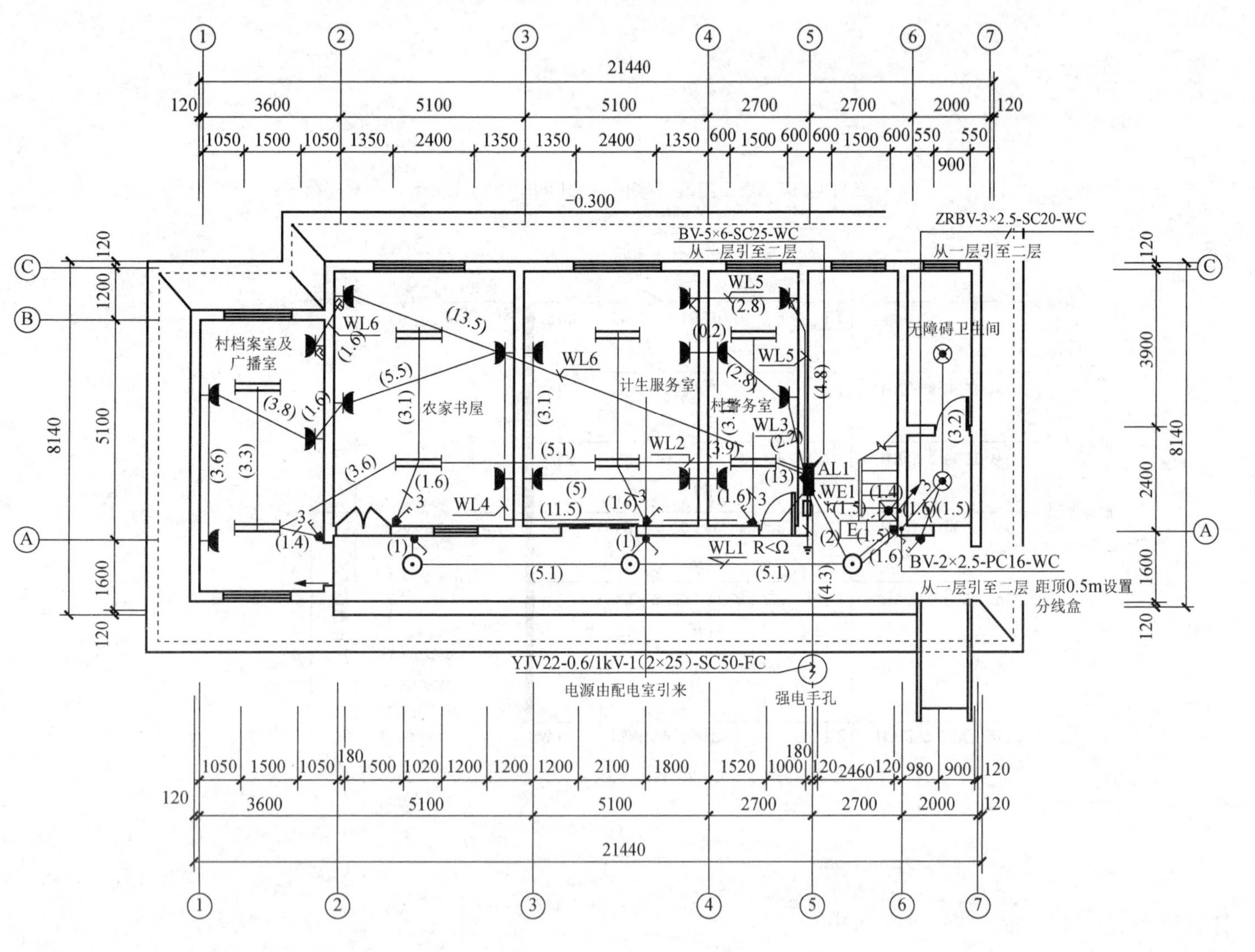

图 8.13　某工程一层电气平面图

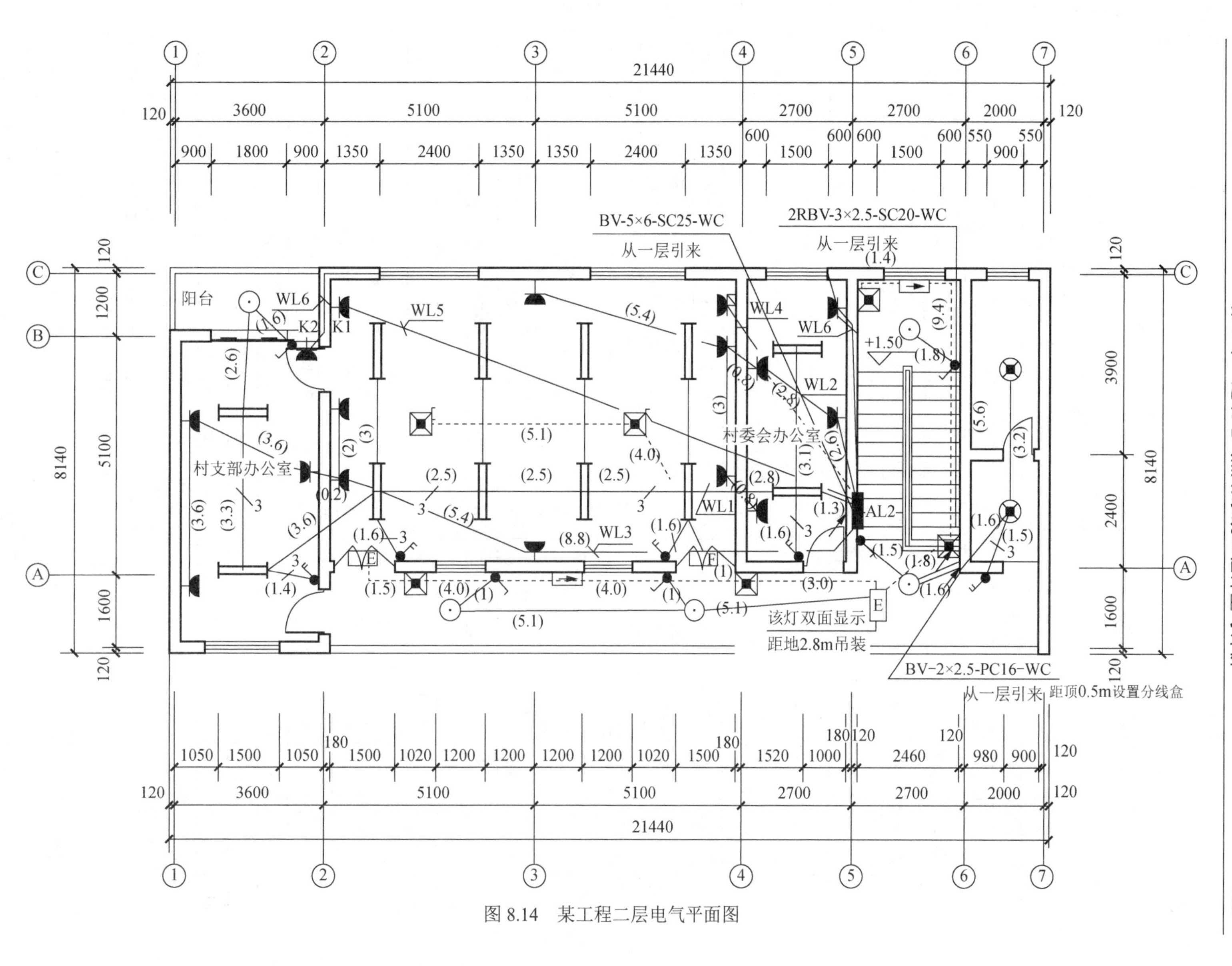

图 8.14　某工程二层电气平面图

8.3.2 工程量计算

电气照明工程量计算见表 8.79。

表 8.79 电气照明工程量计算

序号	项目名称	单位	工程量	计算式
1	配电箱 AL1XRM-305	台	1	一层
2	配电箱 AL2XRM-305	台	1	二层
3	5 孔插座（安全型）250V，10A	个	25	一层：(WL3 回路)7+(WL4 回路)6=13 二层：(WL2 回路)6+(WL3 回路)6=12
4	柜式空调 3 孔插座 250V，15A	个	2	二层：(WL4 回路)1+(WL5 回路)1=2
5	挂式空调 3 孔插座 250V，15A	个	6	一层：(WL5 回路)2+(WL6 回路)2=4 二层：(WL6 回路)2 个
6	单极暗开关 250V，10A	个	8	一层：3 个 二层：5 个
7	双极暗开关 250V，10A	个	10	一层：5 个 二层：5 个
8	配管，镀锌钢管 SC50	m	36.70	手孔井前端 30+手孔井至配电箱 4.3+埋深 0.9+至配电箱底边 1.5=36.70
9	电力电缆 YJV_{22}-4×25	m	43.77	(配电室内 10+保护管长度(20+4.3+0.9+1.5)+配电箱预留(0.6+ 0.4)+低压配电柜预留 2+电缆头两端预留 1.5×2)×(1+2.5%)=43.77
10	电力电缆终端头 YJV_{22}-4×25	个	2	两端各一个
11	管沟土方	m^3	14.22	电缆沟： 沟深 0.9×沟宽(0.3×2+0.05)×沟长(20+4.3)=14.22
12	钢质接线盒	个	13	配镀锌钢管 SC20：（应急灯具）2+11=13
13	塑料接线盒	个	32	配刚性阻燃管：（灯具）20+8+4=32
14	塑料接线盒	个	51	配刚性阻燃管：（开关）18+（插座）33=51
15	节能灯	套	8	一层 3+二层 5=8
16	防水防尘灯（配节能灯）	套	4	一层 2+二层 2=4
17	自带电源事故照明灯（壁装）	套	5	一层 1+二层 4=5
18	自带电源事故照明灯（吸顶）	套	2	二层 2 套
19	单向疏散指示灯	套	2	二层 2 套
20	安全出口指示灯	套	4	一层 1+二层 3=4
21	双管荧光灯	套	20	一层 8+二层 12=20
22	人（手）孔砌筑	个	1	室外：220mm×320mm×220mm 手孔井
23	人（手）孔防水	m^2	0.38	0.22×0.32×4+0.22×0.22×2=0.38
24	电气配管，镀锌钢管 SC20	m	65.30	配线 ZRBV-3×2.5mm^2 1）WE1 回路： （层高 3−箱底 1.5−箱高 0.6）+1.5+下标志灯(3−2−0.2)+标志灯上(3-2−0.2)+1.4+下事故照明灯(3−2.5)=5.9 2）引上二层事故照明灯： 一层事故照明灯至二层事故照明灯 3+上顶板(3−2.5)+9.4+下单向指示灯(6−1.5−0.4)+上顶板(6−1.5−0.4)+1.4+下事故照明灯(6−1.5− 2.5)+上顶板(3−2.5)+1.8+至安全出口指示灯(3−2.8)×2+3+至应急灯(3−2.5)×2+4+至单向指示灯(3−0.4)×2+4+至单向指示灯(3−2.5)×2+1.5+至安全出口指示灯(3−2.2)+1+至安全出口指示灯(3−2.2)×2+4.0+5.1=59.4 合计：5.9+59.4=65.30

续表

序号	项目名称	单位	工程量	计算式
25	电气配管，镀锌钢管 SC25	m	2.40	WL7 回路引上二层 AL2：动力线 配线 BV-5×6mm^2 (3−1.5−0.6)+AL2 箱底 1.5=2.40
26	电气配管，刚性阻燃管 PC16	m	170.90	1．配线 BV-2×2.5mm^2 （1）一层 1）WL1 回路：3 根线 一层：立引上(3−1.5−0.6)+2+开[1.5+(3−1.3)]+5.1+开[1+(3−1.3)]+5.1+ 开[1+(3−1.3)]+引下至一层分线盒(1.6+0.5)+分线盒引上至一层顶板(0.5+1.6)+开[1.5+(3−1.3)]+3.2=29.1+3.2=32.30 二层：一层分线盒至二层分线盒 3+二层分线盒引上至二层顶板右(0.5+1.6)+开[1.5+(3−1.3)]+3.2+二层分线盒引上至二层顶板左(0.5+1.6)+开[1.5+(3−1.3)]+楼梯平台灯(1.6+5.6)+(3−1.3)×2+1.8+5.1+开[1+(3−1.3)]+ 5.1+开[1+(3−1.3)]=41.6+3.2=44.80 29.1+3.2+41.6+3.2=70.7+6.4=77.10 2）WL2 回路： 立引上(3−1.5−0.6)+1.3+开[1.6+(3−1.3)]+3.1+3.9+开[1.6+(3−1.3)]+3.1+5.1+开[1.6+(3−1.3)]+3.1+3.6+开[1.4+(3−1.3)]+3.3=27.4+13= 40.4 （2）二层 WL1 回路： 立引上(3−1.5−0.6)+1.3+开[1.6+(3−1.3)]+3.1+2.8+开[1.6+(3−1.3)]+2.5+2.5+2.5+开[1.6+(3−1.3)]+3×4+3.6+开[1.4+(3−1.3)]+3.3+2.6+开[1.6+(3−1.3)]=32.1+21.3=53.40 合计：70.7+6.4+27.4+13+32.1+21.3=130.2+40.7=170.90
27	电气配管，刚性阻燃管 PC20	m	185.90	配线 BV-3×4mm^2 （1）一层 1）WL3 回路： 箱底至地内(1.5+0.1)+2.2+2.8+0.2+3.1+0.2+5+3.1+插座(0.3+0.1)×(2×7−1)=23.40 2）WL4 回路： 箱底至地内(1.5+0.1)+11.5+3.1+5.5+1.6+3.8+3.6+插座(0.3+0.1)×(2×6−1)=35.10 3）WL5 回路： 箱顶至顶板(3−1.5−0.6)+4.8+2.8+挂式空调插座(3−2.2)×(2×2−1)= 10.90 4）WL6 回路： 箱顶至顶板(3−1.5−0.6)+13.5+1.6+挂式空调插座(3−2.2)×(2×2−1)= 18.40 （2）二层 1）WL2 回路： 箱底至地内(1.5+0.1)+2.6+2.8+0.8+5.4+3+0.8+插座(0.3+0.1)×(2×6−1)=21.40 2）WL3 回路： 箱底至地内(1.5+0.1)+8.8+5.4+2+0.2+3.6+3.6+插座(0.3+0.1)×(2×6−1)=29.60 3）WL4 回路： 箱底至地内(1.5+0.1)+5.8+柜式空调插座(0.3+0.1)=7.80 4）WL5 回路： 箱底至地内(1.5+0.1)+13.5+柜式空调插座(0.3+0.1)=15.50

续表

序号	项目名称	单位	工程量	计算式
27	电气配管，刚性阻燃管 PC20	m	185.90	5）WL6 回路： 箱顶至顶板(3−1.5−0.6)+5.6+14.9+挂式空调插座(3−2.2)×(2×2−1)=23.80 合计： 23.4+35.1+10.9+18.4+21.4+29.6+7.8+15.5+23.8=185.90
28	电气配线 ZRBV-2.5mm^2	m	198.90	一层 WE1 回路： (配管长度 65.30+配电箱预留长度 0.6+0.4)×3=198.90
29	电气配线 BV-2.5mm^2	m	385.50	一层：WL1、WL2 回路，二层：WL1 回路 130.2×2+40.7×3+(0.6+0.4)×3=385.50
30	电气配线 BV-4mm^2	m	584.70	一层 WL3、WL4、WL5、WL6 回路、二层 WL2、WL3、WL4、WL5、WL6 回路： 185.90×3+配电箱预留长度(0.6+0.4)×9×3=584.70
31	电气配线 BV-6mm^2	m	22.00	WL7 配管长度： 2.40×5+两端配电箱预留长度(0.6+0.4)×5×2=22.00
32	低压送配电装置系统调试	系统	1	1

8.3.3　工程量清单与计价

根据《通用安装工程工程量计算规范》（GB 50856—2013）及《四川省建设工程工程量清单计价定额——通用安装工程》（2020），编制电气照明工程分部分项工程量清单与计价表，见表 8.80。本章用到的主材单价表见表 8.81，综合单价分析表见表 8.82。

表 8.80　电气照明工程分部分项工程量清单与计价表

序号	项目编码	项目名称	项目特征描述	计量单位	工程数量	金额/元		
						综合单价	合价	其中 暂估价
1	030404017001	配电箱	1．名称：照明配电箱 AL1 2．型号：XRM-305 3．规格：600mm+400mm（高+宽） 4．端子板外部接线材质、规格： BV-2.5mm^2：7 个 BV-4.0mm^2：12 个 BV-6.0mm^2：5 个 5. 安装方式：嵌墙暗装，底边距地 1.5m	台	1	3068.08	3068.08	
	CD0108	悬挂、嵌入式配电箱半周长 1.0m		台	1			
	CD0415	无端子外部接线（≤2.5mm^2）		个	7			
	CD0416	无端子外部接线（≤6mm^2）		个	17			
2	030404017002	配电箱	1．名称：照明配电箱 AL2 2．型号：XRM-305 3．规格：600mm+400mm（高+宽） 4．端子板外部接线材质、规格： BV-2.5mm^2：2 个 BV-4.0mm^2：20 个 BV-6.0mm^2：5 个 5. 安装方式：嵌墙暗装，底边距地 1.5m	台	1	3084.94	3084.94	

续表

序号	项目编码	项目名称	项目特征描述	计量单位	工程数量	金额/元		
						综合单价	合价	其中 暂估价
	CD0108	悬挂、嵌入式配电箱半周长 1.0m		台	1			
	CD0415	无端子外部接线（≤2.5mm^2）		个	2			
	CD0416	无端子外部接线（≤6mm^2）		个	25			
3	030404035001	插座	1．名称：普通插座（安全型） 2．规格：5 孔 250V，10A 3．安装方式：暗装	个	25	45.90	1147.50	
	CD2229	单相带接地 暗插座电流（≤15A）		套	25			
4	030404035002	插座	1．名称：柜式空调插座（安全型） 2．规格：3 孔 250V，15A 3．安装方式：暗装	个	2	38.76	77.52	
	CD2229	单相带接地 暗插座电流（≤15A）		套	2			
5	030404035003	插座	1．名称：挂式空调插座 2．规格：3 孔 250V，15A 3．安装方式：暗装	个	6	36.72	220.32	
	CD2229	单相带接地 暗插座电流（≤15A）		套	6			
6	030404034001	照明开关	1．名称：单极开关 2．规格：250V，10A 3．安装方式：暗装	个	8	34.88	279.04	
	CD2207	跷板暗开关 单控≤3 联		套	8			
7	030404034002	照明开关	1．名称：双极开关 2．规格：250V，10A 3．安装方式：暗装	个	10	43.04	430.40	
	CD2207	跷板暗开关 单控≤3 联		套	10			
8	030408001001	电力电缆	1．名称：电力电缆 2．型号：YJV22 3．规格：4×25mm^2 4．材质：铜芯电缆 5．敷设方式、部位：穿管敷设 6．电压等级（kV）：1kV 以下	m	43.77	61．69	2700.17	
	CD0734	铜芯电力电缆敷设 电缆截面（≤35mm^2）		10m	4.377			
9	030408006001	电力电缆头	1．名称：电力电缆头 2．型号：YJV22 3．规格：4×25mm^2 4．材质、类型：铜芯电缆、热缩式 5．安装部位：配电柜、箱 6．电压等级（kV）：1kV 以下	个	2	161.58	323.16	
	CD0841	1kV 以下室内热缩式铜芯电力电缆终端头 电缆截面（≤35mm^2）		个	2			
10	010101007001	管沟土方	1．名称：电缆沟土方 2．土壤类别：一般土壤 3．挖土深度：0.9m	m^3	14.22	61.72	877.66	
	CD0653	沟槽填挖 普通土		m^3	14.22			

续表

序号	项目编码	项目名称	项目特征描述	计量单位	工程数量	金额/元		
						综合单价	合价	其中 暂估价
11	030411001001	配管	1．名称：电气配管 2．材质：镀锌钢管 3．规格：SC50 4．敷设方式：埋地敷设	m	36.70	42.68	1566.29	
	CD1446	镀锌钢管埋地敷设直径（≤50mm）		10m	3.67			
12	030411001002	配管	1．名称：电气配管 2．材质：镀锌钢管 3．规格：SC20 4．配置形式：暗配	m	65.30	24.32	1587.82	
	CD1399	镀锌钢管敷设 砖、混凝土结构暗配 公称直径（*DN*≤20）		10m	6.53			
13	030411001003	配管	1．名称：电气配管 2．材质：镀锌钢管 3．规格：SC25 4．配置形式：暗配	m	2.40	30.15	72.36	
	CD1400	镀锌钢管敷设 砖、混凝土结构暗配 公称直径（*DN*≤25）		10m	0.24			
14	030411001004	配管	1．名称：刚性阻燃管 2．材质：PVC 3．规格：PC16 4．配置形式：暗配	m	170.90	9.14	1561.85	
	CD1507	刚性阻燃管敷设 砖、混凝土结构暗配外径（16mm）		10m	17.09			
15	030411001005	配管	1．名称：刚性阻燃管 2．材质：PVC 3．规格：PC20 4．配置形式：暗配	m	185.90	10.50	1951.21	
	CD1508	刚性阻燃管敷设 砖、混凝土结构暗配外径（20mm）		10m	18.59			
16	030411004001	配线	1．名称：管内穿线 2．配线形式：照明线路 3．型号：ZRBV 4．规格：2.5mm^2 5．材质：铜芯线	m	198.90	2.86	568.45	
	CD1642	管内穿线 穿照明线 铜芯导线截面（≤2.5mm^2）		10m	19.89			
17	030411004002	配线	1．名称：管内穿线 2．配线形式：照明线路 3．型号：BV 4．规格：2.5mm^2 5．材质：铜芯线	m	385.50	2.72	1048.10	
	CD1642	管内穿线 穿照明线 铜芯导线截面（≤2.5mm^2）		10m	38.55			
18	030411004003	配线	1．名称：管内穿线 2．配线形式：照明线路 3．型号：BV 4．规格：4mm^2 5．材质：铜芯线	m	584.70	2.95	1137.95	

续表

序号	项目编码	项目名称	项目特征描述	计量单位	工程数量	金额/元		
						综合单价	合价	其中 暂估价
	CD1643	管内穿线 穿照明线 铜芯导线截面（≤4mm^2）		10m	58.47			
19	030411004004	配线	1．名称：管内穿线 2．配线形式：动力线路 3．型号：BV 4．规格：6mm^2 5．材质：铜芯线	m	22.00	4.14	91.08	
	CD1663	管内穿线 穿动力线铜芯导线截面（≤6mm^2）		10m	2.20			
20	030411006001	接线盒	1．名称：灯具接线盒 2．材质：钢制 3．规格：86H 4．安装形式：暗装	个	13	7.54	98.02	
	CD1825	暗装接线盒		个	13			
21	030411006002	接线盒	1．名称：灯具接线盒 2．材质：PVC 3．规格：86H 4．安装形式：暗装	个	32	7.34	234.75	
	CD1825	暗装接线盒		个	32			
22	030411006003	接线盒	1．名称：开关、插座接线盒 2．材质：PVC 3．规格：86H 4．安装形式：暗装	个	51	7.06	359.86	
	CD1824	暗装开关（插座）盒		个	51			
23	030412001001	普通灯具	1．名称：节能灯 2．规格：1×16W 3．类型：吸顶安装	套	8	46.64	373.12	
	CD1838	座灯头		套	8			
24	030412001002	普通灯具	1．名称：防水防尘灯（配节能灯管） 2．规格：1×16W 3．类型：吸顶安装	套	4	74.50	298.00	
	CD2048	防水防尘灯 吸顶式		套	4			
25	030412001003	普通灯具	1．名称：自带电源事故照明灯 2．规格：2×8W 3．类型：底边距地 2.5m 壁装	套	5	66.14	330.70	
	CD1836	普通壁灯		套	5			
26	030412001004	普通灯具	1．名称：自带电源事故照明灯 2．规格：1×16W 3．类型：吸顶安装	套	2	59.47	118.94	
	CD1838	座灯头		套	2			
27	030412004001	装饰灯	1．名称：单向疏散指示灯 2．规格：1×2W 3．安装方式：距地 0.4m	套	2	180.46	360.92	
	CD1984	墙壁式标志、诱导装饰灯		套	2			

续表

序号	项目编码	项目名称	项目特征描述	计量单位	工程数量	金额/元		
						综合单价	合价	其中
								暂估价
28	030412004002	装饰灯	1．名称：安全出口指示灯 2．规格：1×2W 3．安装方式：距门上方 0.2m	套	4	143.33	573.32	
	CD1984	墙壁式标志、诱导装饰灯		套	4			
29	030412005001	荧光灯	1．名称：双管荧光灯 2．规格：2×36W 3．安装方式：吸顶安装	套	20	72.13	1442.60	
	CD2033	荧光灯具安装 吸顶式 双管		套	20			
30	030413005001	人（手）孔砌筑	1．名称：手孔井 2．规格：220mm×320mm×220mm 3．类型：砖砌	个	1	369.54	369.54	
	CD2325	砖砌配线手孔 小手孔		个	1			
31	030413006001	人（手）孔防水	1．名称：手孔防水 2．防水材质及做法：防水砂浆抹面（五层）	m^2	0.38	45.97	17.47	
	CD2332	手孔防水 防水砂浆抹面（五层）砖墙面		m^2	0.38			
32	030414002001	送配电装置调试	1．名称：低压系统调试 2．电压等级：380V 3．类型：综合	系统	1	346.01	346.01	
	CD2389	≤1kV 交流供电送配电装置调试		系统	1			

表 8.81　本章用到的主材单价表

序号	主材名称及规格	单位	单价/元	序号	主材名称及规格	单位	单价/元
1	油浸电力变压器 10kV/6000kV · A	台	25000.00	12	镀锌钢管 *DN*50	m	26.00
2	硬铜母线 80×8mm²	m	56.00	13	镀锌钢管 *DN*25	m	10.71
3	穿墙套管	个	400.00	14	镀锌钢管 *DN*20	m	6.36
4	照明配电箱 XRM-305（600mm×400mm）	台	2800.00	15	镀锌钢管 *DN*15	m	4.88
5	照明配电箱 M0	台	800.00	16	钢制托盘式桥架 200mm×100mm	m	72.00
6	普通插座（安全型）5 孔，250V，15A	套	34.00	17	型钢	kg	5.00
7	柜式空调插座（安全型）3 孔，250V，15A	套	27.00	18	环氧树脂板	块	300.00
8	挂式空调插座 3 孔，250V，15A	套	25.00	19	刚性阻燃管 PC20	m	2.50
9				20	刚性阻燃管 PC16	m	1.80
10	照明开关（双极开关 250V，10A）	只	33.00	21	铜芯电力电缆 YJV22-4×25mm²	m	52.65
11	照明开关（单极开关 250V，10A）	只	25.00	22	铜芯电力电缆 VV-3×95mm2+2×50mm²	m	361.10

续表

序号	主材名称及规格	单位	单价/元	序号	主材名称及规格	单位	单价/元
23	绝缘导线 ZRBV-2.5mm^2	m	1.40	32	墙壁式安全出口指示灯	套	113.74
24	绝缘导线 BV-2.5mm^2	m	1.28	33	吸顶式双管荧光灯	套	43.00
25	绝缘导线 BV-4mm^2	m	1.99	34	墙壁式单向疏散指示灯	套	150.50
26	绝缘导线 BV-6mm^2	m	2.85	35	成套灯具（自带电源事故照明灯 1×16W）	套	45.50
27	接线盒 PVC	个	1.80	36	成套灯具（自带电源事故照明灯 2×8W）	套	43.00
28	接线盒	个	2.00	37	角钢滑触线 50×5	m	19.00
29	开关、插座盒 PVC	个	1.80	38	3 横架式支架 焊接固定	副	80.00
30	成套灯具（节能座灯头）	套	32.80	39	户内热缩式电缆终端头及套管	套	37.00
31	防水防尘灯	套	40.94	40	手孔口圈（车行道）	套	4.80

表 8.82　综合单价分析表

工程名称：电气照明工程　　　　第 1 页　共 2 页

项目编码	030404017001	项目名称	配电箱	计量单位	台	工程量	1						
清单综合单价组成明细													
定额编号	定额名称	定额单位	数量	单价/元					合价/元				
				人工费	材料费	机械费	管理费	利润	人工费	材料费	机械费	管理费	利润
CD0108	悬挂、嵌入式半周长 1.0m	台	1	119.25	23.78		8.35	18.84	119.25	23.78		8.35	18.84
CD0415	无端子外部接线（≤2.5mm^2）	个	7	1.44	1.84		0.10	0.23	10.08	12.88		0.70	1.61
CD0416	无端子外部接线（≤6mm^2）	个	17	1.98	1.84		0.14	0.31	33.66	31.28		2.38	5.27
人工单价		小计							162.99	67.94		11.43	25.72
120 元/工日		未计价材料费							2800				
清单项目综合单价									3068.08				
材料费明细	主要材料名称、规格、型号		单位	数量	单价/元		合价/元		暂估单价/元		暂估合价/元		
	照明配电箱 XRM-305（600×400）		台	1	2800		2800						
	其他材料费						67.94						
	材料费小计						2867.94						

工程名称：电气照明工程　　　　第 2 页　共 2 页

项目编码	030408001001	项目名称	电力电缆	计量单位	m	工程量	43.77						
清单综合单价组成明细													
定额编号	定额名称	定额单位	数量	单价/元					合价/元				
				人工费	材料费	机械费	管理费	利润	人工费	材料费	机械费	管理费	利润
CD0734	铜芯电力电缆敷设 电缆截面（≤35mm^2）	10m	4.377	50.19	16.18	5.95	3.93	8.87	219.68	70.82	26.04	17.20	38.82

续表

定额编号	定额名称	定额单位	数量	单价/元					合价/元				
				人工费	材料费	机械费	管理费	利润	人工费	材料费	机械费	管理费	利润
人工单价		小计							219.68	70.82	26.04	17.20	38.82
120 元/工日		未计价材料费							2327.54				
清单项目综合单价									61.69				

	主要材料名称、规格、型号	单位	数量	单价/元	合价/元	暂估单价/元	暂估合价/元
材料费明细	电力电缆（铜芯电力电缆 YJV22-4×25mm^2）	m	44.208	52.65	2327.54		
	其他材料费				70.82		
	材料费小计				2398.36		

第9章

建筑防雷接地系统工程计量与计价

9.1 建筑防雷接地系统组成

雷电是自然界大气层中特定条件下形成的自然现象。雷云对地面泄放电荷的现象称为雷击。雷击产生的破坏力极大，它对地面上的建筑物、电气线路、电气设备和人身都可能造成直接或间接的危害，因此必须采取适当的防范措施。

雷电的危害方式主要有直击雷、雷电感应和雷电波侵入等方式。

防雷接地装置由接闪器、引下线、接地体 3 部分组成，如图 9.1 所示。

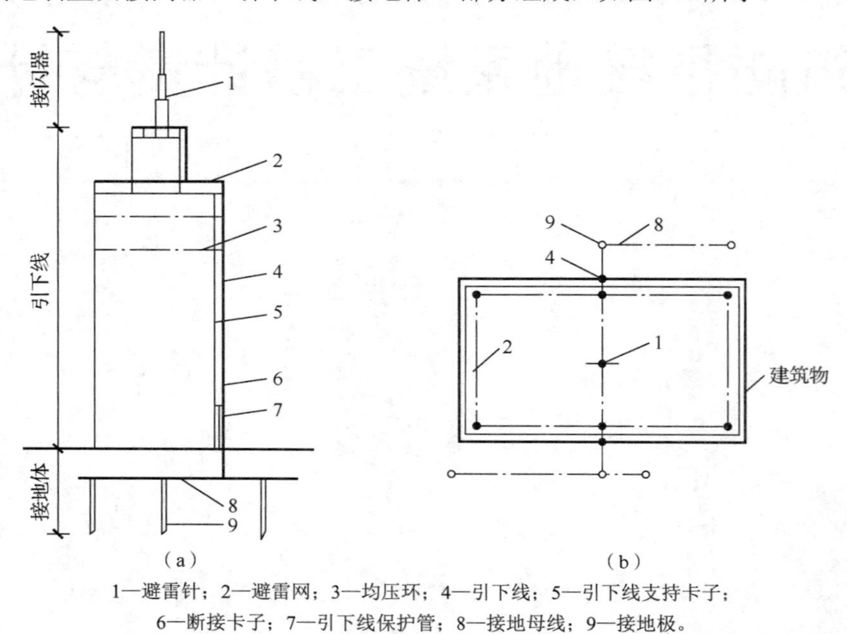

1—避雷针；2—避雷网；3—均压环；4—引下线；5—引下线支持卡子；
6—断接卡子；7—引下线保护管；8—接地母线；9—接地极。

图 9.1　建筑物防雷接地装置组成

接闪器包括避雷针、避雷网、避雷带等，通常敷设在建筑物容易遭受雷击的部位，如屋檐、屋角、女儿墙、山墙及突出于屋面的高处。避雷针通常由钢管制成，针尖加工成锥体。当避雷针较高时，则加工成多节，上细下粗，固定在建筑物或构筑物上。避雷带通常由直径不小于ϕ8mm 的圆钢或截面面积不小于 48mm^2 且厚度不小于 4mm 的扁钢制成，在要求较高的场所也可以采用ϕ20mm 的镀锌钢管。安装于屋顶四周的避雷带，应高出屋顶 100～150mm，砌外墙时每隔 1.0m 预埋支持卡子，转弯处支持卡子间距 0.5m。装于平面屋顶中间的避雷网，为了不破坏屋顶的防水、保温层，需现场制作混凝土块，间隔 1.5～2m 设置。

引下线部分由引下线、引下线支持卡子、断接卡子、引下线保护管等组成。引下线可采用直径不小于ϕ8mm 的圆钢或截面面积不小于 48mm^2 且厚度不小于 4mm 的扁钢制成，也可以采用柱主筋引下。引下线的安装方式可分为明敷、暗敷。明敷是沿着建筑物或构筑物外墙敷设，暗敷是将引下线砌于墙内或利用建筑物柱内的对角主筋可靠焊接而成。建筑物上至少要设两根引下线，明设引下线距地面 1.5～1.8m 处设断接卡子（一般不少于两处）。若利用柱内钢筋作为引下线时，可不设断接卡子，但距地 0.5m 处设连接板，以便测量接地电阻。明设引下线从地面以下 0.3m 至地面以上 1.7m 应设保护管。

接地部分包括接地母线、接地极等。接地母线是用来连接引下线和接地体的金属线，常用截面不小于 25mm×4mm 的扁钢。接地体分为自然接地体和人工接地体。自然接地体利用基础内的钢筋焊接而成；人工接地体是人工专门制作的，又分为水平接地体和垂直接地体两种。水平接地体是指接地体与地面水平，而垂直接地体是指接地体与地面垂直。人工接地体水平敷设时一般采用扁钢或圆钢，垂直敷设时一般用角钢或钢管。

防雷接地分为建筑物、构筑物防雷接地，变配电系统接地（图 9.2），设备接地，避雷针接地等。

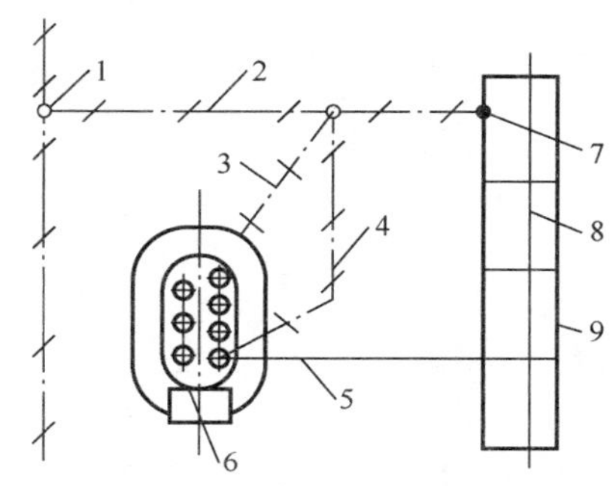

1—接地极；2—接地母线；3—TM 外壳保护接地线；4—TM 工作零线 N 接地；
5—TM 工作零母线；6—变压器 TM；7—配电柜外壳接地；8—配电工作零母线；9—配电柜。

图 9.2　变配电系统接地

9.2　建筑防雷接地工程计量与计价方法

9.2.1　建筑防雷接地工程定额选用说明

建筑电气工程主要执行《四川省建设工程工程量清单计价定额——安装工程》（2020）中的 D 分册《电气设备安装工程》。该分册适用于工业与民用建筑电压等级≤10kV 以下变配电设备及线路安装工程、车间动力电气设备及电气照明器具，防雷接地装置安装、配管配线、电气调整试验等的安装工程。费用的增加与第 8 章相同。

1）定额适用于建筑物与构筑物的防雷接地、电气系统接地、设备接地、等电位接地及过电压保护等装置安装。

2）接地极安装与接地母线敷设定额不包括采用爆破法施工接地电阻率高的土质换土接地电阻测定工作。工程实际发生时，执行相应定额。

3）利用建（构）筑物梁柱、桩承台等接地时，柱内主筋与梁、柱内主筋与桩承台跨接不另行计算，其工作量已经综合在相应的项目中。

4）阴极保护接地等定额适用于接地电阻率高的土质地区接地施工。包括挖接地井、安装接地电极、安装接地模块换填降阻剂、安装电解质离子接地极等。

5）定额不包括固定防雷接地设施所用的预制混凝土块制作或购置混凝土块与安装费用。工程实际发生时，执行 2020 年版《四川省建设工程工程量清单计价定额房屋建筑与装饰工程》相应项目。

6）防雷、接地装置按成套供应考虑。

7）单根桩承台及无承台接地线敷设，按三连桩承台接地定额乘以系数 0.30，十连桩以上桩承台接地，每增加一根桩，按十连桩承台接地定额增加 10%。

8）等电位接地线安装，执行户内接地母线安装相应项目。

9）均压环敷设利用圈梁钢筋，如需加钢筋连通，增加的钢筋（扁钢）执行“户内接地母线安装”项目。

10）利用建筑物内主筋作接地引下线、利用圈梁内主筋作均压环接地连线，如需用钢筋对引下线均压环螺纹连接处进行跨接，执行柱主筋与圈梁筋连接子目。每处按两根主筋或两根圈梁钢筋焊接连接计算。

11）钢、铝窗接地定额已含 0.8m 跨接线，如需从柱主筋、圈梁内主筋引线跨接，引线执行户内接地母线相关项目。

9.2.2 建筑防雷接地工程计量与计价

1. 接闪器

（1）工程量计算规则

1）清单工程量计算规则。

① 避雷针按设计图示尺寸以长度计算（含附加长度）或以“根”计算，避雷网按设计图示尺寸以长度计算（含附加长度），以“m”计量；半导体少长针消雷装置按设计图示数量计算，以“套”计算。

② 接地母线、引下线、避雷网附加长度为 3.9%。

2）定额工程量计算规则。

① 避雷针。

独立避雷针安装根据安装高度，按照设计图示安装成品数量以“基”为计量单位。避雷针、避雷小短针安装根据安装特点及针长，按照设计图示安装成品数量以“根”为计量单位。避雷针制作根据材质及针长，按照设计图示安装成品数量以“根”为计量单位。

② 避雷网（带）安装。

避雷网（带）安装工程沿混凝土块敷设、沿折板支架敷设分类，按照设计图示敷设数量以“m”为计量单位，避雷网（带）安装工程量计算式为

避雷网(带)长度=按施工图设计的尺寸长度(即水平长+垂直长)×(1+3.9%)

式中，3.9%——避雷网转弯、上下波动、避绕障碍物、搭接头等所占长度附加值。

◆例 9.1 某工程防雷接地平面图如图 9.3 所示，避雷网采用—25×4 镀锌扁钢制作，水箱间屋面避雷网直接敷设在屋面四周，其余屋面四周的避雷网敷设在高度为 1.2m 的女儿墙上，水平接地体为—40×4 镀锌扁钢，埋深为 1.2m，室内外高差为 0.3m。每处引下线距室外地面 0.5m 处均安装测试板。计算避雷网的工程量。

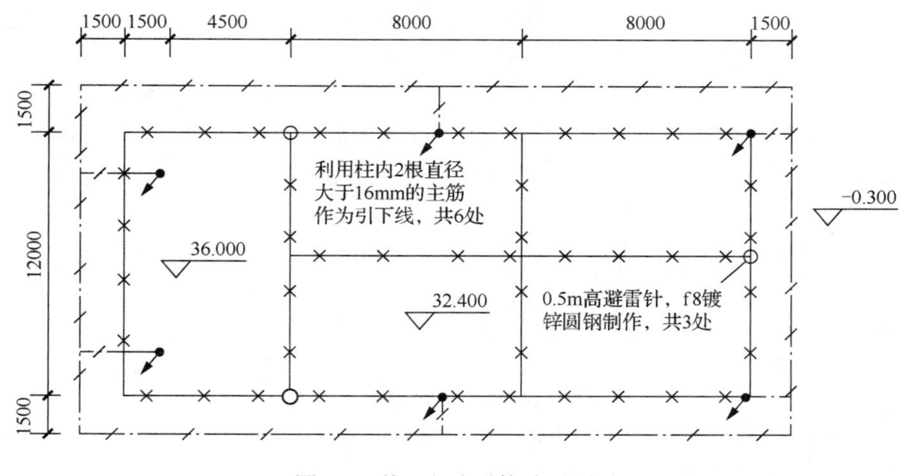

图 9.3　某工程防雷接地平面图

※解※

避雷网清单工程量为

[(1.5+4.5+8+8)×2+(8+8)+12×4+1.5×2+(36−32.4−1.2)×2+(36−32.4)+1.2×3]×(1+3.9%)

=127.80（m）

定额工程量：同清单工程量。

（2）清单使用说明

根据《通用安装工程工程量计算规范》（GB 50856—2013）附录 D.9 的规定，防雷的工程量清单项目设置、项目特征描述的内容、计量单位及工程量计算规则应按表 9.1 执行。

表 9.1　防雷工程量清单项目设置

项目编码	项目名称	项目特征	计量单位	工程量计算规则	工作内容
030409005	避雷网	1．名称 2．材质 3．规格 4．安装形式 5．混凝土块标号	m	按设计图示尺寸以长度计算（含附加长度）	1．避雷网制作、安装 2．跨接 3．混凝土块制作 4．补刷（喷）油漆
030409006	避雷针	1．名称 2．材质 3．规格 4．安装形式、高度	根	按设计图示数量计算	1．避雷针制作、安装 2．跨接 3．补刷（喷）油漆
030409007	半导体少长针消雷装置	1．型号 2．高度	套		本体安装

（3）定额使用说明

1）避雷针制作、安装定额不包括避雷针底座及埋件的制作和安装。工程实际发生时，应根据设计划分，分别执行相应定额。

2）避雷针安装定额综合考虑了高空作业因素，执行定额不做调整。避雷针安装在木杆和水泥杆上时，包括了 2m 内避雷引下线安装及材料费。

3）独立避雷针包括避雷针塔架、避雷引下线安装，不包括基础浇筑。塔架制作执行本册定额“D.16 金属构件及辅助项目安装工程”制作定额。

4）高层建筑物屋顶防雷接地装置安装应执行避雷网安装定额。

5）避雷网分沿混凝土块敷设和沿折板支架敷设，分别套用相应定额。

6）各类工业与民用建筑物的避雷网沿女儿墙及屋面敷设，均执行避雷网沿混凝土敷设子目；支架制作安装另计。避雷网安装沿折板支架敷设定额包括了支架制作安装，不得另行计算。

◆例 9.2 根据例 9.1 的计算结果，套用相关定额子目，计算避雷网定额费用。

※解※

套用 D 分册《电气设备安装工程》相关定额子目，定额费用见表 9.2。

表 9.2　例 9.2 的定额费用

定额编号	项目名称	计量单位	① 工程数量	② 定额综合基价/元	③ 合价/元 ③=①×②	主材名称	④ 主材数量	单位	⑤ 主材单价/元	⑥ 主材合价/元 ⑥=④×⑤	⑦ 定额合价/元 ⑦=③+⑥
CD0951	沿混凝土块敷设	m	127.80	13.60	1738.08	−25×4 镀锌扁钢	134.19	m	3.14	421.36	1738.08+421.36= 2159.44

◆例 9.3 根据例 9.1 和例 9.2 的计算结果，编制避雷网工程量清单，计算清单项目的综合单价和合价。

※解※

1）由表 9.1 可知，本例的工程量清单见表 9.3。

表 9.3　例 9.3 的工程量清单

项目编码	项目名称	项目特征	计量单位	工程量
030409005001	避雷网	1．名称：避雷网 2．材质：镀锌扁钢 3．规格：−25×4 4．安装形式：沿屋面、女儿墙敷设	m	127.80

2）通过对比《通用安装工程工程量计算规范》（GB 50856—2013）附录 D 相关项目和《四川省建设工程工程量清单计价定额——通用安装工程》（2020）D 分册定额相关子目的工作内容，可知清单项目 030409005001 对应于定额子目 CD0951。清单项目和定额子目的关系见表 9.4。

表 9.4　清单项目和定额子目的关系

项目编码	项目名称	项目特征	对应定额子目
030409005001	避雷网	1．名称：避雷网 2．材质：镀锌扁钢 3．规格：−25×4 4．安装形式：沿屋面、女儿墙敷设	CD0951

3）定额子目的信息见表 9.5。

表 9.5　定额子目的信息

定额编号	项目名称	计量单位	定额综合基价/元	其中（单位：元）					未计价材料		
				人工费	材料费	机械费	管理费	利润	名称	单位	数量
CD0951	沿混凝土块敷设	m	13.6	9.57	0.89	0.78	0.72	1.64	避雷网	m	1.0500

清单项目的综合单价和合价如下

综合单价：

$$13.6+1.05\times3.14=16.90（元）$$

清单项目合价：

$$16.90\times127.80=2159.44（元）$$

2. 引下线

避雷引下线是指从接闪器由上向下沿建筑物、构筑物和金属构件引下来的防雷线。引下线一般采用扁钢或圆钢制作，也可利用建（构）筑物本体结构件中的配筋、钢扶梯等作为引下线。

（1）工程量计算规则

1）清单工程量计算规则。

利用型钢（镀锌扁钢、镀锌圆钢）为避雷引下线以“m”计量，按设计图示尺寸以长度计算（含附加长度），附加长度为 3.9%；利用柱主筋作为引下线，以“m”计量，按设计图示尺寸以长度计算。

说明：

① 利用柱主筋作引下线的，需描述柱筋焊接根数。

② 利用圈梁筋作均压环的，需描述圈梁筋焊接根数。

③ 使用电缆、电线作接地线，应按本定额附录 D.8、D.12 相关项目编码列项。

2）定额工程量计算规则。

① 引下线敷设按照设计图示敷设数量以“m”为计量单位。计算长度时，按照设计图示水平和垂直规定长度 3.9 % 计算附加长度（包括转弯、上下波动、避绕障碍物、搭接头等长度），当设计有规定时，按照设计规定计算。计算公式为

引下线长度=按施工图设计的引下线敷设的长度×(1+3.9%)

② 避雷引下线敷设根据引下线采取的方式，按照设计图示敷设数量以“m”为计量单位。

③ 均压环敷设长度按照设计需要作为均压接地梁的中心线长度以“m”为计量单位。

④ 断接卡子制作安装按照设计规定装设的断接卡子数量以“套”为计量单位。检查井内接地的断接卡子安装按照每井一套计算。

◆例 9.4　某工程防雷接地平面图如图 9.3 所示，其他条件同例 9.1，计算引下线、测试板的工程量。

※解※

由图可知，利用柱内 2 根主筋作为引下线，共 6 处，其中 4 处顶标高相同，其余 2 处顶标高相同，引下线底标高为水平接地体标高，引下线工程量如下。

清单工程量：

$$[32.4+1.2+(0.3+1.2)]\times4+[36+(0.3+1.2)]\times2=251.4\ (\text{m})$$

定额工程量：同清单工程量。

测试板工程量如下。

清单工程量：6 块

定额工程量：同清单工程量。

（2）清单使用说明

根据《通用安装工程工程量计算规范》（GB 50856—2013）附录 D.9 的规定，引下线、均压环的工程量清单项目设置、项目特征描述的内容、计量单位及工程量计算规则应按表 9.6 执行。

表 9.6　引下线、均压环工程量清单项目设置

项目编码	项目名称	项目特征	计量单位	工程量计算规则	工作内容
030409003	避雷引下线	1. 名称 2. 材质 3. 规格 4. 安装部位 5. 安装形式 6. 断接卡子、箱材质、规格	m	按设计图示尺寸以长度计算（含附加长度）	1. 避雷引下线制作、安装 2. 断接卡子、箱制作、安装 3. 利用主钢筋焊接 4. 补刷（喷）油漆
030409004	均压环	1. 名称 2. 材质 3. 规格 4. 安装形式			1. 均压环敷设 2. 钢铝窗接地 3. 柱主筋与圈梁焊接 4. 利用圈梁钢筋焊接 5. 补刷（喷）油漆
030409008	等电位端子箱、测试板	1. 名称 2. 材质 3. 规格	台（块）	按设计图示数量计算	本体安装
030409009	绝缘垫		m^2	按设计图示尺寸以展开面积计算	1. 制作 2. 安装

（3）定额使用说明

1）避雷引下线区分利用金属构件引下、沿建筑、构筑物引下和利用建筑物主筋引下分别套用相应定额。

2）利用铜绞线作接地引下线时，其配管、穿铜绞线执行同规格配管、配线相应定额。

3）利用建筑物结构钢筋作为接地引下线安装定额是按照每一柱子内按焊接两根主筋编制的，如果焊接主筋数超过两根时，可按比例调整安装费。防雷均压环是利用建筑物梁内主筋作为防雷接地线考虑的，每一梁内按两根主筋编制，当主筋数超过两根时，按比例调整定额安装费。如果采用单独用扁钢、圆钢明敷作均压环时，执行户内接地母线明敷相应定额。

4）利用建筑物内主筋作接地引下线、利用圈梁内主筋作均压环接地连线，如需用钢筋对引下线、均压环螺纹连接处进行跨接，执行柱主筋与圈梁筋连接子目。每处按两根主筋或两根圈梁钢筋焊接连接计算。

◆例 9.5　根据例 9.4 的计算结果，套用相关定额子目，计算引下线、测试板定额费用。

※解※

套用 D 分册《电气设备安装工程》相关定额子目，定额费用见表 9.7。

表 9.7　例 9.5 的定额费用

定额编号	项目名称	计量单位	① 工程数量	② 定额综合基价/元	③ 合价/元 ③=①×②	主材名称	④ 主材数量	单位	⑤ 主材单价/元	⑥ 主材合价/元 ⑥=④×⑤	⑦ 定额合价/元 ⑦=③+⑥
CD0948	利用建筑结构钢筋引下	m	215.40	12.38	2666.65						2666.65
CD0950	接地测试板安装	块	6	48.93	293.58						293.58

◆例 9.6　根据例 9.4 和例 9.5 的计算结果，编制引下线、测试板工程量清单，计算各清单项目的合价。

※解※

1）由表 9.6 可知，本例的工程量清单见表 9.8。

表 9.8　例 9.6 的工程量清单

项目编码	项目名称	项目特征	计量单位	工程量
030409003001	避雷引下线	1. 名称：引下线 2. 材质：钢筋 3. 规格：2 根 ϕ 16 柱主筋 4. 安装形式：利用柱主筋引下	m	215.40
030409008001	测试板	1. 名称：测试板 2. 材质：钢板	块	6

2）通过对比《通用安装工程工程量计算规范》（GB 50856—2013）附录 D 相关项目和《四川省建设工程工程量清单计价定额——通用安装工程》（2020）C.D 定额相关子目的工作内容，可知清单项目 030409003001 对应于定额子目 CD0948，清单项目 030409008001 对应于定额子目 CD0950。清单项目和定额子目的关系见表 9.9。

表 9.9　清单项目和定额子目的关系

项目编码	项目名称	项目特征	对应定额子目
030409003001	避雷引下线	1. 名称：引下线 2. 材质：钢筋 3. 规格：2 根 ϕ 16 柱主筋 4. 安装形式：利用柱主筋引下	CD0948
030409008001	测试板	1. 名称：测试板 2. 材质：钢板	CD0950

3）定额子目的信息见表 9.10。

表 9.10　定额子目的信息

定额编号	项目名称	计量单位	定额综合基价/元	其中（单位：元）					未计价材料		
				人工费	材料费	机械费	管理费	利润	名称	单位	数量
CD0948	利用建筑结构钢筋引下	m	12.38	5.64	0.78	3.81	0.66	1.49			

续表

定额编号	项目名称	计量单位	定额综合基价/元	其中（单位：元）					未计价材料		
				人工费	材料费	机械费	管理费	利润	名称	单位	数量
CD0950	接地测试板安装	块	48.93	30.96	4.02	5.61	2.56	5.78			

各清单项目的合价如下。

避雷引下线（030409003001）：

$$12.38\times215.40=2666.65（元）$$

测试板（030409008001）：

$$48.93\times6=293.58（元）$$

3. 接地装置

（1）工程量计算规则

1）清单工程量计算规则。

接地母线以“m”计量，按设计图示尺寸以长度计算（含附加长度），附加长度为3.9%。

说明：

利用桩基础作接地极，应描述桩台下桩的根数，每桩台下需焊接柱筋根数，其工程量按柱引下线计算；利用基础钢筋作接地极按均压环项目编码列项。

2）定额工程量计算规则。

① 接地极。接地极制作安装根据材质与土质，按照设计图示安装数量以“根”为计量单位。接地极长度按设计长度计算，设计无规定时，每根长度按2.5m计算。

② 接地母线。接地母线敷设工程量按施工图设计长度另加3.9%附加长度（指转弯、上下波动、避绕障碍物、搭接头所占长度），以“m”为单位来计算工程量，并按户外、户内接地母线分别套用定额。工程量计算式为

$$接地母线长度=按施工图设计尺寸计算的长度\times(1+3.9\%)$$

③ 接地跨接线。接地跨接安装接地母线遇有障碍时，需跨越而相连的接头线称为跨接。接地跨接线安装根据跨接线位置，结合规程规定，按照设计图示跨接数量以“处”为计量单位。户外配电装置构架按照设计要求需要接地时，每组构架计算一处；钢窗、铝合金窗按照设计要求需要接地时，每一樘金属窗计算一处。

◆例 9.7　某工程防雷接地平面图如图9.3所示，其他条件同例9.1，计算接地母线、挖填土方的工程量。

※解※

由图可知，本工程采用人工水平接地体，接地母线的工程量如下。

清单工程量：

$$[(1.5+1.5+4.5+8+8+1.5)\times2+(1.5+12+1.5)\times2+(1.5+1.5)\times2+1.5\times4]\times(1+3.9\%)=95.59（m）$$

定额工程量：同清单工程量。

母线地沟的挖填土方是按自然标高沟底宽0.4m、上口宽0.5m、深0.75m考虑的，本例中接地母线埋深为1.2m，超出了定额考虑深度，超过部分应另行计算。

挖填土方工程量如下。

清单工程量：

$(0.4+0.5)/2\times(1.2-0.75)\times[(1.5+1.5+4.5+8+8+1.5)\times2+(1.5+12+1.5)\times2+(1.5+1.5)\times2+1.5\times4]$
$=18.63$（m^3）

定额工程量：同清单工程量。

◆例 9.8　某工程接地平面图如图 9.4 所示，室外水平接地体为—40×4 镀锌扁钢，埋深为 1.2m；配电室内沿墙一周敷设—40×4 镀锌扁钢，距地高度为 0.3m；4 台配电柜外形尺寸为 800mm×1800mm×1000mm（宽×高×厚），落地安装；一台配电箱外形尺寸为 400mm×600mm×200mm（宽×高×厚），挂墙明装，距地高度为 1.5m，计算接地母线的工程量。括号内数据为水平长度。

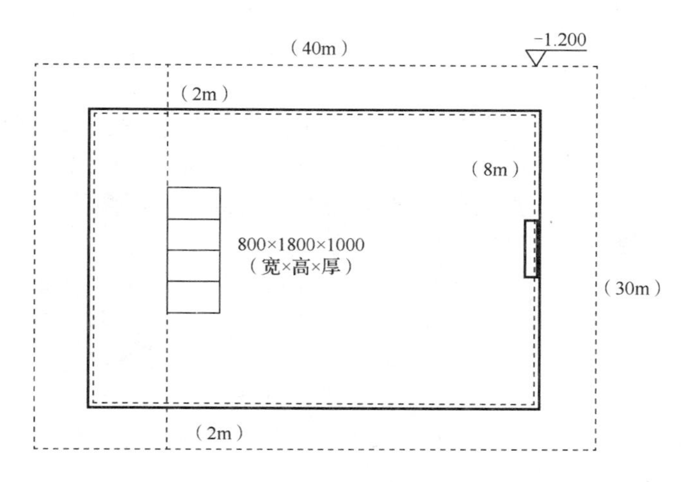

图 9.4　某工程接地平面图

※解※

应区分户内接地母线和户外接地母线，分别进行计算。

1）清单工程量。

户内接地母线：

$[(40-2\times2)\times2+(30-2\times2)\times2+0.3\times2+(30-2\times2-0.8\times4)+(1.5-0.3)\times2]\times(1+3.9\%)=155.64$（m）

户外接地母线：

$$[(40+30)\times2+(2+1.2)\times2]\times(1+3.9\%)=152.11\text{（m）}$$

2）定额工程量：同清单工程量。

（2）清单使用说明

根据《通用安装工程工程量计算规范》（GB 50856—2013）附录 D.9 的规定，接地装置的工程量清单项目设置、项目特征描述的内容、计量单位及工程量计算规则应按表 9.11 执行。

表 9.11　接地装置工程量清单项目设置

项目编码	项目名称	项目特征	计量单位	工程量计算规则	工作内容
030409001	接地极	1．名称 2．材质 3．规格 4．土质 5．基础接地形式	根（块）	按设计图示数量计算	1．接地极（板、桩）制作、安装 2．基础接地网安装 3．补刷（喷）油漆

续表

项目编码	项目名称	项目特征	计量单位	工程量计算规则	工作内容
030409002	接地母线	1．名称 2．材质 3．规格 4．安装部位 5．安装形式	m	按设计图示尺寸以长度计算（含附加长度）	1．接地母线制作、安装 2．补刷（喷）油漆
030409011	降阻剂	1．名称 2．类型	kg	按设计图示以质量计算	1．挖土 2．施放降阻剂 3．回填土 4．运输

（3）定额使用说明

1）户外接地母线敷设定额是按照室外整平标高和一般土质综合编制的，包括地沟挖填方及夯实，执行定额时不再计算土方工程量。户外接地沟挖深为0.75m，每米沟长土方量为0.34m³。如设计要求埋设深度与定额不同时，应按照实际土方量调整；如遇有石方、矿渣、积水、障碍物等情况时应另行计算。

2）沿桥架、电缆支架的接地线安装执行“户内接地母线敷设”定额。

3）利用基础梁内两根主筋焊接连通作为接地体时，执行“均压环敷设”定额。

◆例 9.9　根据例9.8的计算结果，套用相关定额子目，计算接地母线定额费用。

※解※

套用D分册《电气设备安装工程》相关定额子目，定额费用见表9.12。

表9.12　例9.9的定额费用

定额编号	项目名称	计量单位	①	②	③	主材名称	④	单位	⑤	⑥	⑦
			工程数量	定额综合基价/元	合价/元 ③=①×②		主材数量		主材单价/元	主材合价/元 ⑥=④×⑤	定额合价/元 ⑦=③+⑥
CD0965	户内接地母线敷设	m	155.64	13.09	2037.33	−40×4镀锌扁钢	163.422	m	5.05	825.28	2037.33+825.28=2862.61
CD0966	户外接地母线敷设	m	152.11	34.54	5253.88	−40×4镀锌扁钢	159.72	m	5.05	806.56	5253.88+806.56=6060.44

◆例 9.10　根据例9.8和例9.9的计算结果，编制接地母线工程量清单，计算清单项目的综合单价和合价。

※解※

1）由表9.11可知，本例的工程量清单见表9.13。

表9.13　例9.10的工程量清单

项目编码	项目名称	项目特征	计量单位	工程量
030409002001	接地母线	1．名称：户内接地母线 2．材质：镀锌扁钢 3．规格：−40×4 4．安装部位：户内	m	155.64
030409002002	接地母线	1．名称：户外接地母线 2．材质：镀锌扁钢 3．规格：−40×4 4．安装部位：户外	m	152.11

2）通过对比《通用安装工程工程量计算规范》（GB 50856—2013）附录 D 相关项目和《四川省建设工程工程量清单计价定额——通用安装工程》（2020）D 分册定额相关子目的工作内容，可知清单项目 030409002001 对应于定额子目 CD0965，清单项目 030409002002 对应于定额子目 CD0966。清单项目和定额子目的关系见表 9.14。

表 9.14　清单项目和定额子目的关系

项目编码	项目名称	项目特征	对应定额子目
030409002001	接地母线	1．名称：户内接地母线 2．材质：镀锌扁钢 3．规格：−40×4 4．安装部位：户内	CD0965
030409002002	接地母线	1．名称：户外接地母线 2．材质：镀锌扁钢 3．规格：−40×4 4．安装部位：户外	CD0966

3）定额子目的信息见表 9.15。

表 9.15　定额子目的信息

定额编号	项目名称	计量单位	定额综合基价/元	其中（单位：元）					未计价材料		
				人工费	材料费	机械费	管理费	利润	名称	单位	数量
CD0965	户内接地母线敷设	m	13.09	9.45	0.68	0.65	0.71	1.60	−40×4 镀锌扁钢	m	1.050
CD0966	户外接地母线敷设	m	34.54	27.48	0.24	0.45	1.96	4.41	−40×4 镀锌扁钢	m	1.050

清单项目的综合单价和合价分别如下。

接地母线（030409002001）

综合单价：

$$13.09+1.05\times5.05=18.39（元）$$

清单项目合价：

$$18.39\times155.64=2862.61（元）$$

接地母线（030409002002）

综合单价：

$$34.54+1.05\times5.05=39.84（元）$$

清单项目合价：

$$39.84\times152.11=6060.44（元）$$

9.3　建筑防雷接地工程计量与计价实例

本节通过一个工程实例来说明建筑防雷接地工程计量与计价的计算方法和程序。

9.3.1　工程概况与设计说明

某工程为二层楼房，其接地平面布置图及防雷平面布置图如图 9.5 和图 9.6 所示，设计说明如下。

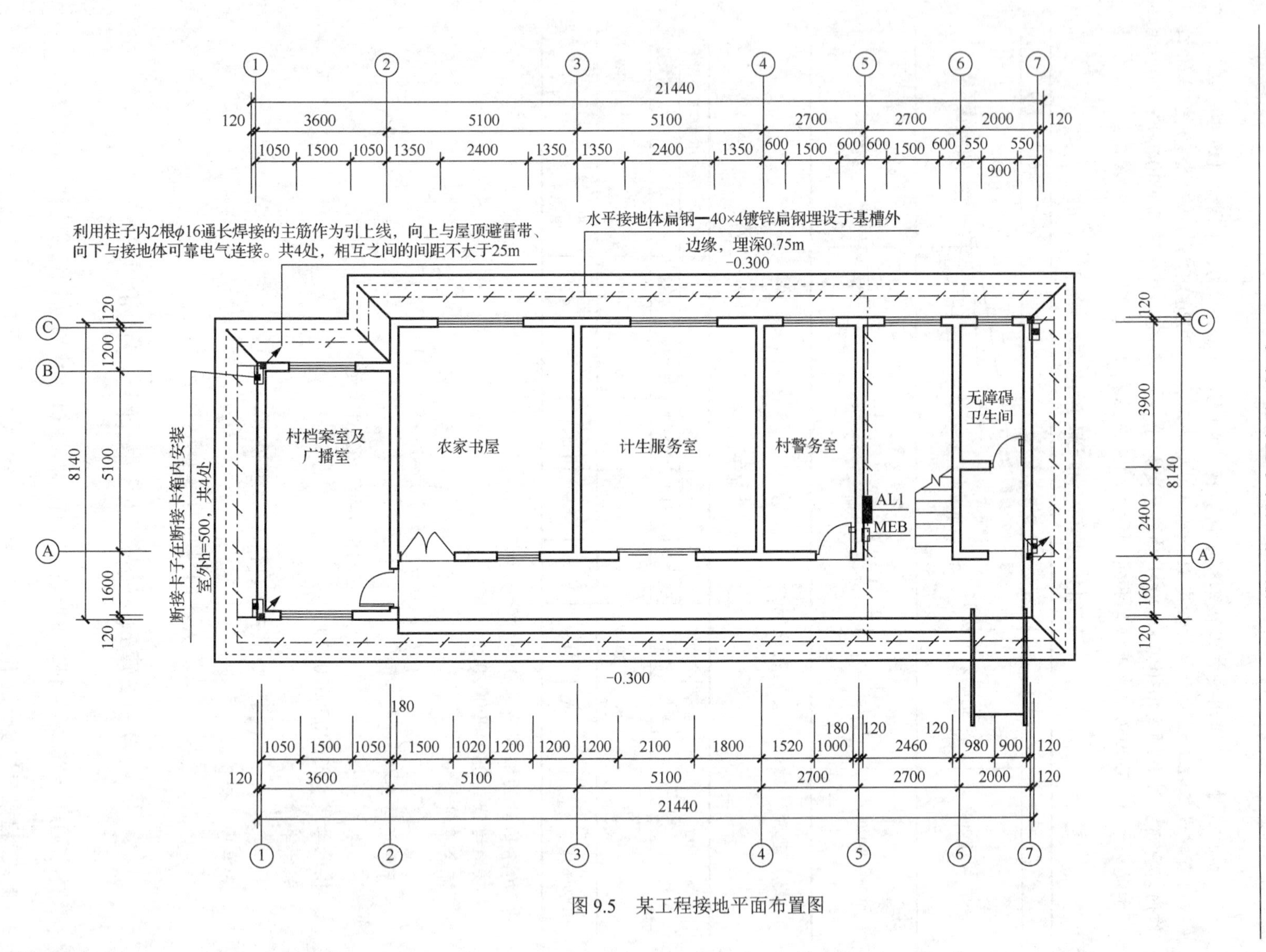

图 9.5　某工程接地平面布置图

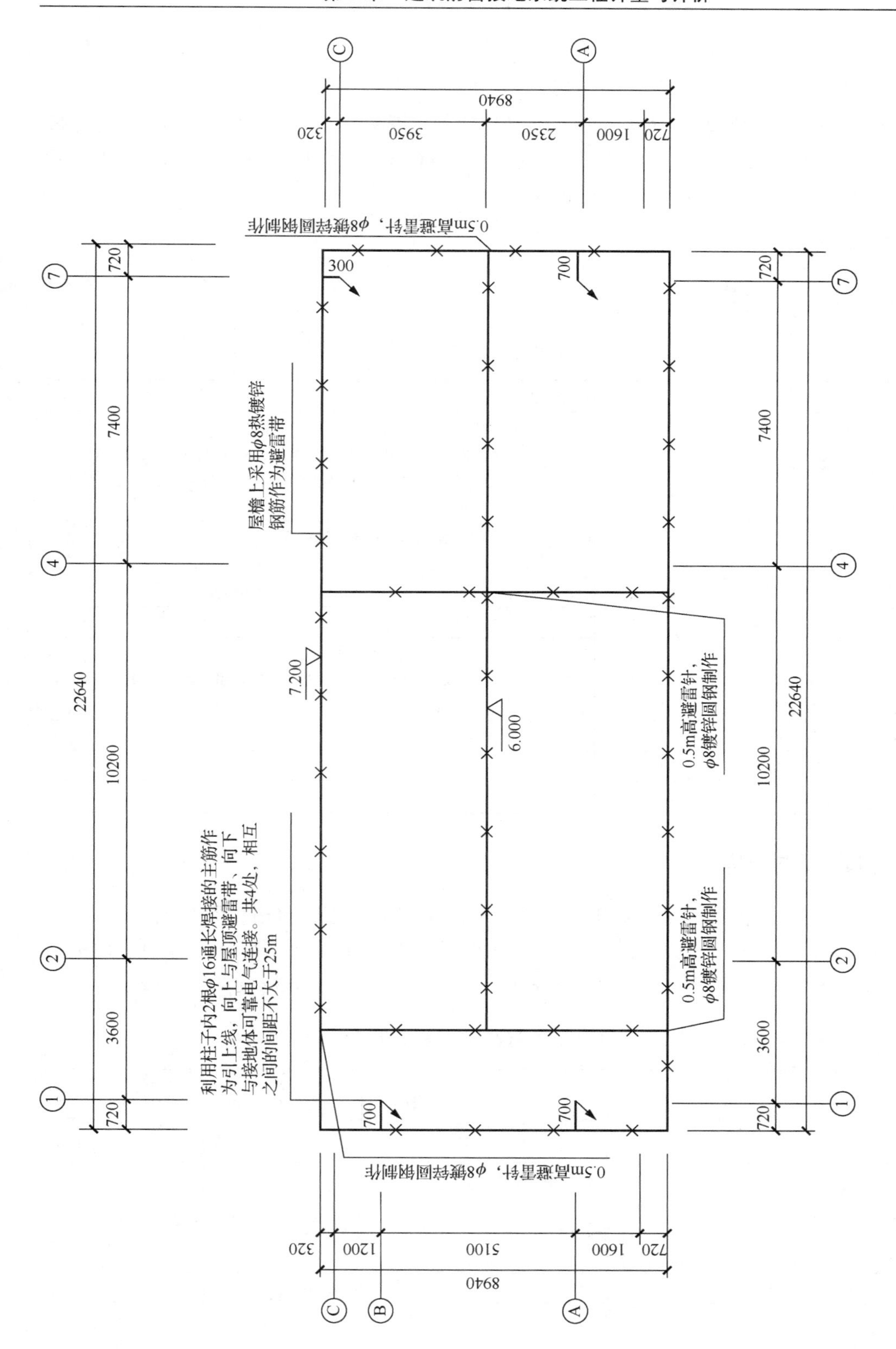

图 9.6　某工程防雷平面布置图

1）屋面上暗设ϕ8 热镀锌圆钢作为避雷带。

2）利用柱内 2 根ϕ16 主筋作为引下线。

3） 沿建筑基槽外四周敷设一根－40×4 热镀锌扁钢，埋深 0.75m，作为防雷接地、工作接地、保护接地等共用接地装置，户内引上墙部分接地为－40×4 热镀锌扁钢。接地电阻不大于 1Ω。

4）本工程设总等电位连接，总等电位箱设于一楼。

9.3.2　工程量计算

防雷接地工程量计算表见表 9.16。

表 9.16　防雷接地工程量计算

序号	项目名称	单位	工程量	计算式
1	户外接地母线	m	80.47	户外接地母线－40×4 热镀锌扁钢： [水平长度 70.95+埋深至配电箱、总等电位箱地平面 0.75×2+埋深至引下线接点(0.75+0.5)×4]×(接地母线附加长度 3.9%) 1.039=80.47
2	户内接地母线	m	1.87	户内接地母线-40×4 热镀锌扁钢： 至配电箱、总等电位箱(1.5+0.3)×1.039=1.87
3	管沟土方	m^3	24.12	户外接地母线=沟深 0.34×沟长 70.95=24.12
4	避雷引下线	m	24	主筋引下线 2 根：6×4=24
5	避雷网	m	90.76	ϕ8 热镀锌圆钢避雷带： (水平长度 73.85+至引下线 0.7×3+至引下线 0.3+避雷针 0.5×3+女儿墙至屋面 8×1.2)×1.039=90.76
6	总等电位箱	个	1	一层
7	断接卡箱、断接卡子	块	4	引下线上设置 4
8	接地装置系统调试	系统	1	

9.3.3　工程量清单与计价

根据《通用安装工程工程量计算规范》（GB 50856—2013）附录 D.11 及《四川省建设工程工程量清单计价定额——通用安装工程》（2020），编制防雷接地工程分部分项工程量清单计价表，见表 9.17。本章用到的主材单价表见表 9.18，综合单价分析表见表 9.19。

表 9.17　防雷接地工程分部分项工程量清单计价表

序号	项目编码	项目名称	项目特征描述	计量单位	工程数量	金额/元		
						综合单价	合价	其中 暂估价
1	030409002001	接地母线	1．名称：户外接地母线 2．材质：镀锌扁钢 3．规格：－40×4 4．安装部位：埋地 0.75m	m	80.47	39.84	3205.92	
	CD0966	户外接地母线敷设		m	80.47			
2	030409002002	接地母线	1．名称：户内接地母线 2．材质：镀锌扁钢 3．规格：－40×4 4．安装部位：沿墙	m	1.87	18.40	34.41	

续表

序号	项目编码	项目名称	项目特征描述	计量单位	工程数量	金额/元		
						综合单价	合价	其中 暂估价
	CD0965	户内接地母线敷设		m	1.87			
3	010101007001	管沟土方	1．名称：接地母线沟 2．土壤类别：建筑垃圾土	m^3	24.12	61.72	1488.69	
	CD0653	沟槽挖填 普通土		m^3	24.12			
4	030409003001	避雷引下线	1．名称：避雷引下线 2．规格：2 根 ϕ16 主筋 3．安装方式：利用柱内主筋作为引下线 4．断接卡子、箱材质、规格：钢制 146mm×80mm 4 套	m	24	44.74	1073.76	
	CD0948	利用建筑结构钢筋引下		m	24			
	CD0949	断接卡子制作安装		套	4			
	CD0985	断接卡箱安装		套	4			
5	030409005001	避雷网	1．名称：避雷网 2．材质：镀锌圆钢 3．规格：ϕ8 4．安装方式：沿女儿墙敷设	m	112.89	18.85	2127.98	
	CD0951	沿混凝土块敷设		m	112.89			
6	030409008001	等电位端子箱	1．名称：总等电位箱 2．材质：钢制 3．规格：146mm×80mm	台	1	161.81	161.81	
	CD0985	等电位端子箱		套	1			
7	030414011001	接地装置	1．名称：接地装置系统调试 2．类别：接地网	系统	1	1138.25	1138.25	
	CD2573	接地网调试		系统	1			

表 9.18　本章用到的主材单价表

序号	主材名称及规格	单位	单价/元	序号	主材名称及规格	单位	单价/元
1	镀锌扁钢—40×4	m	5.05	3	避雷网镀锌圆钢ϕ8	m	5
2	等电位端子盒安装	个	149	4	镀锌扁钢—25×4	m	3.14

表 9.19　综合单价分析表

工程名称：某防雷接地工程　　　　第 1 页　共 2 页

项目编码	030409003001	项目名称	避雷引下线	计量单位	m	工程量	24

清单综合单价组成明细

定额编号	定额名称	定额单位	数量	单价/元					合价/元				
				人工费	材料费	机械费	管理费	利润	人工费	材料费	机械费	管理费	利润
CD0948	利用建筑结构钢筋引下	m	24	5.64	0.78	3.81	0.66	1.49	135.36	18.72	91.44	15.84	35.76
CD0949	断接卡子制作安装	套	4	24.75	1.94	0.01	1.73	3.91	99.00	7.76	0.04	6.92	15.64

续表

定额编号	定额名称	定额单位	数量	单价/元					合价/元				
				人工费	材料费	机械费	管理费	利润	人工费	材料费	机械费	管理费	利润
CD0985	等电位端子箱、断接卡箱安装	套	4	8.37	1.78		0.59	1.32	33.48	7.12		2.36	5.28
人工单价		小计							267.84	33.60	91.48	25.12	56.68
120 元/工日		未计价材料费							598.98				
清单项目综合单价									44.74				

材料费明细	主要材料名称、规格、型号	单位	数量	单价/元	合价/元	暂估单价/元	暂估合价/元
	等电位端子盒安装	个	4.020	149.00	598.98		
	其他材料费				33.60		
	材料费小计				632.58		

工程名称：某防雷接地工程　　　　第 2 页　共 2 页

项目编码	030409005001	项目名称	避雷网	计量单位	m	工程量	112.89

清单综合单价组成明细

定额编号	定额名称	定额单位	数量	单价/元					合价/元				
				人工费	材料费	机械费	管理费	利润	人工费	材料费	机械费	管理费	利润
CD0951	沿混凝土块敷设	m	112.89	9.57	0.89	0.78	0.72	1.64	1080.36	100.47	88.05	81.28	185.14
人工单价		小计							1080.36	100.47	88.05	81.28	185.14
120 元/工日		未计价材料费							592.67				
清单项目综合单价									18.85				

材料费明细	主要材料名称、规格、型号	单位	数量	单价/元	合价/元	暂估单价/元	暂估合价/元
	镀锌圆钢 $\phi 8$	m	118.535	5.00	592.67		
	其他材料费				100.47		
	材料费小计				693.14		

第 10 章

电视电话系统工程计量与计价

10.1　电视电话系统组成

10.1.1　电视系统

公共天线电视（community antenna television，CATV）系统应用广泛，已深入千家万户的生活之中。该系统是用一组室外天线，通过电缆分配网络将许多用户的电视接收机连接起来，传输电视声响、图像，简称为 CATV 系统，也称开路系统。而把能播送自办节目或传递各种声响、图像的系统称为闭路电视（closed-circuit television，CCTV）系统，简称为 CCTV 系统。在 CATV 前端加一些设备，如录像机（video tape recorde，VTR）、录音机、调制器等，就可具备 CCTV 系统的功能。CATV 系统示意图如图 10.1 所示。

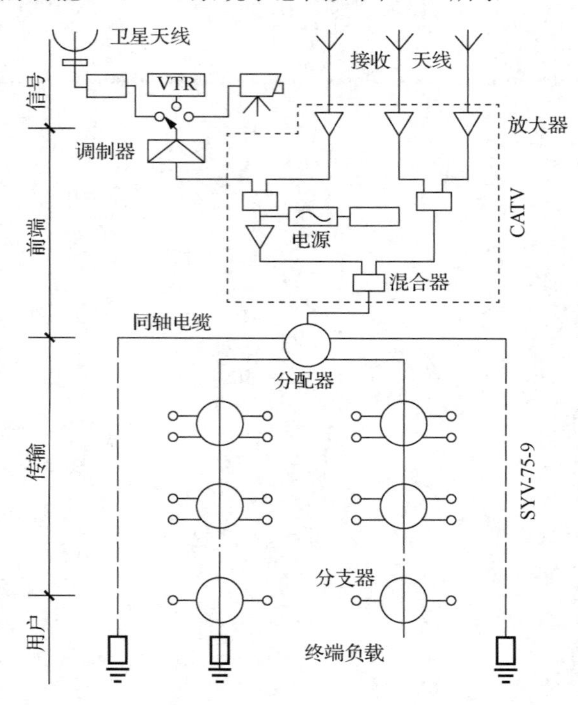

图 10.1　CATV 系统示意图

CATV 系统由 4 个主要部分组成。

（1）信号接收系统

信号接收系统包括无线接收天线、卫星电视地球接收站、微波站和自办节目源等，用电缆输入 CATV 的前端系统。

（2）前端系统

前端系统是接在信号源与干线传输网络之间的系统。它把接收来的电视信号进行处理后，再把全部电视信号经混合器混合，然后送入干线传输网络，以实现多信号的单路传输。前端系统包括信号处理器、A 音频/V 视频解调器、信号电平放大器、滤波器、混合器及前端 18V 稳压供电电源，以及自办节目的录像机、摄像机、VCD、DVD 及特殊服务设备等，前端输出可接电缆干线，也可接光缆和微波干线。

（3）信号传输系统

信号传输系统包括传输网络和分配网络。传输网络处于前端设备和用户分配网络之间，其作用是将前端输出的各种信号不失真地、稳定地传输给用户分配部分。传输媒介可以是射频同轴电缆、光缆、微波或它们的组合，当前使用最多的是光缆和同轴电缆混合传输。有线电视的分配网络在支线上连接分配器、分支器、线路放大器，采用电缆传输，其作用是将放大器输出信号按一定电平分配给楼栋单元和用户。

（4）用户终端

用户终端是接到千家万户的用户端口，用户端口与电视机相连。目前，用户端口普遍采用单口用户盒或双口用户盒，或串接一分支。未来用户终端包括机顶盒、电缆调制解调器、解扰器等。

10.1.2　电话系统

电话系统有 3 个组成部分：一是电话交换设备，二是传输系统，三是用户终端设备。电话交换网是专门为处理话音通信而开发的。常用电话交换网络如图 10.2 所示。

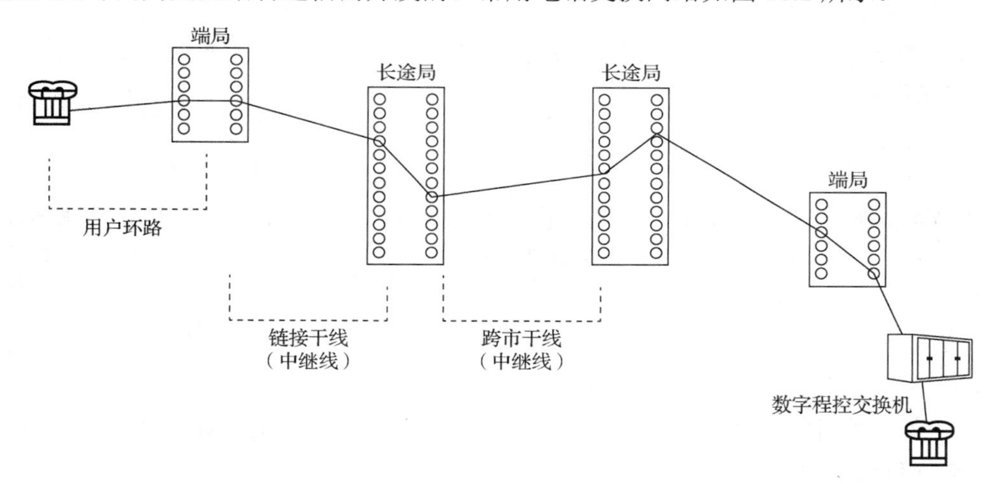

图 10.2　常用电话交换网络

（1）电话交换设备

电话交换设备主要是电话交换机，是接通电话用户之间通信线路的专用设备，一台用户电话机能拨打其他任意一台用户电话机，使人们的信息交流能在很短的时间内完成。

（2）传输系统

传输系统是用户与电话交换设备的联系通路，包括中继线和用户线路。中继线直接连接两个交换系统之间的全部线路和所属设备；用户线路是将用户终端设备连接到所属端局交换机的线路。用户线路由主干电缆、配线电缆、用户引入线及其附属设备等组成。用户线路如图 10.3 所示。

（3）用户终端设备

用户与网络连接的设备，通常为电话机。

室内电话系统由以下环节组成：进户→电话组线箱→电话管线→电话插座。

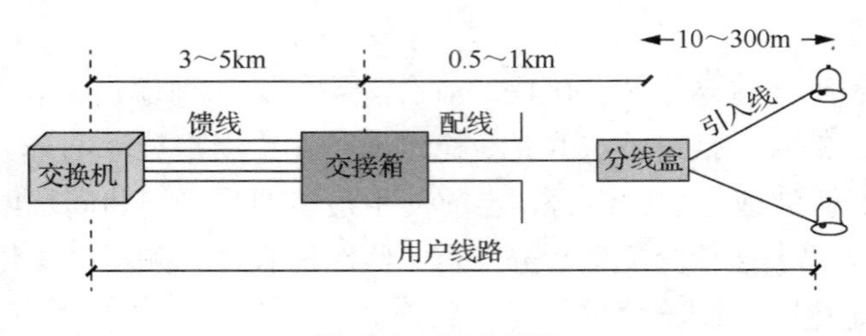

图 10.3　用户线路

10.2　室内电视电话工程计量与计价方法

10.2.1　室内电视电话工程规范相关说明

1. 与房屋建筑与装饰工程、市政工程的界限

1）土方工程，应按现行国家标准《房屋建筑与装饰工程工程量计算规范》（GB 50854—2013）相关项目编码列项。

2）开挖路面工程，应按现行国家标准《市政工程工程量计算规范》（GB 50857—2013）相关项目编码列项。

2. 与通用安装工程其他附录的界限

1）配管工程、线槽、桥架、电气设备、电气器件、接线箱、盒、电线、接地系统、凿（压）槽、打孔、打洞、人孔、手孔、立杆工程，应按《安装工程计算规范》附录 D 电气设备安装工程相关项目编码列项。

2）蓄电池组、六孔管道、专业通信系统工程，应按《安装工程计算规范》附录 L 通信设备及线路工程相关项目编码列项。

3）机架等项目的除锈、刷油，应按《安装工程计算规范》附录 M 刷油、防腐蚀、绝热工程相应项目编码列项。

4）由国家或地方检测验收部门进行的检测验收，应按 《安装工程计算规范》附录 N 措施项目编码列项。

10.2.2　室内电视电话工程定额选用说明

室内电视电话工程主要执行《四川省建设工程工程量清单计价定额——通用安装工程》（2020）中的 E 分册《建筑智能化工程》。该分册适用于智能大厦、智能小区项目中智能化系统安装调试工程。

1. 增加费用说明

1）脚手架搭拆费按人工费为基础的 5%计算，其中人工工资占 35%。

2）操作高度增加费：本定额中工作物操作高度均以 5m 为界限，当超过 5m 时，按其超过部分（指由 5m 到操作物高度）的定额人工费乘以表 10.1 中的系数。

表 10.1　超高系数

操作高度/m	≤10	≤30	≤50
超高系数	1.20	1.30	1.50

3）建筑物超高增加费：凡檐口高度大于 20m 的工业与民用建筑进行安装增加的费用，按±0 以上部分的定额人工费乘以表 10.2 系数计算，费用全部为人工费。

表 10.2　建筑物超高增加费计算

建筑物高度/m	≤40m	≤60m	≤80m	≤100m	≤120m	≤140m	≤160m	≤180m	≤200m	大于 200 每增 20m
建筑物超高系数/%	2	5	9	14	20	26	32	38	44	6

4）本分册定额所涉及到的系统试运行（除有特殊要求外）是按连续无故障运行 120 小时考虑的，超出时费用另行计算。

2. 《建筑智能化工程》分册与相关分册的关系

电源线、控制电缆敷设，电缆托架铁件制作、电线槽安装、桥架安装、电线管敷设、底盒安装、电缆沟工程、电缆保护管敷设以及配电箱的安装、土石方工程、剔堵槽（沟）压（留）槽、预留孔洞、堵洞、打洞，执行 D 分册《电气设备安装工程》、N 分册《通用项目及措施项目》和 2020 年《四川省建设工程工程量清单计价定额——房屋建筑与装饰工程》相关项目。

10.2.3　室内电视电话工程计量与计价

1. 室内电视系统

（1）天线架设

1）工程量计算规则。

① 清单工程量计算规则。共用天线、卫星电视天线、馈线系统以“副”为单位，按设计图示数量计算。

② 定额工程量计算规则。CATV 天线按频道分档（1～12、13～57）架设，以“副”计量。安装天线杆基础及天线杆，均按“套”计量。

2）清单使用说明。

根据《通用安装工程工程量计算规范》（GB 50856—2013）附录 E.5 的规定，天线安装的工程量清单项目设置、项目特征描述的内容、计量单位及工程量计算规则应按表 10.3 执行。

表 10.3　天线安装工程量清单项目设置

项目编码	项目名称	项目特征	计量单位	工程量计算规则	工作内容
030505001	共用天线	1．名称 2．规格 3．电视设备箱型号、规格 4．天线杆、基础种类	副	按设计图示数量计算	1．电视设备箱安装 2．天线杆基础安装 3．天线杆安装 4．天线安装

续表

项目编码	项目名称	项目特征	计量单位	工程量计算规则	工作内容
030505002	卫星电视天线、馈线系统	1. 名称 2. 规格 3. 地点 4. 楼高 5. 长度	副	按设计图示数量计算	安装、调测

3）定额使用说明。

① 天线放大器、滤波器、混合器、电源盒安装，均执行 E 分册《建筑智能化工程》第四章相应子目。

② 共用天线如在楼顶上安装，需根据楼顶距地面的高度考虑是否计取高层建筑施工增加费。

（2）CATV 系统分配网络

1）工程量计算规则。

① 清单工程量计算规则。干线设备、分配网络、终端调试、电视电话插座均以“个”为计量单位，按设计图示数量计算。

② 定额工程量计算规则。

a．线路分配器、分支器、均衡器、衰减器，以“个”计量，数量直接从图上数出。

b．用户终端盒安装以“个”计量，不包括用户终端调试，需另计。

c．放大器调试，以“个”为计量单位；用户终端调试，以“户”为计量单位。

d．干线传输设备、分配网络设备安装、调试，以“个”为计量单位。

◆例 10.1 某办公楼有办公室 200 间，每间办公室内安装电视插座，如图 10.4 所示。电视插座 20 元/个、接线盒 1.69 元/个。计算电视插座的相关工程量。

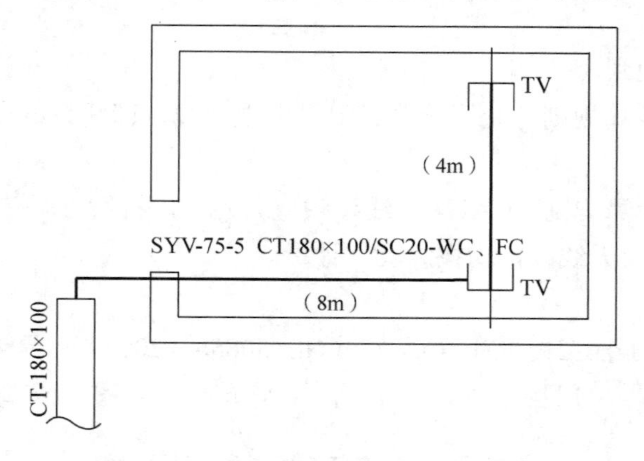

图 10.4　某办公室电视插座平面图

※解※

由图可知，每间办公楼有 2 个电视插座，电视插座相关工程量如下。

清单工程量：

电视插座：

$$2\times200=400\text{（个）}$$

定额工程量:

电视插座:

$$2\times200=400\text{（个）}$$

底盒:

$$2\times200=400\text{（个）}$$

2）清单使用说明。

根据《通用安装工程工程量计算规范》（GB 50856—2013）附录 E.5 的规定，分配网络安装的工程量清单项目设置、项目特征描述的内容、计量单位及工程量计算规则应按表 10.4 执行。

表 10.4　分配网络安装工程量清单项目设置

项目编码	项目名称	项目特征	计量单位	工程量计算规则	工作内容
030505013	分配网络	1．名称 2．功能 3．规格 4．安装方式			1．本体安装 2．电缆接头制作、布线 3．单体调试
030505014	终端调试	1．名称 2．功能	个	按设计图示数量计算	调试
030502004	电视、电话插座	1．名称 2．安装方式 3．底盒材质、规格			1．本体安装 2．底盒安装

3）定额使用说明。

① 分配器、分支器安装，分别执行 E 分册《建筑智能化工程》的相应子目。

② 放大器调试和用户终端调试执行 E 分册《建筑智能化工程》的相应子目。

③ 电视插座区分明装、暗装，均执行 E 分册《建筑智能化工程》的相应子目。

④ 电视终端底盒套用《电气设备安装工程》中的接线盒子目。

◆例 10.2　根据例 10.1 的计算结果，套用相关定额子目，计算电视插座定额费用。

※解※

套用 E 分册《建筑智能化工程》相关定额子目，定额费用见表 10.5。

表 10.5　例 10.2 的定额费用

定额编号	项目名称	计量单位	①	②	③	主材名称	④	单位	⑤	⑥	⑦
			工程数量	定额综合基价/元	合价/元 ③=①×②		主材数量		主材单价/元	主材合价/元 ⑥=④×⑤	定额合价/元 ⑦=③+⑥
CE0161	电视插座暗装	个	400	7.45	2980.00	插座	404	个	20.00	8080.00	2980.00+8080.00=11060.00
CD1825	暗装接线盒	个	400	5.50	2200.00	接线盒	408.000	个	1.69	689.52	2200.00+689.52=2889.52

◆例 10.3　根据例 10.1 和例 10.2 的计算结果，编制电视插座工程量清单，计算清单项目的综合单价和合价。

※解※

1）由表 10.4 可知，本例的工程量清单见表 10.6。

表 10.6　例 10.3 的工程量清单

项目编码	项目名称	项目特征	计量单位	工程量
030502004001	电视插座	1．名称：电视插座 2．安装方式：暗装 3．底盒材质、规格：钢制，86mm×86mm	个	400

2）通过对比《通用安装工程工程量计算规范》（GB 50856—2013）附录 E 相关项目和《四川省建设工程工程量清单计价定额——通用安装工程》（2020）E 分册定额相关子目的工作内容，可知清单项目 030502004001 对应于定额子目 CE0161 和 CD1825。清单项目和定额子目的关系见表 10.7。

表 10.7　清单项目和定额子目的关系

项目编码	项目名称	项目特征	对应定额子目
030502004001	电视插座	1．名称：电视插座 2．安装方式：暗装 3．底盒材质、规格：钢制，86mm×86mm	CE0161 CD1825

3）定额子目的信息见表 10.8。

表 10.8　定额子目的信息

定额编号	项目名称	计量单位	定额综合基价/元	其中（单位：元）					未计价材料		
				人工费	材料费	机械费	管理费	利润	名称	单位	数量
CE0161	电视插座暗装	个	7.45	6.00	0.27		0.36	0.82	插座	个	1.010
CD1825	暗装接线盒	个	5.50	3.45	1.26		0.24	0.55	接线盒	个	1.020

清单项目的综合单价和合价如下。

综合单价：

$$7.45+1.01\times20+5.50+1.02\times1.69=35.07\text{（元）}$$

清单项目合价：

$$35.07\times400=14029.52\text{（元）}$$

（3）同轴射频电缆

1）工程量计算规则。

① 清单工程量计算规则。射频同轴电缆以“m”为计量单位，按设计图示尺寸以长度计算。同轴电缆接头以“个”为计量单位，按设计图示数量计算。

② 定额工程量计算规则。

a．同轴电缆敷设、穿放、明布放，以“m”为计量单位。电缆敷设按单根延长米计算，如一个架上敷设 3 根各长 100m 的电缆,应按 300m 计算，依此类推。电缆附加及预留的长度是电缆敷设长度的组成部分，应计入电缆长度工程量之内。有特殊要求的应按设计要求预留长度，并应符合下列规定：电缆进入建筑物预留长度 2m；电缆进入沟内或吊架上引上（下）预留 1.5m；电缆中间接头盒，预留长度两端各 2m。

b．制作射频电缆接头以“个”为单位计量，直接数出。

◆例 10.4 某办公楼有办公室 200 间，每间办公室内安装电视插座如图 10.4 所示。走廊上桥架高度 2.8m，电视插座安装高度 0.3m；配管采用 SC20，埋深 0.1m；同轴射频电缆 SYV-75-5 的单价为 8.00 元/m。括号内数字为水平距离，计算同轴射频电缆的工程量（不计桥架内部分）。

※解※

同轴射频电缆 SYV-75-5 的工程量如下。

清单工程量：

$$[2.8+0.1+8+4+(0.3+0.1)\times 3]\times 200=3220\text{（m）}$$

定额工程量：

$$(3220+\text{同轴电缆头 }1.5\times 2)\times(1+2.5\%)=3303.58\text{（m）}$$

2）清单使用说明。

根据《通用安装工程工程量计算规范》（GB 50856—2013）附录 E.5 的规定，电视系统射频同轴电缆安装的工程量清单项目设置、项目特征描述的内容、计量单位及工程量计算规则应按表 10.9 执行。

表 10.9　电视系统射频同轴电缆安装工程量清单项目设置

项目编码	项目名称	项目特征	计量单位	工程量计算规则	工作内容
030505005	射频同轴电缆	1．名称 2．规格 3．敷设方式	m	按设计图示尺寸以长度计算	线缆敷设
030505006	同轴电缆接头	1．规格 2．方式	个	按设计图示数量计算	电缆接头

3）定额使用说明。

① 射频同轴电缆分管内穿放、沿桥架敷设，区分线芯规格，分别套用相应定额子目。

② 配管、线槽、桥架、支架执行《电气设备安装工程》分册的相应子目。

◆例 10.5 根据例 10.4 的计算结果，套用相关定额子目，计算同轴射频电缆的定额费用。

※解※

套用 E 分册《建筑智能化工程》相关定额子目，定额费用见表 10.10。

表 10.10　例 10.5 的定额费用

定额编号	项目名称	计量单位	① 工程数量	② 定额综合基价/元	③ 合价/元 ③=①×②	主材名称	④ 主材数量	单位	⑤ 主材单价/元	⑥ 主材合价/元 ⑥=④×⑤	⑦ 定额合价/元 ⑦=③+⑥
CE0414	管内穿放同轴电缆≤ϕ9	m	3303.58	1.77	5847.34	同轴电缆	3336.620	m	8.00	26692.93	5847.34+26692.93=32540.27

◆例 10.6 根据例 10.4 和例 10.5 的计算结果，编制同轴射频电缆工程量清单，计算清单项目的综合单价和合价。

※解※

1）由表 10.9 可知，本例的工程量清单见表 10.11。

表 10.11　例 10.6 的工程量清单

项目编码	项目名称	项目特征	计量单位	工程量
030505005001	射频同轴电缆	1. 名称：射频同轴电缆 2. 规格：SYV-75-5 3. 敷设方式：管内敷设	m	3220

2）通过对比《通用安装工程工程量计算规范》（GB 50856—2013）附录 E 相关项目和《四川省建设工程工程量清单计价定额——通用安装工程》（2020）E 分册定额相关子目的工作内容，可知清单项目 030505005001 对应于定额子目 CE0414。清单项目和定额子目的关系见表 10.12。

表 10.12　清单项目和定额子目的关系

项目编码	项目名称	项目特征	对应定额子目
030505005001	电视插座	1. 名称：射频同轴电缆 2. 规格：SYV-75-5 3. 敷设方式：管内敷设	CE0414

3）定额子目的信息见表 10.13。

表 10.13　定额子目的信息

定额编号	项目名称	计量单位	定额综合基价/元	其中（单位：元）					未计价材料		
				人工费	材料费	机械费	管理费	利润	名称	单位	数量
CE0414	管内穿放同轴电缆≤$\phi 9$	m	1.77	1.44	0.03	0.01	0.09	0.20	同轴电缆	m	1.010

清单项目的综合单价和合价如下。

综合单价：

$$(1.77+1.01\times 8)\times 3303.58/3220\approx 10.11\text{（元）}$$

清单项目合价：

$$10.11\times 3220=32554.20\text{（元）}$$

2. 室内电话系统

（1）电话组线箱

1）工程量计算规则。

① 清单工程量计算规则。分线接线箱（盒）以“个”计量，按设计图示数量计算。

② 定额工程量计算规则。电话组线箱安装以“个”计量，数量直接从图上数出。所装电话对数较少的盒也称接线盒或分线盒，以“个”计量。

◆例 10.7　某二层建筑层有 3 个单元，每个单元的电话组线箱规格均为 500mm×300mm×200mm（宽×高×厚），距地高度为 1.5m，嵌墙暗装，计算电话组线箱的工程量。

※解※

由题可知，电话组线箱的工程量如下。

清单工程量：3 个。

定额工程量：同清单工程量。

2）清单使用说明。

根据《通用安装工程工程量计算规范》（GB 50856—2013）E.2 的规定，分线接线箱（盒）安装的工程量清单项目设置、项目特征描述的内容、计量单位及工程量计算规则应按表 10.14 执行。

表 10.14　分线接线箱（盒）安装工程量清单项目设置

项目编码	项目名称	项目特征	计量单位	工程量计算规则	工作内容
030502003	分线接线箱（盒）	1. 名称 2. 材质 3. 规格 4. 安装方式	个	按设计图示数量计算	1. 本体安装 2. 底盒安装

3）定额使用说明。

电话组线箱套用 E 分册《建筑智能化工程》的分线箱子目。

◆例 10.8　根据例 10.7 的计算结果，套用相关定额子目，计算电话组线箱的定额费用。

※解※

套用 E 分册《建筑智能化工程》相关定额子目，定额费用见表 10.15。

表 10.15　例 10.8 的定额费用

定额编号	项目名称	计量单位	①	②	③	主材名称	④	单位	⑤	⑥	⑦
			工程数量	定额综合基价/元	合价/元 ③=①×②		主材数量		主材单价/元	主材合价/元 ⑥=④×⑤	定额合价/元 ⑦=③+⑥
CE0157	分线接线箱（盒）	个	3	109.28	327.84	接线箱	3	个	80.00	240.00	327.84+240.00=567.84

◆例 10.9　根据例 10.7 和例 10.8 的计算结果，编制电话组线箱工程量清单，计算清单项目的综合单价和合价。

※解※

1）由表 10.14 可知，本例的工程量清单见表 10.16。

表 10.16　例 10.9 的工程量清单

项目编码	项目名称	项目特征	计量单位	工程量
030502003001	分线接线箱	1. 名称：电话组线箱 2. 材质：钢制 3. 规格：500mm×300mm×200mm 4. 安装方式：嵌墙暗装	个	3

2）通过对比《通用安装工程工程量计算规范》（GB 50856—2013）附录 E 相关项目和《四川省建设工程工程量清单计价定额——通用安装工程》（2020）E 分册定额相关子目的工作内容，可知清单项目 030502003001 对应于定额子目 CE0157。清单项目和定额子目的关系见表 10.17。

表 10.17　清单项目和定额子目的关系

项目编码	项目名称	项目特征	对应定额子目
030502003001	分线接线箱	1. 名称：电话组线箱 2. 材质：钢制 3. 规格：500mm×300mm×200mm 4. 安装方式：嵌墙暗装	CE0157

3）定额子目的信息见表 10.18。

表 10.18　定额子目的信息

定额编号	项目名称	计量单位	定额综合基价/元	其中（单位：元）					未计价材料		
				人工费	材料费	机械费	管理费	利润	名称	单位	数量
CE0157	分线接线箱（盒）	个	109.28	62.40	34.59	—	3.74	8.55	接线箱	个	1.000

清单项目的综合单价和合价如下。

综合单价：

$$109.28+1\times80=189.28\text{（元）}$$

清单项目合价：

$$189.28\times3=567.84\text{（元）}$$

（2）电话配线

1）工程量计算规则。

① 清单工程量计算规则。双绞线缆、大对数电缆、光缆以“m”计量，按设计图示尺寸以长度计算。电线按《通用安装工程工程量计算规范》（GB 50856—2013）附录 D 电气设备安装工程相关项目编码列项。

② 定额工程量计算规则。

a．电话线配管（明敷、暗敷）工程量，根据配管材质与直径，区别敷设位置、敷设方式，按照设计图示安装数量以“10m”为计量单位。计算长度时，不扣除管路中间的接线箱、接线盒、灯头盒、开关盒、插座盒、管件等所占长度。

b．户内布放电话线，按电话线对数不同分项，以“m”为计量单位，按“单根延长米”计算，另加附加长度与预留长度。

说明：

电缆附加及预留的长度是电缆敷设长度的组成部分，应计入电缆长度工程量之内。有特殊要求的应按设计要求预留长度，并应符合下列规定：

a）电缆进入建筑物预留长度 2m；电缆进入沟内或吊架上引上（下）预留 1.5m；电缆中间接头盒，预留长度两端各 2m。

b）光缆在配线柜处预留 4m，楼层配线箱处光纤预留 1.25m，末端配线箱终结时预留长度 0.5m。

c）电线工程量计算规则同《通用安装工程工程量计算规范》（GB 50856—2013）附录 D 电气设备安装工程中配线的工程量计算规则。

◆例 10.10　某房间电话布置平面图如图 10.5 所示，组线箱规格为 400mm×200mm×180mm（宽×高×厚），距地高度为 1.5m 暗装，暗配管埋深为 0.1m，计算电话线的工程量。

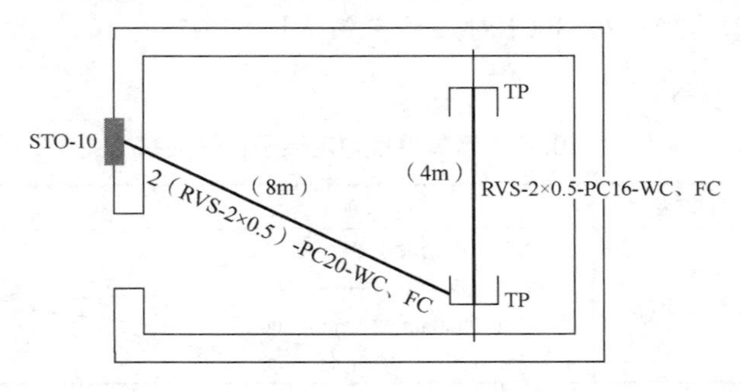

图 10.5　某房间电话布置平面图

※解※

电话线 RVS-2×0.5 的工程量如下。

清单工程量：

$$(1.5+0.1+8+0.1+0.3)\times2+(0.3+0.1+4+0.1+0.3)+(0.4+0.2)\times2=26\ (\mathrm{m})$$

定额工程量：同清单工程量。

2）清单使用说明。

根据《通用安装工程工程量计算规范》（GB 50856—2013）附录 D.11、E.2 的规定，电话线缆安装的工程量清单项目设置、项目特征描述的内容、计量单位及工程量计算规则应按表 10.19 执行。

表 10.19　电话线缆安装工程量清单项目设置

项目编码	项目名称	项目特征	计量单位	工程量计算规则	工作内容
030502006	大对数电缆	1. 名称 2. 规格 3. 线缆对数 4. 敷设方式	m	按设计图示尺寸以长度计算	1. 敷设 2. 标记 3. 卡接
030411004	配线	1. 名称 2. 配线形式 3. 型号 4. 规格 5. 材质 6. 配线部位 7. 配线线制 8. 钢索材质、规格	m	按设计图示尺寸以单线长度计算（含预留长度）	1. 配线 2. 钢索架设（拉紧装置安装） 3. 支持体（夹板、绝缘子、槽板等）安装

3）定额使用说明。

① 大对数线缆区分管内穿放和线槽内布放，按不同对数执行相应定额子目。

② 电话线执行 D 分册《电气设备安装工程》配线相应定额子目。

◆例 10.11　根据例 10.10 的计算结果，套用相关定额子目，计算电话线的定额费用。

※解※

套用 E 分册《建筑智能化工程》相关定额子目，定额费用见表 10.20。

表 10.20　例 10.11 的定额费用

定额编号	项目名称	计量单位	①	②	③	主材名称	④	单位	⑤	⑥	⑦
			工程数量	定额综合基价/元	合价/元 ③=①×②		主材数量		主材单价/元	主材合价/元 ⑥=④×⑤	定额合价/元 ⑦=③+⑥
CD1675	二芯 单芯导线截面（≤0.75m²）	10m	2.6	8.91	23.17	铜芯多股绝缘导线	28.080	m	0.73	20.50	23.17+20.50=43.67

◆例 10.12　根据例 10.10 和例 10.11 的计算结果，编制电话线工程量清单，计算清单项目的综合单价和合价。

※解※

1）由表 10.19 可知，本例的工程量清单见表 10.21。

表 10.21　例 10.12 的工程量清单

项目编码	项目名称	项目特征	计量单位	工程量
030411004001	配线	1. 名称：管内穿线 2. 型号：RVS 3. 规格：RVS-2×0.5	m	26

2）通过对比《通用安装工程工程量计算规范》（GB 50856—2013）附录 D 相关项目和《四川省建设工程工程量清单计价定额——通用安装工程》（2020）D 分册定额相关子目的工作内容，可知清单项目 030411004001 对应于定额子目 CD1675。清单项目和定额子目的关系见表 10.22。

表 10.22　清单项目和定额子目的关系

项目编码	项目名称	项目特征	对应定额子目
030411004001	配线	1. 名称：管内穿线 2. 规格：RVS-2×0.5 3. 敷设方式：管内敷设	CD1675

3）定额子目的信息见表 10.23。

表 10.23　定额子目的信息

定额编号	项目名称	计量单位	定额综合基价/元	其中（单位：元）					未计价材料		
				人工费	材料费	机械费	管理费	利润	名称	单位	数量
CD1675	二芯 单芯导线截面（≤0.75m²）	10m	8.91	6.21	1.29		0.43	0.98	铜芯多股绝缘导线	m	10.800

清单项目的综合单价和合价如下。

综合单价：

$$0.891+1.08\times0.73\approx1.68\text{（元）}$$

清单项目合价：

$$1.68\times26=43.68\text{（元）}$$

（3）电话插座

1）工程量计算规则。

① 清单工程量计算规则。电话机插座以“个”计量，按设计图示数量计算。

② 定额工程量计算规则。

电话插座以“个”为计量单位直接从图上数出；底盒以“个”为计量单位，按设计图示数量计算。

◆例 10.13　某办公楼有办公室 200 间，每间办公室内安装电话插座如图 10.5 所示。电话插座 20 元/个，接线盒 2 元/个。计算电话插座的相关工程量。

※解※

由图可知，每间办公楼有 2 个电话插座，电话插座相关工程量如下。

清单工程量：电话插座为

$$2\times200=400\text{（个）}$$

定额工程量：电话插座为

$$2\times200=400\text{（个）}$$

底盒为

$$2\times200=400\text{（个）}$$

2）清单使用说明。

根据《通用安装工程工程量计算规范》（GB 50856—2013）E.5 的规定，电话插座安装的工程量清单项目设置、项目特征描述的内容、计量单位及工程量计算规则应按表 10.4 执行。

3）定额使用说明。

① 电话插座不分明装、暗装，均执行 E 分册《建筑智能化工程》中的相应子目。

② 电话终端底盒套用 D 分册《电气设备安装工程》中的接线盒子目。

◆例 10.14　根据例 10.13 的计算结果，套用相关定额子目，计算电话插座定额费用。

※解※

套用 E 分册《建筑智能化工程》相关定额子目，定额费用见表 10.24。

表 10.24　例 10.14 的定额费用

定额编号	项目名称	计量单位	①	②	③	主材名称	④	单位	⑤	⑥	⑦
			工程数量	定额综合基价/元	合价/元 ③=①×②		主材数量		主材单价/元	主材合价/元 ⑥=④×⑤	定额合价/元 ⑦=③+⑥
CE0162	电话机插座	个	400	8.53	3412.00	电话机插座（带垫木）	400.000	个	20.00	8000.00	3412+8000.00=11412.00
CD1825	暗装接线盒	个	400	5.50	2200.00	接线盒	408.000	个	1.69	689.52	2200.00+689.52=2889.52

◆例 10.15　根据例 10.13 和例 10.14 的计算结果，编制电话机插座工程量清单，计算清单项目的综合单价和合价。

※解※

1）由表 10.4 可知，本例的工程量清单见表 10.25。

表 10.25　例 10.15 的工程量清单

项目编码	项目名称	项目特征	计量单位	工程量
030502004001	电话插座	1．名称：电话机插座 2．安装方式：暗装 3．底盒材质、规格：钢制，86mm×86mm	个	400

2）通过对比《通用安装工程工程量计算规范》（GB 50856—2013）附录 E 相关项目和《四川省建设工程工程量清单计价定额——通用安装工程》（2020）E 分册定额相关子目的工作内容，可知清单项目 030502004001 对应于定额子目 CE0162 和 CD1825。清单项目和定额子目的关系见表 10.26。

表 10.26　清单项目和定额子目的关系

项目编码	项目名称	项目特征	对应定额子目
030502004001	电话插座	1．名称：电话机插座 2．安装方式：暗装 3．底盒材质、规格：钢制，86mm×86mm	CE0162 CD1825

3）定额子目的信息见表 10.27。

表 10.27　定额子目的信息

定额编号	项目名称	计量单位	定额综合基价/元	其中（单位：元）					未计价材料		
				人工费	材料费	机械费	管理费	利润	名称	单位	数量
CE0162	电话机插座	个	8.53	6.96	0.20		0.42	0.95	电话机插座（带垫木）	个	1.000
CD1825	暗装接线盒	个	5.50	3.45	1.26		0.24	0.55	接线盒	个	1.020

清单项目的综合单价和合价如下。

综合单价：

$$8.53+1.00\times20+5.50+1.02\times1.69\approx35.75\text{（元）}$$

清单项目合价：

$$35.75\times400=14301.52\text{（元）}$$

10.3　室内电话工程计量与计价实例

本节通过一个工程实例来说明室内电话工程计量与计价的计算方法和程序。

10.3.1　工程概况与设计说明

某工程为二层楼房，其电话工程如图 10.6～图 10.8 所示，设计说明如下。

1）室外电缆埋深 0.9m，一般土壤。

2）电气暗配线管埋深均为 0.1m。

3）手孔井为小手孔 220mm×320mm×220mm（SSK）。

4）电话电缆工程量计算至手孔井。

5）本工程设总等电位连接，总等电位箱设于一楼。

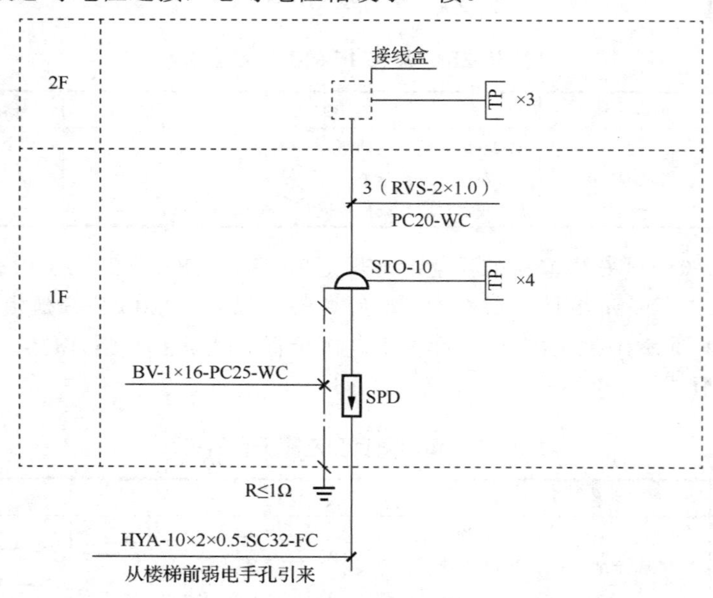

图 10.6　电话系统

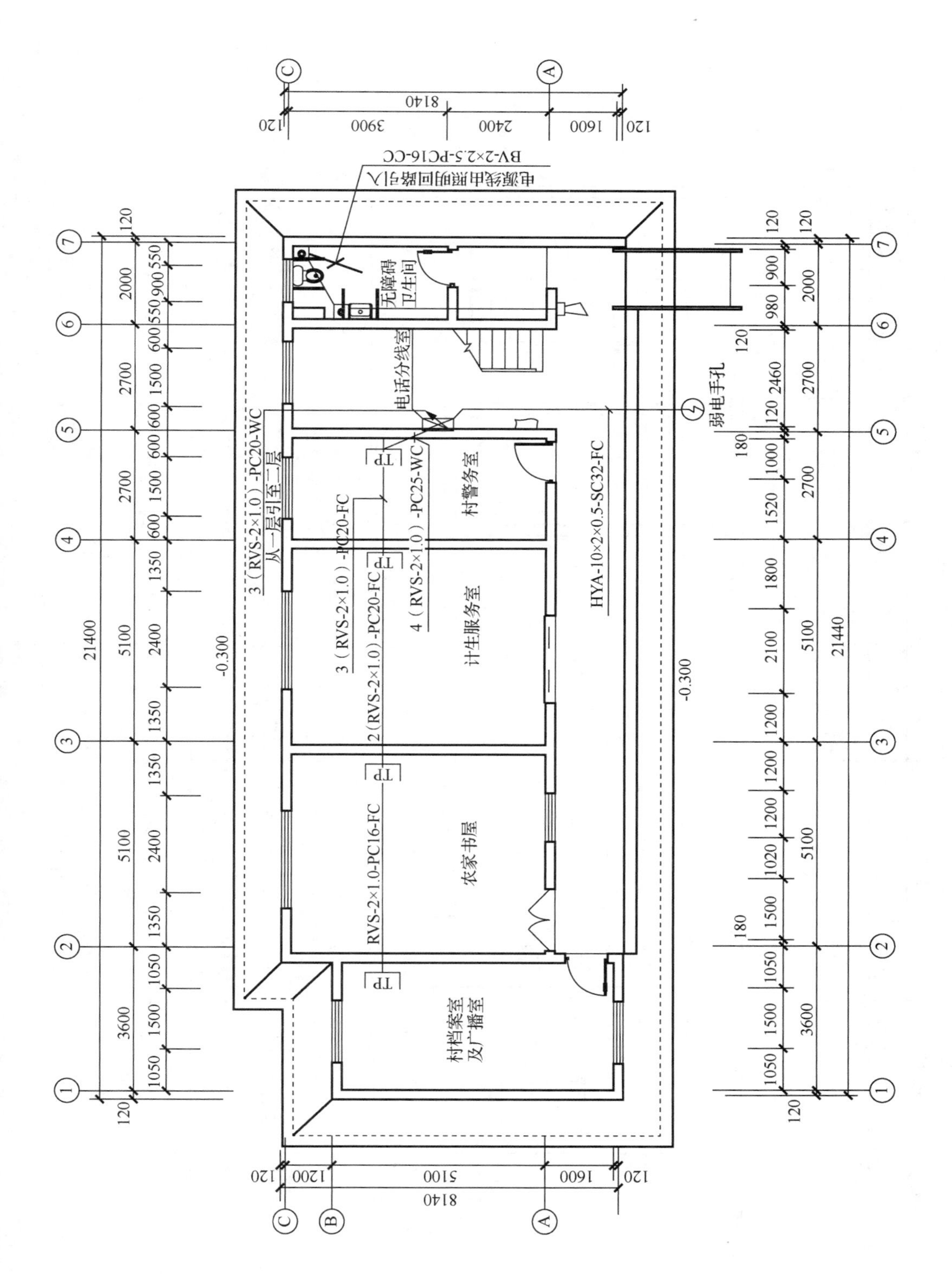

图 10.7　一层电话平面图

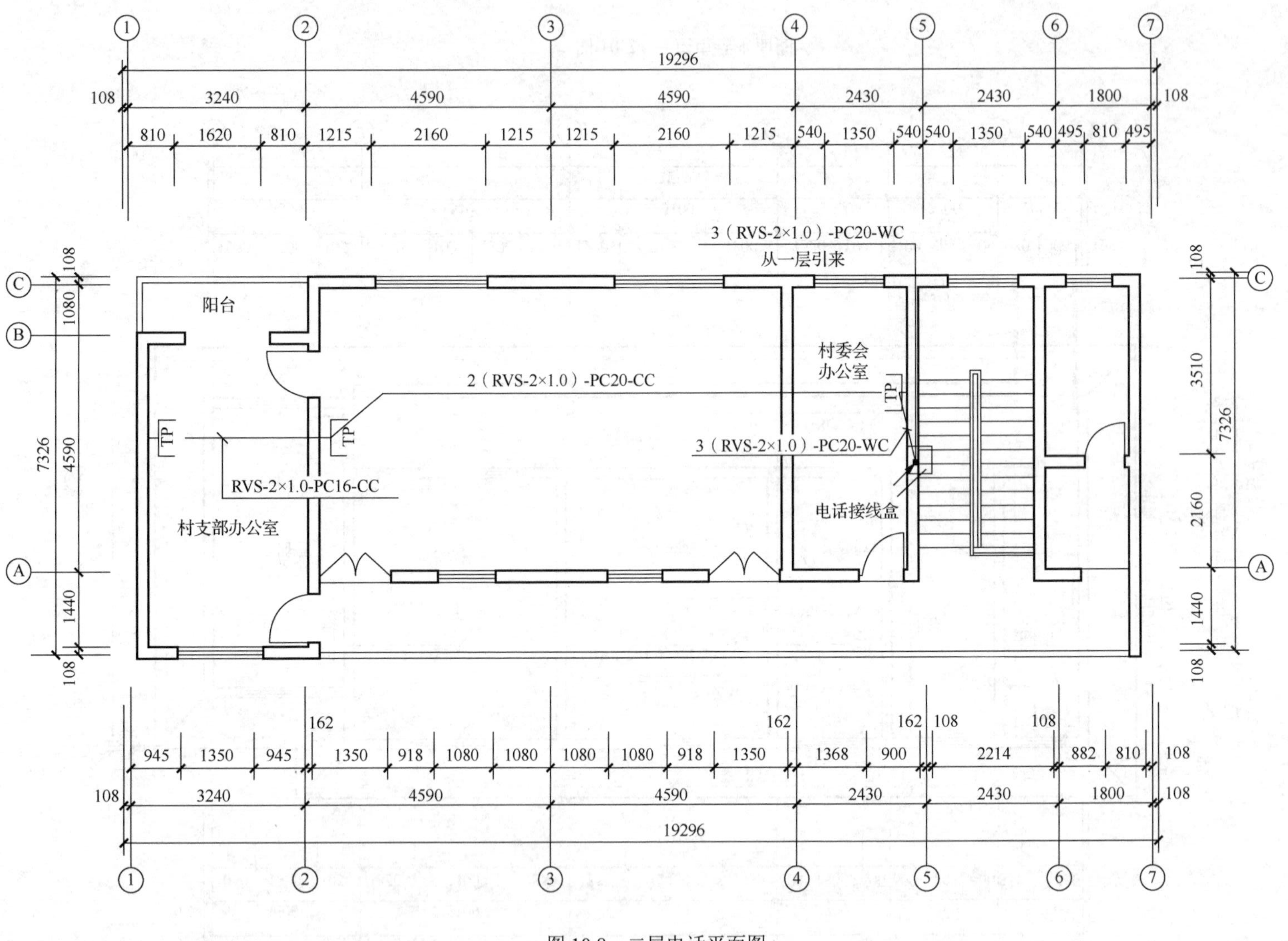

图 10.8　二层电话平面图

10.3.2 工程量计算

电话工程量计算表见表 10.28。

表 10.28 电话工程量计算

序号	项目名称	单位	工程量	计算式
1	分线接线箱（盒）	个	1	STO-10（200mm×100mm）一层
2	电话插座	个	7	电话插座：一层 4+二层 3=7
3	电话电缆 HYA-10×2×0.5	m	10.46	[保护管长度 7.9+进入建筑物 2+分线箱预留 0.3]×(1+2.5%)=10.46
4	管沟土方	m^3	3.13	电缆沟=沟深 0.9×沟宽(0.3×2+0.032)×沟长 5.5=3.13
5	塑料接线盒 86H	个	1	1
6	电话塑料底盒	个	7	7
7	人（手）孔砌筑 220mm×320mm×220mm	个	1	1
8	人（手）孔防水	m^2	0.38	0.22×0.32×4+0.22×0.22×2=0.38
9	配管	m	7.90	镀锌钢管 SC32（配线 HYA-10×2×0.5mm）： （手孔井前端不计）手孔井至分线箱 5.5+埋深 0.9+至分线箱底边 1.5=7.90
10	配管	m	6.80	刚性阻燃管 PC25，一层 1）接地（配线 BV-1×16 mm^2）： 分线箱(1.5+0.1)+1.8+总等电位箱(0.1+0.3)=3.80 2）配线 4（RVS-2×1.0 mm^2）： 分线箱(1.5+0.1)+1+插座(0.1+0.3)=3 合计：3.8+3=6.80
11	配管	m	25.70	刚性阻燃管 PC20，一层 1）配线 3（RVS-2×1.0 mm^2）：4 2）配线 2（RVS-2×1.0 mm^2）：4.7+插座(0.3+0.1)×2=5.50 刚性阻燃管 PC20，二层 1）配线（RVS-2×1.0mm^2）：一层引上(3-1.5-0.1)+至过线盒底 0.3+1.5+插座(0.3+0.1)×2=4 2）配线 2（RVS-2×1.0 mm^2）：11.4+插座(0.3+0.1)×2=12.2 合计：4+5.5+4+12.2=25.70
12	配管	m	9.90	刚性阻燃管 PC16，一层 配线（RVS-2×1.0 mm^2）：4.7+插座(0.3+0.1)×2=5.50 刚性阻燃管 PC16，二层 配线（RVS-2×1.0mm^2）：水平管 3.6+插座(0.3+0.1)×2=4.40 合计：5.5+4.4=9.90
13	配线	m	4.10	一层 接地线 BV-1×16mm^2：配管量 3.8+预留 0.3=4.10
14	接线端子	个	2	BV-1×16 两端各一个
15	电话线 RVS-2×1.0mm^2	m	83.40	一层 4 对配管量：3×4+预留 0.3×4=13.20 3 对配管量：4×3=12 2 对配管量：5.5×2=11 1 对配管量：5.50

续表

序号	项目名称	单位	工程量	计算式
15	电话线 RVS-2×1.0mm²	m	83.40	二层 3 对配管量：4×3 预留 0.3×3=12.90 2 对配管量：12.2×2=24.40 1 对配管量：4.40 合计： 13.20+12+11+5.50+12.9+24.40+4.40=83.40

10.3.3 工程量清单与计价

根据《通用安装工程工程量计算规范》（GB 50856—2013）及《四川省建设工程工程量清单计价定额——通用安装工程》（2020），编制室内电话工程分部分项工程量清单与计价表，见表 10.29。本章用到的主材单价表见表 10.30，综合单价分析表见表 10.31。

表 10.29 电话工程分部分项工程量清单与计价表

序号	项目编码	项目名称	项目特征描述	计量单位	工程数量	金额/元		
						综合单价	合价	其中 暂估价
1	030502003001	分线接线箱（盒）	1. 名称：电话分线接线箱 2. 材质：PVC 3. 规格：100mm×200mm 4. 安装方式：嵌墙安装	个	1	146.07	146.07	
	CE0156	安装接线箱（半周长）≤700		个	1			
2	030502004001	电话插座	1. 名称：电话插座 2. 安装方式：嵌墙暗装 3. 底盒材质、规格：PVC、86H	个	7	46.30	324.10	
	CE0162	电话机插座		个	7			
	CD1825	暗装接线盒		个	7			
3	030502006001	大对数电缆	1. 名称：电话电缆 HYA 2. 规格：10×2×0.5 3. 线缆对数：10 对 4. 敷设方式：管内敷设	m	10.46	7.10	74.27	
	CE0166	管内穿放大对数非屏蔽电缆		m	10.46			
4	010101007001	管沟土方	1. 名称：电缆沟 2. 土壤类别：一般土壤	m^3	3.128	61.72	193.06	
	CD0653	电缆沟挖填一般土沟		m^3	3.128			
5	030411001001	配管	1. 名称：刚性阻燃管 2. 材质：PVC 3. 规格：PC16 4. 配置形式：暗配	m	9.9	8.36	82.76	
	CD1507	刚性阻燃管 砖、混凝土结构暗配 PC16		10m	0.99			
6	030411001002	配管	1. 名称：刚性阻燃管 2. 材质：PVC 3. 规格：PC20 4. 配置形式：暗配	m	25.7	9.67	248.52	
	CD1508	刚性阻燃管 砖、混凝土结构暗配 PC20		10m	2.57			

续表

序号	项目编码	项目名称	项目特征描述	计量单位	工程数量	金额/元		
						综合单价	合价	其中 暂估价
7	030411001002	配管	1．名称：刚性阻燃管 2．材质：PVC 3．规格：PC25 4．配置形式：暗配	m	6.8	9.56	65.01	
	CD1509	刚性阻燃管　砖、混凝土结构暗配 PC25		10m	0.68			
8	030411001002	配管	1．名称：钢管 2．材质：镀锌钢管 3．规格：SC32 4．配置形式：暗配	m	7.9	26.72	211.09	
	CD1412	钢管　砖、混凝土结构暗配 *DN*32		10m	0.79			
9	030411004001	配线	1．名称：管内穿线 2．配线形式：动力线路 3．型号：ZRBV 4．规格：16mm^2 5．材质：铜芯线 6．铜接线端子 2 个	m	4.1	11.76	48.22	
	CD1665	管内穿线动力线路 BV-16mm^2		10m	0.41			
	CD0427	压铜接线端子		个	2			
10	030411004002	配线	1．名称：管内穿线 2．型号：RVS 3．规格：RVS-2×0.5	m	83.4	1.68	140.11	
	CD1675	二芯　单芯导线截面（≤0.75m^2）		m	83.4			
11	030502003002	分线盒	1．名称：接线盒 2．材质：PVC 3．规格：86H 4．安装形式：暗配	个	1	7.48	7.48	
	CE0158	安装过线（路）盒（半周长）≤200		个	1			
12	030413005001	人（手）孔砌筑	1．名称：手孔井 2．规格：220mm×320mm×220mm 3．类型：砖砌	个	1	425.29	425.29	
	CD2325	砖砌配线手孔　小手孔		个	1			
13	030413006001	人（手）孔防水	1．名称：手孔防水 2．防水材质及做法：防水砂浆抹面（五层）	m^2	0.38	45.97	17.47	
	CD2332	手孔防水，防水砂浆抹面（五层）　砖墙面		m^2	0.38			

表 10.30　本章用到的主材单价表

序号	主材名称及规格	单位	单价/元	序号	主材名称及规格	单位	单价/元
1	分线接线箱 PVC 100mm×200mm	个	60.00	3	对绞电缆 HYA 10×2×0.5	m	4.60
2	电话机插座（带垫木） PVC 86H	个	30.51	4	刚性阻燃管 PC16	m	1.10

续表

序号	主材名称及规格	单位	单价/元	序号	主材名称及规格	单位	单价/元
5	刚性阻燃管 PC20	m	1.76	11	双绞线缆 RVS 电话线 2×0.5	m	0.73
6	刚性阻燃管 PC25	m	2.60	12	接线盒 PVC 86H	个	1.73
7	同轴电缆	m	8.00	13	电视插座	个	20.00
8	分线接线箱 500mm×300mm×200mm	个	196.00	14	手孔口圈（车行道）	套	60.00
9	镀锌钢管 *DN*32	m	15.31	15	接线箱	个	80.00
10	铜芯绝缘导线 16mm²	m	6.66				

表 10.31　综合单价分析表

工程名称：某电话工程　　　　第 1 页　　共 2 页

项目编码	030502004001	项目名称	电话插座	计量单位	个	工程量	7

清单综合单价组成明细

定额编号	定额名称	定额单位	数量	单价/元					合价/元				
				人工费	材料费	机械费	管理费	利润	人工费	材料费	机械费	管理费	利润
CE0162	电话机插座	个	7	6.96	0.20		0.42	0.95	48.72	1.40		2.94	6.65
CD1825	暗装接线盒	个	7	3.45	1.26		0.24	0.55	24.15	8.82		1.68	3.85
人工单价		小计							72.87	10.22		4.62	10.50
120 元/工日		未计价材料费							225.92				
清单项目综合单价									46.30				

材料费明细	主要材料名称、规格、型号	单位	数量	单价/元	合价/元	暂估单价/元	暂估合价/元
	电话机插座（带垫木）	个	7.000	30.51	213.57		
	接线盒	个	7.140	1.73	12.35		
	其他材料费				10.22		
	材料费小计				236.14		

工程名称：某电话工程　　　　第 2 页　　共 2 页

项目编码	030502006001	项目名称	大对数电缆	计量单位	m	工程量	8.2

清单综合单价组成明细

定额编号	定额名称	定额单位	数量	单价/元					合价/元				
				人工费	材料费	机械费	管理费	利润	人工费	材料费	机械费	管理费	利润
CE0166	管内穿放≤25 对	m	8.2	1.92	0.06	0.04	0.12	0.27	15.74	0.49	0.33	0.98	2.21
人工单价		小计							15.74	0.49	0.33	0.98	2.21
120 元/工日		未计价材料费							38.47				
清单项目综合单价									7.10				

材料费明细	主要材料名称、规格、型号	单位	数量	单价/元	合价/元	暂估单价/元	暂估合价/元
	大对数电缆 HYA 10×2×0.5	m	8.364	4.60	38.47		
	其他材料费				0.49		
	材料费小计				38.96		

第 11 章

综合布线系统工程计量与计价

11.1　综合布线系统组成

综合布线系统采用具有各种功能的标准化接口，通过各种线缆将设备、体系相互之间连接起来，成为一个既模块化又智能化，既经济又易维护的一种优越性很高的信息传输系统，其灵活性、可靠性极高，可独立、可兼容、可扩展，能满足系统智能集成的需求。目前，综合布线常用于建筑物或建筑群内计算机网络信息和语音信息的传输，如图 11.1 所示。

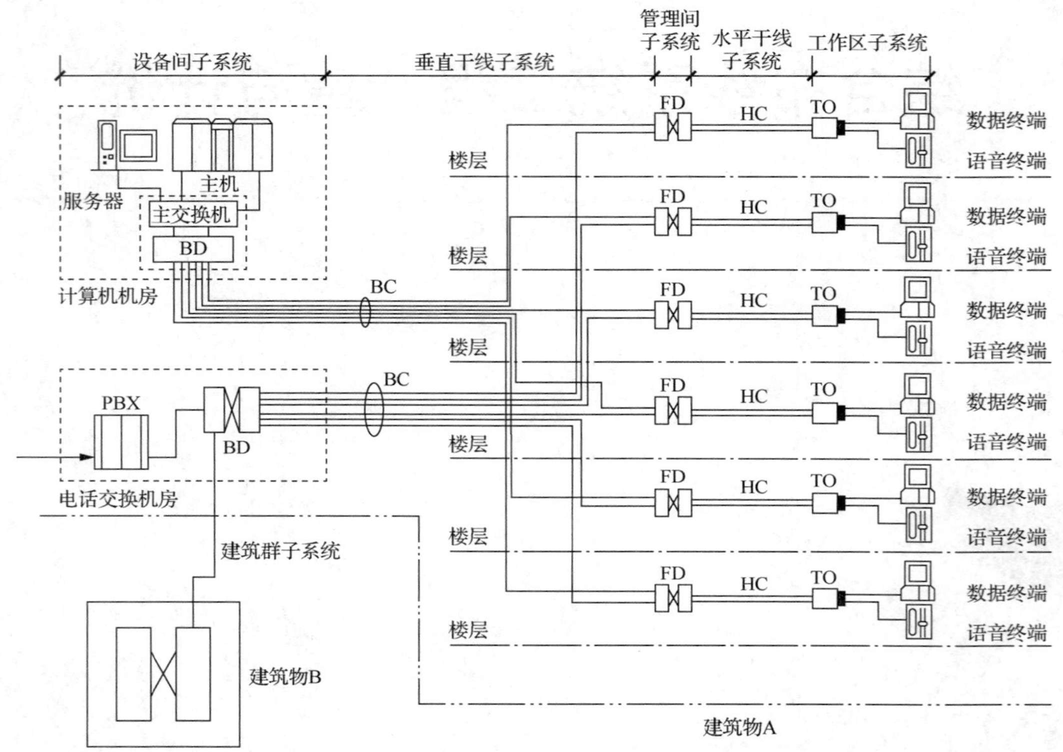

PBX—程控交换机；BD—建筑物配线架；BC—光缆；FD—楼层配线架；HC—水平干线；TO—信号插座。

图 11.1　综合布线系统

由图 11.1 可知，综合布线系统由以下系统组成：建筑群子系统、设备间子系统、垂直干线子系统、管理间子系统、水平干线子系统、工作区子系统。

1. 建筑群子系统

建筑群（如商业建筑群、大学校园、住宅小区、工业园区等）中各建筑物之间的语音、数据、监视等的信息传递，可通过微波通信、无线通信及有线通信的互相连接来实现。通常，有线通信以综合布线方式进行建筑群子系统的信息传递，其线缆及布线方式如下。

1）线缆：一类为铜缆，采用双绞线缆、同轴线缆或一般铜芯线缆；另一类为光纤缆。

2）布线方式：室外布线有架空、直埋、穿埋地导管及电缆沟等方式敷设，按设计及施工验收标准要求，线缆长度不得超过 1500m。

2. 设备间子系统

在建筑物设备间（也称主配线间 MDF）内，采用主配线架连接各种公共设备，如计算机数字程控交换机或计算机式小型电话交换机、各种控制系统，以及网络互连设备等。设备间外接进户线内连主干线，是网络管理人员值班的场所。因大量主要设备安置其间，故称为设备间子系统。

（1）设备间的设备

1）一般设备间，机柜中安装有网络交换机、服务器、配线架、理线器、数据跳线和光纤跳线等。

2）大型设备间，设备数量较多，需设置专业机柜，如语音端接机柜、数据端接机柜、应用服务机柜等。

（2）设备供电系统

供电系统采用三相五线制供电电源，有市电直供电源、不间断电源、普通稳压器、柴油发电机组等供电设备。

（3）设备间的安全及环境要求

1）电气保护。在建筑物 5m 外设置一个接地电阻小于 4Ω 的独立接地系统，用不小于 150mm 的铜板（排）或铜缆作为接地线引入室内。金属管槽、机架、配线架及屏蔽电缆均应等电位接地，此外还需设置适当数量的等电位接地口。

2）防雷设备，有防静电、防雷击、防电磁干扰的电子防雷设备。

3）防火及灭火报警设施。

4）防水、防潮、防尘、吸声及空调设施与设备。

3. 垂直干线子系统

垂直干线子系统也称干线系统，提供建筑物干线电缆，并负责连接各楼层管理间子系统与设备间子系统，一般使用大对数电缆或光纤，沿桥架敷设或穿管敷设。垂直干线子系统如图 11.2 所示。

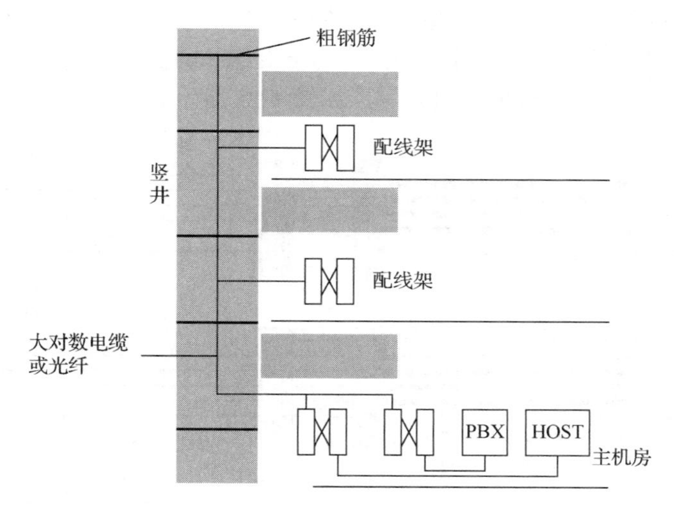

图 11.2　垂直干线子系统

（1）垂直干线系统敷设方式

垂直方向电缆一般敷设在电缆竖井中，沿桥架、线槽或导管敷设；水平方向电缆采用线槽、托盘、桥架或导管等沿走廊墙面、平顶敷设。

（2）垂直干线系统线缆

垂直干线系统线缆一般采用大对数电缆和光缆。线缆应具有足够的长度，即应有备用和弯曲长度（净长的 10%），还要有适量的端接容量。按配线标准要求，双绞线长度应小于 100m，多模光缆长度为 0.5m～2km，单模光纤长度应小于 3km。

1）数据干线：常用五类、超五类、六类及六类以上大对数线缆（STP、UTP）或用 4 芯、12 芯的多模室内光缆。

2）语音干线：常用三类大对数线缆或市话局专用大对数线缆。

3）电视干线：常用低损耗 50Ω 射频同轴电缆或室内光缆。

（3）线缆防火要求

线缆从竖井穿过楼层或穿过墙时，必须做防火处理，做法如图 11.3 和图 11.4 所示。

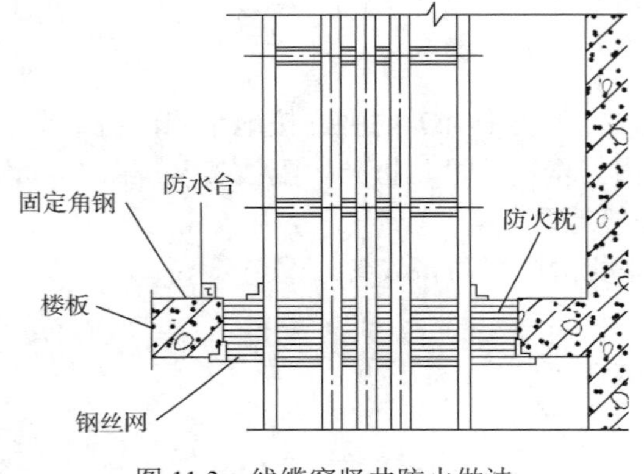

图 11.3　线缆穿竖井防火做法

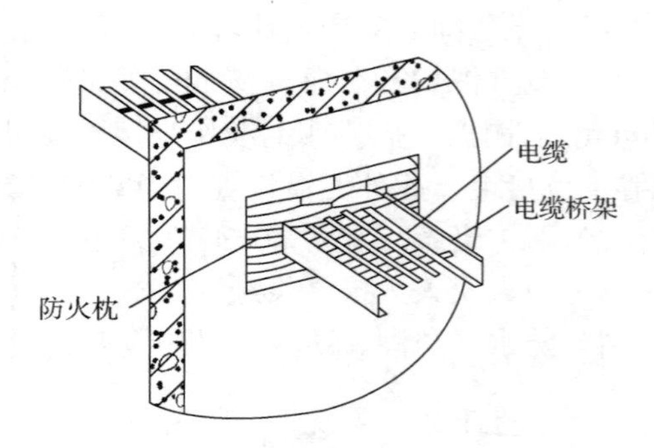

图 11.4　线缆穿墙防火做法

4. 管理间子系统

管理间子系统设置在建筑物每层楼的配线间内，也可放在弱电竖井中。其主要功能是将垂直干线子系统与水平干线子系统连接起来，主要设备有配线架（双绞线或光纤配线架）、HUB（集线器或网络设备）、机柜及电源等，如图 11.5 所示。

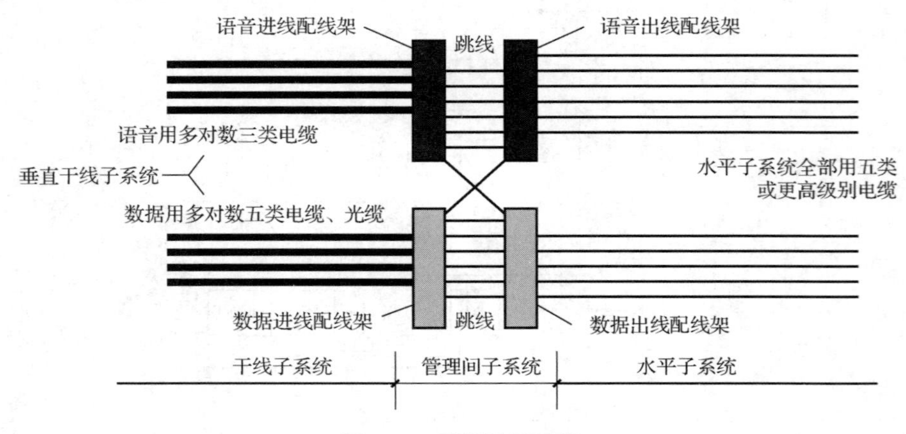

图 11.5　管理间子系统

1）机柜（配线柜、盘、盒）：有挂式、落地式箱柜，光纤接线盘及盒，网络交换机等。

2）配线架：是管理间子系统中最重要的组件，是实现垂直干线和水平干线两个子系统交叉连接的枢纽。通过附件将语音与数据配线与跳线相连接，可以全线满足 UTP（unshielded twisted pair，非屏蔽双绞线）、STP（shield twisted pair，屏蔽双绞线）、射频同轴电缆、光纤、音视频的需要。

配线架有双绞线配线架和光纤配线架，常用 110 系列与跳线块、理线器、RJ45 接口配套使用。配线架可安装在机柜内、墙上、吊架上或钢框架上，如图 11.6 所示。

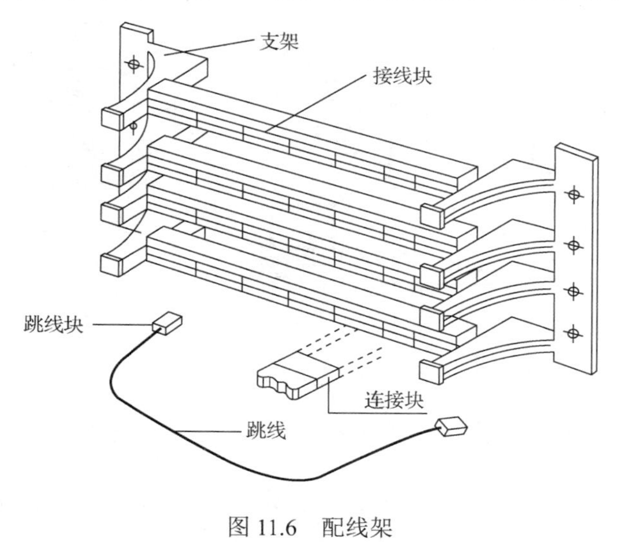

图 11.6　配线架

3）线缆：主要是跳线，用屏蔽、非屏蔽双绞线及光缆做成 RJ45 接口跳线、RJ45 转 110 跳线与配线架相配。

5. 水平干线子系统

水平干线子系统从工作区的信息插座开始到管理间子系统的配线架为止，一般为星形结构。水平干线子系统一般在一个楼层上，在综合布线系统中仅与信息插座、管理间连接。水平干线子系统用线一般为双绞线，必须走线槽或在顶棚吊顶内布线，尽量不走地面线槽。水平干线子系统由建筑物内各层的配电间至各工作区子系统（信息插座）之间的配管、配线等组成。水平干线子系统如图 11.7 所示。

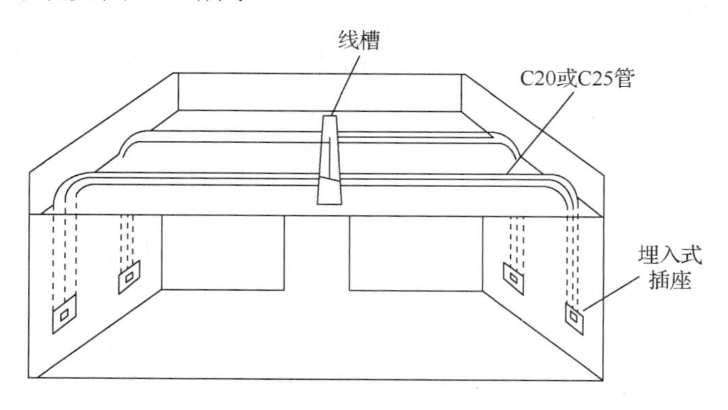

图 11.7　水平干线子系统

1）配管：导管（线管）可以用金属、非金属管或线槽，沿墙或沿地面敷设。

2）配线：常用的有无屏蔽双绞线缆（UTP，4 对 100Ω）、屏蔽双绞线缆（STP，2 对 150Ω）、射频同轴电缆（50Ω 或 75Ω）、多模光纤缆（62.5/125μm）。

3）接地口：为了保证系统安全，每一个管理间必须设置适当的等电位接地口。

6. 工作区子系统

工作区子系统是由终端设备到信息插座之间的一个工作区间，如图 11.8 所示。

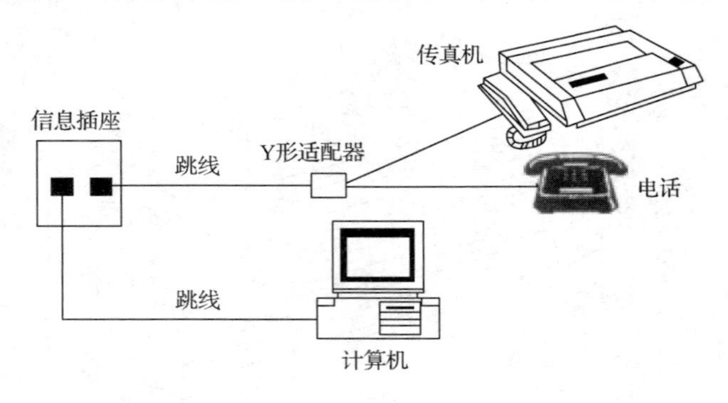

图 11.8　工作区子系统

1）终端设备：指通用和专用的输入和输出设备，如语音设备（电话机）、传真机、电视机、计算机、监视器、传感器等。

2）线缆或跳线：配三类、五类或超五类双绞线缆，配接 RJ45 插头的光缆或铜缆直通式数据跳线或电视射频同轴电缆连接线等，一般长度不超过 3m。

3）线缆插头、插座：与线缆配套，有明装、暗装，以及墙面、地板上安装。

4）导线分支与接续：可用 Y 形适配器、两用盒、中途转点盒、RJ45 标准接口、无源或有源转接器等。

11.2　综合布线工程计量与计价方法

11.2.1　综合布线工程定额选用说明

综合布线工程主要执行《四川省建设工程工程量清单计价定额——通用安装工程》（2020）中的 E 分册《建筑智能化工程》相应定额子目。该分册适用于新建和扩建项目中的智能化系统设备的安装调试工程。其费用的增加及与相关分册的关系与第 10 章相同。

11.2.2　综合布线工程计量与计价

1. 机柜、机架

机柜：用涂层钢板或合金钢板制作柜体，用钢化玻璃制作柜门，将综合布线系统的应用设备、系统设备和布线设备等容纳其中，以具有设备保护、屏蔽干扰、整理设备、方便管理与维修等作用。机柜一般设置在网络布线间、楼层配线间、中心机房、数据机房、控制中心、监控室、监控中心等场所，可以落地或挂墙安装。19 寸（1 寸=3.33cm）42U 标准机柜的尺寸为 2000mm×600mm×600mm（高×宽×厚），主配线间一般设置两台机柜，楼层配线间一般设置一台机柜。

机架：便于插接或固定网络设备的框形金属架，称为机架。其可挂于机柜内、墙上、柱上或线缆井道中。

分线接线箱：作为线缆与设备的配线连接之用。用于用户入口处的分线接线箱称为入户箱，用于线路中的分线接线箱称为分（配）线箱。其安装方式主要有嵌入式、壁挂式。

（1）工程量计算规则

1）清单工程量计算规则。

机柜、机架以“台”计量，按设计图示数量计算。

2）定额工程量计算规则。

① 机柜、机架、抗震底座安装，以“台”为计量单位。

② 分线接线箱安装，以“个”为计量单位。

◆例 11.1　某教学楼综合布线系统如图 11.9 所示，数据干线采用 6 芯单模数据光纤，语音干线采用 1 根 25 对三类对绞电缆。落地机柜 [600mm×1200mm×400mm（宽×高×厚）] 设置在一层电井 0.2m 高混凝土基础上，内装 RJ45-24 口配线架、网络交换机和 LIU 光纤连接盘。计算机柜的工程量。

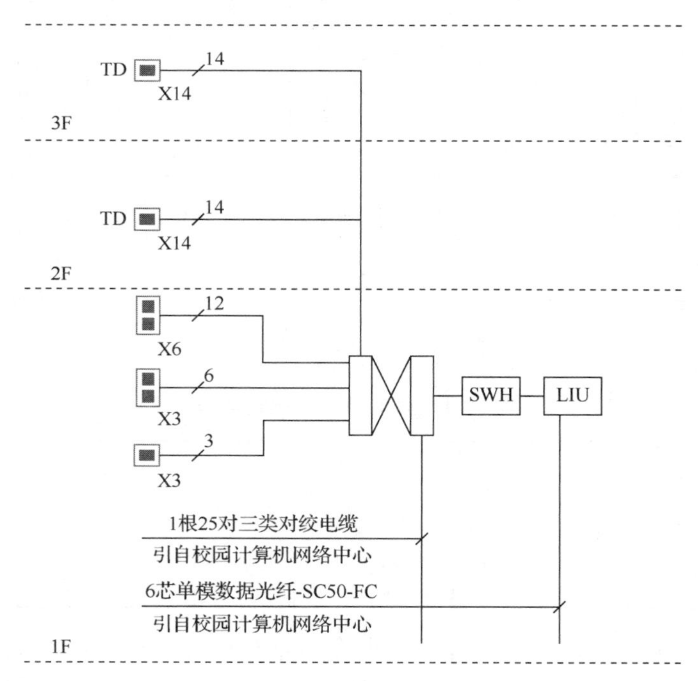

图 11.9　某教学楼综合布线系统

※解※

由图可知，本工程机柜的清单工程量：1 台。

定额工程量：同清单工程量。

（2）清单使用说明

根据《通用安装工程工程量计算规范》（GB 50856—2013）E.2 的规定，机柜的工程量清单项目设置、项目特征描述的内容、计量单位及工程量计算规则应按表 11.1 执行。

表 11.1　机柜工程量清单项目设置

项目编码	项目名称	项目特征	计量单位	工程量计算规则	工作内容
030502001	机柜、机架	1. 名称 2. 材质 3. 规格 4. 安装形式	台	按设计图示数量计算	1. 本体安装 2. 相关固定件的连接
030502002	抗振底座		个		
030502003	分线接线箱（盒）				1. 本体安装 2. 底盒安装

（3）定额使用说明

机柜、机架执行《四川省建设工程工程量清单计价定额——通用安装工程》（2020）中的 E 分册 E.2 中相应定额子目。

◆例 11.2　根据例 11.1 的计算结果，套用相关定额子目，计算机柜定额费用。

※解※

套用 E 分册《建筑智能化工程》相关定额子目，定额费用见表 11.2。

表 11.2　例 11.1 的定额费用

定额编号	项目名称	计量单位	①	②	③	主材名称	④	单位	⑤	⑥	⑦
			工程数量	定额综合基价/元	合价/元 ③=①×②		主材数量		主材单价/元	主材合价/元 ⑥=④×⑤	定额合价/元 ⑦=③+⑥
CE0152	安装机柜、机架 落地式	台	1	342.98	342.98	机柜	1.000	个	180.00	180.00	342.98+180.00 = 522.98

◆例 11.3　根据例 11.1 和例 11.2 的计算结果，编制机柜工程量清单，计算清单项目的综合单价。

※解※

1）由表 11.1 可知，本例的工程量清单见表 11.3。

表 11.3　例 11.3 的工程量清单

项目编码	项目名称	项目特征	计量单位	工程量
030502001001	机柜、机架	1. 名称：机柜 2. 材质：钢制 3. 规格：600mm×1200mm×400mm（宽×高×厚） 4. 安装形式：落地	台	1

2）通过对比《通用安装工程工程量计算规范》（GB 50856—2013）附录 E 相关项目和《四川省建设工程工程量清单计价定额——通用安装工程》（2020）E 分册定额相关子目的工作内容，可知清单项目 030502001001 对应于定额子目 CE0152。清单项目和定额子目的关系见表 11.4。

表 11.4　清单项目和定额子目的关系

项目编码	项目名称	项目特征	对应定额子目
030502001001	机柜、机架	1. 名称：机柜 2. 材质：钢制 3. 规格：600mm×1200mm×400mm（宽×高×厚） 4. 安装形式：落地	CE0152

3）定额子目的信息见表 11.5。

表 11.5　定额子目的信息

定额编号	项目名称	计量单位	定额综合基价/元	其中（单位：元）					未计价材料		
				人工费	材料费	机械费	管理费	利润	名称	单位	数量
CE0152	安装机柜、机架落地式	台	342.98	240.00	55.55	0.12	14.41	32.90	机柜（机架）	个	1.000

清单项目的综合单价为

$$342.98+1\times180=522.98（元）$$

2. 光缆与光纤

光缆：由光纤芯束包裹缓冲层、加强层、护套层等组成。按使用地点分为室内光缆、室外光缆。

光纤：为 8～50μm 光导纤维，能传输光能的波导介质，一般由纤芯和包层组成。光纤的类型很多，按传输模式分为单模光纤和多模光纤。其具有带宽容量大、传输损耗小、中继长、无干扰、不串光、线径细、质量轻的特点，其替代传统金属传输线缆已是必然趋势，但光纤连接、接续和封端较难。

（1）工程量计算规则

1）清单工程量计算规则。

以“m”为计量单位，按设计图示尺寸以长度计算。

2）定额工程量计算规则。

① 室内光缆分管内穿放、线槽内布放和桥架内布放几种形式，以“m”为计量单位。电缆敷设按单根延长米计算，如一个架上敷设 3 根各长 100m 的电缆，应按 300m 计算，依此类推。电缆附加及预留的长度是电缆敷设长度的组成部分，应计入电缆长度工程量之内。有特殊要求的应按设计要求预留长度，并应符合下列规定：光缆在配线柜处预留 4m，楼层配线箱处光纤预留 1.25m，末端配线箱终结时预留长度 0.5m。

② 光纤连接。光缆的连接与分支一般采用光纤熔接机对光纤芯线进行连接，以“芯”为计量单位。

$$光纤连接工程量=\sum 连接的芯数数量$$

◆例 11.4　某教学楼综合布线系统如图 11.9 所示，计算光纤连接盘和尾纤的工程量。

※解※

由图可知，清单工程量：LIU 光纤连接盘为 1 块，尾纤为 6 根。

定额工程量：同清单工程量。

（2）清单使用说明

根据《通用安装工程工程量计算规范》（GB 50856—2013）E.2 的规定，光缆与光纤的工程量清单项目设置、项目特征描述的内容、计量单位及工程量计算规则应按表 11.6 执行。

表 11.6　光缆与光纤工程量清单项目设置

项目编码	项目名称	项目特征	计量单位	工程量计算规则	工作内容
030502007	光缆	1．名称 2．规格 3．线缆对数 4．敷设方式	m	按设计图示尺寸以长度计算	1．敷设 2．标记 3．卡接
030502008	光纤束、光缆外护套	1．名称 2．规格 3．安装方式			1．气流吹放 2．标记
030502013	光纤盒	1．名称 2．类别 3．规格 4．安装形式	个（块）	按设计图示数量计算	1．端接模块 2．安装面板
030502014	光纤连接	1．方法 2．模式	芯（端口）		1．接续 2．测试
030502015	光缆终端盒	光缆芯数	个		
030502016	布放尾纤	1．名称 2．规格 3．安装方式	根		

（3）定额使用说明

1）在已建天棚内敷设线缆时，按所用子目的人工费乘以系数 1.5 计取。

2）光缆终端盒按不同芯数分档，执行相应定额。

3）光缆护套、气流束安装，不分芯数，执行相应定额子目。

4）光纤连接区分机械法、熔接法和磨制法，区分单模和多模，执行相应定额子目。

5）布放尾纤区分终端盒至光纤配线架、光纤配线架至设备以及光纤配线架架内跳线，执行相应定额子目。

6）光纤配线架执行光纤终端盒相应子目。

◆例 11.5　根据例 11.4 的计算结果，套用相关定额子目，计算相关定额费用。

※解※

套用 E 分册《建筑智能化工程》相关定额子目，定额费用见表 11.7。

表 11.7　例 11.5 的定额费用

定额编号	项目名称	计量单位	①	②	③	主材名称	④	单位	⑤	⑥	⑦
			工程数量	定额综合基价/元	合价/元 ③=①×②		主材数量		主材单价/元	主材合价/元 ⑥=④×⑤	定额合价/元 ⑦=③+⑥
CE0216	安装光纤连接盘	块	1	93.37	93.37	光纤连接盘	1.01	块	500.00	505.00	93.37+505.00=598.37
CE0229	终端盒至光纤配线架	条	6	29.44	176.64	尾纤 10mm 双头	6	根	68.00	408.00	176.64+408=424.64

◆例 11.6　根据例 11.4 和例 11.5 的计算结果，编制工程量清单，计算各清单项目的综合单价。

※解※

1）由表 11.6 可知，本例的工程量清单见表 11.8。

表 11.8　例 11.6 的工程量清单

项目编码	项目名称	项目特征	计量单位	工程量
030502013001	光纤盒	1．名称：光纤盒 2．类别：光纤连接盘	块	1
030502016001	布放尾纤	1．名称：布放尾纤 2．安装方式：终端盒至光纤配线架的尾纤	根	6

2）通过对比《通用安装工程工程量计算规范》（GB 50856—2013）附录 E 相关项目和《四川省建设工程工程量清单计价定额——通用安装工程》（2020）E 分册定额相关子目的工作内容，可知清单项目 030502013001 对应于定额子目 CE0216，清单项目 030502016001 对应于定额子目 CE0229。清单项目和定额子目的关系见表 11.9。

表 11.9　清单项目和定额子目的关系

项目编码	项目名称	项目特征	对应定额子目
030502013001	光纤盒	1．名称：光纤盒 2．类别：光纤连接盘	CE0216
030502016001	布放尾纤	1．名称：布放尾纤 2．安装方式：终端盒至光纤配线架的尾纤	CE0229

3）定额子目的信息见表 11.10。

表 11.10　定额子目的信息

定额编号	项目名称	计量单位	定额综合基价/元	其中（单位：元）					未计价材料		
				人工费	材料费	机械费	综合费	利润	名称	单位	数量
CE0216	光纤连接盘	块	93.37	78.00			4.68	10.69	光纤连接盘	块	1.010
CE0229	终端盒至光纤配线架	条	29.44	24.00	0.09	0.52	14.7	3.36	尾纤	根	1.000

各清单项目的综合单价如下。

光纤盒（030502013001）:

$$93.37+1.01\times500=598.37（元）$$

布放尾纤（030502016001）:

$$29.44+1\times68=97.44（元）$$

3．双绞电缆

双绞电缆是用两根独立的、相互绝缘的金属线绞合在一起作为基本单元（一对线），再由多对线组成的电缆。一般的线缆带宽太小不适于综合布线，而对（双）绞线传输带宽适于综合布线系统。双绞线类别很多，按结构分为屏蔽与非屏蔽两种，这两种又包括非屏蔽双绞线、铝箔屏蔽双绞线、铝箔加铜编织网屏蔽双绞线及每对线芯和电缆包铝箔加铜编织网屏蔽双绞线 4 种。按线缆级别可分为一类至五类、超五类、六类及七类，类别越高传输带宽越大。

三类线用于音频传输，五类线用于数据传输；按线芯有 8 芯 4 对到 200 芯 100 对双绞线。

（1）工程量计算规则

1）清单工程量计算规则。

双绞线缆以“m”为计量单位，按设计图示尺寸长度计算。

2）定额工程量计算规则。

双绞线缆以“m”为计量单位。电缆附加及预留的长度是电缆敷设长度的组成部分，应计入电缆长度工程量之内。有特殊要求的应按设计要求预留长度，并应符合下列规定：对绞电缆在终结处余预留，信息插座底盒内预留 60mm，设备间预留 4m。

◆例 11.7 某宾馆房间综合布线系统如图 11.10 所示，宾馆有 5 栋楼房，共 400 套客房，每间客房安装单口信息插座。每栋楼到机房之间采用 4 芯多模光缆作为传输干线，每栋楼在一层设管理间，水平子系统采用 CAP6 UTP 004 双绞线缆，竖向和走廊内双绞线缆沿桥架敷设，房间内双绞线缆穿管敷设，客房走廊桥架高度为 2.8m，信息插座安装高度为 0.3m，暗配管埋深 0.1m，CAP6 UTP 004 单价为 2.1 元/m。括号内数字为水平距离，计算管内 CAP6 UTP 004 双绞线缆的工程量。

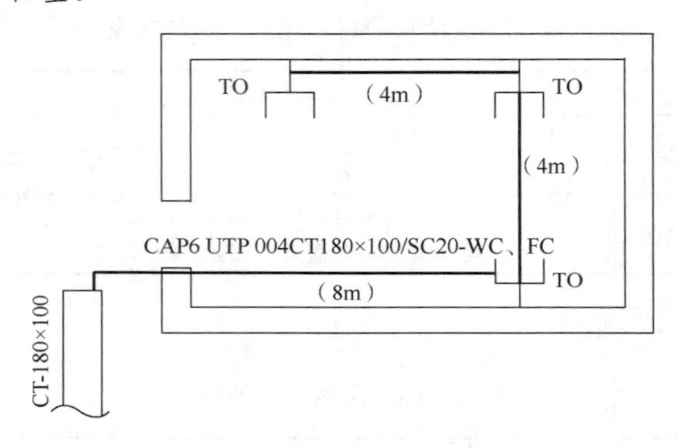

图 11.10　某宾馆房间综合布线系统

※解※

双绞线缆 CAP6 UTP 004 管内敷设的清单工程量：

[2.8+0.1+8+4+4+(0.3+0.1)×5]×400=8360（m）

定额工程量：

[2.8+0.1+8+4+4+(0.3+0.1)×5+设备间预留 4+底盒内预留 0.06×5]×400=10080（m）

（2）清单使用说明

根据《通用安装工程工程量计算规范》（GB 50856—2013）E.2 的规定，双绞电缆的工程量清单项目设置、项目特征描述的内容、计量单位及工程量计算规则应按表 11.11 执行。

表 11.11　双绞电缆工程量清单项目设置

项目编码	项目名称	项目特征	计量单位	工程量计算规则	工作内容
030502005	双绞线缆	1．名称 2．规格 3．线缆对数 4．敷设方式	m	按设计图示尺寸以长度计算	1．敷设 2．标记 3．卡接
030502006	大对数电缆				

（3）定额使用说明

本章所涉及双绞线缆的敷设及配线架、跳线架等的安装定额，是按超五类非屏蔽布线系统编制的，高于超五类的布线工程，非屏蔽系统所用定额人工费乘以系数 1.1，屏蔽系统定额人工费乘以系数 1.2。

◆例 11.8　根据例 11.7 的计算结果，套用相关定额子目，计算双绞线缆定额费用。

※解※

套用 E 分册《建筑智能化工程》相关定额子目，定额费用见表 11.12。

表 11.12　例 11.8 的定额费用

定额编号	项目名称	计量单位	① 工程数量	② 定额综合基价/元	③ 合价/元 ③=①×②	主材名称	④ 主材数量	单位	⑤ 主材单价/元	⑥ 主材合价/元 ⑥=④×⑤	⑦ 定额合价/元 ⑦=③+⑥
CE0163 换	管内穿放≤4 对	m	10080	2.11	21268.80	双绞线缆	100584	m	2.10	22226.40	21268.80+22226.40=43495.20

◆例 11.9　根据例 11.7 和例 11.8 的计算结果，编制双绞线缆工程量清单，计算清单项目的综合单价和合价。

※解※

1）由表 11.11 可知，本例的工程量清单见表 11.13。

表 11.13　例 11.9 的工程量清单

项目编码	项目名称	项目特征	计量单位	工程量
030502005001	双绞线缆	1. 名称：双绞线缆 2. 规格：CAP6 UTP 004 3. 线缆对数：4 对 4. 敷设方式：穿管敷设	m	8360

2）通过对比《通用安装工程工程量计算规范》（GB 50856—2013）附录 E 相关项目和《四川省建设工程工程量清单计价定额——通用安装工程》（2020）E 分册定额相关子目的工作内容，可知清单项目 030502005001 对应于定额子目 CE0163。清单项目和定额子目的关系见表 11.14。

表 11.14　清单项目和定额子目的关系

项目编码	项目名称	项目特征	对应定额子目
030502005001	双绞线缆	1. 名称：双绞线缆 2. 规格：CAP6 UTP 004 3. 线缆对数：4 对 4. 敷设方式：穿管敷设	CE0163

3）定额子目的信息见表 11.15。

表 11.15　定额子目的信息

定额编号	项目名称	计量单位	定额综合基价/元	其中（单位：元）					未计价材料		
				人工费	材料费	机械费	管理费	利润	名称	单位	数量
CE0163	管内穿放≤4 对	m	1.95	1.56	0.04	0.03	0.10	0.22	双绞线缆	m	1.050

清单项目的综合单价和合价如下。

综合单价:

$$(1.95+1.56\times0.1+1.05\times2.1)\times10080/8360\approx5.20\text{（元）}$$

清单项目合价:

$$(1.95+1.56\times0.1+1.05\times2.1)\times10080=43454.88\text{（元）}$$

4. 配线架与埋线架

（1）工程量计算规则

1）清单工程量计算规则。

配线架与埋线架以“个”计量，按设计图示数量计算。

2）定额工程量计算规则。

配线架（光纤配线架、RJ45 快接式配线架）安装打结（24 口、48 口等）以“个”为计量单位。埋线器以“个”计量，按设计图示数量计算。

$$\text{配线架个数}=\frac{\text{信息点数}}{\text{配线架接口数}}(\text{取整})+1$$

◆例 11.10 某教学楼综合布线系统如图 11.9 所示，配线架采用 RJ45 型 24 口配线架，计算配线架的工程量。

※解※

由图可知，配线架的清单工程量:

$$[(14+14+3)+(6+3)\times2]/24=3\text{（个）}$$

定额工程量：同清单工程量。

（2）清单使用说明

根据《通用安装工程工程量计算规范》（GB 50856—2013）E.2 的规定，配线架的工程量清单项目设置、项目特征描述的内容、计量单位及工程量计算规则应按表 11.16 执行。

表 11.16　配线架工程量清单项目设置

<table>
<tr><th>项目编码</th><th>项目名称</th><th>项目特征</th><th>计量单位</th><th>工程量计算规则</th><th>工作内容</th></tr>
<tr><td>030502010</td><td>配线架</td><td rowspan="2">1. 名称
2. 规格
3. 容量</td><td rowspan="3">个</td><td rowspan="3">按设计图示数量计算</td><td rowspan="2">安装、打接</td></tr>
<tr><td>030502011</td><td>跳线架</td></tr>
<tr><td>030502017</td><td>线管理器</td><td>1. 名称
2. 规格
3. 安装方式</td><td>本体安装</td></tr>
</table>

（3）定额使用说明

1）安装跳（配）线架中如果不包含线缆打接，定额人工费按 50%计取。

2）本章所涉及双绞线缆的敷设及配线架、跳线架等的安装定额，是按超五类非屏蔽布线系统编制的，高于超五类的布线工程，非屏蔽系统所用定额人工费乘以系数 1.1，屏蔽系统定额人工费乘以系数 1.2。

◆例 11.11 根据例 11.10 的计算结果，套用相关定额子目，计算配线架定额费用。

※解※

套用 E 分册《建筑智能化工程》相关定额子目，定额费用见表 11.17。

表 11.17 例 11.11 的定额费用

定额编号	项目名称	计量单位	① 工程数量	② 定额综合基价/元	③ 合价/元 ③=①×②	主材名称	④ 主材数量	单位	⑤ 主材单价/元	⑥ 主材合价/元 ⑥=④×⑤	⑦ 定额合价/元 ⑦=③+⑥
CE0202 换	配线架 24 口	架	3	300.15	900.45	RJ45 型 24 口配线架	3	个	180.00	540.00	900.45+540=1440.45

◆例 11.12 根据例 11.10 和例 11.11 的计算结果，编制配线架工程量清单，计算清单项目的综合单价和合价。

※解※

1）由表 11.16 可知，本例的工程量清单见表 11.18。

表 11.18 例 11.12 的工程量清单

项目编码	项目名称	项目特征	计量单位	工程量
030502010001	配线架	1. 名称：配线架 2. 规格：RJ45 3. 容量：24 口	个	3

2）通过对比《通用安装工程工程量计算规范》（GB 50856—2013）附录 E 相关项目和《四川省建设工程工程量清单计价定额——通用安装工程》（2020）E 分册定额相关子目的工作内容，可知清单项目 030502010001 对应于定额子目 CE0202。清单项目和定额子目的关系见表 11.19。

表 11.19 清单项目和定额子目的关系

项目编码	项目名称	项目特征	对应定额子目
030502010001	配线架	1. 名称：配线架 2. 规格：RJ45 3. 容量：24 口	CE0202

3）定额子目的信息见表 11.20。

表 11.20 定额子目的信息

定额编号	项目名称	计量单位	定额综合基价/元	其中（单位：元）					未计价材料		
				人工费	材料费	机械费	管理费	利润	名称	单位	数量
CE0202	配线架 24 口	个	278.55	216.00	20.00		12.96	29.59			

清单项目的综合单价和合价如下。

综合单价：

$$278.55+216\times0.1+180=480.15\text{（元）}$$

清单项目合价：

$$480.15\times3=1440.45\text{（元）}$$

5. 跳线

跳线用于配线架和跳线架上完成各个线路与设备之间的互联与交连，或者用作连接终端设备及熔接尾纤的连接线。

（1）工程量计算规则

1）清单工程量计算规则。

跳线以“条”为计量单位，按设计图示数量计算。

2）定额工程量计算规则。

① 双绞电缆跳线的计算公式为

$$双绞电缆跳线数量=\sum 信息点数+甲方要求预留量$$

② 光纤跳线用于光纤终端设备连接光纤交换机或用于熔接尾纤。跳线两端可与不同型号的连接器（模块插头或模块插槽）组合连接，如 SC/LC、SC/ST 等；也可同类组合连接，如 ST/ST、FC/FC 等。光纤跳线的制作、安装以“条”为计量单位，计算公式为

$$光纤跳线数量=\sum 光纤芯数+甲方要求预留量$$

◆例 11.13　某教学楼综合布线系统如图 11.9 所示，计算双绞线缆跳线的工程量。

※解※

由图可知，双绞线缆跳线的清单工程量如下。

制作、安装双绞线缆跳线：

$$(14+14+3)+(6+3)\times 2=49（条）$$

定额工程量：同清单工程量。

（2）清单使用说明

根据《通用安装工程工程量计算规范》（GB 50856—2013）附录 E.2 的规定，跳线的工程量清单项目设置、项目特征描述的内容、计量单位及工程量计算规则应按表 11.21 执行。

表 11.21　跳线工程量清单项目设置

项目编码	项目名称	项目特征	计量单位	工程量计算规则	工作内容
030502009	跳线	1. 名称 2. 类别 3. 规格	条	按设计图示数量计算	1. 插接跳线 2. 整理跳线

（3）定额使用说明

双绞线缆跳线的制作和卡接，光纤跳线的制作、安装，执行《建筑智能化工程》分册相应的定额子目。

◆例 11.14　根据例 11.13 的计算结果，套用相关定额子目，计算双绞线缆跳线定额费用。

※解※

套用 E 分册《建筑智能化工程》相关定额子目，定额费用见表 11.22。

表 11.22　例 11.14 的工程量清单

定额编号	项目名称	计量单位	①	②	③	主材名称	④	单位	⑤	⑥	⑦
			工程数量	定额综合基价/元	合价/元 ③=①×②		主材数量		主材单价/元	主材合价/元 ⑥=④×⑤	定额合价/元 ⑦=③+⑥
CE0192 换	制作跳线	条	49	17.72	868.28	双绞线缆 跳线连接器	49.000 98.980	m 个	2.10 5.00	102.90 494.90	868.28+494.90+ 102.90=1466.08
CE0193 换	安装双绞线跳线	条	49	8.18	400.82						400.82

◆例 11.15　根据例 11.13 和例 11.14 的计算结果，编制电缆跳线工程量清单，计算清单

项目的综合单价和合价。

※解※ ——————————

1）由表 11.21 可知，本例的工程量清单见表 11.23。

表 11.23　例 11.15 的工程量清单

项目编码	项目名称	项目特征	计量单位	工程量
030502009001	跳线	1．名称：跳线 2．类别：电缆跳线 3．规格：CAP6 UTP 004	条	49

2）通过对比《通用安装工程工程量计算规范》（GB 50856—2013）附录 E 相关项目和《四川省建设工程工程量清单计价定额——通用安装工程》（2020）E 分册定额相关子目的工作内容，可知清单项目 030502009001 对应于定额子目 CE0192 和 CE0193。清单项目和定额子目的关系见表 11.24。

表 11.24　清单项目和定额子目的关系

项目编码	项目名称	项目特征	对应定额子目
030502009001	跳线	1．名称：跳线 2．类别：双绞线缆跳线 3．规格：CAP6 UTP 004	CE0192 CE0193

3）定额子目的信息见表 11.25。

表 11.25　定额子目的信息

定额编号	项目名称	计量单位	定额综合基价/元	其中（单位：元）					未计价材料		
				人工费	材料费	机械费	管理费	利润	名称	单位	数量
CE0192	制作跳线	条	16.76	9.60		4.40	0.84	1.92	双绞线缆 跳线连接器	m 个	1.000 2.020
CE0193	安装双绞线跳线	条	7.58	6.00	0.40		0.36	0.82	跳线	条	1.000

清单项目的综合单价和合价如下。

综合单价：

$$16.76+9.60\times 0.1+2.02\times 5+1.00\times 2.10+7.58+6\times 0.1=38.10\text{（元）}$$

清单项目合价：

$$38.10\times 49=1866.90\text{（元）}$$

6．信息插座

信息插座是连接终端用户的一种布线产品，它由面板和底盒组成，信息模块装在面板上。插座面板按安装部位不同有墙上式、桌上式、地板上式；按开口不同有单口、双口、多口等类型。信息模块和插座面板一起安装，一般有超五类模块（直插型、免工具型、信息型及屏蔽型）和六类模块（信息型、电话型）。导线与信息插座的连接是将导线色彩与信息模块上的线槽色彩相对应，用打接工具对准线槽进行卡接，也称打接。

（1）工程量计算规则

1）清单工程量计算规则。

信息插座以“个”或“块”为计量单位，按设计图示数量计算。

2）定额工程量计算规则。

8 位模块式信息插座、光纤信息插座安装，均以“个”为计量单位。

◆例 11.16 某教学楼综合布线系统如图 11.9 所示，计算信息插座的工程量。

※解※

由图可知，信息插座的清单工程量如下。

单口非屏蔽 8 位模块式信息插座：

$$14+14+3=31（个）$$

双口非屏蔽 8 位模块式信息插座：

$$6+3=9（个）$$

信息插座的定额工程量：同清单工程量。

（2）清单使用说明

根据《通用安装工程工程量计算规范》（GB 50856—2013）附录 E.2 的规定，信息插座的工程量清单项目设置、项目特征描述的内容、计量单位及工程量计算规则应按表 11.26 执行。

表 11.26　信息插座工程量清单项目设置

项目编码	项目名称	项目特征	计量单位	工程量计算规则	工作内容
030502012	信息插座	1．名称 2．类别 3．规格 4．安装方式 5．底盒材质、规格	个	按设计图示数量计算	1．端接模块 2．安装面板
030502018	跳块	1．名称 2．规格 3．安装方式			安装、卡接

（3）定额使用说明

1）模块式信息插座应区分单口、双口和四口，分别执行本分册相应定额子目。

2）光纤信息插座区分单口和双口，分别执行本分册相应定额子目。

◆例 11.17 根据例 11.16 的计算结果，套用相关定额子目，计算信息插座定额费用。

※解※

套用 E 分册《建筑智能化工程》相关定额子目，定额费用见表 11.27。

表 11.27　例 11.17 的定额费用

定额编号	项目名称	计量单位	① 工程数量	② 定额综合基价/元	③ 合价/元 ③=①×②	主材名称	④ 主材数量	单位	⑤ 主材单价/元	⑥ 主材合价/元 ⑥=④×⑤	⑦ 定额合价/元 ⑦=③+⑥
CE0211	安装8位模块式信息插座 单口	个	31	8.82	273.42	插座	31.310	个	22.00	688.82	273.42+688.82=962.24
CD1825	暗装接线盒	个	31	5.50	170.50	接线盒	31.620	个	2.00	63.24	170.50+63.24=233.74
CE0212	安装8位模块式信息插座 双口	个	9	13.13	118.17	插座	9.090	个	30.00	272.70	118.17+272.70=390.87
CD1825	暗装接线盒	个	9	5.50	49.50	接线盒	9.180	个	2.00	18.36	49.50+18.36=67.86

◆例 11.18　根据例 11.16 和例 11.17 的计算结果，编制信息插座工程量清单，计算各清单项目的综合单价和合价。

※解※

1）由表 11.26 可知，本例的工程量清单见表 11.28。

表 11.28　例 11.18 的工程量清单

项目编码	项目名称	项目特征	计量单位	工程量
030502012001	信息插座	1. 名称：信息插座 2. 类别：单口非屏蔽 8 位模块式 3. 规格：86H 4. 安装方式：暗装 5. 底盒材质、规格：钢制，86mm×86mm	个	31
030502012002	信息插座	1. 名称：信息插座 2. 类别：双口非屏蔽 8 位模块式 3. 规格：86H 4. 安装方式：暗装 5. 底盒材质、规格：钢制，86mm×86mm	个	9

2）通过对比《通用安装工程工程量计算规范》（GB 50856—2013）附录 E 相关项目和《四川省建设工程工程量清单计价定额——通用安装工程》（2020）E 分册定额相关子目的工作内容，可知清单项目 030502012001 对应于定额子目 CE0211 和 CD1825，清单项目 030502012002 对应于定额子目 CE0212 和 CD1825。清单项目和定额子目的关系见表 11.29。

表 11.29　清单项目和定额子目的关系

项目编码	项目名称	项目特征	对应定额子目
030502012001	信息插座	1. 名称：信息插座 2. 类别：单口非屏蔽 8 位模块式 3. 规格：86H 4. 安装方式：暗装 5. 底盒材质、规格：钢制，86mm×86mm	CE0211 CD1825
030502012002	信息插座	1. 名称：信息插座 2. 类别：双口非屏蔽 8 位模块式 3. 规格：86H 4. 安装方式：暗装 5. 底盒材质、规格：钢制，86mm×86mm	CE0212 CD1825

3）定额子目的信息见表 11.30。

表 11.30　定额子目的信息

定额编号	项目名称	计量单位	定额综合基价/元	其中（单位：元）					未计价材料		
				人工费	材料费	机械费	管理费	利润	名称	单位	数量
CE0211	安装 8 位模块式信息插座 单口	个	8.82	7.20	0.20		0.43	0.99	插座	个	1.010
CE0212	安装 8 位模块式信息插座 双口	个	13.13	10.80	0.20		0.65	1.48	插座	个	1.010
CD1825	接线盒	个	5.50	3.45	1.26		0.24	0.55	接线盒	个	1.020

各清单项目的综合单价和合价分别如下。

信息插座（030502012001）:

综合单价:

$$8.82+1.01\times22+5.50+1.02\times2=38.58\text{（元）}$$

清单项目合价:

$$38.58\times31=1195.98\text{（元）}$$

信息插座（030502012002）:

综合单价:

$$13.13+1.01\times30+5.50+1.02\times2=50.97\text{（元）}$$

清单项目合价:

$$50.97\times9=458.73\text{（元）}$$

7. 链路测试

链路测试包括水平链路测试和垂直链路测试。水平链路可分为链路测试与通道测试，其范围如图 11.11 所示，也称为永久链路；垂直链路指系统主干线的光缆及大对数电缆以一级测试为主（测试衰减和长度）。

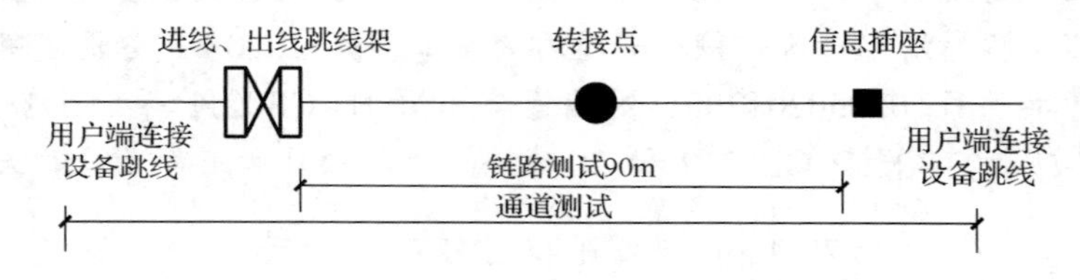

图 11.11 水平链路范围

（1）工程量计算规则

1）清单工程量计算规则。

双绞线缆测试、光纤测试，以“链路（点、芯）”为单位，按设计图示数量计算。

2）定额工程量计算规则。

① 双绞线缆链路系统测试，以“链路”为计量单位，计算公式为

链路数=信息插座的信息接口数量

② 光纤链路系统测试，以“链路”为计量单位，计算公式为

链路数=光缆芯数

◆例 11.19 某教学楼综合布线系统如图 11.9 所示，计算双绞线缆测试的工程量。

※解※

由图可知，双绞线缆测试的清单工程量为

$$(14+14+3)+(6+3)\times2=49\text{（链路）}$$

定额工程量：同清单工程量。

（2）清单使用说明

根据《通用安装工程工程量计算规范》（GB 50856—2013）附录 E.2 的规定，链路测试的工程量清单项目设置、项目特征描述的内容、计量单位及工程量计算规则应按表 11.31 执行。

表 11.31　链路测试工程量清单项目设置

项目编码	项目名称	项目特征	计量单位	工程量计算规则	工作内容
030502019	双绞线缆测试	1．测试类别 2．测试内容	链路（点、芯）	按设计图示数量计算	测试
030502020	光纤测试				

（3）定额使用说明

双绞线缆测试和光纤测试，执行《建筑智能化工程》分册的相应定额子目。

◆例 11.20　根据例 11.19 的计算结果，套用相关定额子目，计算双绞线缆测试定额费用。

※解※

套用 E 分册《建筑智能化工程》相关定额子目，定额费用见表 11.32。

表 11.32　例 11.20 的定额费用

定额编号	项目名称	计量单位	① 工程数量	② 定额综合基价/元	③ 合价/元 ③=①×②	主材名称	④ 主材数量	单位	⑤ 主材单价/元	⑥ 主材合价/元 ⑥=④×⑤	⑦ 定额合价/元 ⑦=③+⑥
CE0235	4 对双绞线缆	链路	49	9.75	477.75						477.75

◆例 11.21　根据例 11.19 和例 11.20 的计算结果，编制双绞线缆测试工程量清单，计算清单项目的合价。

※解※

1）由表 11.31 可知，本例的工程量清单见表 11.33。

表 11.33　例 11.21 的工程量清单

项目编码	项目名称	项目特征	计量单位	工程量
030502019001	双绞线缆测试	1．测试类别：超五类 2．测试内容：电缆链路系统测试	点	49

2）通过对比《通用安装工程工程量计算规范》（GB 50856—2013）附录 E 相关项目和《四川省建设工程工程量清单计价定额——通用安装工程》（2020）E 分册定额相关子目的工作内容，可知清单项目 030502019001 对应于定额子目 CE0235。清单项目和定额子目的关系见表 11.34。

表 11.34　清单项目和定额子目的关系

项目编码	项目名称	项目特征	对应定额子目
030502019001	双绞线缆测试	1．测试类别：超五类 2．测试内容：电缆链路系统测试	CE0235

3）定额子目的信息见表 11.35。

表 11.35　定额子目的信息

定额编号	项目名称	计量单位	定额综合基价/元	其中（单位：元）					未计价材料		
				人工费	材料费	机械费	管理费	利润	名称	单位	数量
CE0235	4 对双绞线缆	链路	9.75	4.50	0.09	3.57	0.48	1.11			

清单项目的合价为

$$9.75 \times 49 = 477.75 \text{（元）}$$

11.3　综合布线工程计量与计价实例

本节通过一个工程实例来说明综合布线工程计量与计价的计算方法和程序。

11.3.1　工程概况与设计说明

某小区有 10 栋 20 层板式高层住宅，计算机网络及综合布线系统如图 11.12 所示。

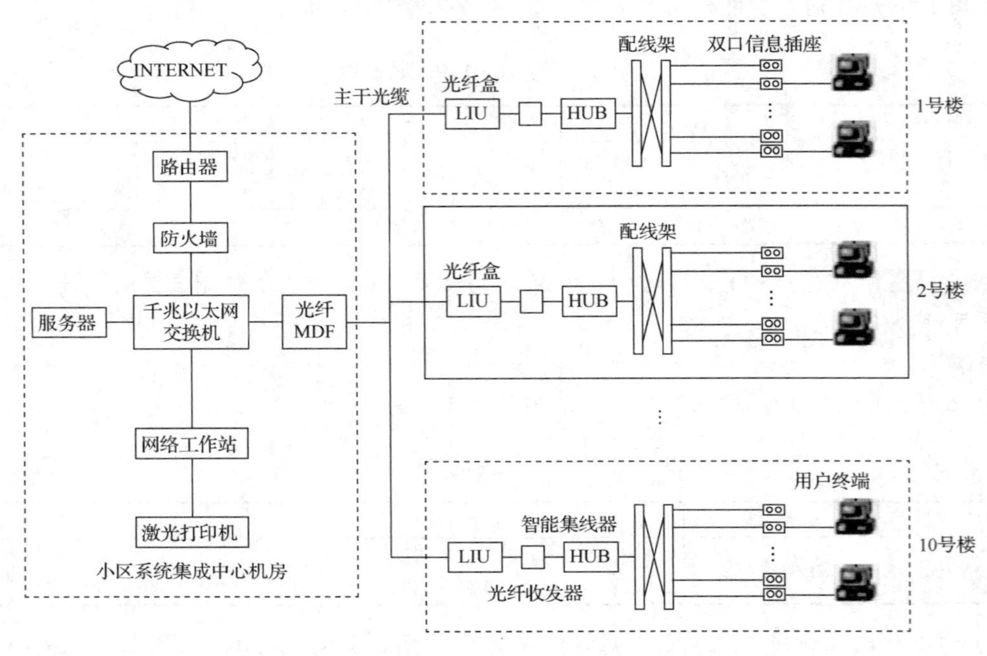

图 11.12　计算机网络及综合布线系统

设计说明如下。

1）计算机网络系统工程：建小区宽带局域网并与因特网相连。网络中每个信息点速率应能达到 10Mb/s 专享宽带。

2）综合布线系统工程：全部采用超五类布线系统。工程安装完毕后需进行光缆及超五类测试。

① 建筑群子系统：楼群到机房之间采用室外管道中敷设 4 芯多模光缆作为传输干线，共计 1500m。

② 设备间子系统：主配线间设在系统集成中心机房，在每栋楼中间单元的首层弱电井中设配线间。在配线间中安装机架、配线架、光纤盒等。计算机网络系统的智能集线器也可以安装在该配线间中（24 口配线架、线管理器等）。中心机房内有单机支持 50 个用户的服务器 2 台，单机支持 8 个用户的服务器 1 台，1.5GB 系统软件一套，1.2GB 系统软件一套。

③ 管理间子系统：数据通信管理可由光纤跳线来完成。

④ 水平干线子系统：采用超五类 UTP 双绞线，由配线间出来沿弱电井金属线槽到每一楼层，穿预埋管到用户信息插座底盒。超五类 UTP 双绞线管内敷设工程量为 21350m，与线

槽内敷设工程量相同。

⑤ 工作区子系统：终端采用标准 RJ45 双口信息插座，共 950 个。安装在墙上距地面 30cm 的预埋盒上。

11.3.2　工程量计算

综合布线工程量计算见表 11.36。

表 11.36　综合布线工程量计算

序号	项目名称	单位	工程量	计算式
1	24 口千兆以太网交换机	台	1	中心机房
2	单机支持 50 个用户服务器	台	2	中心机房
3	单机支持 8 个用户服务器	台	1	中心机房
4	8 口路由器	台	1	中心机房
5	动态监测防火墙	台	1	中心机房
6	机架型智能集线器	台	40	4×10=40
7	A4 彩色激光打印机	台	1	中心机房
8	AVU-ST 光纤收发器	台	10	1×10=10
9	BA123 标准机柜	台	10	1×10=10
10	1.5GB 系统软件	套	1	中心机房
11	1.2GB 系统软件	套	1	中心机房
12	管内超五类 UTP 双绞线	m	21350	21350
13	线槽内超五类 UTP 双绞线	m	21350	21350
14	4 芯多模光缆	m	1500	1500
15	壁挂式机架	台	10	1×10=10
16	24 口配线架	条	80	950×2/24=80
17	线管理器	个	80	950×2/24=80
18	光纤盒（连接盘）	块	11	1+1×10=11
19	双口信息插座	个	950	950
20	连接光纤（熔接法）	芯	80	4×2×10=80
21	超五类双绞线缆测试	点	1900	950×2=1900
22	光纤测试	芯	40	4×10=40

11.3.3　工程量清单与计价

根据《通用安装工程工程量计算规范》(GB 50856—2013）及《四川省建设工程工程量清单计价定额——通用安装工程》(2020)，编制综合布线工程分部分项工程量清单与计价表，见表 11.37。本章用到的主材单价表见表 11.38，综合单价分析表见表 11.39。

表 11.37　综合布线工程分部分项工程量清单与计价表

序号	项目编码	项目名称	项目特征描述	计量单位	工程数量	金额/元		
						综合单价	合价	其中
								暂估价
1	030501012001	交换机	1．名称：以太网交换机 2．层数：24 口千兆	台	1	3958.69	3958.69	

续表

序号	项目编码	项目名称	项目特征描述	计量单位	工程数量	金额/元		
						综合单价	合价	其中 暂估价
	CE0102	交换机 固定配置 ≤24 口		台	1			
2	030501013001	网络服务器	1．名称：网络服务器 2．类别：企业级	台	2	100520.20	201040.4	
	CE0109	台式服务器 企业级		台	2			
3	030501013002	网络服务器	1．名称：网络服务器 2．类别：工作组级	台	1	20232.92	20232.92	
	CE0107	台式服务器 工作组级		台	1			
4	030501009001	路由器	1．名称：路由器 2．类别：桌面型 3．规格：8 口 4．功能：8 口桌面型	台	1	3241.02	3241.02	
	CE0087	路由器 固定配置 ≤8 口		台	1			
5	030501011001	防火墙	1．名称：防火墙 2．功能：动态监测	台	1	30768.07	30768.07	
	CE0097	防火墙设备 状态/动态防火墙		台	1			
6	030501008001	集线器	1．名称：智能集线器 2．类别：机架型	台	40	185.95	7438.00	
	CE0083	普通型集线器		台	40			
7	030501002001	输出设备	1．名称：打印机 2．类别：彩色激光 3．规格：A4	台	1	1536.46	1536.46	
	CE0007	激光打印机 A3、A4		台	1			
8	030501010001	收发器	1．名称：光纤收发器 2．类别：AVU-ST	台	10	358.95	3589.50	
	CE0092	收发器		台	10			
9	030501005001	插箱机柜	1．名称：标准机柜 2．规格：BA123 3．安装方式：落地安装	台	10	522.98	5229.80	
	CE0152	机柜 落地式		台	10			
10	030501017001	软件	1．名称：系统软件 2．容量：1.5GB 3. 用户：50	套	1	10898.22	10898.22	
	CE0122	系统服务器软件≤50 用户		套	1			
11	030501017002	软件	1．名称：应用软件 2．容量：1.2GB 3. 用户：8	套	1	6453.75	6453.75	
	CE0120	系统服务器软件≤25 用户		套	1			
12	030502005001	双绞线缆	1．名称：超五类线缆 2．线缆对数：4 对 3．敷设方式：管内敷设	m	21350	4.16	88816.00	
	CE0163	管内穿放≤4 对		m	21350			

续表

序号	项目编码	项目名称	项目特征描述	计量单位	工程数量	金额/元		
						综合单价	合价	其中 暂估价
13	030502005002	双绞线缆	1．名称：超五类线缆 2．线缆对数：4 对 3．敷设方式：线槽敷设	m	21350	4.01	85613.50	
	CE0164	线槽内布放≤4 对		m	21350			
14	030502007001	光缆	1．名称：4 芯多模光缆 2．线缆对数：4 芯 3．敷设方式：室外管内敷设	m	1500	8.91	13365.00	
	CE0178	管内穿放≤12 芯		m	1500			
15	030502001001	机柜、机架	1．名称：机架 2．安装方式：壁挂式安装	台	10	334.64	3346.40	
	CE0153	安装机柜、机架 墙挂式		台	10			
16	030502010001	配线架	1．名称：配线架 2．规格：24 口	个	80	458.55	36684.00	
	CE0202	配线架 24 口		架	80			
17	030502017001	线管理器	1．名称：线管理器 2U 2．安装部位：机柜中安装	个	80	83.80	6704.00	
	CE0233	线管理器 2U		个	80			
18	030502013001	连接盒	1．名称：连接盒 2．类别：光纤连接盒	块	11	598.37	6582.07	
	CE0216	安装光纤连接盘		块	11			
19	030502012001	信息插座	1．名称：信息插座 2．类别：8 位模块式 3．规格：双口 4．安装方式：壁装 5．底盒材质、规格：钢制，86H	个	950	44.62	42389.00	
	CE0212	安装 8 位模块式信息插座 双口		个	950			
	CE0158	接线盒 86mm×86mm		个	950			
20	030502014001	光纤连接	1．方法：熔接法 2．模式：多模	芯	80	77.60	6208.00	
	CE0220	光纤连接 熔接法 多模		芯	80			
21	030502019001	双绞线缆测试	1．测试类别：超五类 2．测试内容：电缆链路系统测试	点	1900	9.75	18525.00	
	CE0235	4 对双绞线缆链路测试		链路	1900			
22	030502020001	光纤测试	1．测试类别：光纤 2．测试内容：光纤链路系统测试	芯	40	18.55	742	
	CE0237	光纤链路测试		链路	40			

表 11.38　本章用到的主材单价表

序号	主材名称及规格	单位	单价/元	序号	主材名称及规格	单位	单价/元
1	24 口千兆以太网交换机	台	3500.00	12	工作组级系统软件	套	5000.00
2	网络服务器企业级	台	100000.00	13	RJ45 型 24 口配线架	个	180.00
3	网络服务器工作组级	台	20000.00	14	双绞线缆	m	2.10
4	局域网路由器	台	3000.00	15	4 芯光缆	m	7.00
5	企业级大型防火墙	台	30000.00	16	机柜	个	180.00
6	激光打印机	台	1500.00	17	线管理器	个	30.00
7	光纤收发器 AVU-ST	台	200.00	18	光纤连接盘	个	500.00
8	普通型集线器	台	150.00	19	8 位模块式信息插座 双口	个	30.00
9	机柜	台	180.00	20	光纤连接器材	套	50.00
10	系统软件	套	8000.00	21	接线盒 86mm×86mm	个	2.00
11	8 位模块式信息插座 单口	个	22.00	22	跳线连接器	个	5.00

表 11.39　综合单价分析表

工程名称：某计算机网络及综合布线工程　　　　第 1 页　共 2 页

项目编码	030502005001	项目名称	双绞线缆	计量单位	m	工程量	21350

清单综合单价组成明细

定额编号	定额名称	定额单位	数量	单价/元					合价/元				
				人工费	材料费	机械费	管理费	利润	人工费	材料费	机械费	管理费	利润
CE0163	管内穿放≤4 对	m	21350	1.56	0.04	0.03	0.10	0.22	33306.00	854.00	640.50	2135.00	4697.00
CE0194	跳线卡接	对	950	2.40			0.14	0.33	2280.00			133.00	313.5
人工单价		小计							35586.00	854.00	640.50	2268.00	5010.50
普工、技工、高级技工为 90、120、150 元/工日		未计价材料费							45955.88				
清单项目综合单价									4.23				

材料费明细	主要材料名称、规格、型号	单位	数量	单价/元	合价/元	暂估单价/元	暂估合价/元
	4 对对绞电缆	m	21883.75	2.10	45955.88		
	其他材料费						
	材料费小计				45955.88		

工程名称：某计算机网络及综合布线工程　　　　第 2 页　共 2 页

项目编码	030502012001	项目名称	信息插座	计量单位	个	工程量	950

清单综合单价组成明细

定额编号	定额名称	定额单位	数量	单价/元					合价/元				
				人工费	材料费	机械费	管理费	利润	人工费	材料费	机械费	管理费	利润
CE0212	安装 8 位模块式信息插座双口	个	950	7.20	0.20		0.43	0.99	6840.00	190.00		408.50	940.50
CD1825	暗装接线盒 86mm×86mm	个	950	3.45	1.26		0.24	0.55	3277.50	1197.00		228.00	522.50

续表

<table>
<tr><td rowspan="2">定额编号</td><td rowspan="2">定额名称</td><td rowspan="2">定额单位</td><td rowspan="2">数量</td><td colspan="5">单价/元</td><td colspan="5">合价/元</td></tr>
<tr><td>人工费</td><td>材料费</td><td>机械费</td><td>管理费</td><td>利润</td><td>人工费</td><td>材料费</td><td>机械费</td><td>管理费</td><td>利润</td></tr>
<tr><td colspan="2">人工单价</td><td colspan="7">小计</td><td>10117.50</td><td>1387.00</td><td></td><td>636.50</td><td>1463.00</td></tr>
<tr><td colspan="2">120 元/工日</td><td colspan="7">未计价材料费</td><td colspan="5">28785.00</td></tr>
<tr><td colspan="9">清单项目综合单价</td><td colspan="5">44.62</td></tr>
<tr><td rowspan="4">材料费明细</td><td colspan="5">主要材料名称、规格、型号</td><td colspan="2">单位</td><td>数量</td><td>单价/元</td><td colspan="2">合价/元</td><td>暂估单价/元</td><td>暂估合价/元</td></tr>
<tr><td colspan="5">信息插座（双口）</td><td colspan="2">个</td><td>959.50</td><td>30.00</td><td colspan="2">28785.00</td><td></td><td></td></tr>
<tr><td colspan="8">其他材料费</td><td></td><td colspan="2">1387.00</td><td></td><td></td></tr>
<tr><td colspan="8">材料费小计</td><td></td><td colspan="2">30172.00</td><td></td><td></td></tr>
</table>

第 12 章

火灾自动报警及消防联动系统工程计量与计价

12.1　火灾自动报警及消防联动系统组成

火灾是发生频繁、具有毁灭性的灾害之一，人们为了预防和消除火灾，使用了火灾探测、报警和灭火的消防工程系统。消防系统有 3 类形式：人工报警、人工灭火，自动报警、人工灭火，自动探测、自动报警、自动灭火联动系统。最后一种形式是现代建筑必备的消防系统之一，当前广泛应用的水灭火系统、气体灭火系统和泡沫灭火系统，都能达到这一要求。

火灾自动报警及消防联动系统由两大部分组成：探测报警和消防设施及设备，信号传输网络。

（1）探测报警和消防设施及设备

探测报警和消防设施及设备包括火灾探测、火灾报警、火灾广播、火警电话、事故照明、灭火设施、防排烟设施、防火卷帘门、监视器、消防电梯及非消防电源的断电装置等，其部分设施和设备如图 12.1 所示。

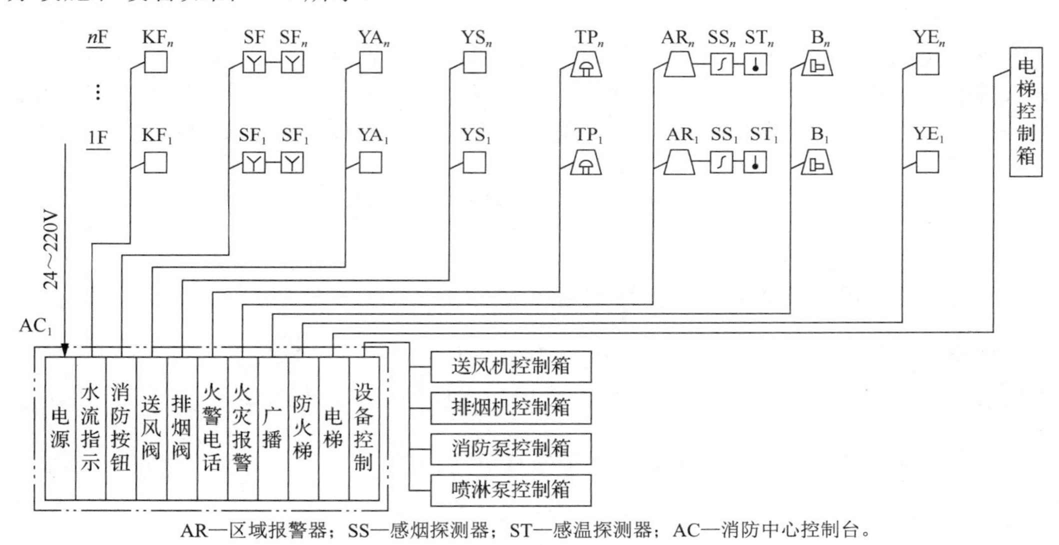

AR—区域报警器；SS—感烟探测器；ST—感温探测器；AC—消防中心控制台。

图 12.1　火灾自动报警及消防联动系统的部分设施和设备

主要设备有以下几种。

1）火灾探测设备：点式或线式感烟、感温等探测器。

2）报警设备：自动火灾报警器、紧急手动报警器（警钟、警铃、报警按钮、火警电话、紧急广播）、漏电火灾报警器等。

3）消防灭火设备：室内外消火栓、自动喷水灭火设备、正压风机、排烟机及排烟阀、排烟口、送风机、消防水泵接口、消防电梯及消防电源等。

4）避难设备：紧急出口指示灯、应急及事故照明、避难梯等。

5）火灾档案管理设备：火警监视、摄像、录像、显示、打印等。

（2）信号传输网络

火灾自动报警及消防联动系统信号传输网络有多线制和总线制两类。

1）多线制。多线制包括四线制与二线制。四线制，“四”是指公用线的根数，分别为电源线 V（24V）、地线 G、信号线 S、自诊断线 T，另外每个探测器设 1 根选通线 ST，共 5

根线，由于线多管径大已不再使用。二线制，1 根为公用地线 G，1 根承担其余功能。如果各个探测器各占一个点，则探测器数为报警控制器的点数；如果探测器并联，则并联在一起的探测器只占一个点数。

2）总线制。总线制包括四总线制与二总线制。四总线制，4 根总线分别为 P（探测器电源编码选址信号线）、T、S、G，另外加 1 根电源线，探测器到区域报警器的布线为 5 根。二总线制，2 根总线分别为 G、P，应用最广泛，有树枝形和环形。

多线制处于淘汰状态；而总线制采用地址编码技术，整个系统只用 2～4 根导线构成总线回路，所有探测器相互并联于总线回路上，系统构成极其简单，成本较低，施工量也大为减少，无论用传统布线方式还是综合布线方式的传输网络系统都广泛采用这种线制。

（3）检测调试

火灾自动报警及消防联动系统是一个总系统，安装完毕后各个分（子）系统检测合格后相互联通，再进行全系统的检测、调整及试验，以达到设计和验收规范要求。进行检测和调试的单位有施工单位、业主或监理单位、专业检测单位、公安消防部门等，前后要进行 4 次检测调试。

火灾自动报警及消防联动系统检测调试主要包括两大部分：火灾自动报警装置调试和自动灭火控制装置调试。当工程仅设置自动报警系统时，只进行自动报警装置调试；既有自动报警系统，又有自动灭火控制系统时，应进行自动报警装置和自动灭火控制装置的调试。

12.2　火灾自动报警及消防联动工程计量与计价方法

12.2.1　火灾自动报警及消防联动工程定额选用说明

火灾自动报警及消防联动工程主要执行 2020《四川省建设工程工程量清单计价定额——通用安装工程》中的 J 分册《消防工程》。费用的增加与第 5 章相同。

12.2.2　火灾自动报警及消防联动工程计量与计价

1. 火灾探测器

火灾探测器是在火灾初期，能将烟、温度、火光转换成电信号输出的一种敏感元件。其类型有点型与线型，点型探测器的安装如图 12.2 所示。

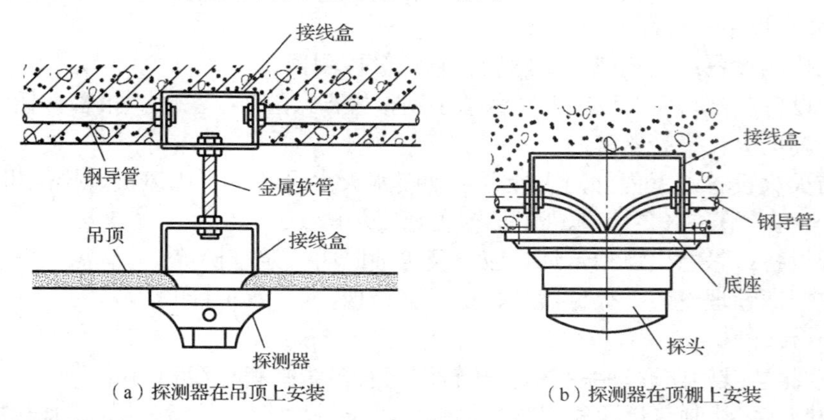

图 12.2　点型探测器的安装

（1）工程量计算规则

1）清单工程量计算规则。

① 点型探测器按设计图示数量计算，以“个”为计量单位。

② 线型探测器按设计图示长度计算，以“m”为计量单位。

③ 消防报警系统配音、配线、接线盒均应按《通用安装工程工程量计算规范》（GB 50856—2013）附录 D 电气设备安装工程相关项目编码列项。

④ 点型探测器包括火焰、烟感、温感、红外光束、可燃气体探测器等。

2）定额工程量计算规则。

① 点型探测器按设计图示数量计算，不分规格、型号、安装方式与位置，以“个”“对”为计量单位。探测器安装包括了探头和底座的安装及本体调试。红外光速探测器是成对使用的，在计算时一对为两只。

② 红外光束探测器以“对”为计量单位。红外线探测器是成对使用的，在计算时一对为两只。

③ 火焰探测器、可燃气体探测器以“个”为计量单位。

④ 线型探测器依据探测器长度、信号转换装置数量、报警终端电阻数量按设计图示数量计算，分别以“m”　“台”“个”为计量单位。

◆例 12.1　某宾馆客房火灾报警系统如图 12.3 所示，层高 3.8 m，吊顶高 3.2 m。挂式区域报警器 AR_5 板面尺寸为 500mm×800mm（宽×高），安装高度距地 1.5m；SS 及 ST 均用二总线制。计算探测器的工程量。

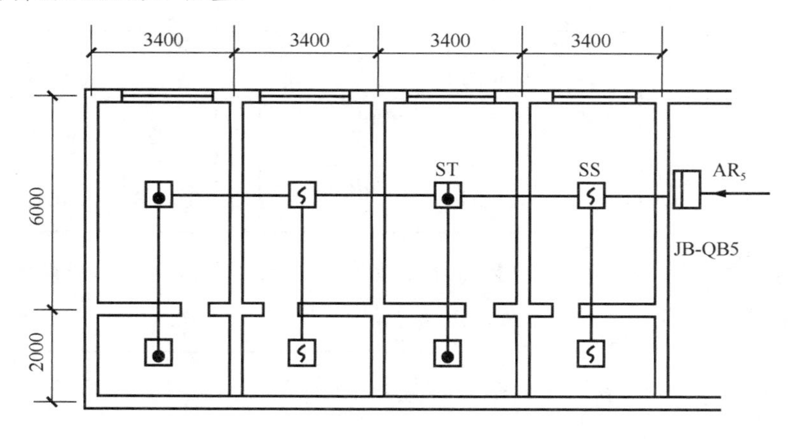

图 12.3　某宾馆客房火灾报警系统

※解※

由图可知，探测器的工程量如下。

总线制感烟探测器：4 个。

总线制感温探测器：4 个。

（2）清单使用说明

根据《通用安装工程工程量计算规范》（GB 50856—2013）附录 J.4 的规定，火灾探测器的工程量清单项目设置、项目特征描述的内容、计量单位及工程量计算规则应按表 12.1 执行。

表 12.1　火灾探测器工程量清单项目设置

项目编码	项目名称	项目特征	计量单位	工程量计算规则	工作内容
030904001	点型探测器	1. 名称 2. 规格 3. 线制 4. 类型	个	按设计图示数量计算	1. 底座安装 2. 探头安装 3. 校接线 4. 编码 5. 探测器调试
030904002	线型探测器	1. 名称 2. 规格 3. 安装方式	m	按设计图示长度计算	1. 探测器安装 2. 接口模块安装 3. 报警终端安装 4. 校接线

（3）定额使用说明

1）火灾探测器套用 J 分册《消防工程》第四章中火灾自动报警系统部分，应区分各种火灾探测器分别套用。

2）火灾探测器配套的暗、明接线盒，套用《电气设备安装工程》中相应的定额子目。

◆例 12.2　根据例 12.1 的计算结果，套用相关定额子目，计算火灾探测器定额费用。

※解※

套用 J 分册《消防工程》相关定额子目，定额费用见表 12.2。

表 12.2　例 12.2 的定额费用

定额编号	项目名称	计量单位	① 工程数量	② 定额综合基价/元	③ 合价/元 ③=①×②	设备名称	④ 设备数量	单位	⑤ 设备单价/元	⑥ 设备合价/元 ⑥=④×⑤	⑦ 定额合价/元 ⑦=③+⑥
CJ0173	感烟探测器	个	4	45.25	181.00	感烟探测器	4	个	25.00	100.00	181.00+100.00=281.00
CJ0174	感温探测器	个	4	45.25	181.00	感温探测器	4	个	60.00	240.00	181.00+240.00=421.00

◆例 12.3　根据例 12.1 和例 12.2 的计算结果，编制火灾探测器工程量清单，计算各清单项目的综合单价和合价。

※解※

1）由表 12.1 可知，本例的工程量清单见表 12.3。

表 12.3　例 12.3 的工程量清单

项目编码	项目名称	项目特征	计量单位	工程量
030904001001	点型探测器	1. 名称：感烟探测器 2. 线制：总线制 3. 类型：点型感烟探测器	个	4
030904001002	点型探测器	1. 名称：感温探测器 2. 线制：总线制 3. 类型：点型感温探测器	个	4

2）通过对比《通用安装工程工程量计算规范》（GB 50856—2013）附录 J 相关项目和《四川省建设工程工程量清单计价定额——通用安装工程》（2020）J 分册定额相关子目的工作内容，可知清单项目 030904001001 对应于定额子目 CJ0173，清单项目 030904001002 对

应于定额子目 CJ0174。清单项目和定额子目的关系见表 12.4。

表 12.4　清单项目和定额子目的关系

项目编码	项目名称	项目特征	对应定额子目
030904001001	点型探测器	1. 名称：感烟探测器 2. 线制：总线制 3. 类型：点型感烟探测器	CJ0173
030904001002	点型探测器	1. 名称：感温探测器 2. 线制：总线制 3. 类型：点型感温探测器	CJ0174

3）定额子目的信息见表 12.5。

表 12.5　定额子目的信息

定额编号	项目名称	计量单位	定额综合基价/元	其中（单位：元）					未计价材料		
				人工费	材料费	机械费	管理费	利润	名称	单位	数量
CJ0173	感烟探测器	个	45.25	32.94	3.36	0.18	2.68	6.09			
CJ0174	感温探测器	个	45.25	32.94	3.36	0.16	2.68	6.09			

各清单项目的综合单价和合价分别如下。

点型探测器（030904001001）

综合单价：

$$45.25+1\times25=70.25\text{（元）}$$

清单项目合价：

$$70.25\times4=281.00\text{（元）}$$

点型探测器（030904001002）

综合单价：

$$45.25+1\times60=105.25\text{（元）}$$

清单项目合价：

$$105.25\times4=421.00\text{（元）}$$

2. 按钮及模块

（1）工程量计算规则

1）清单工程量计算规则。

① 按钮、消防警铃、声光报警器按设计图示数量计算，以“个”为计量单位。

② 模块、模块箱按设计图示数量计算，以“个（台）”为计量单位。

2）定额工程量计算规则。

① 火灾报警按钮包括手动报警按钮和气体灭火启/停按钮，以“个”为单位计量。

② 模块一般安装在接线盒内，此时应计算一个接线盒的安装，也可以将每层的模块集中安装在模块箱中，将箱安装在配电间或弱电竖井内，此时应计算一个接线箱的安装。

③ 声光报警器和警铃安装，以“个”为单位计量。

（2）清单使用说明

根据《通用安装工程工程量计算规范》（GB 50856—2013）附录 J.4 的规定，按钮与模块的工程量清单项目设置、项目特征描述的内容、计量单位及工程量计算规则应按表 12.6 执行。

表 12.6　按钮与模块工程量清单项目设置

项目编码	项目名称	项目特征	计量单位	工程量计算规则	工作内容
030904003	按钮	1．名称 2．规格	个	按设计图示数量计算	1．安装 2．校接线 3．编码 4．调试
030904004	消防警铃				
030904005	声光报警器				
030904008	模块（模块箱）	1．名称 2．规格 3．类型 4．输出形式	个（台）		

（3）定额使用说明

1）按钮、模块套用 J 分册《消防工程》第四章中火灾自动报警系统部分相应的定额子目。

2）接线盒和接线箱的安装执行 D 分册《电气设备安装工程》相应的定额子目。

3）闪光、放气指示灯执行声光报警器。

3．报警控制器、联动控制器、报警联动一体机

报警控制器：为探测器供电，接收、显示和传递火灾报警信号的报警装置。

联动控制器：能接收由报警控制器传来的报警信号，并能对自动消防等装置发出控制信号的装置。

报警联动一体机：能为探测器供电，接收、显示和传递火灾报警信号，又能对自动消防等装置发出控制信号，只适用于总线制的自动报警控制系统。它是一种接收探测器的火警电信号，将其转换为声、光报警信号，并显示着火部位或报警区域，电子时钟记录报警时间，自动与火灾控制中心联系，以唤起人们尽快救火的一种装置。

以上 3 种设备均由报警（联动）主机、电源和分线箱 3 部分组成，安装类型有台式、壁挂式、落地式，报警控制器的安装形式如图 12.4 所示。

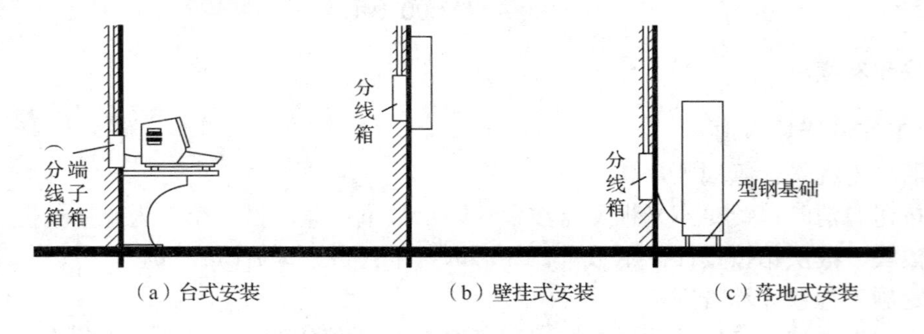

图 12.4　报警控制器的安装形式

（1）工程量计算规则

1）清单工程量计算规则。

① 区域报警控制箱、联动控制箱、远程控制箱按设计图示数量计算，以“台”为计量单位。

② 火灾报警系统控制主机、联动控制主机、消防广播及对讲电话主机（柜）、火灾报警控制微机（CRT）按设计图示数量计算，以“台”为计量单位。

③ 备用电源及电池主机（柜）按设计图示数量计算，以“套”为计量单位。

④ 报警联动一体机按设计图示数量计算，以“台”为计量单位。

2）定额工程量计算规则。

① 区域报警控制箱、联动控制箱、火灾报警系统控制主机、联动控制主机、报警联动一体机按设计图示数量计算，区分不同点数（“点数”是指带有地址编码的报警器件和控制模块的数量）、安装方式，以“台”为计量单位。

② 以上设备落地式、壁挂式安装时其基础，支架的制作、安装、除锈、刷油，应另计工程量。

③ 重复显示器不分规格、型号、安装方式，以“台”为计量单位。

④ 远程控制箱（柜）按其控制回路数，以“台”为计量单位。

◆例 12.4　某宾馆客房火灾报警系统如图 12.3 所示。挂式区域报警器为 AR_5，板面尺寸为 500mm×800mm（宽×高），安装高度距地 1.5m；SS 及 ST 均用二总线制。计算区域报警器的工程量。

※解※

由图可知，区域报警器的清单工程量如下。

AR_5 区域报警器：1 台。

定额工程量：同清单工程量。

（2）清单使用说明

根据《通用安装工程工程量计算规范》（GB 50856—2013）附录 J.4 的规定，报警控制器、联动控制器、报警联动一体机的工程量清单项目设置、项目特征描述的内容、计量单位及工程量计算规则应按表 12.7 执行。

表 12.7　报警控制器、联动控制器、报警联动一体机工程量清单项目设置

<table>
<tr><th>项目编码</th><th>项目名称</th><th>项目特征</th><th>计量单位</th><th>工程量计算规则</th><th>工作内容</th></tr>
<tr><td>030904009</td><td>区域报警控制箱</td><td rowspan="2">1．多线制
2．总线制
3．安装方式
4．控制点数量
5．显示器类型</td><td rowspan="6">台</td><td rowspan="7">按设计图示数量计算</td><td rowspan="3">1．本体安装
2．校接线、摇测绝缘电阻
3．排线、绑扎、导线标志
4．显示器安装
5．调试</td></tr>
<tr><td>030904010</td><td>联动控制箱</td></tr>
<tr><td>030904011</td><td>远程控制箱（柜）</td><td>1．规格
2．控制回路</td></tr>
<tr><td>030904012</td><td>火灾报警系统控制主机</td><td rowspan="2">1．规格、线制
2．控制回路
3．安装方式</td><td rowspan="2">1．安装
2．校接线
3．调试</td></tr>
<tr><td>030904013</td><td>联动控制主机</td></tr>
<tr><td>030904015</td><td>火灾报警控制微机（CRT）</td><td>1．规格
2．安装方式</td><td rowspan="2">1．安装
2．调试</td></tr>
<tr><td>030904016</td><td>备用电源及电池主机（柜）</td><td>1．名称
2．容量
3．安装方式</td><td>套</td></tr>
</table>

续表

项目编码	项目名称	项目特征	计量单位	工程量计算规则	工作内容
030904017	报警联动一体机	1．规格、线制 2．控制回路 3．安装方式	台	按设计图示数量计算	1．安装 2．校接线 3．调试

（3）定额使用说明

1）报警控制器、联动控制器、报警联动一体机应区分不同安装方式，执行 J 分册《消防工程》第四章中火灾自动报警系统部分相应的定额子目。

2）安装定额中箱、机是以成套装置编制的；柜式及琴台式均执行落地式安装相应项目。

3）电气火灾监控系统。

① 报警控制器按点数执行火灾自动报警控制器安装。

② 探测器模块按输入回路数量执行多输入模块安装。

③ 剩余电流互感器执行相关电气安装定额。

④ 温度传感器执行线性探测器信号转换装置安装定额。

4）火灾报警控制微机安装中不包括消防系统应用软件开发内容。

5）火灾显示板（层显）安装执行重复显示器项目。

6）火灾自动报警系统各设备不分总线制和多线制综合列项。

◆例 12.5　根据例 12.4 的计算结果，套用相关定额子目，计算区域报警器定额费用。

※解※

套用 J 分册《消防工程》相关定额子目，定额费用见表 12.8。

表 12.8　例 12.5 的定额费用

定额编号	项目名称	计量单位	①	②	③	设备名称	④	单位	⑤	⑥	⑦
			工程数量	定额综合基价/元	合价/元 ③=①×②		设备数量		设备单价/元	设备合价/元 ⑥=④×⑤	定额合价/元 ⑦=③+⑥
CJ0200	报警控制箱（壁挂）64 点以内	台	1	712.05	712.05	区域报警器	1	台	400.00	400.00	712.05+400.00=1112.05

◆例 12.6　根据例 12.4 和例 12.5 的计算结果，编制区域报警器工程量清单，计算清单项目的综合单价。

※解※

1）由表 12.7 可知，本例的工程量清单见表 12.9。

表 12.9　例 12.6 的工程量清单

项目编码	项目名称	项目特征	计量单位	工程量
030904009001	区域报警控制箱	1．线制：总线制 2．安装方式：壁挂式 3．控制点数量：64 点以内	台	1

2）通过对比《通用安装工程工程量计算规范》（GB 50856—2013）附录J相关项目和《四川省建设工程工程量清单计价定额——通用安装工程》（2020）J分册定额相关子目的工作内容，可知清单项目030904009001对应于定额子目CJ0200。清单项目和定额子目的关系见表12.10。

表12.10　清单项目和定额子目的关系

项目编码	项目名称	项目特征	对应定额子目
030904009001	区域报警控制箱	1. 线制：总线制 2. 安装方式：壁挂式 3. 控制点数量：64点以内	CJ0200

3）定额子目的信息见表12.11。

表12.11　定额子目的信息

定额编号	项目名称	计量单位	定额综合基价/元	其中（单位：元）					未计价材料		
				人工费	材料费	机械费	管理费	利润	名称	单位	数量
CJ0200	报警控制箱（壁挂）64点以内	台	712.05	519.75	22.05	25.71	44.18	100.36			

清单项目的综合单价为

$$712.05+1.00\times400=1112.05\text{（元）}$$

4. 消防通信系统

（1）工程量计算规则

1）清单工程量计算规则。

① 消防报警电话插孔（电话）按设计图示数量计算，以“个（部）”为计量单位。

② 消防广播（扬声器）按设计图示数量计算，以“个”为计量单位。

③ 消防广播及对讲电话主机（柜）按设计图示数量计算，以“台”为计量单位。

④ 消防广播及对讲电话主机包括功效、录音机、分配器、控制柜等设备。

2）定额工程量计算规则。

① 消防电话交换机安装：以通话门数分档，如10、30、60、80门等，以“台”为计量单位。

② 电话分机与电话插孔，不分规格型号、安装方式，以“个”为计量单位，均应计算一个接线盒的安装。

③ 广播功率放大器、广播录放盘的安装分为柜内及台上两种方式综合考虑，以“台”为计量单位。

④ 消防广播控制柜指安装成套消防广播设备的成品机柜，不分规格型号，以“台”为计量单位。

⑤ 广播分配器是指单独安装的消防广播用分配器（操作盘），以“台”为计量单位。

（2）清单使用说明

根据《通用安装工程工程量计算规范》（GB 50856—2013）附录 J.4 的规定，消防通信系统的工程量清单项目设置、项目特征描述的内容、计量单位及工程量计算规则应按表 12.12 执行。

表 12.12　消防通信系统工程量清单项目设置

项目编码	项目名称	项目特征	计量单位	工程量计算规则	工作内容
030904006	消防报警电话插孔（电话）	1．名称 2．规格 3．安装方式	个（部）	按设计图示数量计算	1．安装 2．校接线 3．编码 4．调试
030904007	消防广播（扬声器）	1．名称 2．功率 3．安装方式	个		
030904014	消防广播及对讲电话主机（柜）	1．规格、线制 2．控制回路 3．安装方式	台		1．安装 2．校接线 3．调试

（3）定额使用说明

1）消防通信系统套用 J 分册《消防工程》第四章中火灾自动报警系统部分相应的定额子目。

2）接线盒和接线箱的安装执行 D 分册《电气设备安装工程》相应的定额子目。

3）暗装接线箱、接线盒定额中槽孔按照事先预留考虑。

5．消防系统调试

消防系统调试包括自动报警系统、水灭火系统、火灾事故广播、消防通信系统、消防电梯系统、电动防火门、防火卷帘门、正压送风阀、排烟阀、防火阀控制装置、气体灭火系统装置。

（1）工程量计算规则

1）清单工程量计算规则。

① 自动报警系统调试，包括各种探测器、报警按钮、报警控制器、消防广播、消防电话等组成的报警系统，按不同点数以系统计算。

② 水灭火控制装置、自动喷洒系统按水流指示器数量以点（支路）计算，消火栓系统按消火栓启泵按钮数量以点计算，消防水炮系统按水炮数量以点计算。

③ 防火控制装置，包括电动防火门、防火卷帘门、正压送风阀、排烟阀、防火控制阀、消防电梯等防火控制装置；电动防火门、防火卷帘门、正压送风扇、排烟阀、防火控制阀等调试以个计算，消防电梯以部计算。

④ 气体灭火系统调试系统是由七氟丙烷、IG541、二氧化碳等组成的灭火系统；按气体

灭火系统装置的瓶头阀以点计算。

2）定额工程量计算规则。

① 自动报警系统调试区分不同点数根据集中报警器台数按系统计算。自动报警系统包括各种探测器、报警器、报警按钮、报警控制器组成的报警系统，其点数按具有地址编码的器件数量计算。火灾事故广播、消防通信系统调试按消防广播喇叭及音箱、电话插孔和消防通信的电话分机的数量分别以“10 只”或“部”为计量单位。

② 自动喷水灭火系统调试按水流指示器数量以“点（支路）”为计量单位；消火栓灭火系统按消火栓启泵按钮数量以“点”为计量单位；消防水炮控制装置系统调试按水炮数量以“点”为计量单位。

③ 气体灭火系统装置调试按调试、检验和验收所消耗的试验容量总数计算，以“点”为计量单位。气体灭火系统调试是包括七氟丙烷、IG541、二氧化碳等组成的灭火系统，按气体灭火系统装置的瓶头阀以点计算。

④ 火灾事故广播、消防通信系统调试，按广播喇叭、电话分机、电话插孔的数量以“10 只”为计量单位。

⑤ 电动防火门、防火卷帘门指可由消防控制中心显示与控制的电动防火门、防火卷帘门，系统调试以“点”为计量单位，每樘为一点。

（2）清单使用说明

根据《通用安装工程工程量计算规范》（GB 50856—2013）J.5 的规定，消防系统调试的工程量清单项目设置、项目特征描述的内容、计量单位及工程量计算规则应按表 12.13 执行。

表 12.13　消防系统调试工程量清单项目设置

项目编码	项目名称	项目特征	计量单位	工程量计算规则	工作内容
030905001	自动报警系统调试	1．点数 2．线制	系统	按系统计算	系统调试
030905002	水灭火控制装置调试	系统形式	点	按控制装置的点数计算	调试
030905003	防火控制装置调试	1．名称 2．类型	个（部）	按设计图示数量计算	

（3）定额使用说明

1）消防系统调试执行 J 分册《消防工程》第五章中相应的定额子目。

2）系统调试是指消防报警和防火控制装置、灭火系统安装完毕且联通，并达到国家有关消防施工验收规范、标准所进行的全系统检测、调整和试验。

3）定额中不包括气体灭火系统调试试验时采取的安全措施，应按批准的施工方案另行计算。

4）自动报警系统装置包括各种探测器、手动报警按钮和报警控制器；灭火系统控制装置包括消火栓、自动喷水、七氟丙烷、二氧化碳等固定灭火系统的控制装置。

5）切断非消防电源的点数以执行切除非消防电源的模块数量确定点数。

6）气体灭火控制盘所涉及报警点调试，计入自动报警系统总点数计算调试费。

7）电气火灾监控系统调试按模块点数执行自动报警系统调试相应项目。

12.3　火灾自动报警及消防联动工程计量与计价实例

本节通过一个工程实例来说明火灾自动报警及消防联动工程计量与计价的计算方法和程序。

12.3.1　工程概况与设计说明

某公司办公楼，层高 4m，地上共 4 层。其火灾自动报警系统如图 12.5～图 12.9 所示。其主要设备材料见表 12.14。本楼的火灾报警系统主机设在一层，当发生火灾时楼内的主机向小区内消防主机发出信号。在房间、走道等公共场所设置感烟探测器，在公共场所设有手动报警按钮、编码声光报警器。当探测器、手动报警按钮报火警时，自动切断相应层的生活用电，启动编码声光报警器，提醒人员有序疏散。水喷淋系统的水流指示器、信号阀和湿式报警阀处设置监视模块将水流报警信号送到消防报警主机。

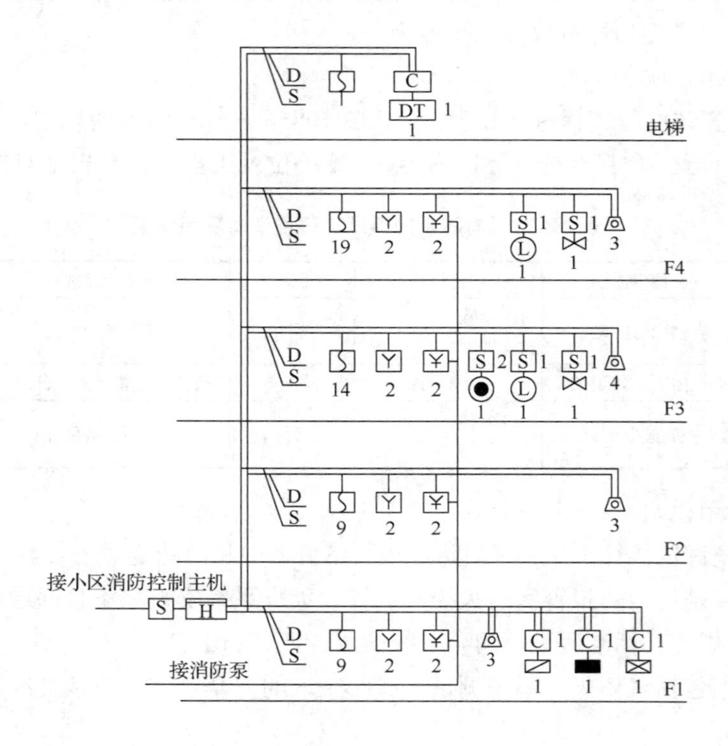

图 12.5　火灾自动报警系统

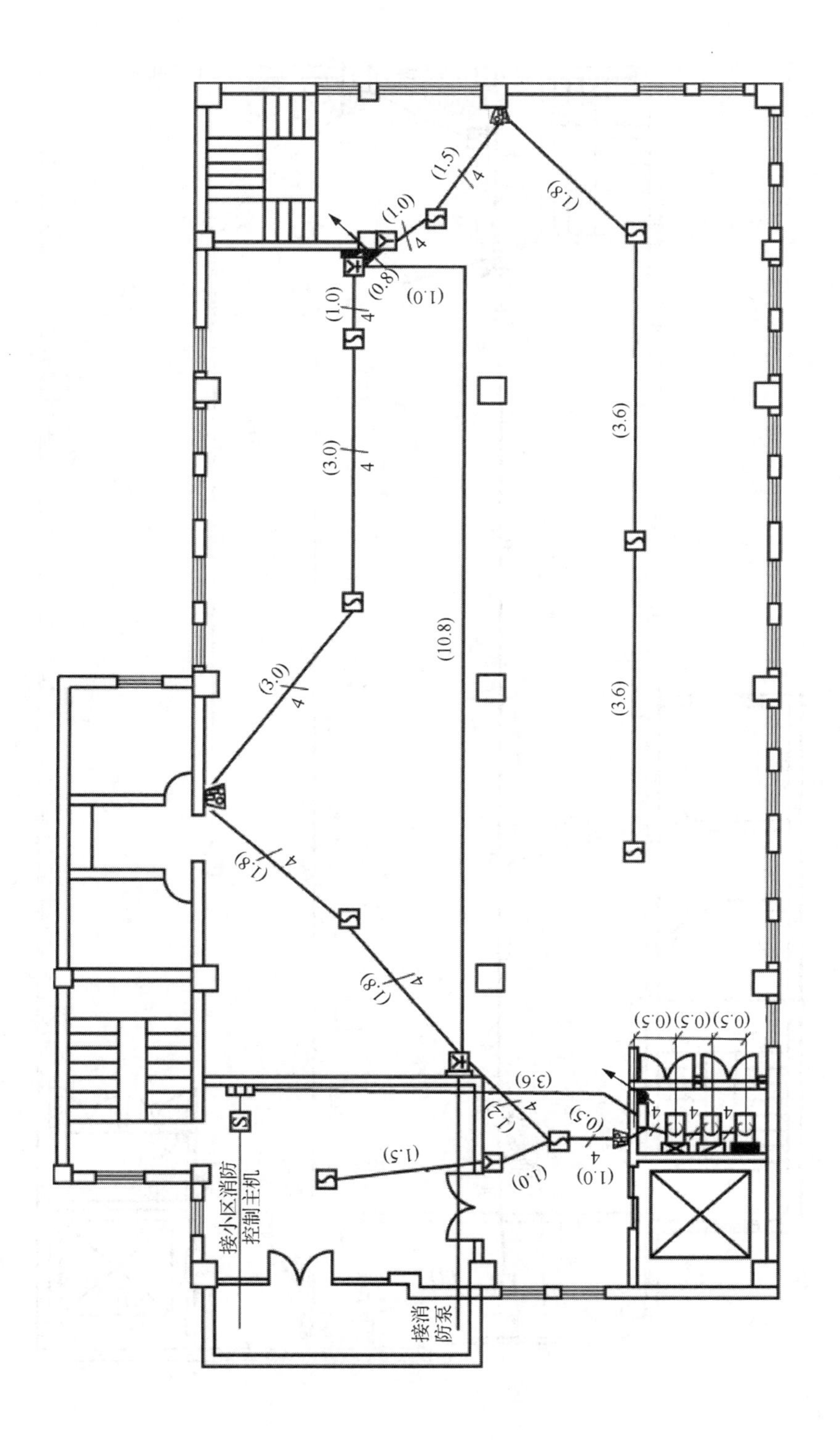

图 12.6　一层火灾自动报警平面图

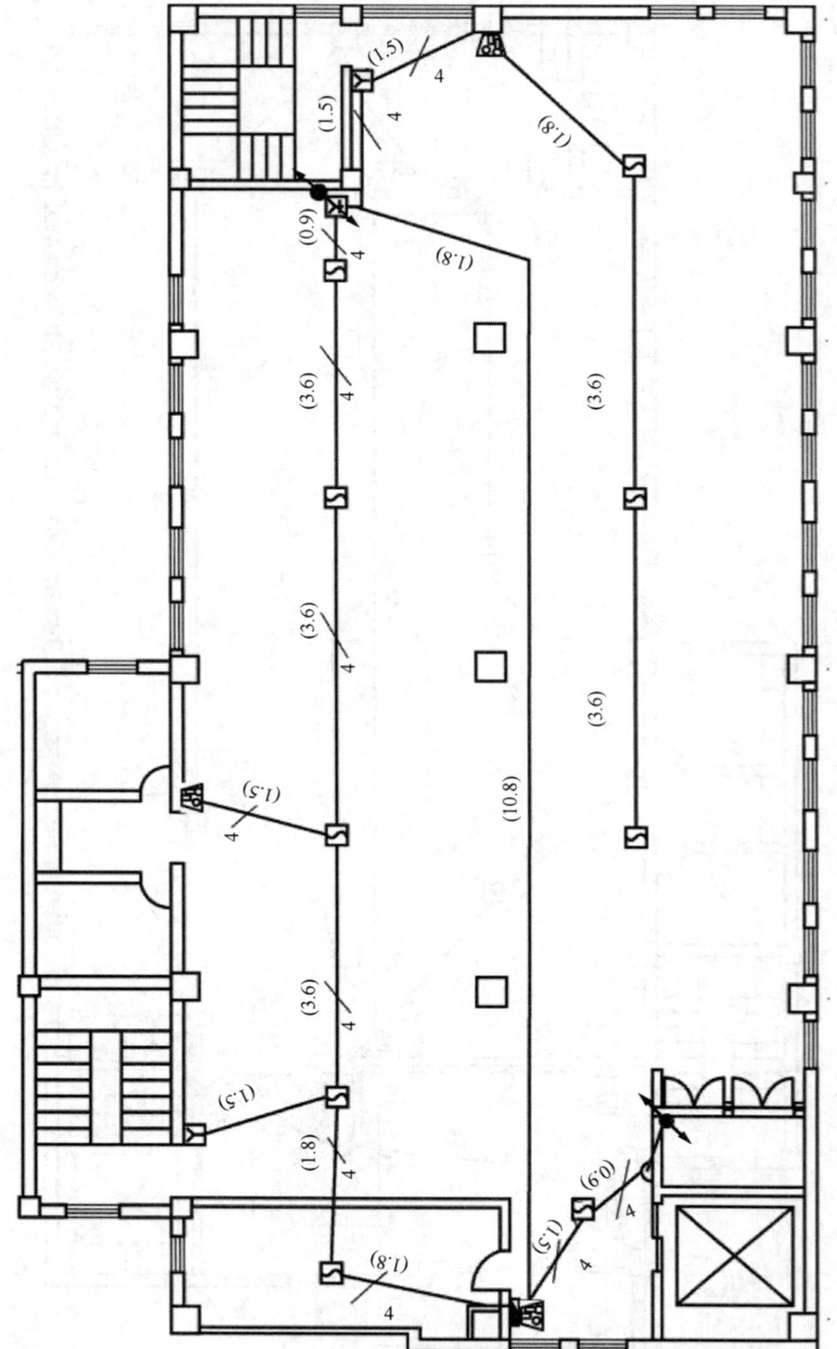

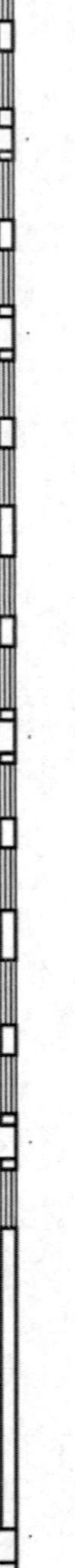
图 12.7　二层火灾自动报警平面图

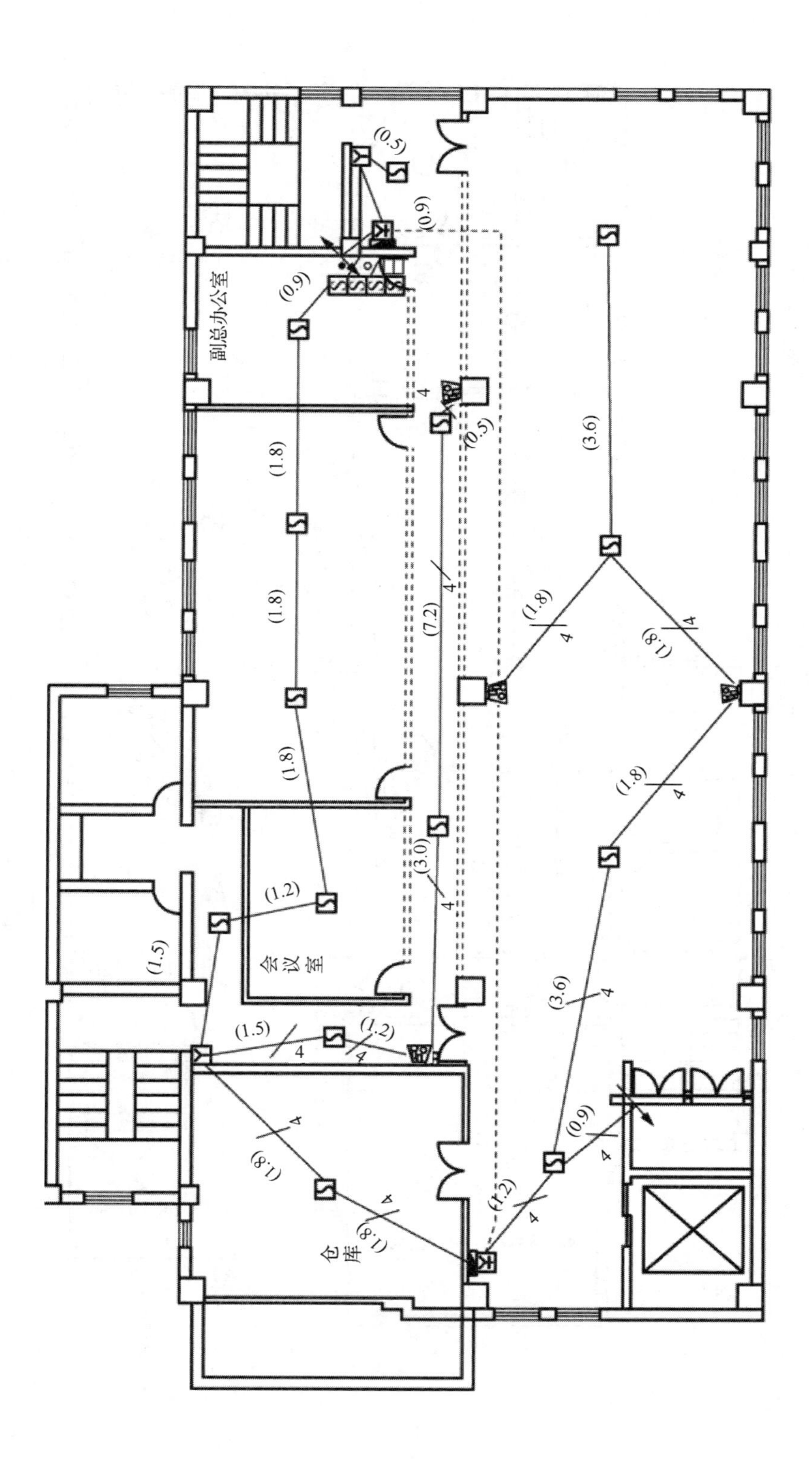

图 12.8　三层火灾自动报警平面图

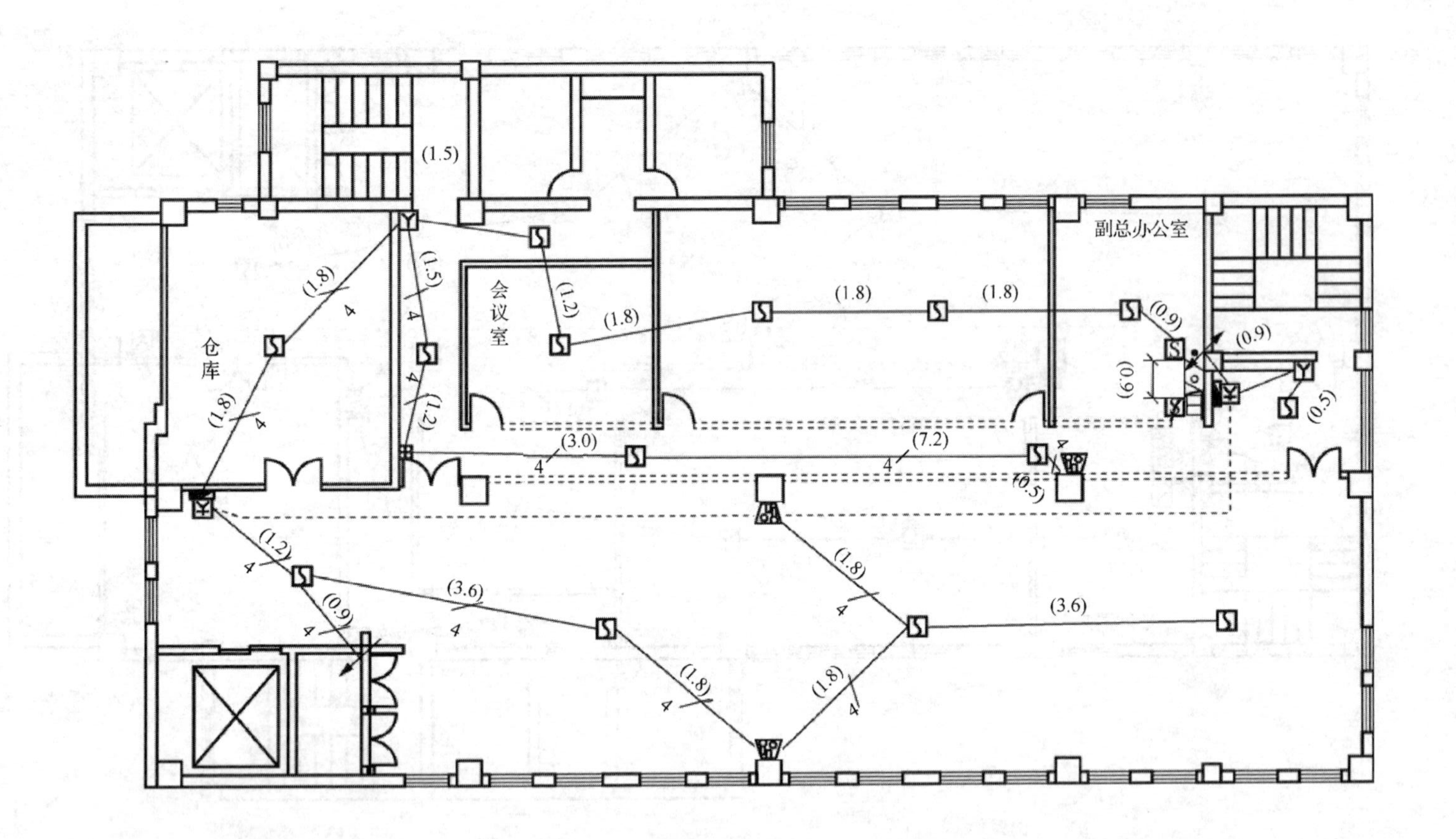

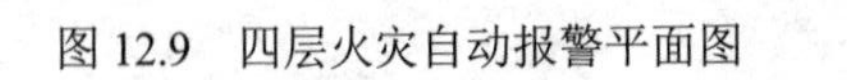
图 12.9　四层火灾自动报警平面图

表 12.14　主要设备材料

图例	名称	图例	名称
[S]	感烟探测器	◉	湿式报警阀
[C]	控制模块	Ⓛ	水流指示器
	动力配电柜		遥控信号阀
	火灾报警控制器	[Y]	手动报警装置
	组合声光报警装置	[S]	监视模块
	照明配电柜		应急照明配电柜

12.3.2　工程量计算

消防报警工程量计算见表 12.15。

表 12.15　消防报警工程量计算

序号	项目名称	单位	工程量	计算式
1	感烟探测器	个	52	9+9+14+19+1=52
2	手动报警装置	个	8	2+2+2+2=8
3	消火栓启泵按钮	个	8	2+2+2+2=8
4	组合声光报警装置	个	13	3+3+4+3=13
5	监视模块（单输入）	个	4	2+2=4
6	监视模块（多输入）	个	1	1
7	控制模块	个	4	3+1=4
8	火灾报警控制器	台	1	1
9	自动报警系统调试	系统	1	1
10	自动喷洒控制装置调试（水流指示器）	点	2	1+1=2
11	消火栓控制装置调试（消火栓按钮）	点	8	2+2+2+2=8

12.3.3　工程量清单与计价

根据《通用安装工程工程量计算规范》（GB 50856—2013）及《四川省建设工程工程量清单计价定额——通用安装工程》（2020），编制消防报警系统工程分部分项工程量清单与计价表，见表 12.16。本章用到的主材单价表见表 12.17，综合单价分析表见表 12.18。

表 12.16　消防报警系统工程分部分项工程量清单与计价表

序号	项目编码	项目名称	项目特征描述	计量单位	工程数量	金额/元		
						综合单价	合价	其中 暂估价
1	030904001001	点型探测器	1．名称：感烟探测器 2．线制：总线制 3．类型：点型感烟探测器	个	52	70.25	3653.00	
	CJ0173	感烟探测器		个	52			

续表

序号	项目编码	项目名称	项目特征描述	计量单位	工程数量	金额/元		
						综合单价	合价	其中 暂估价
2	030904003001	按钮	名称：火灾报警按钮	个	8	140.98	1127.84	
	CJ0181	火灾报警按钮		个	8			
3	030904003002	按钮	名称：消防栓报警按钮	个	8	146.21	1169.68	
	CJ0182	消火栓波报警按钮		个	8			
4	030904005001	声光报警装置	名称：组合声光报警装置	个	13	494.09	6423.17	
	CJ0186	声光报警器		个	13			
5	030904008001	模块	1．名称：模块 2．类型：监视模块 3．输出形式：单输入	个	6	343.68	2062.08	
	CJ0192	报警接口 单输入		个	6			
6	030904008002	模块	1．名称：模块 2．类型：监视模块 3．输出形式：多输入	个	1	420.26	420.26	
	CJ0193	报警接口 多输入		个	1			
7	030904008003	模块	1．名称：模块 2．类型：控制模块 3．输出形式：单输出	个	4	361.47	1445.88	
	CJ0194	控制模块（接口）单输出		个	4			
8	030904009001	区域报警控制箱	1．线制：总线制 2．安装方式：壁挂式 3．控制点数：128 点以内	台	1	2422.70	2422.70	
	CJ0201	报警控制箱（壁挂式）≤128 点		台	1			
9	030905001001	自动报警系统调试	1．点数：128 点以内 2．线制：总线制	系统	1	5714.18	5714.18	
	CJ0250	自动报警系统调试≤128 点		系统	1			
10	030905002001	水灭火控制装置调试	系统形式：自动喷洒系统（水流指示器）	点	2	372.03	744.06	
	CJ0260	水灭火控制装置调试　自动喷水灭火系统		点	2			
11	030905002002	水灭火控制装置调试	系统形式：消火栓灭火系统	点	8	265.20	2121.60	
	CJ0259	水灭火控制装置调试　消火栓系统		点	8			

表 12.17　本章用到的主材单价表

序号	主材名称及规格	单位	单价/元	序号	主材名称及规格	单位	单价/元
1	感烟探测器	个	25.00	4	声光报警器	个	400.00
2	手动报警按钮	个	60.00	5	感温探测器	个	60.00
3	消火栓报警按钮	个	25.00	6	单输入监视模块	个	80.00

续表

序号	主材名称及规格	单位	单价/元	序号	主材名称及规格	单位	单价/元
7	多输入监视模块	个	120.00	9	报警控制箱（壁挂式）128 点以内	台	1400.00
8	单输出控制模块	个	80.00	10	报警控制箱（壁挂式）64 点以内	台	400.00

表 12.18　综合单价分析表

工程名称：某消防报警工程　　　　第 1 页　共 2 页

项目编码	030904001001	项目名称	点型探测器	计量单位	个	工程量	52

清单综合单价组成明细

定额编号	定额名称	定额单位	数量	单价/元					合价/元				
				人工费	材料费	机械费	管理费	利润	人工费	材料费	机械费	管理费	利润
CJ0173	感烟探测器	个	52	32.94	3.36	0.18	2.68	6.09	1712.88	174.72	9.36	139.36	316.68
人工单价		小计							1712.88	174.72	9.36	139.36	316.68
120 元/工日		未计价材料费							1300.00				
清单项目综合单价									70.25				

材料费明细	主要材料名称、规格、型号	单位	数量	单价/元	合价/元	暂估单价/元	暂估合价/元
	感烟探测器	个	52.000	25.00	1300.00		
	其他材料费				174.72		
	材料费小计				1474.72		

工程名称：某消防报警工程　　　　第 2 页　共 2 页

项目编码	030904008003	项目名称	模块	计量单位	个	工程量	4

清单综合单价组成明细

定额编号	定额名称	定额单位	数量	单价/元					合价/元				
				人工费	材料费	机械费	管理费	利润	人工费	材料费	机械费	管理费	利润
CJ0194	控制模块（接口）单输出	个	4	212.67	10.84	1.27	17.33	39.36	850.68	43.36	5.08	69.32	157.44
人工单价		小计							850.68	43.36	5.08	69.32	157.44
120 元/工日		未计价材料费							320.00				
清单项目综合单价									361.47				

材料费明细	主要材料名称、规格、型号	单位	数量	单价/元	合价/元	暂估单价/元	暂估合价/元
	单输出控制模块	个	4.000	80.00	320.00		
	其他材料费				43.36		
	材料费小计				363.36		

第 13 章

工程造价的价差调整

建设工程项目建设周期长，工程造价受到各种因素影响而处于不确定状态，它影响着投资目标和工程成本目标，所以在计算工程造价时，应充分考虑工程项目动态因素的影响，依据工程进度进行动态的计算和工程造价的调整。

13.1　工 程 变 更

因工程变更引起已标价工程量清单项目或其工程数量发生变化时，应按照下列规定调整。

1）已标价工程量清单中有适用于变更工程项目的，应采用该项目的单价。当工程变更导致该清单项目的工程量虽发生变化，且工程量偏差超过 15%时，按以下规定调整：对于任一招标工程量清单项目，因工程变更等原因导致工程量偏差超过 15%时，可进行调整，当工程量增加 15%以上时，增加部分的工程量的综合单价应予调低；当工程量减少 15%以上时，减少后剩余部分的工程量的综合单价应予调高。调整方法如下。

① 当 $Q_1>1.15Q_0$ 时，有

$$S=1.15Q_0\times P_0+(Q_1-1.15Q_0)\times P_1 \tag{13.1}$$

② 当 $Q_1<0.85Q_0$ 时，有

$$S=Q_1\times P_1 \tag{13.2}$$

式中，S——调整后的某一分部分项工程费结算价；

Q_1——最终完成的工程量；

Q_0——招标工程量清单列出的工程量；

P_1——按照最终完成工程量重新调整后的综合单价；

P_0——承包人在工程量清单中填报的综合单价。

可见，采用上述两式计算的关键是确定新的综合单价，即 P_1 的确定。其确定方法有两种，一是发包、承包双方协商确定；二是与招标控制价相联系，当工程量偏差项目出现承包人在工程量清单中填报的综合单价与发包人招标控制价相应清单项目的综合单价偏差超过 15%时，工程量偏差项目综合单价的调整可参考以下公式。

③ 当 $P_0<P_2\times(1-L)\times(1-15\%)$ 时，该类项目的综合单价为

$$P_1=P_2\times(1-L)\times(1-15\%) \tag{13.3}$$

④ 当 $P_0>P_2\times(1+15\%)$ 时，该类项目的综合单价为

$$P_1=P_2\times(1+15\%) \tag{13.4}$$

式中，P_2——发包人招标控制价相应项目的综合单价；

L——承包人报价浮动率。

⑤ 当 $P_0>P_2\times(1-L)\times(1-15\%)$ 或 $P_0<P_2\times(1+15\%)$ 时，综合单价可不调整。

⑥ 承包人报价浮动率 L 的计算如下。

招标工程：

$$L=\left(1-\frac{\text{中标价}}{\text{招标控制价}}\right)\times 100\% \tag{13.5}$$

非招标工程：

$$L = \left(1 - \frac{\text{报价值}}{\text{施工图预算}}\right) \times 100\% \tag{13.6}$$

◆例 13.1　某工程项目招标控制价的综合单价为 350 元，投标报价的综合单价为 287 元，该工程投标报价下浮率为 6%，问综合单价是否调整。

※解※

287/350=82%，偏差为 18%。按式（13.3）可得

$$350\times(1-6\%)\times(1-15\%)=279.65\text{（元）}$$

由于 287 > 279.65，所以该项目变更后的综合单价可不予调整。

◆例 13.2　某工程项目招标控制价的综合单价为 350 元，投标报价的综合单价为 406 元，问工程变更后的综合单价如何调整。

※解※

406/350=116%，偏差为 16%。按式（13.4）可得

$$350\times(1+15\%)=402.50\text{（元）}$$

由于 406 > 402.50，所以该项目变更后的综合单价应调整为 402.50 元。

◆例 13.3　某工程项目招标工程量清单数量为 1520m^3，施工中由于设计变更调增为 1824m^3，增加 20%，该项目控制价的综合单价为 350 元，投标报价的综合单价为 406 元，计算该工程项目的结算价。

※解※

见例 13.2，综合单价 P_1 应调整为 402.50 元。按式（13.1）可得该项目的结算价为

$$S=1.15\times1520\times406+(1824-1.15\times1520)\times402.50= 740278\text{（元）}$$

◆例 13.4　某工程项目招标工程量清单数量为 1520m^3，施工中由于设计变更调减为 1216m^3，减少 20%，该项目控制价的综合单价为 350 元，投标报价的综合单价为 287 元，计算该工程项目的结算价。

※解※

见例 13.1，综合单价 P_1 可不调整。按式（13.2）可得该项目的结算价为

$$S=1216\times287=348992\text{（元）}$$

2）已标价工程量清单中没有适用但有类似于变更工程项目的，可在合理范围内参照类似项目的单价。

3）已标价工程量清单中没有适用也没有类似于变更工程项目的，应由承包人根据变更工程资料、计量规则和计价办法、工程造价管理机构发布的信息价格和承包人报价浮动率提出变更工程项目的单价，并应报发包人确认后调整。

4）已标价工程量清单中没有适用也没有类似于变更工程项目，且工程造价管理机构发布的信息价格缺价的，应由承包人根据变更工程资料、计量规则、计价方法和通过市场调查等取得有合法依据的市场价格提出变更工程项目的单价，并应报发包人确认后调整。

13.2　工程造价价差调整的方法

13.2.1　编制工程造价文件时考虑的价差

（1）编制时间与执行时间差异

因投标报价文件的编制时间与工程执行时间不同，其先后时间差异通常使工程造价发生

变化，编制者在编制造价文件时可预测一个价格浮动系数，或者在编制总投资时计算一项“调价预备费”，解决因先后时间差异而产生的价差。

（2）难以预料的子目出现

在编制投标报价文件时，有的子目的出现难以预料，会使工程造价发生变化，一般在总投资编制时计算一项“基本预备费”用于解决价差问题。

（3）地区价差

工程造价文件应该采用工程所在地设备和材料的单价，或者用该地区中心城市的单价进行编制。如果用非工程所在地的单价编制造价文件，必然产生一个地区价差，造成造价的不准确性，并增加调整难度。所以，应该用工程所在地的价格进行编制，以免产生地区价差。

13.2.2　工程结算时考虑的价差

承包商在报价时，应充分考虑价差带来的风险。从市场调查预测开始，在投标活动、中标签约、生产准备、施工生产和竣（完）工结算中均应考虑价差。在中标签约时，双方应协商一个调差方式进行工程造价价差的调整。调整的方式、方法有很多，可根据工程项目、市场涨幅、工程所在地环境等情况选择。无论用什么方式、方法调差，均应记录在合同中，供双方信守。

1. 价差调整方法

工程造价价差产生的原因一是单价变动，二是数量变动。在施工生产中如发生上述两种变动情况，经发包人代表或总监理工程师签证认可，即可调差。其调差方法如下。

1）人工费的调差。人工费的调差有两个方面，即量差和价差，计算公式为

人工工日量差=实际耗用工日数−合同工日数

人工费价差=实际耗用工日数×(实际人工单价−合同工日单价)

2）材料费的调差。按材料不同逐一调整价差的方法称为单项调差法，这种方法虽然繁杂，但能反映工程真实造价。另外，也可采用分别调差的方式，即主要材料采用单项调差法，而辅助材料和次要材料采用一个经双方协商的占主要材料费的比例系数来进行调整，这种系数调差法较为简便，但有一定的误差。

① 单项材料差价调整。单项材料差价调整的方法又称为抽料补差法，适用于对工程造价影响较大的主要材料进行差价调整，如电气照明工程中的灯具、电缆、电线等材料。其计算公式为

材料差价=单位工程某种材料用量×(地区现行材料预算价格−原定额材料预算价格)

某项材料量差=实际材料用量−合同材料用量

某项材料费价差=实际材料用量×(实际材料单价−合同材料单价)

或

材料费调整额=主材实际用量×(主材实际单价−合同单价)
×(1+辅助材料调整比例或调整系数）

② 材料差价综合系数调整。综合系数调整材料差价的方法，是将各项材料统一用综合的调价系数调整材料差价。该方法适用于安装工程中一些数量较大而价格较低的材料差价的调整，如电气照明工程中的按钮、插座等。其计算公式为

材料差价=单位工程定额材料费×材料差价综合调整系数

材料差价综合调整系数一般由地区工程造价管理部门规定。

③ 安装辅助材料差价调整。当工程单位估价表（或安装工程预算定额）执行一段时间后，由于材料预算价格发生了变化，在编制安装工程施工图预算时，需调整单位估价表（或预算定额）中的辅助材料、消耗材料差价。其计算公式为

辅助材料差价=单位工程定额内材料费×调整系数

对于辅助材料差价的调整，各省的地方安装工程预算定额也有具体的规定。

3）机械台班费的调差。施工机械价差调整方法与材料价差调整方法相同，按不同的机械逐一调整。

2. 工程结算价差的调整方法

工程结算价差一般在工程进度款结算或工程竣（完）工结算时调整。其价差调整方式有以下几种。

（1）按实调整结算价差

双方约定凭发票按实结算时，双方在市场共同询价认可后，所开具的发票作为工程造价价差调整的依据。

（2）按工程造价指数调整

招标方和承包方约定，用施工图预算或工程概算作为承包合同价时，根据合理的工期，并按当地工程造价管理部门公布的当月度或当季度的工程造价指数，对工程承包合同价进行调整。

◆例 13.5　某承包商承建某商场照明线路及灯饰工程，合同价款为 1200 万元，2009 年 5 月 1 日签订合同并开工，为了国庆开业，按合同要求于 2010 年 8 月 28 日竣工。2009 年 5 月签约时工程造价指数为 100.10，2009 年 8 月竣工时工程造价指数为 100.15。计算结算价。

※解※

完工结算价应为

(100.15÷100.10)×1200=1200.60（万元）

价差调整额为

1200.60−1200=0.60（万元）

（3）用指导价调整

用建设工程造价管理部门公布的调差文件进行价差调整，或按造价管理部门定期发布的主要材料指导价进行调整，这是较为传统的调整方法。

（4）用价格指数公式调整

用价格指数公式调整，也称调值公式法。这是国际工程承包中工程合同价调整用的公式，是一种动态调整方法，其调整公式如下。

对某一项材料调差时，计算公式为

某项材料价差额=某项材料总数量×材料合同价×价格指数

工程进度款结算调整及工程竣（完）工结算时合同价的调整，用下式计算：

$$P=P_0\left(a_0+a\times\frac{A}{A_0}+b\times\frac{B}{B_0}+c\times\frac{C}{C_0}\right) \tag{13.7}$$

式中，P——调整后工程合同价款或工程进度结算价款；

P_0——未调整的工程合同价款或工程准备结算的进度款；

a_0——固定因素部分，即合同价款或工程进度款中，造价不能调整部分占合同总价的比（权）重；

a，b，c…——合同价款或工程进度款中，各需要调价部分（如人工费、钢材费、木材费、水泥费、管材费、线材费、机械台班费等）占合同总价的比重系数，其各比重系数之和应为 1，即 $a_0+a+b+c+\cdots=1$；

A_0，B_0，C_0…——a、b、c 等比重系数所对应因素基期（签订合同时）的价格指数或价格；

A，B，C…——a、b、c 等比重系数所对应因素报告期（现行、结算时）的价格指数或价格。

应用价格指数公式调整价差时应注意以下内容。

1）a_0 固定部分应尽可能小，通常取值范围为 0.15～0.35。

2）A_0、B_0、C_0 等和 A、B、C 等价格指数或价格，由国家有关部门（如建设工程造价站）公布，或者由承包方提出，经发包方或监理方审核同意。在选择这些费用因素时，一般选择数量大、价格高，且具有价格指数变化综合代表性的费用因素。

3）a、b、c 等调价比重系数也是工程成本构成的比例，一般由承包方根据项目特点测算后在投标文件中列出，并在清单价格分析中予以论证。有时也由发包方在招标文件中规定一个范围，由投标人在此范围内选定。在实际施工中，总监理工程师发现不合理时，进行测算后，有权调整和改正这些比重系数。

4）各项调整费用因素和比重系数，均在合同中予以规定和记录，供双方履行。在国际工程中，调差幅度一般在超出±5%时才予以调整。如在有的合同中，双方约定当价差应该调整，但其金额不超过合同原价的 5%时，由承包方承担；在 5%～20%时，承包方承担其中的 10%，发包方承担 90%；超过 20%时，双方必须另签订附加条款。

第14章

“营改增”后四川省建设工程工程造价计价方法

14.1 “营改增”调整后计价表格

单位工程招标控制价/投标报价汇总表见表 14.1 和表 14.2，单位工程竣工结算汇总表见表 14.3 和表 14.4。

表 14.1 单位工程招标控制价/投标报价汇总表（适用于一般计税方法）

序号	汇总内容	金额/元	其中：暂估价/元
1	分部分项及单价措施项目		
1.1	建筑工程		
1.2			
1.3			
1.4			
2	总价措施项目		
2.1	其中：安全文明施工费		
3	其他项目		
3.1	其中：暂列金额		
3.2	其中：专业工程暂估价		
3.3	其中：计日工		
3.4	其中：总承包服务费		
4	规费		
5	创优质工程奖补偿奖励费		
6	税前不含税工程造价		
6.1	其中：除税甲供材料（设备）费		
7	销项增值税额		
8	附加税		
招标控制价/投标报价总价合计=税前不含税工程造价+销项增值税额+附加税			

注：1. 本表适用于单位工程招标控制价或投标报价的汇总，如无单位工程划分，单项工程也使用本表汇总。
2. 税前不含税工程造价 6=1+2+3+4+5（其中各项费用均不含税）。
3. 销项增值税额=[税前不含税工程造价-按规定不计税的工程设备金额-除税甲供材料（设备）费]×税率。

表 14.2 单位工程招标控制价/投标报价汇总表（适用于简易计税方法）

工程名称： 标段： 第 页 共 页

序号	汇总内容	金额/元	其中：暂估价/元
1	分部分项及单价措施项目		
1.1	建筑工程		
1.2			
1.3			
1.4			
2	总价措施项目		
2.1	其中：安全文明施工费		
3	其他项目		
3.1	其中：暂列金额		

续表

序号	汇总内容	金额/元	其中：暂估价/元
3.2	其中：专业工程暂估价		
3.3	其中：计日工		
3.4	其中：总承包服务费		
4	规费		
5	创优质工程奖补偿奖励费		
6	税前含税工程造价		
6.1	其中：甲供材料（设备）费		
7	税金		
招标控制价/投标报价总价合计＝税前含税工程造价+税金			

注：1. 本表适用于单位工程招标控制价或投标报价的汇总，如无单位工程划分，单项工程也使用本表汇总。
2. 税前工程造价 6=1+2+3+4+5（其中各项费用均含税）。
3. 税金包括增值税和附加税费，其中附加税费是指：城市维护建设税、教育费附加、地方教育附加。
4. 税金=[税前工程造价-按规定不计税的工程设备金额-甲供材料（设备）费]×税金及附加税费费率。

表 14.3　单位工程竣工结算汇总表（适用于一般计税方法）

工程名称：　　　　标段：　　　　第　页共　页

序号	汇总内容	金额/元
1	分部分项及单价措施项目	
1.1	建筑工程	
1.2		
1.3		
1.4		
2	总价措施项目	
2.1	其中：安全文明施工费	
3	其他项目	
3.1	其中：专业工程结算价	
3.2	其中：计日工	
3.3	其中：总承包服务费	
3.4	其中：索赔与现场签证	
4	规费	
5	按实计算费用	
6	创优质工程奖补偿奖励费	
7	税前不含税工程造价	
7.1	其中：除税甲供材料（设备）费	
8	销项增值税额	
9	附加税	
竣工结算总价合计=税前不含税工程造价+销项增值税额+附加税		

注：1. 本表适用于单位工程竣工结算价的汇总，如无单位工程划分，单项工程也使用本表汇总。
2. 税前不含税工程造价 7=1+2+3+4+5+6（其中各项费用均不含税）。
3. 销项增值税额=[税前不含税工程造价-按规定不计税的工程设备金额-除税甲供材料（设备）费]×税率。

表 14.4　单位工程竣工结算汇总表（适用于简易计税方法）

工程名称：　　　　标段：　　　　第　页共　页

序号	汇总内容	金额/元
1	分部分项及单价措施项目	
1.1	建筑工程	
1.2		
1.3		
1.4		
2	总价措施项目	
2.1	其中：安全文明施工费	
3	其他项目	
3.1	其中：专业工程结算价	
3.2	其中：计日工	
3.3	其中：总承包服务费	
3.4	其中：索赔与现场签证	
4	规费	
5	按实计算费用	
6	创优质工程奖补偿奖励费	
7	税前含税工程造价	
7.1	其中：甲供材料（设备）费	
8	税金	
竣工结算总价合计=税前含税工程造价+税金		

注：1. 本表适用于单位工程竣工结算价的汇总，如无单位工程划分，单项工程也使用本表汇总。
2. 税前含税工程造价 7=1+2+3+4+5+6（其中各项费用均含税）。
3. 税金包括增值税和附加税费，其中附加税费指：城市维护建设税、教育费附加、地方教育附加。
4. 税金= [税前含税工程造价−按规定不计税的工程设备金额−甲供材料（设备）费]×增值税及附加税费费率。

14.2　增值税计税方法

14.2.1　增值税简介

增值税是对我国境内销售货物或提供加工、修理修配劳务，以及进口货物的单位和个人，就其取得的货物或应税劳务的销售额，以及进口货物的金额计算税款，并实行税款抵扣制的一种流转税。增值税从属性划分属于价外税，即销售价款中不包含的税。增值税的计税原理是基于商品或服务的增值而征收的一种税，所以称之为“增值税”。

（1）增值税税率

提供交通运输、邮政、基础电信、建筑、不动产租赁服务，销售不动产，转让土地使用权，税率为 9%；提供有形动产租赁服务，税率为 13%；境内单位和个人发生的跨境应税行为，税率为零。具体范围由财政部和国家税务总局另行规定。

建筑服务是指各类建筑物、构筑物及其附属设施的建造、修缮、装饰、线路、管道、设备、设施等的安装，以及其他工程作业的业务活动。其包括工程服务、安装服务、修缮服务、装饰服务和其他建筑服务。

（2）增值税征收率

增值税征收率为3%，财政部和国家税务总局另有规定的除外。

14.2.2 增值税的计算方法

按照财政部、国家税务总局（财税〔2016〕36号）《营业税改征增值税试点实施办法》规定，“增值税的计税方法，包括一般计税方法和简易计税方法”。一般纳税人发生应税行为适用一般计税方法计税，应税行为的年应征增值税销售额超过财政部和国家税务总局规定标准的纳税人为一般纳税人，未超过规定标准的纳税人为小规模纳税人，小规模纳税人发生应税行为适用简易计税方法计税。一般情况下，清包工工程、甲供工程采用简易计税方法。其他一般纳税人提供建筑服务的建设工程采用一般计税方法。一般纳税计税方法可以开增值税专用发票和开增值税普通发票，而简易计税方法只能开增值税普通发票，在新的计税方式下，只有增值税专用发票才可以进行抵扣。年应税销售额≥500万元的建筑企业为一般纳税人；年应税销售额<500万元的建筑企业为小规模纳税人。

1. 一般计税方法

一般计税方法在计算应纳增值税税额的时候，先分别计算其当期销项税额和进项税额，然后以销项税额抵扣进项税额后的余额为实际应纳税额。当期销项税额小于当期进项税额不足抵扣时，其不足部分可以结转下期继续抵扣。

应纳税额计算公式为

应纳税额=当期销项税额−当期进项税额

当期进项税额是指纳税人购进货物或接受应税劳务和应税服务，支付或负担的增值税额。当期销项税额是指纳税人提供应税服务按照销售额和增值税税率计算的增值税额。

销项税额计算公式为

销项税额=销售额×税率

一般计税方法的销售额不包括销项税额，纳税人采用销售额和销项税额合并定价方法的，按照以下公式计算当期销售额：

销售额(除税销售额)=含税销售额÷(1+税率)

销项税额=含税销售额÷(1+税率)×税率

2. 简易计税方法

简易计税方法的应纳税额是指按照销售额和增值税征收率计算的增值税额，不得抵扣进项税额。应纳税额计算公式为

应纳税额=销售额×征收率

简易计税方法的销售额不包括其应纳税额，纳税人采用销售额和应纳税额合并定价方法的，按照下列公式计算销售额：

销售额(除税销售额)=含税销售额÷(1+征收率)

应纳税额=含税销售额÷(1+征收率)×征收率

14.2.3 建筑业“营改增”的特殊政策

（1）清包工的特殊政策

以清包工方式提供建筑服务是指施工方不采购建筑工程所需的材料或只采购辅助材料，并收取人工费、管理费或其他费用的建筑服务。

一般纳税人以清包工方式提供的建筑服务，可以选择使用简易计税方法计税。

（2）甲供工程的特殊政策

甲供工程是指全部或部分设备、材料、动力由工程发包方自行采购的建筑工程。一般纳税人为甲供工程提供的建筑服务，可以选择使用简易计税方法计税。

14.3 建筑业“营改增”后工程造价的构成

工程造价是指工程项目在建设期预计或实际支出的建设费用，包括建筑安装工程费、设备及工器具购置费、工程建设其他费、预备费、建设期利息和固定资产投资方向调节税。建标〔2013〕44 号文规定：建筑安装工程费按照费用构成要素划分，由人工费、设备及材料费、施工机具使用费、企业管理费、规费、利润和税金组成；或者按照工程造价形成划分，由分部分项工程费、措施项目费、其他项目费、规费和税金组成。

1. 营业税下工程造价构成

在营业税的条件下：

工程造价=人工费+设备及材料费+施工机具使用费+企业管理费+规费+利润+税金

工程造价=分部分项工程费+措施项目费+其他项目费+规费+税金

可写为

工程造价=含进项税的税前造价×(1+综合税率)

综合税率的取值：工程在市区时，为 3.48%；工程在县城、乡镇时，为 3.41%；工程不在城市、县城、乡镇时，为 3.28%。

2. 增值税下一般计税方法

由于增值税属于价外税，计算增值税销项税的基础为不含进项税的税前造价（裸价），采用一般计税方法可表示为

工程造价=人工费+设备及材料费(除税)+施工机具使用费(除税)
+企业管理费(除税)+规费+利润+销项增值税额+附加税

工程造价=税前不含税工程造价+销项增值税额+附加税

税前不含税工程造价=不含进项税额的税前造价
=人工费+设备及材料费(除税)+施工机具使用费(除税)
+企业管理费(除税)+规费＋利润

注意：人工费、规费和利润不需要除税。

增值税下一般计税方法工程造价为

工程造价=税前不含税工程造价+销项增值税额+附加税

销项增值税额=税前不含税工程造价×销项增值税税率 9%

附加税按以下规定计算。

编制招标控制价（最高投标限价、标底）时，按综合附加税税率表计算，见表 14.5。

编制竣工结算时，按合同约定的方式计算。方式一：国家规定附加税计取标准计算；方式二：发承包双方约定综合附加税税率计算，见表 14.6。

表 14.5　综合附加税税率表

项目名称	计算基础	综合附加税税率
附加税（城市维护建设税、教育附加及地方教育附加）	税前不含税工程造价	1. 工程在市区时：0.313% 2. 工程在县城、乡镇时：0.261% 3. 工程不在县城、乡镇时：0.157%

表 14.6　国家规定附加税计取标准

项目名称	计算基础	综合附加税税率
附加税（城市维护建设税、教育附加及地方教育附加）	增值税（销项税额-进项税额）	1. 工程在市区时：12% 2. 工程在县城、乡镇时：10% 3. 工程不在县城、乡镇时：6%

3. 增值税下简易计税方法

增值税下简易计税方法工程造价为

工程造价=税前含税工程造价+税金

税金=[税前工程造价-按规定不计税的工程设备金额-甲供材料（设备）费]×税金及附加税费费率

1）《四川省建设工程工程量清单计价定额》（2020）定额综合基价（包括组成内容）为不含税综合基价，简易计税法定额应进行调整，以“元”为计算单位的费用调整表见表 14.7。

表 14.7　以“元”为计算单位的费用调整表

调整项目	机械费（其他机械费）	管理费	其他材料费、安装定额计价材料费、轨道、市政定额等部分计价材料费	摊销材料费	调整方法
调整系数	1.1082	1.0091	1.11	1.1296	以定额项目综合基价中的相应费用乘以对应调整系数

2）简易计税方法下增值税及附加税费费率表见表 14.8。

表 14.8　简易计税方法下增值税及附加税费费率表

项目名称	计算基数	增值税及附加税费费率/%		
		工程在市区	工程在县城、乡镇	工程不在市区、县城、乡镇
增值税及附加税率	税前工程造价	3.37	3.31	3.19

14.4　四川省建设工程工程量清单计价费用标准

2020 年《四川省建设工程工程量清单计价定额》专门发布了《建筑安装工程费用》（以下简称“费用标准”）。费用标准规定：建筑安装工程费用项目由分部分项工程费、措施项目费、其他项目费、规费、税金组成。其中分部分项工程费、措施项目费、其他项目费包含人工费、材料费、施工机具使用费、企业管理费和利润。

上述建筑安装工程费用项目组成中，分部分项工程费和单价措施项目费是按照工程量乘上综合基价计算的，总价措施项目费、其他项目费、规费、税金是按照取费基础乘以取费率计算的。本费用标准主要规定了总价措施项目费、其他项目费、规费、税金的计算方法及相应的计算费率。

14.4.1 费用标准的适用范围

费用标准适用于四川省行政区域内与建设项目各专业工程相配套的各项费用。具体专业工程主要包括：房屋建筑与装饰工程、仿古建筑工程、通用安装工程、市政工程、园林绿化工程、构筑物工程、爆破工程、城市轨道交通工程、既有及小区改造房屋建筑维修与加固工程、城市地下综合管廊工程、绿色建筑工程、装配式建筑工程、城市道路桥梁养护维修工程、排水管网非开挖修复工程。

费用标准按费率或税率计算的项目主要包括：安全文明施工费、夜间施工增加费、二次搬运费、冬雨季施工增加费、已完工程及设备保护费、工程定位复测费、暂列金额、总承包服务费、规费及税金。

14.4.2 安全文明施工费费用标准的取费费率

安全文明施工费不得作为竞争性费用。包括环境保护费、文明施工费、安全施工费、临时设施费。上述费用分基本费、现场评价费两部分计取。

1. 费用定义

（1）环境保护费

环境保护费是指施工现场为达到环保等部门要求所需要的各项费用。

1）对施工现场裸露的场地和堆放的土石方采取覆盖、固化、绿化或洒水，以及对施工现场易产生粉尘的土石方开挖等采取喷雾等防治扬尘污染措施的费用。

2）为避免施工车辆车轮带泥行驶，在施工现场出入口设置清洗沟或清洗设备等发生的人工、材料与设施摊销费用；运输土石方、渣土、砂石、灰浆和施工垃圾等采取密闭式运输车或采取覆盖措施所增加的周转、摊销费用。

3）在施工现场设置密闭式垃圾站、办公区和生活区设置封闭式垃圾容器，以实现施工垃圾与生活垃圾分类存放而购置容器的周转、摊销费用。

4）贮存水泥、石灰、石膏、砂土等易产生扬尘的物料采取密闭措施；不能密闭的，设置不低于堆放物高度的严密围挡，并采取有效覆盖措施防治扬尘污染发生的费用。

5）为保证施工现场排水通畅，在办公区、生活区以及作业区（包括明挖基坑的四周）设置排水沟等发生的措施费用。

6）施工现场施工机械设备降噪声、防扰民措施费用。

7）工程完工后，就以上措施发生的拆除、清运与恢复费用。

8）施工现场实际发生的其他环保措施费用。

（2）文明施工费

文明施工费是指施工现场文明施工所需要的各项费用。

1）“五牌一图”的费用，包括工程概况牌、管理人员名单及监督电话牌、消防保卫牌、安全生产牌、文明施工牌及施工现场总平面图。

2）现场围挡的墙面美化（包括内外粉刷、标语等）、压顶装饰费用；现场食堂制作间灶台及周边、厕所便槽贴瓷砖，地面混凝土硬化或贴地砖的费用；其他施工现场临时设施的装饰装修、美化措施费用。

3）符合场容场貌、材料堆放等相关规定要求采取措施发生的费用。

4）现场卫生清扫和保洁的费用；符合卫生要求的饮水设备、淋浴、消毒等设施费用；采取灭鼠、蚊虫、防煤气中毒、防疫等措施的费用。

5）施工现场地面的硬化费用。

6）施工现场出入口道路接顺发生的人工、材料与机械费用。

7）工程完工后，就以上措施发生的拆除、清运与恢复费用。

8）现场实际发生的为保证文明施工的其他措施费用。

（3）安全施工费

安全施工费是指施工现场安全施工所需要的各项费用。

1）安全资料编制、安全施工标志的购置及安全宣传的费用。包括施工现场入口处及主要施工区域、危险部位设置相应的安全警示标志牌；绘制安全标志布置图；根据工程部位和现场设施的变化，调整安全标志牌的设置；设置重大危险源公示牌。

2）“三宝”（安全帽、安全带、安全网）、“四口”（楼梯口、电梯井口、通道口、预留洞口）、“五临边”（阳台围边、楼板围边、屋面围边、槽坑围边、卸料平台两侧）、水平防护架、垂直防护架、外架封闭等防护的费用。

3）施工安全用电的费用，包括采用三级配电系统（配备总配电箱、分配电箱、开关箱三类标准电箱）、TN-S 接零保护系统、二级漏电保护系统、外电线路防护措施。

4）起重机、塔吊等起重设备（含井架、门架）及外用电梯的安全防护措施（含警示标志）费用及卸料平台的临边防护、层间安全门、防护棚等设施费用。

5）建筑工地起重机械的监测及检验检测费用。

6）施工机具防护棚及其围栏的安全保护设施费用。

7）保证消防器材配置合理，符合消防要求的消防器材的购置、周转、维护与定期检验等发生的费用。

8）施工现场配备常用药及绷带、止血带、担架等急救器材的费用。

9）治安综合治理费用。

10）施工现场安装和使用视频管理的费用。

11）建立健全安全隐患排查治理体系及施工现场安全隐患排查等所产生的费用。

12）工程完工后，就以上措施发生的拆除、清运与恢复费用。

13）为保证安全施工所发生的其他措施费用。

（4）临时设施费

临时设施费是指施工企业为工程施工所必须搭设的生活和生产用的临时建筑物、构筑物和其他临时设施费用。包括临时设施的搭设、维修、拆除、清理费或摊销费等。

1）施工现场围挡的安拆、维修、周转或摊销的费用。

2）施工现场临时建筑物、构筑物的搭设、维修、周转或摊销的费用。如门卫室、办公室、宿舍、食堂、厕所、淋浴间、开水房、文体活动室及盥洗设施、临时仓库、加工场、搅拌台、临时简易水塔、水池、泥浆沉淀池等。临时设施应符合环保、消防等要求。

3）施工现场规定范围内为达到现场办公、生活与作业的基本条件修建的临时给水、排水、供电、通信等临时管线等发生的搭设、维修、周转或摊销等费用。

4）施工现场规定范围内临时简易道路铺设及施工便桥的搭设、维修、周转或摊销等费用。具体范围如下。

① 建筑工程：施工现场范围内临时简易道路铺设；

② 市政工程：施工现场范围内临时简易道路铺设及施工便桥的搭设，但不包括为保证正常的公共交通秩序而修建的社会便桥及交通导改费用。

5）生产工人生活设施的购置、维护与周转等费用，包括宿舍内配置的床、衣柜、桌椅等。

6）工程完工后，就以上措施发生的拆除、清运与恢复费用。

7）其他临时设施搭设、维修、拆除、清运或摊销的费用。

2. 费率标准及计取方法

安全文明施工费包括环境保护费、文明施工费、安全施工费、临时设施费。其费用分基本费和现场评价费两部分计取。

（1）基本费

基本费是指承包人在施工过程中发生的安全文明施工措施的基本保障费。增值税计算分一般计税法和简易计税法，其安全文明施工基本费费率标准分别见表 14.9 和表 14.10。

表 14.9 安全文明施工基本费费率标准（一般计税法）

<table>
<tr><th>序号</th><th>项目名称</th><th>工程类型</th><th>取费基础</th><th>基本费费率/%</th><th>说明</th></tr>
<tr><td>一</td><td>环境保护费</td><td>—</td><td rowspan="10">分部分项工程及单价措施项目（定额人工费+定额机械费）</td><td>0.55</td><td rowspan="10">1. 表中所列工程均为单独发包工程。房屋建筑与装饰工程、仿古建筑工程、绿色建筑工程、装配式房屋建筑工程、构筑物工程包括未单独发包的与其配套的线路、管道设备安装工程及室内外装饰装修工程。
2. 单独装饰工程、单独通用安装工程包括未单独发包的与其配套的工程以及单独发包的城市轨道交通中的通信工程、信号工程、供电工程、智能与控制系统安装工程。
3. 市政工程、综合管廊工程包括未单独发包的与其配套的工程以及单独发包的市政给水、燃气、水处理、生活垃圾处理机械设备安装、路灯工程。
4. 城市轨道交通工程（不含单独发包的通信工程、信号工程、供电工程、智能与控制系统安装工程）包括未单独发包的与其配套的工程。
5. 园林绿化工程包括未单独发包的园路、园桥、亭廊等与其配套的工程。</td></tr>
<tr><td rowspan="7">二</td><td rowspan="7">文明施工费</td><td>房屋建筑与装饰工程、仿古建筑工程、绿色建筑工程、装配式房屋建筑工程、构筑物工程</td><td>2.30</td></tr>
<tr><td>单独装饰工程、单独通用安装工程</td><td>1.25</td></tr>
<tr><td>市政工程、综合管廊工程、城市道路桥梁养护维修工程</td><td>1.65</td></tr>
<tr><td>城市轨道交通工程</td><td>1.65</td></tr>
<tr><td>园林绿化、总平、运动场工程</td><td>1.35</td></tr>
<tr><td>既有及小区改造房屋建筑维修与加固工程、排水管网非开挖修复工程、拆除工程</td><td>1.35</td></tr>
<tr><td>单独土石方、单独地基处理与边坡支护工程、单独桩基工程</td><td>0.55</td></tr>
<tr><td rowspan="2">三</td><td rowspan="2">安全施工费</td><td>房屋建筑与装饰工程、仿古建筑工程、绿色建筑工程、装配式房屋建筑工程、构筑物工程</td><td>3.95</td></tr>
<tr><td>单独装饰工程、单独通用安装工程</td><td>1.95</td></tr>
</table>

续表

序号	项目名称	工程类型	取费基础	基本费费率/%	说明
三	安全施工费	市政工程、综合管廊工程、城市道路桥梁养护维修工程	分部分项工程及单价措施项目（定额人工费+定额机械费）	2.10	6．既有小区改造房屋建筑维修与加固工程、排水管网非开挖修复工程、拆除工程包括未单独发包的与其配套的工程。 7．单独土石方、单独地基处理与边坡支护工程、单独桩基工程包括未单独发包的与其配套的工程。 8．房屋建筑与装饰工程、仿古建筑工程、构筑物工程、市政工程、城市轨道交通工程安全施工费已包括施工现场设置安防监控系统设施的费用，如未设置或经现场评价不符合《四川省住房和城乡建设厅关于开展建设工程质量安全数字化管理工作的通知》（川建质安发〔2013〕39 号）规定，安全文明施工费费率乘以系数 0.75。 9．承包人采取的扬尘防治措施不符合《四川省建筑工程扬尘污染防治技术导则（试行）》要求的，安全文明施工费中的环境保护费、文明施工费、临时设施费乘以系数 0.8。 10．承包人未按规定采取建筑工人实名制管理措施的，安全文明施工费中的安全施工费乘以系数 0.98。 11．城市轨道交通工程 GC 地下区间工程定额安全文明施工费取费基础中的定额机械费乘以系数 0.15
		城市轨道交通工程		2.10	
		园林绿化、总平、运动场工程		2.10	
		既有小区改造房屋建筑维修与加固工程、排水管网非开挖修复工程、拆除工程		2.10	
		单独土石方、单独地基处理与边坡支护工程、单独桩基工程		0.70	
四	临时设施费	房屋建筑与装饰工程、仿古建筑工程、绿色建筑工程、装配式房屋建筑工程、构筑物工程		3.00	
		单独装饰工程、单独通用安装工程		3.20	
		市政工程、综合管廊工程、城市道路桥梁养护维修工程		2.80	
		城市轨道交通工程		2.80	
		园林绿化、总平、运动场工程		3.35	
		既有小区改造房屋建筑维修与加固工程、排水管网非开挖修复工程、拆除工程		2.95	
		单独土石方、单独地基处理与边坡支护工程、单独桩基工程		1.15	

表 14.10　安全文明施工基本费费率标准（简易计税法）

序号	项目名称	工程类型	取费基础	基本费费率/%	说明
一	环境保护费	—	分部分项工程及单价措施项目（定额人工费+定额机械费）	0.57	1．表中所列工程均为单独发包工程。房屋建筑与装饰工程、仿古建筑工程、绿色建筑工程、装配式房屋建筑工程、构筑物工程包括未单独发包的与其配套的线路、管道设备安装工程及室内外装饰装修工程。 2．单独装饰工程、单独通用安装工程包括未单独发包的与其配套的工程以及单独发包的城市轨道交通中的通信工程、信号工程、供电工程、智能与控制系统安装工程。 3．市政工程、综合管廊工程包括未单独发包的与其配套的工程以及单独发包的市政给水、燃气、水处理、生活垃圾、处理机械设备安装、路灯工程。 4．城市轨道交通工程（不含单独发包的通信工程、信号工程、供电工程、智能与控制系统安装工程）包括未单独发包的与其配套的工程。
二	文明施工费	房屋建筑与装饰工程、仿古建筑工程、绿色建筑工程、装配式房屋建筑工程、构筑物工程		2.32	
		单独装饰工程、单独通用安装工程		1.26	
		市政工程、综合管廊工程、城市道路桥梁养护维修工程		1.66	
		城市轨道交通工程		1.66	
		园林绿化、总平、运动场工程		1.36	
		既有小区改造房屋建筑维修与加固工程、排水管网非开挖修复工程、拆除工程		1.36	
		单独土石方、单独地基处理与边坡支护工程、单独桩基工程		0.55	

续表

<table>
<tr><th>序号</th><th>项目名称</th><th>工程类型</th><th>取费基础</th><th>基本费费率/%</th><th>说明</th></tr>
<tr><td rowspan="7">三</td><td rowspan="7">安全施工费</td><td>房屋建筑与装饰工程、仿古建筑工程、绿色建筑工程、装配式房屋建筑工程、构筑物工程</td><td rowspan="14">分部分项工程及单价措施项目（定额人工费+定额机械费）</td><td>4.14</td><td rowspan="14">5. 园林绿化工程包括未单独发包的园路、园桥、亭廊等与其配套的工程。
6. 既有小区改造房屋建筑维修与加固工程、排水管网非开挖修复工程、拆除工程包括未单独发包的与其配套的工程。
7. 单独土石方、单独地基处理与边坡支护工程、单独桩基工程包括未单独发包的与其配套的工程。
8. 房屋建筑与装饰工程、仿古建筑工程、构筑物工程、市政工程、城市轨道交通工程安全施工费已包括施工现场设置安防监控系统设施的费用，如未设置或经现场评价不符合《四川省住房和城乡建设厅关于开展建设工程质量安全数字化管理工作的通知》（川建质安发〔2013〕39 号）规定，安全文明施工费费率乘以系数 0.75。
9. 承包人采取的扬尘防治措施不符合《四川省建筑工程扬尘污染防治技术导则（试行）》要求的，安全文明施工费中的环境保护费、文明施工费、临时设施费乘以系数 0.8。
10. 承包人未按规定采取建筑工人实名制管理措施的，安全文明施工费中的安全施工费乘以系数 0.98。
11. 城市轨道交通工程 G.C 地下区间工程定额安全文明施工费取费基础中的定额机械费乘以系数 0.15</td></tr>
<tr><td>单独装饰工程、单独通用安装工程</td><td>2.04</td></tr>
<tr><td>市政工程、综合管廊工程、城市道路桥梁养护维修工程</td><td>2.20</td></tr>
<tr><td>城市轨道交通工程</td><td>2.20</td></tr>
<tr><td>园林绿化、总平、运动场工程</td><td>2.20</td></tr>
<tr><td>既有小区改造房屋建筑维修与加固工程、排水管网非开挖修复工程、拆除工程</td><td>2.20</td></tr>
<tr><td>单独土石方、单独地基处理与边坡支护工程、单独桩基工程</td><td>0.73</td></tr>
<tr><td rowspan="7">四</td><td rowspan="7">临时设施费</td><td>房屋建筑与装饰工程、仿古建筑工程、绿色建筑工程、装配式房屋建筑工程、构筑物工程</td><td>3.16</td></tr>
<tr><td>单独装饰工程、单独通用安装工程</td><td>3.37</td></tr>
<tr><td>市政工程、综合管廊工程、城市道路桥梁养护维修工程</td><td>2.95</td></tr>
<tr><td>城市轨道交通工程</td><td>2.95</td></tr>
<tr><td>园林绿化、总平、运动场工程</td><td>3.53</td></tr>
<tr><td>既有小区改造房屋建筑维修与加固工程、排水管网非开挖修复工程、拆除工程</td><td>3.11</td></tr>
<tr><td>单独土石方、单独地基处理与边坡支护工程、单独桩基工程</td><td>1.21</td></tr>
</table>

（2）现场评价费

现场评价费是指承包人执行有关安全文明施工规定，经发包人、监理人、承包人共同依据相关标准和规范性文件规定对施工现场承包人执行有关安全文明施工规定情况进行自评，并经住房和城乡建设行政主管部门施工安全监督机构（以下简称施工安全监督机构）核定安全文明施工措施最终综合评价得分，由承包人自愿向安全文明施工费费率测定机构申请并经测定费率后获取的安全文明施工措施增加费。

1）安全文明施工现场评价费费率。安全文明施工现场评价费费率依据施工安全监督机构核定的安全文明施工最终综合评价得分确定。

具体计算方法为：得分为 80 分者，现场评价费费率按基本费费率的 40%计取，80 分以上每增加 1 分，其现场评价费费率在基本费费率的基础上增加 3%，中间值采用插入法计算，保留小数点后两位数字，第三位四舍五入。现场评价费费率计算公式为

现场评价费费率=基本费费率×40%+基本费费率×(最终综合评价得分−80)×3%

2）最终综合评价得分低于 70 分（不含 70 分）的，只计取安全文明施工费中的临时设施基本费。

3）施工期间承包人发生一般及以上生产安全事故的，安全文明施工费中的安全施工费

按应计费率的60%计取。

4）工地地面应做硬化处理而未做的，其安全文明施工费中的文明施工费按应计费率的60%计取。

5）房屋建筑与装饰工程、仿古建筑工程、绿色建筑工程、装配式房屋建筑工程、构筑物工程、市政工程、综合管廊工程、城市轨道交通工程安全施工费已包括施工现场安装和使用视频监控系统的费用以及专门的安全隐患排查等费用，如未安装和使用或经现场评价不符合《四川省住房和城乡建设厅关于开展建设工程质量安全数字化管理工作的通知》（川建质安发〔2013〕39号）规定，或未按要求组织专门的安全隐患排查的，其安全文明施工费中的安全施工费按应计费率的75%计取。

（3）安全文明施工费的费率测定

安全文明施工费费率的测定采取自愿的原则。工程竣工后，自愿申请安全文明施工费费率测定的承包人持施工安全监督机构确认的《建设工程安全文明施工措施评价及费率测定》表到工程所在地工程造价管理机构申请办理测定。未设工程造价管理机构的市（区、县）所属建设工程项目，其安全文明施工费费率的测定机构由市（区、县）住房和城乡建设行政主管部门确定，报市、州工程造价管理机构备案。

（4）安全文明施工费的计费方法

环境保护费=(分部分项工程及单价措施项目的定额人工费+定额机械费)×环境保护费测定费率

文明施工费=(分部分项工程及单价措施项目的定额人工费+定额机械费)×文明施工费测定费率

安全施工费=(分部分项工程及单价措施项目的定额人工费+定额机械费)×安全施工费测定费率

临时设施费=(分部分项工程及单价措施项目的定额人工费+定额机械费)×临时设施费测定费率

（5）安全文明施工费计取的有关规定

1）在编制设计概算、施工图预算、招标控制价（最高投标限价、标底）时应足额计取，即环境保护费、文明施工费、安全施工费、临时设施费按基本费率标准两倍计取。

2）在编制投标报价时，应按招标人在招标文件中公布的安全文明施工费金额计取。

3）在编制竣工结算时，安全文明施工费按如下规定计取。

① 对承包人向安全文明施工费费率测定机构申请测定费率，并出具《建设工程安全文明施工措施评价及费率测定表》的，按《建设工程安全文明施工措施评价及费率测定表》测定的费率办理竣工结算；承包人未向安全文明施工费费率测定机构申请测定费率的，只能按规定计取安全文明施工费基本费。

② 对因发包人原因造成施工安全监督机构未核定安全文明施工措施最终评价得分，承包人无法向安全文明施工费费率测定机构申请测定费率的，发包人、监理人、承包人共同对施工现场承包人执行有关安全文明施工规定情况进行检查和评分的结果，测定安全文明施工费费率，在《建设工程安全文明施工措施评价及费率测定表》中确认并说明原因，作为竣工结算的依据。

③ 对发包人直接发包的专业工程，纳入总包工程现场评价范围但未单独进行安全文明施工措施现场评价的，其安全文明施工费以发包人直接发包的工程类型，只能按规定计取安全文明施工费基本费。

④ 对发包人直接发包的专业工程，纳入总包工程现场评价范围但未单独进行安全文明

施工措施现场评价的，其安全文明施工费按该工程总承包人的《建设工程安全文明施工措施评价及费率测定表》测定的费率执行；纳入总包工程现场评价范围但该工程总承包人未测定安全文明施工费费率的，其安全文明施工费以该总承包工程类型，只能按基本费费率计取。发包人直接发包工程的安全文明施工纳入总包人统一管理的，总承包人收取相应项目安全文明施工费的 40%。

对采用工程总承包方式（含 EPC 方式）或按建筑面积平方米造价包干等方式发包的工程，在签定工程承包合同时无法确定安全文明施工费具体金额或未采用四川省计价依据确定工程造价的，房屋建筑工程和市政基础实施工程的安全文明施工费计取基础分别暂按签定合同价中建筑安装工程造价（含合同价款调整）的 22.5%、17.5%计算，以此作为发包人与承包人在工程承包合同中明确安全文明施工费总费用以及编制费用预付计划的依据，并在结算时以此作为计算合同中安全文明施工费的依据。

14.4.3 其他总价措施项目费

夜间施工增加费、二次搬运费、冬雨季施工增加费、已完工程及设备保护费、工程定位复测费等其他总价措施项目费应根据拟建工程的特点确定。

1. 费用定义

1）夜间施工增加费。夜间施工增加费是指因夜间施工所发生的夜班补助费、夜间施工降效、夜间施工照明设备摊销及照明用电等费用。

2）二次搬运费。二次搬运费是指因施工场地条件限制而发生的材料、构配件、半成品等一次运输不能到达堆放地点，必须进行二次或多次搬运所发生的费用。

3）冬雨季施工。冬雨季施工是指在冬季或雨季施工需增加的临时设施、防滑、排除雨雪，人工及施工机械效率降低等费用。

4）已完工程及设备保护费。已完工程及设备保护费是指竣工验收前，对已完工程及设备采取的必要保护措施所发生的费用。

5）工程定位复测费。工程定位复测费是指工程施工过程中进行全部施工测量放线和复测工作的费用。

2. 费率标准及计取规定

夜间施工增加费、二次搬运费、冬雨季施工增加费、已完工程及设备保护费、工程定位复测费等其他总价措施项目费费率标准见表 14.11。

表 14.11 其他总价措施项目费费率标准

序号	项目名称	取费基础	费率/%		说明
			一般计税	简易计税	
1	夜间施工	分部分项工程及单价措施项目（定额人工费+定额机械费）	0.48	0.49	城市轨道交通工程 G.C 地下区间工程定额安全文明施工费取费基础中的定额机械费乘以系数 0.15
2	二次搬运		0.23	0.24	
3	冬雨季施工		0.36	0.37	
4	工程定位复测		0.09	0.10	

1）编制招标控制价（最高投标限价、标底）时，招标人应根据工程实际情况选择列项，按以下标准计取。

2）编制投标报价时，投标人应按照招标人在总价措施项目清单中列出的项目和计算基础自主确定相应费率并计算措施项目费。

3）编制竣工结算时，其他总价措施项目费应根据合同约定的金额（或费率）计算，发、承包双方依据合同约定对其他总价措施项目费进行了调整的，应按调整后的金额计算。

14.4.4　其他项目费

1. 暂列金额

暂列金额是指建设单位在工程量清单中暂定并包括在工程合同价款中的一笔款项。用于施工合同签订时尚未确定或者不可预见的所需材料、工程设备、服务的采购，施工中可能发生的工程变更、合同约定调整因素出现时的工程价款调整以及发生的索赔、现场签证确认等的费用。

暂列金额应根据拟建工程特点确定。在编制招标控制价（最高投标限价、标底）时，暂列金额可按分部分项工程费和措施项目费的10%～15%计取。在编制投标报价时，暂列金额应按招标人在其他项目清单中列出的金额填写。

2. 暂估价

暂估价是指招标人在工程量清单中提供的用于支付必然发生但暂时不能确定价格的材料、工程设备的单价以及专业工程的金额，包括材料暂估单价、工程设备暂估单价、专业工程暂估价。

在编制招标控制价（最高投标限价、标底）时，暂估价中的材料、工程设备单价应根据招标工程量清单中列出的单价计入综合基价；暂估价中的专业工程金额应分不同专业，按有关计价规定计算。

在编制投标报价时，材料暂估价应按招标人在其他项目清单中列出的单价计入综合基价；专业工程暂估价应按招标人在其他项目清单中列出的金额填写。

在编制竣工结算时，暂估价中的材料单价应按发、承包双方最终确认价格在综合基价中调整；专业工程暂估价应按中标人或发包人、承包人与分包人最终确认价计算。

3. 计日工

计日工是指在施工过程中，承包人完成发包人提出的工程合同以外的零星项目或工作所需的费用。

在编制招标控制价（最高投标限价、标底）时，计日工项目和数量应按其他项目清单列出的项目和数量执行，计日工中人工、机械台班单价应包括综合费，其综合费的计取不分一般计税和简易计税。计日工中的人工单价应按工程造价管理机构公布的单价计算，计日工中人工单价综合费按定额人工单价的 28.38%计算。计日工中的施工机械台班单价按施工机械台班费用定额为基础计算。计日工中，机械单价综合费按机械台班单价的 23.83%计算。若高度大于 2000m 时，定额人工单价及定额机械台班单价应按定额规定乘以海拔降效系数为基础计取综合费。计日工中的材料单价应按工程造价管理机构发布的工程造价信息中的单价计算，工程造价信息未发布的材料，其价格应按市场调查确定的单价计算。

在编制投标报价时，计日工按招标人在其他项目清单列出的项目和数量执行，投标人自主确定综合基价并计算计日工费用。

在编制竣工结算时，计日工的费用应按发承包双方确认的实际数量和合同约定的相应综合基价计算。

4. 总承包服务费

总承包服务费是指总承包人为配合、协调发包人进行的专业工程发包，对发包人自行采购的材料、工程设备等进行保管以及施工现场管理、竣工资料汇总整理等服务所需的费用。

在编制招标控制价（最高投标限价、标底）时，总承包服务费应根据招标文件列出的服务内容和要求计取：当招标人仅要求总包人对其发包的专业工程进行施工现场协调和统一管理、对竣工资料进行统一汇总整理等服务时，总承包服务费按发包的专业工程估算造价的1.5%左右计算；当招标人要求总包人对其发包的专业工程既进行总承包管理和协调，又要求提供相应配合服务时，总承包服务费根据招标文件列出的配合服务内容，按发包的专业工程估算造价的 3%～5%计算；招标人自行供应材料、设备的，按招标人供应材料、设备价值的1%计算。

编制投标报价时，总承包服务费应依据招标人在招标文件中列出的分包专业工程内容和供应材料设备情况，按照招标人提出的协调、配合与服务内容和施工现场管理需要由投标人自主确定。

编制竣工结算时，总承包服务费应依据合同约定的金额计算，发、承包双方依据合同约定对总承包服务费进行了调整的，应按调整后的金额计算。

5. 规费

规费是指根据国家法律、法规规定，由省级政府或省级有关部门要求，施工企业必须缴纳的，应计入建筑安装工程造价的费用。包括工程社会保险费、住房公积金、工程排污费，规费不得作为竞争性费用。

（1）规费的主要内容

1）社会保险费。社会保险费包括养老保险费、失业保险费、医疗保险费、生育保险费、工伤保险费。

① 养老保险费是指企业按照规定标准为职工缴纳的基本养老保险费。

② 失业保险费是指企业按照规定标准为职工缴纳的失业保险费。

③ 医疗保险费是指企业按照规定标准为职工缴纳的基本医疗保险费。

④ 生育保险费是指企业按照规定标准为职工缴纳的生育保险费。

⑤ 工伤保险费是指企业按照规定标准为职工缴纳的工伤保险费。

2）住房公积金。住房公积金是指企业按照规定标准为职工缴纳的住房公积金。

3）工程排污费。工程排污费是指按照规定缴纳的施工现场工程排污费。

（2）规费的费率及计取规定

1）使用国有资金投资的建设工程，编制设计概算、施工图预算、招标控制价（最高投标限价、标底）时，规费按规费费率计取表（表 14.12）中 I 档费率计算。

2）投标人投标报价按招标人在招标文件中公布的招标控制价（最高投标限价）的规费

金额填写，计入工程造价。

3）发、承包双方签定承包合同和办理工程竣工结算时，按规费费率计取表计算，见表 14.12。

4）工程排污费按工程所在地环境保护部门和国家有关规定收取标准计取，按实计入。

表 14.12　规费费率计取表

序号	取费类别	企业资质	计取基础	规费费率/%
1	Ⅰ档	房屋建筑工程施工总承包特级 市政公用工程施工总承包特级	分部分项工程及单价措施项目定额人工费	9.34
2	Ⅱ档	房屋建筑工程施工总承包一级 市政公用工程施工总承包一级		8.36
3	Ⅲ档	房屋建筑工程施工总承包二、三级 市政公用工程施工总承包二、三级		6.58
4	Ⅳ档	施工专业承包 劳务分包资质		4.8

注：无资质企业，规费费率按下限计取；同一承包人有多种资质，规费费率按最高资质对应的费率计取。

6. 税金

税金是指国家税法规定应计入建筑安装工程造价内的增值税、城市维护建设税、教育附加及地方教育附加等。税金应按规定标准计算，不得作为竞争性费用，税金包括增值税和附加税。计算方法见 14.3 节相关内容。

14.4.5　材料预算含税价格（含税信息价）

1. 材料价格计算公式

1）材料预算价格应是含税价格，2020 年《四川省建设工程工程量清单计价定额》中材料基价为不含税价格。

2）材料含税价格计算公式为

材料单价={(材料原价+运杂费)×[1+运输损耗率(%)]}×[1+采购保管费率(%)]

材料单价各项组成调整方法见表 14.13。

表 14.13　材料单价各项组成调整方法

序号	材料单价组成内容	调整方法及适用税率
1	“两票制”材料	材料原价、运杂费及运输损耗费按以下方法分别扣减
1.1	材料原价	以购进货物适用的税率（13%、9%）或征收率（3%）扣减
1.2	运杂费	以接受交通运输业服务适用的税率 9%扣减
1.3	运输损耗费	运输过程所发生损耗增加费，以运输损耗率计算，随材料原价和运杂费扣减而扣减
2	“一票制”材料	材料原价和运杂费、运输损耗费按以下方法分别扣减
2.1	材料原价+运杂费	以购进货物适用的税率（13%、9%）或征收率（3%）扣减
2.2	运输损耗费	运输过程所发生损耗增加费，以运输损耗率计算，随材料原价和运杂费扣减而扣减
3	采购及保管费	主要包括材料的采购、供应和保管部门工作人员工资、办公费、差旅交通费、固定资产使用费、工具用具使用费及材料仓库存储损耗费等。调整分析测定可扣除费用比例和扣减系数调整采购及保管费

表 14.13 中的“两票制”材料，指材料供应商就收取的货物销售价款和运杂费向建筑业企业分别提供货物销售和交通运输两张发票的材料；“一票制”的材料，指材料供应商就收取的货物销售价款和运杂费合计金额向建筑业企业仅提供一张货物销售发票的材料（概念问题）。

材料价格包括材料原价、运杂费、运输损耗、采购保管费等，其中，材料原价按材料分类及适用税率表进行计算，见表 14.14。运杂费均按交通运输业增值税税率 9%进行计算。

表 14.14　材料分类及适用税率表

材料名称	文件依据	税率（征收率）/%
建筑用和生产建筑材料所用的砂、土、石料、商品混凝土（仅限于以水泥为原材料生产的水泥混凝土）；以自己采掘的砂、土、石料或其他矿物连续生产的砖、瓦、石灰（不含黏土实心砖、瓦）、自来水	财政部、国家税务总局《关于部分货物适用增值税低税率和简易办法征收增值税政策的通知》（财税〔2009〕9 号）及《关于简并增值税征收率政策的通知》（财税〔2014〕57 号）	3
苗木、草皮、农膜、暖气、冷气、煤气、石油液化气、天然气、沼气、居民用煤炭制品、农药、化肥、二甲醚	财政部、国家税务总局、海关总署《关于深化增值税改革有关政策的公告》（财政部 税务总局 海关总署公告 2019 年第 39 号税）	9
其余材料	财政部、国家税务总局《关于部分货物适用增值税低税率和简易办法征收增值税政策的通知》（财税〔2009〕9 号）及财政部、税务总局、海关总署《关于深化增值税改革有关政策的公告》（财政部 税务总局 海关总署公告 2019 年第 39 号税）	13

2. 调整基本公式（参考）

材料预算含税价格调整基本公式为

$$C_{\Delta}=C_{b}\times T/(1+T)$$
$$C_{V}=C_{b}/(1+T)$$
$$K=1/(1+T)$$

式中，C_{Δ}——营业税下材料价格可抵扣进项税额；

C_{b}——营业税下材料价格（含税价格）；

C_{V}——扣减进项税额材料价格（除税价格）；

T——材料适用的平均税率；

K——材料扣减系数（抵扣系数）。

◆例 14.1　某建筑公司购买一批钢筋，已知含税价格为 3500 元/t，计算增值税下的相关数据。

※解※

查表 14.14 可知，钢筋适用的平均税率为 T=13%，C_{b}=3500（元/t）。

除税价格 $C_{V}=C_{b}/(1+T)$=3500/(1+13%)=3097.35（元/t）

进项税额 $C_{\Delta}=C_{b}\times T/(1+T)$=3500×13%/(1+13%)=402.66（元/t）

抵扣系数 K=1/(1+T)=1/(1+13%)=0.88

14.4.6　综合基价调整说明

2020 年《四川省建设工程工程量清单计价定额》综合基价的各项内容按以下规定进行调整。

1）人工费调整：本定额取定的人工费作为定额综合基价的基价，各地可根据本地劳动力单价及实物工程量劳务单价的实际情况，由当地工程造价管理部门测算并附文报省建设工程造价总站批准后调整人工费。编制设计概算、施工图预算、最高投标限价（招标控制价、标底）时，人工费按工程造价管理部门发布的人工费调整文件进行调整；编制投标报价时，投标人参照市场价格自主确定人工费调整，但不得低于工程造价管理部门发布的人工费调整标准；编制和办理竣工结算时，依据工程造价管理部门的规定及施工合同约定调整人工费。调整的人工费计入综合单价，但不作为计取其他费用的基础。

2）材料费调整：本定额取定的材料价格作为定额综合基价的基价，调整的材料费进入综合单价。在编制设计概算、施工图预算、最高投标限价（招标控制价、标底）时，依据工程造价管理部门发布的工程造价信息确定材料价格并调整材料费，工程造价信息没有发布的材料，参照市场价确定材料价格并调整材料费；编制投标报价时，投标人参照市场价格信息或工程造价管理部门发布的工程造价信息自主确定材料价格并调整材料费；编制和办理竣工结算时，依据合同约定确认的材料价格调整材料费。

安装工程和市政工程中的给水、燃气、给排水机械设备安装、生活垃圾处理工程、路灯工程以及城市轨道交通工程的通信、信号 、供电、智能与控制系统、机电设备、车辆基地工艺设备和园林绿化工程中绿地喷灌、喷泉安装等安装工程及其他专业的计价材料费，由四川省建设工程造价总站根据市场变化情况统一调整。

3）机械费调整：本定额对施工机械及仪器仪表使用费以机械费表示，作为定额综合基价的基价，定额注明了机械油料消耗量的项目，油价变化时，机械费中的燃料动力费按照上述“材料费调整”的规定进行调整，并调整相应定额项目的机械费，机械费中除燃料动力费以外的费用调整，由省建设工程造价总站根据住房和城乡建设部的规定以及四川省实际进行统一调整。调整的机械费计入综合单价，但不作为计取其他费用的基础。

4）企业管理费、利润调整：本定额的企业管理费、利润由四川省建设工程造价总站根据实际情况进行统一调整。

说明：

① 《四川省建设工程工程量清单计价定额——通用安装工程》（2020）中工程造价信息的局部调整是根据“营改增”的要求而进行的，调整后的《四川省建设工程工程量清单计价定额——通用安装工程》（2020）、工程造价信息等建设工程计价依据除本办法另有规定外，不改变其作用、适用范围及费用计算程序等。

② 调整后的要素费用和费率均为不含税价，包括分部分项工程费、措施项目费、其他项目费，以及变更、签证、索赔等费用均不含进项税额，应按建设工程“营改增”计价规则计入税前工程造价。

③ “营改增”后，建设工程发承包及实施阶段的计价活动，适用一般计税方法计税的

建筑工程均应执行“价税分离”计价规则及计价依据；选择适用简易计税方法计税的建筑工程，在符合财税部门规定的前提下，发包方可参照“营改增”前的计价依据执行。

④ 风险幅度确定原则：风险幅度均以人工、材料、机械的对应不含税单价为依据计算。

14.5　增值税下工程造价全过程管理

14.5.1　工程造价全过程管理概述

工程造价全过程管理，是指从建设项目可行性研究阶段的工程造价预估开始，经过经济性论证，设计阶段限额设计、优化设计，交易阶段发、承包价格确定，建造期间工程价款调整、控制、管理，竣工结算后工程实际造价的确定，以及竣工后评价为止的整个建设过程的工程造价管理。

建筑业“营改增”后，在新的税收政策下，许多传统的、经验的、固化的工程计价方法和习惯将被打破。主要表现在以下几个方面。

1）应纳税额的“收支平衡”将不存在，必须同时考虑进项税与销项税的问题。

2）项目经理经验性的工程成本估算方法将失灵。

3）计税两种方式的存在，以及开票和不开票的选择，造价或成本的控制将出现多种决策方案。

4）进项税的抵扣是按增值税专用发票抵扣，对投资估算和设计概算的编制将产生困难。

5）采购材料时必须关注建材供应商的身份问题。

6）造价人员对“营改增”的理解差异，会造成很多新的争执。

全过程造价控制的关键内容如图 14.1 所示。

决策阶段	设计阶段	交易阶段	施工阶段	竣工阶段
1. 项目投资策划 2. 投资计划与安排	1. 技术经济优化 2. 确定项目造价控制目标 3. 构建造价控制体系	1. 整体招标策划 2. 分项招标策划 3. 发包模式确定 4. 合同范围确定 5. 计价模式确定 6. 合同条件确定	1. 工程预付款、进度款控制 2. 过程控制报告 3. 变更与签证控制主材、设备价格审核 4. 工程索赔	1. 结算审核 2. 索赔、变更处理

图 14.1　全过程造价控制的关键内容

14.5.2　“营改增”后各阶段工程造价控制

1. 决策阶段

在建设项目投资决策阶段，项目的各项技术经济决策，对建设工程造价及项目建成投产后的经济效益有着决定性的影响，是建设工程造价控制的重要阶段。工程造价管理人员在决策阶段应编制可行性研究报告，并对拟建项目进行经济评价，选择技术上可行、经济上合理的建设方案，并在优化建设方案的基础上编制高质量的项目投资估算，使其在项目建设中真正起到控制项目总投资的作用。

（1）投资估算

投资估算贯穿整个投资决策过程，为业主和项目审批机关判断是否对该项目进行投资，以及合理确定建设规模和建设标准提供依据。在我国的建设项目中，投资估算通常分为 4 个阶段，每个阶段对投资估算的要求都不同。

1）项目规划阶段：按项目的规划要求和内容，粗略估计投资额，允许误差大于 30%。

2）项目建议书阶段：按项目建议书中的产品方案、建设规模、生产工艺等估算投资额，控制误差在 30%以内。

3）初步可行性研究阶段：在更为详细的资料下进行投资估算，控制误差在 20%以内。

4）详细可行性研究阶段：经审批后，作为投资限额，控制误差在 10%以内。

（2）投资估算的内容

投资估算是在项目决策阶段确定项目从筹建至竣工全过程的建设费用估算。从满足建设项目投资计划和投资规模的角度，投资估算包括固定资产投资估算和流动资金估算两部分。

投资估算=建设项目总投资

投资估算=建设投资+建设期利息+流动资金

式中

建设投资=工程费用+工程建设其他费用+预备费

工程费用=建筑工程费+安装工程费+设备购置费

预备费=基本预备费+价差预备费

建设期利息=贷款利息+融资利息

（3）提高投资估算精度的方法

1）提高项目投资估算资料和信息的详细程度。

2）提高项目投资估算资料的准确程度。

3）选用适用性高的投资估算方法。

4）充分、全面考虑项目在各个阶段的不确定因素及对估算价格带来的影响。

5）不断提高估算人员的经验和水平。

6）加强投资估算审查。

（4）“营改增”后投资估算的编制

1）在增值税下编制投资估算，会带来新的问题。

① 可抵扣的含进项税的项目不明确。

② 没有可借鉴的类似工程、数据和信息。

③ 原有投资估算指标需要调整，应如何调整。

2）增值税下编制投资估算的建议。

① 对进项税抵扣问题，主要涉及工程费用。对工程项目进项税抵扣，有材料设备费抵扣税、机械费抵扣税、企业管理费抵扣税等问题，起决定作用的是材料设备费，占主要份额。在材料设备进项税的增值税税率中，有 13%、9%、3%几档，而 13%的增值税税率又占大部分。所以，在编制投资估算时，可以近似处理进项税抵扣问题，即不计机械费、企业管理费中进项税的影响，将材料设备的进项税率都认定为 13%，可以较好地处理在编制投资估算时进项税抵扣的问题。

② 借鉴类似工程、数据和信息，是编制投资估算的常用方法。此时可以采用“反算法”，即将类似工程项目在增值税下重新进行计算，得到在增值税下的数据、指标和信息。

③ 对于投资估算指标的调整，可以采用与《四川省住房和城乡建设厅关于印发〈建筑业营业税改征增值税四川省建设工程计价依据调整办法〉的通知》（川建造价发〔2016〕349号）相同的思路和方式对投资估算指标进行调整和修改。

2. 设计阶段

工程设计是建设项目进行全面规划和具体描述实施意图的过程，是具体实现技术与经济对立统一的过程。项目一经决策确定后，设计就成了工程建设和控制工程造价的关键。初步设计基本上决定了工程建设的规模、产品方案、使用功能、建筑结构形式及建设标准，形成了设计概算，确定了投资的最高限额。施工图设计完成后，编制出了施工图预算，相对准确地计算出工程造价。设计费虽然只占工程全寿命费用的 1%不到，但在决策正确的条件下，它对工程造价的影响程度达 75%以上。

（1）设计概算

设计概算应控制在批准的投资估算范围内，施工图预算应控制在已批准的设计概算范围内。按照工程造价管理的有关要求，设计概算不得超过投资估算，施工图预算不得超过设计概算，竣工结算不得超过施工图预算。如遇有超出情况，应编制相应调整文件，同时作出相应的原因分析报告，并报原审批部门审核。设计概算是我国建设项目投资的最高限额。

设计概算=建设项目总投资

设计概算=建设投资+建设期利息+流动资金

式中

建设投资=工程费用+工程建设其他费用+预备费

工程费用=建筑工程费+安装工程费+设备购置费

预备费=基本预备费+价差预备费

建设期利息=贷款利息+融资利息

可见，设计概算的内容和投资估算相同。

（2）设计阶段工程造价关键控制点和控制方法

设计阶段工程造价关键控制点和控制方法见表 14.15。

表 14.15 设计阶段工程造价关键控制点和控制方法

关键控制点	控制方法
设计方案的技术经济分析和优化	多方案比选（考虑造价、工期、质量） 价值工程分析
投资限额的分配	主体利益分析 限额设计 价值工程
设计概算和施工图预算的编制及审核	概算定额法、概算指标法、预算单价法 综合单价法、工料单价法 全面审查法、对比审查法等

（3）“营改增”后设计概算的编制

1）目前设计概算的编制方法仍然采用《四川省建设工程工程量清单计价定额——通用安装工程》（2020）定额，将分部分项工程扩大、综合或简化，工程量计算粗略一点，综合单价仍采用定额计价，包括人工费调整和材料设备费调整。

2）在“营改增”后编制设计概算存在的主要问题：没有具体的进项税抵扣项目。

3）增值税下编制设计概算的建议。

① 仍然采用《四川省建设工程工程量清单计价定额——通用安装工程》（2020）定额的调整系数和方法，分项工程的综合、扩大方式与原来一样。

② 材料设备费用的进项税抵扣方式和思路可参照投资估算的方法。

3. 交易阶段

建设项目交易阶段就是工程招标投标阶段。建设项目实行招标投标是我国建筑市场逐步走向法制化、规范化、完善化轨道，我国政府加强建筑市场的管理、与国际惯例接轨的重要举措。实行建设项目招标投标可择优选择承包单位，全面降低工程造价，有利于规范价格行为，促使建设项目投资更加合理。

实行建设项目的招标投标基本形成了由市场定价的价格机制，能够不断降低社会平均劳动消耗水平，使工程价格得到有效控制。

（1）招标策划

招标策划包括发、承包模式的选择，总承包与专业分包之间、各专业分包之间、各标段之间发、承包范围的界定，拟采用的合同形式和合同范本，合同中拟采用的计价方式，拟采用的主要材料和设备供应及采购方式，增值税计税方法的选择和影响等方面。

1）发、承包模式的选择。目前我国工程项目发、承包主要是两种模式。

① DBB 模式。DBB 模式指工程项目设计—招标—建造模式，是国际上较早应用的工程项目发包方式之一。目前在世界银行、亚洲开发银行贷款项目中，以及采用国际咨询工程师联合会合同条件的国际工程项目中均采用这种方式。在 DBB 模式中，业主委托咨询工程师进行前期的各项工作，如投资机会研究、可行性研究等，待项目评估立项后再进行设计；在设计阶段的后期进行施工招标的准备，随后通过招标选择施工承包人。在工程项目实施阶段，监理工程师为业主方提供施工管理服务。我国目前广泛应用的监理制就属于 DBB 这种模式。DBB 对应的施工阶段称为施工总承包。

② EPC 模式。EPC 模式指设计—采购—施工/交钥匙总承包。一般是指 EPC 总承包商按照合同约定，承担工程项目的计划、设计、采购、施工、试运行服务等全过程的总承包，对承包工程的质量、安全、工期、造价全面负责，最终向业主提交一个满足使用功能、具备使用条件的工程项目。EPC 也称工程总承包。

2）合同形式和合同范本。

① 单价合同。单价合同是指以综合单价结算的合同。综合单价在合同约定的条件内是固定的，不予调整。合同当事人应在专用合同条款中约定综合单价包含的风险范围和风险费用的计算方法，并约定风险范围以外的合同价格的调整方法。工程量按计量规范规定且应予以计量的工程量计算。实行工程量清单计价的工程，应采用单价合同。其适用于各类工程项目，工程风险基本合理分担。

② 总价合同。总价合同按合同总价进行结算，不考虑单价的影响，通常采用工程造价总价包干，在约定的范围内合同总价不做调整。合同当事人应该在专用合同条款中约定总价包含的风险范围和风险费用的计算方法，并约定风险范围以外的合同价格的调整方法。

在总价合同中，业主对总投资的数额有限制，在施工中可控制投资。承包人在总价合同中承担主要风险。建设规模较小，技术难度较低，工期较短，且施工图纸质量较好的，可采用总价合同。

③ 其他合同形式，如成本加酬金合同、按实结算合同等。

3）增值税计税方法的影响和选择。

① 两种计税方法：一般计税方法和简易计税方法。

② 选择依据：可根据纳税人的类别、建筑工程新老项目、清包工项目、甲供工程项目等选择合适的计税方法。

③ 具体工程测算决定计税方法的选择：工程结构类型、专业工程项目、增值税专用发票的取得、抵扣增值税多的项目、抵扣税率高的项目等。

（2）交易阶段的工程造价关键控制点

交易阶段的工程造价关键控制点有投标单位资格审查、招标文件编制、招标控制价编制、不平衡报价的控制、清标和完善合同条款。

1）增值税下工程量清单编制。使用《通用安装工程工程量计算规范》（GB 50856—2013）计算工程量时，“营改增”对其没有影响。但是清单中需要招标人确定价格的项目必须考虑“营改增”的影响。

① 暂列金额，必须是不含税的暂列金额。暂列金额一般按分部分项工程费的 10%～15% 估算（大部分取 10%），由于此时分部分项工程费已经是税前工程费，按此计算的暂列金额也是不含税的暂列金额，因为税前工程费减少，此时可按分部分项工程费的 15%估算。

② 暂估价，包括材料暂估价、工程设备暂估价、专业工程暂估价，一般计税法下不含税的单价或价格。

2）增值税下招标控制价编审。

① 使用《四川省建设工程工程量清单计价定额——通用安装工程》（2020）定额时，软件公司已经对定额做了调整，定额基价除定额材料单价外，其他费用已经调整为不含税价格，可以直接套用。在应用软件时要注意营业税下的计价软件完全不能用于增值税下的计价软件。

② 人工费调整不受“营改增”影响，做法与营业税下完全一样。

③ 对材料单价计算应特别注意：使用定额材料单价时，要自己除税，乘系数；使用材料信息价时，必须是发布的除税信息价；使用材料市场价时，必须先扣除进项税变成除税单价才能代入计价表组价。此时，可采用 4 种方法处理：“两票制”材料、“一票制”材料、直接查用《四川省住房和城乡建设厅关于印发〈建筑业营业税改征增值税四川省建设工程计价依据调整办法〉的通知》（川建造价发〔2016〕349 号）附件 2 调整系数及理论除税公式。

理论除税公式为

$$除税单价=含税单价(市场价)\div(1+适用税率)$$

④ 安全文明施工费计算。仍然分工程在市区，工程在县城、乡镇，工程不在市区、县城、乡镇 3 档，查取《四川省建设工程工程量清单计价费用标准》（2020 年）计算。

⑤ 其他总价措施费计算。按《四川省建设工程工程量清单计价费用标准》（2020 年）计算。

⑥ 规费。按《四川省建设工程工程量清单计价费用标准》（2020 年）计算。

⑦ 增值税销项税税率。建筑业增值税税率为 9%。

⑧ 附加税。按《四川省建设工程工程量清单计价费用标准》（2020 年）计算。

3）增值税下投标报价编审。

① 自主报价。

② 参考《四川省建设工程工程量清单计价定额——通用安装工程》（2020）编制投标报价。

③ 在考虑报价下浮区间时注意，销项税是必须缴纳的，是“定值”，而可抵扣的进项税是“变值”，完全取决于投标人的决策。

④ 投标人参考《四川省建设工程工程量清单计价定额——通用安装工程》（2020）报价，报价时，注意“营改增”调整后的《四川省建设工程工程量清单计价定额——通用安装工程》（2020）已经按照理想情况扣除了进项税额。

4）材料费除税方式的影响。

① “一票制”材料除税价计算方法见表 14.16。

表 14.16　“一票制”材料除税价计算方法　（单位：元）

材料名称	价格形式	单价	原价及运杂费	运输损耗费（损耗率 1%）	采购及保管费（采管费率 2%）
钢筋 ϕ 18	含税价格	3250+32.5+65.65=3348.15	3250	3250×1%=32.5	(3250+32.5)×2%=65.65
	除税价格	2876.11+28.76+58.10=2962.97	3250/1.13=2876.11	2876.11×1%=28.76	(2876.11+28.76)×2%=58.10

② “两票制”材料除税价计算方法见表 14.17。

表 14.17　“两票制”材料除税价计算方法　（单位：元）

材料名称	价格形式	单价	原价	运杂费	运输损耗费（损耗率 1%）	采购及保管费（采管费率 2%）
钢筋 ϕ 18	含税价格	3250+32.5+65.65=3348.15	3150	100	(3150+100)×1%=32.5	(3150+100+32.5)×2%=65.65
	除税价格	2787.62+91.74+28.79+58.16=2966.31	3150/1.13=2787.62	100/1.09=91.74	(2787.62+91.74)×1%=28.79	(2787.62+91.74+28.79)×2%=58.16

③ 4 种除税方式的比较见表 14.18。

表 14.18　4 种除税方式的比较

序号	钢筋含税单价	除税方式	计算式	除税单价、元/t	与含税单价比率/%	与基本公式除税误差
1	3348.15 元/t	用基本公式除税单价	3348.15/1.13	2962.96	88.50	0
2		“一票制”方式除税单价	见表 14.18	2962.97	88.50	0
3		“两票制”方式除税单价	见表 14.19	2966.31	88.60	0.11%
4		349 号文调整系数除税单价	3348.15×85.77%	2871.71	85.77	3.08%

4. 施工阶段

项目实施阶段是将建设项目的规划、设计方案转变为工程实体的过程。施工阶段是资金投入最大的阶段，是招标投标工作的延伸，是合同的具体化。加强施工控制，就是加强履约行为的管理，在实践中往往把施工阶段作为工程造价控制的重要阶段。

发包人在施工阶段工程造价控制的主要任务是通过工程进度款支付控制、工程变更费用控制、索赔费用控制等，以挖掘节约工程造价潜力的方式来实现实际发生费用不超过计划投资的目标。

（1）施工阶段工程价款的构成

施工阶段工程价款的构成如图 14.2 所示。

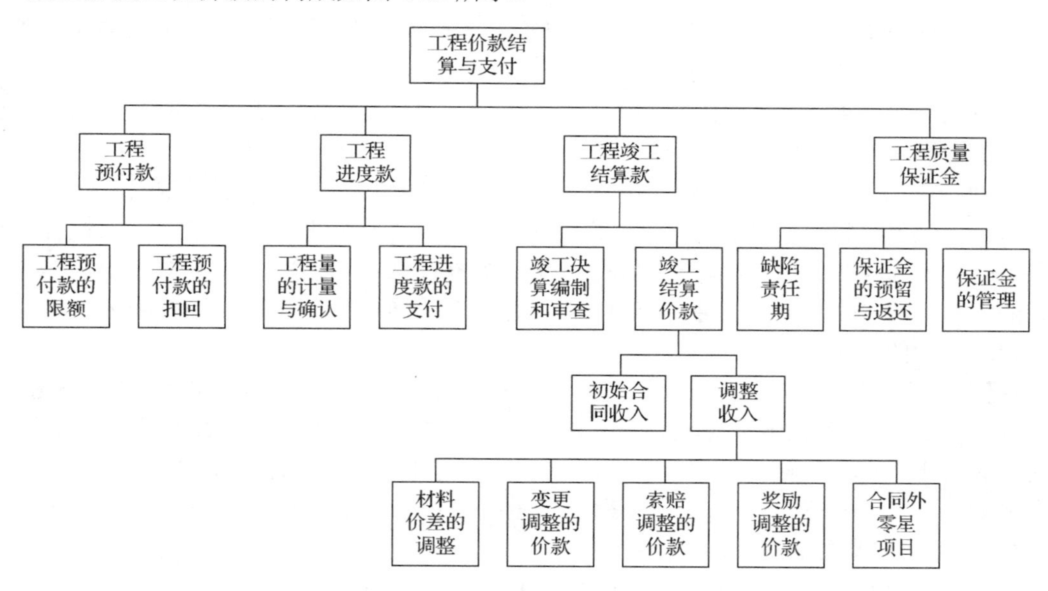

图 14.2 施工阶段工程价款的构成

（2）施工阶段的工程造价关键控制点

施工阶段的工程造价关键控制点有工程变更、现场签证、工程索赔、工程预付款、工程进度款、材料单价控制。

1）现场签证。现场签证指在工程建设施工过程中，发、承包双方的现场代表（或其委托人）对发包人要求承包人完成施工合同内容外的额外工作及其产生的费用作出书面签字确认的凭证。

① 现场签证的特点。现场签证是在施工现场由发包人、监理人、承包人的项目经理共同签署的，用以证实施工活动中某些特殊情况的一种书面手续。它不包含在施工合同和图纸中，也不像工程变更那样有一定的程序和正式手续。它的特点是临时发生，内容零碎、具体内容不同，没有规律性。需要注意的是现场签证是双方协商一致的结果，属于合同的一部分；现场签证是工程施工过程中的例行工作，一般不依赖于证据。

② 现场签证的主要内容。现场签证可分为经济签证和工期签证两类。

经济签证包括零星用工，施工现场发生的与主体工程施工无关的用工；零星工程；临时增补项目；隐蔽工程签证；窝工、非承包人原因停工造成的人员、机械的经济损失；议价材料价格认定；其他需要签证的费用。

工期签证包括设计变更造成的工期变更签证；停水、停电签证；其他非承包人原因造成的工期签证。

③ 现场签证的控制。现场签证是处理合同价款中未包含而施工过程中又发生了的特殊情况的书面依据，签证产生的费用也是工程造价的组成部分。签证最终以价款的形式体现在工程结算中，签证失控将会导致结算造价失控，因此必须加强现场签证的管理和控制，严格

按照签证的审核确认程序执行。

a．凡规范、定额或有关文件有明确规定的项目，不得另行签证。

b．现场签证的内容、数量、项目、原因、部位、日期等要明确记录，价款的结算方式、单价应明确约定。

c．现场签证应及时办理，除非特殊情况不应拖延事后补签。对于一些重大的现场变化，还应及时留有影像资料，以备查询。

发生现场签证事项，发包人未签证确认，承包人擅自施工的，费用由承包人承担（发包人另行书面同意除外）。

2）增值税下甲供材料的影响。甲方供料是建筑市场中长期存在的发包单位（甲方）向施工单位提供建筑材料，但不提供进项税发票，施工单位无法进行纳税抵扣的一种经济合同关系。此类客观存在的市场经济合同关系，无论怎样加强市场管理，都很难完全消失。在营业税的情况下，它对企业税负并不产生影响。但“营改增”后，因得不到进项税发票而必然增加建筑企业的税负。

◆例 14.2 某房地产开发公司与一建筑工程公司签订了建筑工程承包合同，工程总造价为 5000 万元，其中钢筋 600 万元，商品混凝土 500 万元，采用甲供或乙购材料方式。计算不同方式的进项税抵扣额（钢筋增值税率为 13%，商品混凝土征收率为 3%）。

※解※

1）甲方采购钢筋和商品混凝土。

甲方可抵扣进项税额=600/(1+13%)×13%+500/(1+3%)×3%=83.59（万元）

2）甲方采购钢筋，乙方采购商品混凝土。

甲方可抵扣进项税额=600/(1+13%)×13%=69.03（万元）

乙方将要损失的税差额=500/(1+9%)×9%−500/(1+3%)×3%=26.72（万元）

3）乙方采购钢筋。

乙方将获得税差额=600/(1+13%)×13%−600/(1+9%)×9%=19.49（万元）

① 甲供材料计税方法的选择。甲供材料是指全部或部分设备、材料、动力由工程发包人（甲方）自行采购，提供给建筑施工企业（乙方）用于建筑、安装、装修和装饰。在“营改增”后，根据《财政部 国家税务总局关于全面推开营业税改征增值税试点的通知》（财税〔2016〕36 号）的规定，建筑企业针对甲供材料工程，可以选择增值税一般计税方法，也可以选择简易计税方法。这两种计税方法的选择，会涉及建筑施工企业的税负高低，为了节省税负，必须在与发包人签订甲供材料施工合同时，考虑甲方自购建筑材料在整个工程中所耗建筑材料的比重而选择增值税的计税方法，否则将会增加税负。

a．甲供材料下建筑企业增值税计税方法选择的依据。按照《财政部 国家税务总局关于全面推开营业税改征增值税试点的通知》（财税〔2016〕36 号）附件 2《营业税改征增值税试点有关事项的规定》中“建筑服务”的规定：“一般纳税人为甲供工程提供的建筑服务，可以选择适用简易计税方法计税。”也就是说，只要发生甲供材料，建筑企业在计税方法上就具有一定的选择性，既可以选择增值税一般计税方法，也可以选择增值税简易计税方法。

b．甲供材料下建筑企业计算增值税的销售额确定依据。按照《财政部 国家税务总局关于全面推开营业税改征增值税试点的通知》（财税〔2016〕36 号）附件 1《营业税改征增值税试点实施办法》第三十七条规定：“销售额，是指纳税人发生应税行为取得的全部价款和价外费用，财政部和国家税务总局另有规定的除外。”同时，《财政部 国家税务总局关于全面推开营业税改征增值税试点的通知》（财税〔2016〕36 号）附件 2《营业税改征增值税试点有关事项的规定》第一条第三项第九款规定：“试点纳税人提供建筑服务适用简易计税方法的，以取得的全部价款和价外费用扣除支付的分包款后的余额为销售额。”

根据以上政策，甲供材料下建筑企业计算增值税的销售额可以按照以下两种方法。

建筑企业选择一般计税方法计算增值税的情况下，销售额是建筑企业发生建筑应税行为向发包人或业主收取的全部价款和价外费用（不包括甲供材料）。

建筑企业选择简易计税方法计算增值税的情况下，销售额是建筑企业向业主收取的全部价款和价外费用扣除支付分包款后的余额。

◆例 14.3　某房地产公司与建筑企业签订的合同约定：合同总价款为 3000 万元，其中甲供主材 400 万元。计算选择一般计税方法计算增值税的销售额。

※解※

建筑公司计算增值税的销售额为 3000−400=2600（万元），房地产公司的应税额为 400 万元。

c．甲供材料下建筑企业增值税计税方式选择的分析。按照甲供材料的规定，建筑企业选择一般计税方式计税还是选择简易办法计税，对这两种办法一定存在一个税负的临界点，可以通过理论计算确定这个临界点。

建筑业增值税率为 9%，而设备、材料、动力的增值税率一般均是 13%，据此，可以理论计算出甲供材料下建筑企业增值税计税方式选择的临界点。

设某工程的施工合同中约定的工程价款为 E（已扣除甲供材料价款），则建筑企业选择一般计税方法和简易计税方法下的增值税计算如下。

a）一般计税方法下的应纳增值税额：

$$\text{应纳税额}=E/(1+9\%)\times 9\%-\text{乙购材料的进项税额}$$
$$=0.098E-\text{乙购材料的进项税额}$$

注：上式为近似计算。因进项税额还包括机械费、企管费中的进项税，这里忽略不计。

b）简易计税办法下的应纳增值税额：

$$\text{应纳税额}=E/(1+3\%)\times 3\% = 0.029E$$

c）两种方法下税负相同的临界点：

$$0.098E-\text{乙购材料的进项税额}=0.029E$$

则

$$\text{乙购材料的进项税额}=0.07E$$

d）假设一般情况下，乙购材料的适用税率均为 13%，则可得出：

$$\text{乙购材料的进项税额}=\text{乙购材料费}/(1+13\%)\times 13\%$$

e）计算临界点：

$$\text{乙购材料费}/(1+13\%)\times 13\%=0.07E$$
$$\text{乙购材料费}=0.07E\times(1+13\%)/13\%=60.85\%E$$

由此得出，在甲供材料模式下，建筑企业选择按一般计税方法或简易计税方法的临界点参考值为

$$\text{乙购材料费}=60.85\%\times\text{工程价款}$$

式中，乙购材料费为含税费用，工程价款为已扣除甲供材料价款后的费用。

分析上式可以得出：乙购材料费>60.85%×工程价款时，选择一般计税方法有利；乙购

材料费<60.85%×工程价款时，选择简易计税方法有利。

◆例 14.4 某房地产公司与建筑企业签订施工合同，施工总承包合同价为 1000 万元，材料部分为 600 万元，其中甲供材料为 200 万元，乙购材料为 400 万元。建筑公司另将 100 万元的机电安装工作分包给一安装公司（假设材料均取得 13%的增值税专用发票）。

※解※

一般计税方式下的应纳税额为

应纳税额=(1000−200)×9%/(1+9%)−[400×13%/(1+13%)+100×9%/(1+9%)]
=11.78（万元）

简易计税办法下的应纳税额为

应纳税额=(1000−200−100)×3%/(1+3%)
=20.39（万元）

建筑公司采购材料费用为

400 万元>46.94%×工程价款=46.94%×(1000−200)=375.52（万元）

因此可见，建筑公司选择一般计税方法计算增值税，比选择简易计税方法计算增值税可节约：

20.39−11.78=8.61（万元）

◆例 14.5 某房地产公司与建筑企业签订施工合同，施工总承包合同价为 1000 万元，材料部分为 600 万元，其中甲供材料为 500 万元，其他部分材料为 100 万元。建筑公司另将 100 万元的机电安装工作分包给一安装公司（假设材料均取得 13%的增值税专用发票）。

※解※

一般计税方式下的应纳税额为

应纳税额=(1000−500)×9%/(1+9%)−[(600−500)×13%/(1+13%)+100×9%/(1+9%)]
=21.52（万元）

简易计税办法下的应纳税额为

应纳税额=(1000−500−100)×3%/(1+3%)
=11.65（万元）

建筑公司采购材料费用为

100 万元<46.94%×工程价款=46.94%×(1000−500)=234.70（万元）

因此可见，建筑公司选择简易计税方法计算增值税，比选择一般计税方法计算增值税可节约：

21.52−11.65=9.87（万元）

② 甲供材料模式的处理。

a．施工方应充分考虑增值税进项税额的抵扣问题，要求业主指定的甲供材料供应商必须是一般纳税人企业，并向施工方提供增值税专用发票（业主可以明确甲供材料的厂家、品牌、规格、数量、单价，但发票必须开给施工方），避免税负转嫁给施工企业。

b．可以按照《财政部 国家税务总局关于全面推开营业税改征增值税试点的通知》（财税〔2016〕36 号）的特殊政策：“一般纳税人为甲供工程提供的建筑服务，可以选择适用简易计税方法计税。”参考前述临界点的计算过程，选择简易计税方法或选择一般计税方法。

c．尽量避免甲供材料模式。对招标人规定必须采用甲供材料模式的，投标人做好投标决策分析。

③ 增值税发票问题。

a．正确区分“无票”价格与“弃票”价格。“无票”价格指销售方均无法提供增值税专用发票，以购进货物或接受劳务和服务所支付的总金额计入税前造价。“弃票”价格指为取得较低的采购价放弃发票。

b．营业税下以销售价（含税价格）100 元计入税前造价，采购时以放弃发票而降低采购价格 92 元，因此而获利。

c．增值税下以除税价格 100/1.13=88.50 元计入税前造价，放弃发票的采购价格不可能比除税价格更低，一般无法获利。开票价格 100 元比无票价格 92 元有利，开票价格 100 元可抵扣进项税额 11.50 元，不影响成本、利润。

◆例 14.6 某施工公司是一般纳税人，现承接一项目，合同金额 70000 元，需采购钢管 10t，预计采购金额 50000 元。现分析供应商不同，发票取得不同对项目税负的影响（只考虑增值税的影响）。

※解※ ——————————————————————

此题的计算过程见表 14.19。

表 14.19 例 14.6 的计算过程 （单位：元）

项目	方案一	方案二	方案三
销项税额（9%）	70000×0.09/1.09=5779.82	70000×0.09/1.09=5779.82	70000×0.09/1.09=5779.82
供应商类型	一般纳税人	小规模纳税人	
采购数量/t	10.00	10.00	10.00
采购金额	50000.00	50000.00	50000.00
税率	13%（专用发票）	3%（普通发票）	3%（代开专用发票）
进项税额	50000×0.13/1.13=5752.21	0	50000×0.03/1.03=1456.31
应交增值税	5779.82−5752.21=27.61	5779.82−0=5779.82	5779.82−1456.31=4323.51

5. 竣工阶段

“营改增”结算是施工企业按照设计文件规定的内容及合同要求内容全部完成工程后，经验收质量合格，并符合合同要求后，向发包单位进行的最终工程价款结算。单项工程或单位工程的结算数额，就是狭义上的工程建设价格，即工程造价，也是业主及承包商两个主体最终成交的交易价格。

（1）工程竣工结算编审

1）期中结算（进度款）、终止结算（烂尾楼）、竣工结算（验收合格）。

2）材料单价的调整是难点和争议点。

3）工程变更、现场签证等一定是不含税的“裸价”。

4）工程变更、现场签证等也可签为已含所有税、费的“包干价”，但注意此时增值税税率是 19%，此时进项税是可以抵扣的，计算抵扣再签字确认。

（2）竣工结算的编制方法

1）增减法。以合同价格为基础，增减变化部分进行工程结算。

竣工结算造价=合同内结算造价±增减项目造价

其特点是合同内结算造价只涉及工程量的变化，综合单价不变化，是结算的主要部分，审核相当简洁。增减项目造价涉及人工费、材料费调整及所有技术经济核定单、现场签证内容，易检查，易核对。

2）竣工图重算。以重新绘制的竣工图为依据，相当于重新编制施工图预算，进行工程竣工结算。

竣工结算造价=按竣工图计算的造价

（3）竣工结算的关键控制点

1）人工费调整。按照发布的人工费调整系数正确调整人工费，不受营改增影响。

2）材料价差调整。正确取定材料价格，按照合同约定确定风险系数，选取合适的调整方法，特别是材料的除税价格必须注意。

3）竣工结算审核。竣工结算审核是竣工结算阶段的一项重要工作，按照合同约定对工程量、综合单价、各类费率进行审核，得出建设项目最终的真正工程造价。

参考文献

财政部，国家税务总局，财税〔2016〕36号，2016. 财政部 国家税务总局《关于全面推开营业税改征增值税试点》的通知[Z].
冯钢，景巧玲，2016. 安装工程计量与计价[M]. 3版. 北京：北京大学出版社.
规范编制组，2013. 2013建设工计价计量规范辅导[M]. 北京：中国计划出版社.
四川省建设工程造价管理总站，2020. 四川省建设工程工程量清单计价定额安装工程[S]. 成都：四川科学技术出版社.
四川省造价工程师协会，2021. 2021年版全国二级造价工程师职业资格考试培训教材：建设工程计量与计价实务（安装工程）[M]. 北京：中国计划出版社.
四川省住房和城乡建设厅，川建造价发〔2016〕349号，2016. 四川省住房和城乡建设厅关于印发《建筑业营业税改征增值税四川省建设工程计价依据调整办法》的通知[Z].
文桂萍，2002. 建筑电气设备[M]. 北京：中国建筑工业出版社.
文桂萍，2008. 建筑水暖电安装工程计价[M]. 武汉：武汉理工大学出版社.
吴心伦，2012. 安装工程造价[M]. 6版. 重庆：重庆大学出版社.
熊德敏，2003. 安装工程定额与预算[M]. 北京：高等教育出版社.
中华人民共和国建设部，中华人民共和国国家质量监督检验检疫总局，2004. 建筑给水排水及采暖工程施工质量验收规范：GB 50242—2002[S]. 北京：中国标准出版社.
中华人民共和国住房和城乡建设部，2013. 房屋建筑与装饰工程工程量计算规范：GB 50854—2013[S]. 北京：中国计划出版社.
中华人民共和国住房和城乡建设部，2013. 通用安装工程工程量计算规范：GB 50856—2013[S]. 北京：中国计划出版社.
中华人民共和国住房和城乡建设部，2014. 建筑工程施工质量验收统一标准：GB 50300—2013[S]. 北京：中国建筑工业出版社.
中华人民共和国住房和城乡建设部，2014. 智能建筑工程质量验收规范：GB 50339—2013[S]. 北京：中国建筑工业出版社.
中华人民共和国住房和城乡建设部，2016. 建筑电气工程施工质量验收规范：GB 50303—2015[S]. 北京：中国建筑工业出版社.
中华人民共和国住房和城乡建设部，2017. 通风与空调工程施工质量验收规范：GB 50243—2016[S]. 北京：中国计划出版社.
中华人民共和国住房和城乡建设部，中华人民共和国财政部，建标〔2013〕44号，2013. 住房和城乡建设部 财政部关于印发《建筑安装工程费用项目组成》的通知[Z].
中华人民共和国住房和城乡建设部，中华人民共和国国家质量监督检验检疫总局，2013. 建设工程工程量清单计价规范：GB 50500—2013[S]. 北京：中国计划出版社.